チェルノブイリの嘘

アラ・ヤロシンスカヤ 著
村上茂樹 訳

緑風出版

CHERNOBYL: BIG LIE

: ЧЕРНОБЫЛЬ Большая ложь

by ALLA A. YAROSHINSKAYA

【凡例】

一　原注は［　］に入れて本文中に組み入れた。

二　訳注は、短いものは〔　〕に入れて本文中に組み入れた。長いものは〔訳注〕をふり、左頁に列記した。

【単位など】

放射能の単位キュリーはベクレルに、被曝線量（線量当量）の単位レムはシーベルトに適宜改めた。

【行政単位】

ソヴィエト連邦を頂点として、共和国、州（または地方、例：クラスノダール地方）、市、地区、村。

【行政府など】

ソヴィエト連邦時代は、共産党の指導のもとに、連邦政府、各地元行政府が実務を執行していたが、党と政府は渾然一体となっていた。共和国には連邦政府と同様に各省庁、大臣が存在した。各地元行政府は州執行委員会、地区執行委員会など、執行委員会が担っていた。党州委員会、党地区委員会などは共産党地元組織で、行政府を指導する立場にあった。その他、州ソヴィエト、地区ソヴィエト、村ソヴィエトという州議会、地区議会、村議会に相当する機関があった。

死の街からの報告

ロザリー・バーテル

アメリカ合衆国ペンシルベニア州スリーマイル島で起きた原子力事故から七年を経た一九八六年四月二六日、ソヴィエト社会主義共和国連邦のチェルノブイリ地区において、原子炉が爆発した。原子炉の破壊にともなって、火災が発生し、膨大な量の放射能が大気中に放出された。当時すでに、国際原子力機関（IAEA）では、開発途上国向け原子力発電市場拡大の必要性を国際社会に認知させ、そのための世論形成の準備が整っていた。アイゼンハワー米大統領〔一八九〇年〜一九六九年、第三四代大統領〕のもとで策定された「原子力の平和利用」計画に応えるために、国際連合は平和利用計画実現への委任状をIAEAに託したわけである。したがって、スウェーデン政府が、ソヴィエト連邦において、原子炉事故が発生した模様だと公表したとき、この事故が及ぼす惨禍の全貌を想像するのは困難であったのだ。

破壊された後でチェルノブイリ原発を初めて訪れたときに私が目にしたのは、あの原発が、農地に囲まれ花々が乱れ咲く庭園の中に建っていたことを想わせる光景だ。事実、当時のウクライナはソヴィエト連邦を構成する共和国のひとつに加わっており、ソヴィエト連邦の穀倉地帯と呼ばれていたのである。チェルノブイリに最も近いプリピャチ市では、古代のイコン〔聖像画〕技法が生まれ育った。市内の図書館にはたくさんの貴重な中世のイコンが大切に保存されていた。原子力大惨事が起きる以前は、プリピャチ市はあらゆる点で現代的な都市だった。高層住宅、大きな競技会に使える広い校庭を備えた新築の学校、公共図書館などが、そこには確かに存在した……。そして今、図書館の窓越しに私が見たものは、床に本やごみといっしょくたに散乱した貴重なイコンの姿だった。これらすべては、今となっては、放射性廃棄物でしかないのだ。校舎やブランコ、滑り台は子どもたちの訪れをじっと待ち、佇んでいた。住居には人気（ひとけ）はない。うららかな春の日だというのに、すべての窓は閉じられたままで、通りは静まり返っていた。

　この街は立入制限区域の中にある。そこで私たちはまず、キエフ市とプリピャチ市の境界まで行き、市内でのみ運行されるバスに分乗して立入制限区域内で降ろされた。プリピャチの街、破壊された原子炉の周辺には林檎と桜桃（おうとう）の木が花をつけていた。私たちはそこで少なからぬ高齢者たちを目にしたのである。彼らは、自分たちの愛してやまぬこの大地をあとに残して去ることが、どうしてもできなかった人たちだ。
「事故が起きたとき、消防隊員といっしょに、近隣の小さな村に住むみんなが、駆けつけてくれたのです」と私は説明を受けた。このような活動は、村の消防団ではよくあることだが、団員の妻たちは、空腹を癒し、一息つけるようにと簡単な弁当を届けて夫を支え、原子力発電所の火災の炎とも格闘したのである。

　事故発生からしばらくの間、放射線の専門家らが、原子炉は危険な状態にはないと主張したので、原子力施設の火災の行方を注視し見守りながらも、子どもたちは運動場で遊び、人々は買い物へと行き交い、戸外に佇んで過ごしたのだ。しばらくして危険区域から住民たちを脱出させるためのバスが到着すると、多くの人々は家を捨てて、家畜を残して出ていくのを拒否したのである。当局は住民たちが避難するよりも前に、家畜を捕まえるための特別仕様の網を準備していた（住民が避難したあとで、家畜は処分された）。そして、周辺地域には酷く汚染された森があるので、木々を伐採し、その真下に埋めたのだ。私がチェルノブイリの立入制限区域を訪れたときは、一本の木が悠然として構え、まるで地面を這うように力強くひこばえをつけているのに気がついた。第二次世界大戦のさなか、ウクライナが占領されていた時期のこと、ひとりのパルチザンがファシストによってこの木に吊るされたのだという。近くには、花輪と蝋燭（ろうそく）が残されていた。木は伐り倒されることなく、そのままの姿で放置されたのである、残された人々のように。

私たちは大型トラックと掘削用重機とを何台も目にした。それは、放射能に汚染された大地で使われ、放置されたものだった。さらには、依然として放射性ガスの放出がつづく事故を起こした原子炉のすぐそばの、別の原子炉へ仕事に急ぐ若者たちと出会った。原子炉に近づくと、ガイガーカウンターは非常に高いレベルの放射線を記録し、持参したカメラは「感光」したことを表示していた。すなわち、私が原子炉付近で撮影を試みた写真は、ひとつもうまく撮れていなかった。

後に私は、ひとりの女医を紹介された。事故当時、事故処理作業員（リクビダートル）と呼ばれる人々のための、緊急医療支援団の先頭に立っていた人だ。放射線障害の患者に特別な治療を施すために、だれをモスクワの病院に転院させるのが適切かを検討していた。初めてお目にかかったとき、この医師は、ある若い女性のことに、心を痛めていた。その女性は当時、彼女のもとで働いていた、有能な実験助手だった。その彼女が体調を崩し、つい今しがた亡くなったというのだ。享年二八歳。しかも破滅的事故までは、彼女の健康状態に問題はなかったというのである。私は、死因を訊ねた。「早期老化症候群による突然死です」との答えだった。私は続けて、「若い人にこの仕事を勧めようとは、一度も考えたことはありませんけれど、結果として、私は死刑判決に署名してしまったのです。当時私のもとにいた最も優秀なメンバーの中から選んだのです」。

女医は、続けてこのように言った。「突然死した幾人かの解剖所見からわかったことがあります。亡くなった方の体内の内臓諸器官は酷い損傷を受けていました。外見は、健康そうに見えました、あの事故が起こるまではね。しかも、生命の維持に重要な臓器がすっかり害されていたのです」と。「彼らの内臓は老化しているように見えました」。

私は、キエフには一週間しか滞在しなかった。けれども病院を訪れ、事故処理作業員や、大勢の子どもたちと会う機会に恵まれた。この人びとには、消化器系疾患、神経系疾患、血液と心臓の疾患に典型的な症状が見られた。事故直後には腫瘍性疾患に罹患する症例の増加が認められた。この事実は、腫瘍学分野は、ここ二〇年の間には学問の進展が見られないだろうと言われていた見方を覆すものだ。初期には地区の医師らは、体調がすぐれないという人々の訴えを、放射能恐怖症と名付けたが、じきに、これは本物の病であると確信するに至ったのである。

癌の問題に取り組みながら、放射線照射によって発生する悪性腫瘍の初期段階に現れる特徴をどのようにして判定ができるかを、学者として私は追究した。ロシア、ウクライナ、ベラルーシの各政府と国民は、結局、世界中の諸団体からの事故直後の緊急支援を積極的には受け入れなかった。これは他の国でも、巨大な自然災害が起こると、よく見られる現象ではある。しかしソヴィエト連邦では、それが政府の秘密主義的な基本姿勢の結果として採られた行動なのである。秘密主義的体質が、事故犠牲者の数と被曝線量について沈黙を強いるのである。そして、この問題については、高名なノンフィクション作家であるアラ・ヤロシンスカヤによる著作『チェルノブイリ　罰なき罪』〔二〇〇六年刊、邦訳未刊〕に、熱意をもってしかも沈着冷静、公正さと節度を失わずに描かれている。

アラ・ヤロシンスカヤはウクライナのジトーミル市の生まれ。かの地は、大惨事の結果、放射性廃棄物に覆われてしまった。著作から明らかになるのは、自分たちの大地とそこに暮らす人々を愛してやまない彼女の姿である。大惨事の直後は、新聞記者として働きながら、公式情報を丹念に蒐集しただけに止まらなかった。それはチェルノブイリ原発事故に関する公式報告にみられる、事故の影響の過小評価を批判する論文を発表するためであった。そして彼女は渾身の力を込めて本書を上梓した。

本書の中では、未曾有の原子力災害を体験した人々の人間的な側面が描かれている。かつてわれわれがこの地球で経験したことのない、最大級の核分裂反応の中を生きている人、生き延びた人々の、かけがえのない貴重な証言とともに。この著作に新たな事実が加筆され、ロシアで版を重ね、さらには様々な言語に翻訳された(一九九二年にアラ・ヤロシンスカヤは、「チェルノブイリの真実」を明らかにした功績に対して「もうひとつのノーベル賞」として国際的に権威あるライト・ライブリフッド賞を受賞した)。

著者は、公的立場の人間が吐くチェルノブイリの真っ赤な嘘について、事故原因のあらゆる責任を原発運転員の操作上の誤りだけに転嫁したことについて、被害者たちの健康障害の原因が放射線被曝にあるということを、公的医療機関の関係者が認めなかったことについて、これでもかと繰り返し指摘し責任追及の手を緩めない。さらには、原子力分野の国際的専門家らが、どのようにしてソヴィエト連邦とヨーロッパの危険地帯において、事故の規模と放射能の危険性を過小評価しようと目論んだかを暴露する。この事実は、ソヴィエト的な官僚機構が、大惨事を検証して、原子力の平和利用のための技術を広めることを目的とする国際原子力機関(IAEA)の職員を招聘したことと、深く関連しているのだ。

ＩＡＥＡの立場とは異なり、著者の前には、この究極の大惨事と被災者の苦悩を隠蔽して、原子力産官軍複合体の宣伝に努めるという任務はない。本書をとおして、私たち読者は、核惨事下を生き延び、真実を隠し通そうとする共産党の弾圧に耐え忍んだ、逞しく忍耐強い人々に出会うことになる。さらには、歴史や自然の描写の中に、彼らの伝統文化と生活習慣を知ることができる。そしてチェルノブイリ事故に冒瀆された、大地のかつての美しさを発見できる。

本書は、ソヴィエト官僚主義に挑戦し事実と真実を求めてきた、国際派女性ジャーナリストの手によるチェルノブイリという大事件に関する独創的、歴史・社会的な報告である。本書の最も優れた点は、著者が行なった独自調査にある。文書類の原文（その多くが初公開である）を提示し、こんにちでは歴史の一頁となったあの事件を正確に描写し、読者諸氏をチェルノブイリ原子力発電所とそれをめぐるドラマに登場するすべての主要な役者に対する根本的な評価へと誘うであろう。

ロザリー・バーテル、医学博士、「もうひとつのノーベル賞」〔ライト・ライブリフッド賞〕受賞者（アメリカ合衆国ペンシルベニア州ヤルドリ）〔一九二九〜二〇一二年〕ロシア語訳、アレクサンドル・カリコ、ミラン・ヤロシンスキー。

図1　チェルノブイリ周辺地図（ウクライナ・ベラルーシ）

図2　ジトーミル州、キエフ州

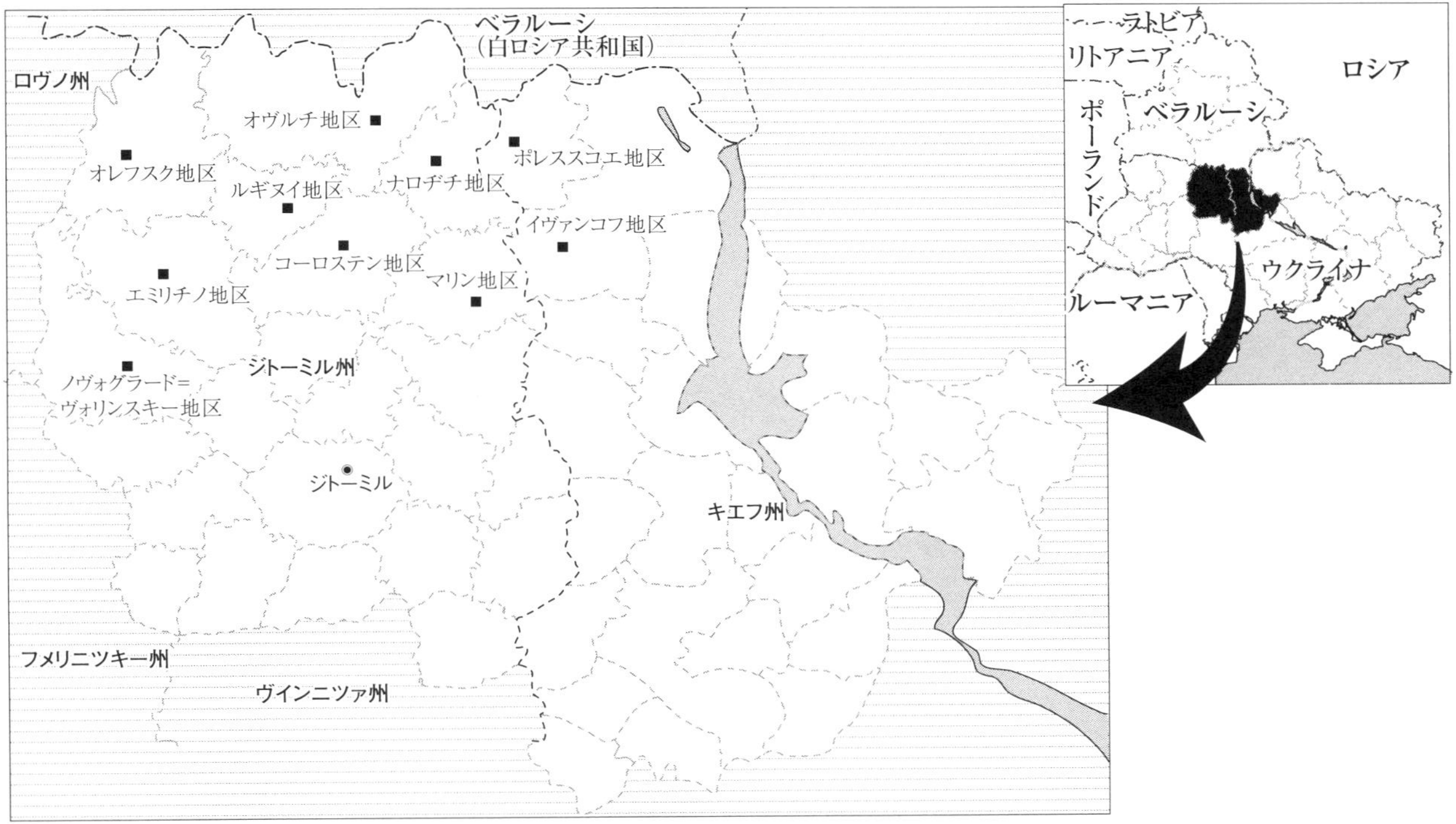

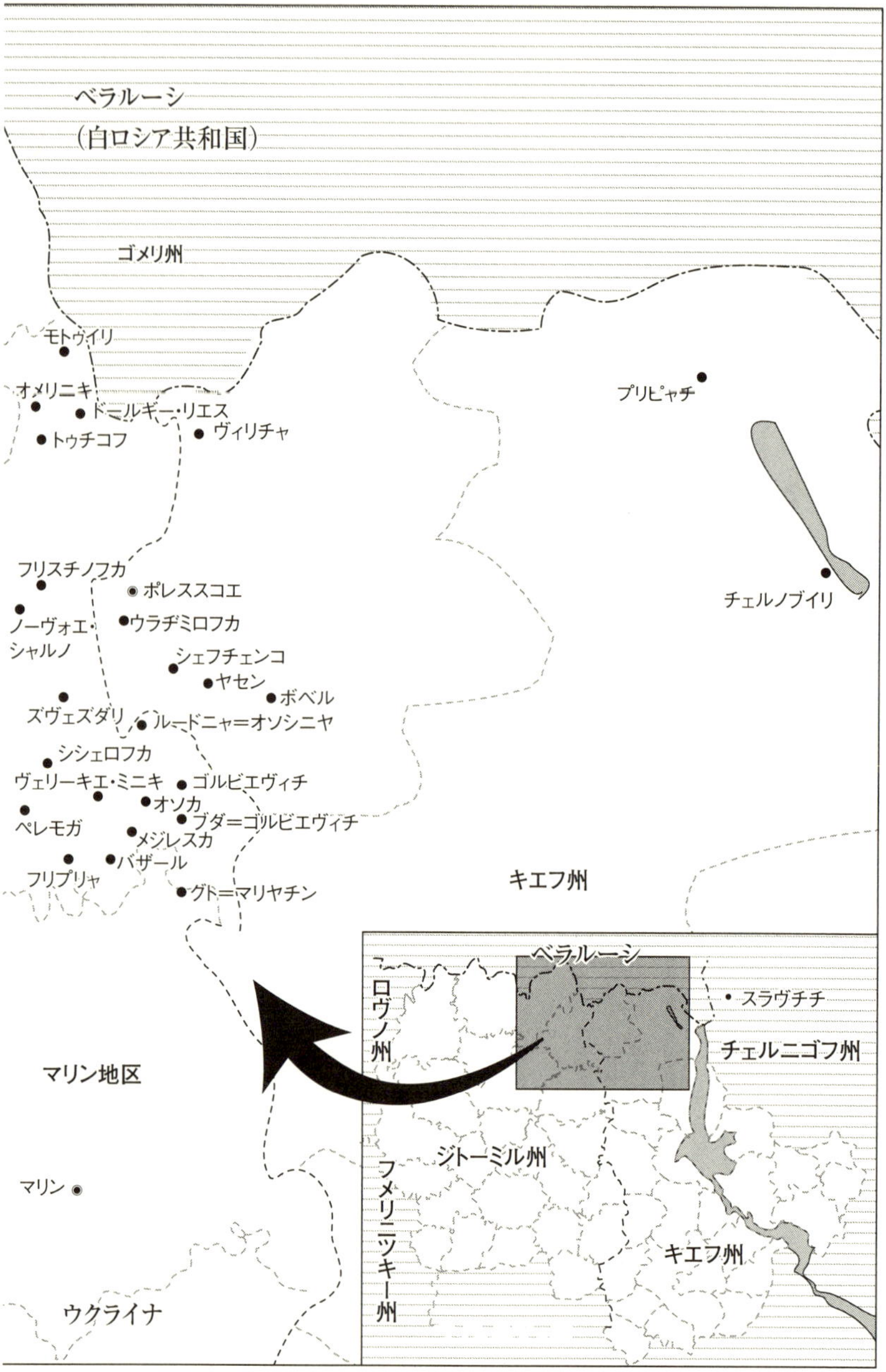

ベラルーシ
（白ロシア共和国）
ゴメリ州
モトゥイリ
オメリニキ
ドームルギー・リエス
ヴィリチャ
トゥチコフ
プリピャチ
チェルノブイリ
フリスチノフカ
ポレススコエ
ノーヴォエ・
シャルノ
ウラヂミロフカ
シェフチェンコ
ヤセン
ボベル
ズヴェズダリ
ルードニャ＝オソシニヤ
シシェロフカ
ヴェリーキエ・ミニキ
ゴルビエヴィチ
オソカ
ペレモガ
ブダ＝ゴルビエヴィチ
メジレスカ
バザール
フリプリャ
グト＝マリヤチン
キエフ州
ベラルーシ
ロヴノ州
スラヴチチ
チェルニゴフ州
マリン地区
ジトーミル州
フメリニツキー州
キエフ州
マリン
ウクライナ

図3　本書登場の被災村の一部（ジトーミル州、キエフ州）

図4　カフカス諸国

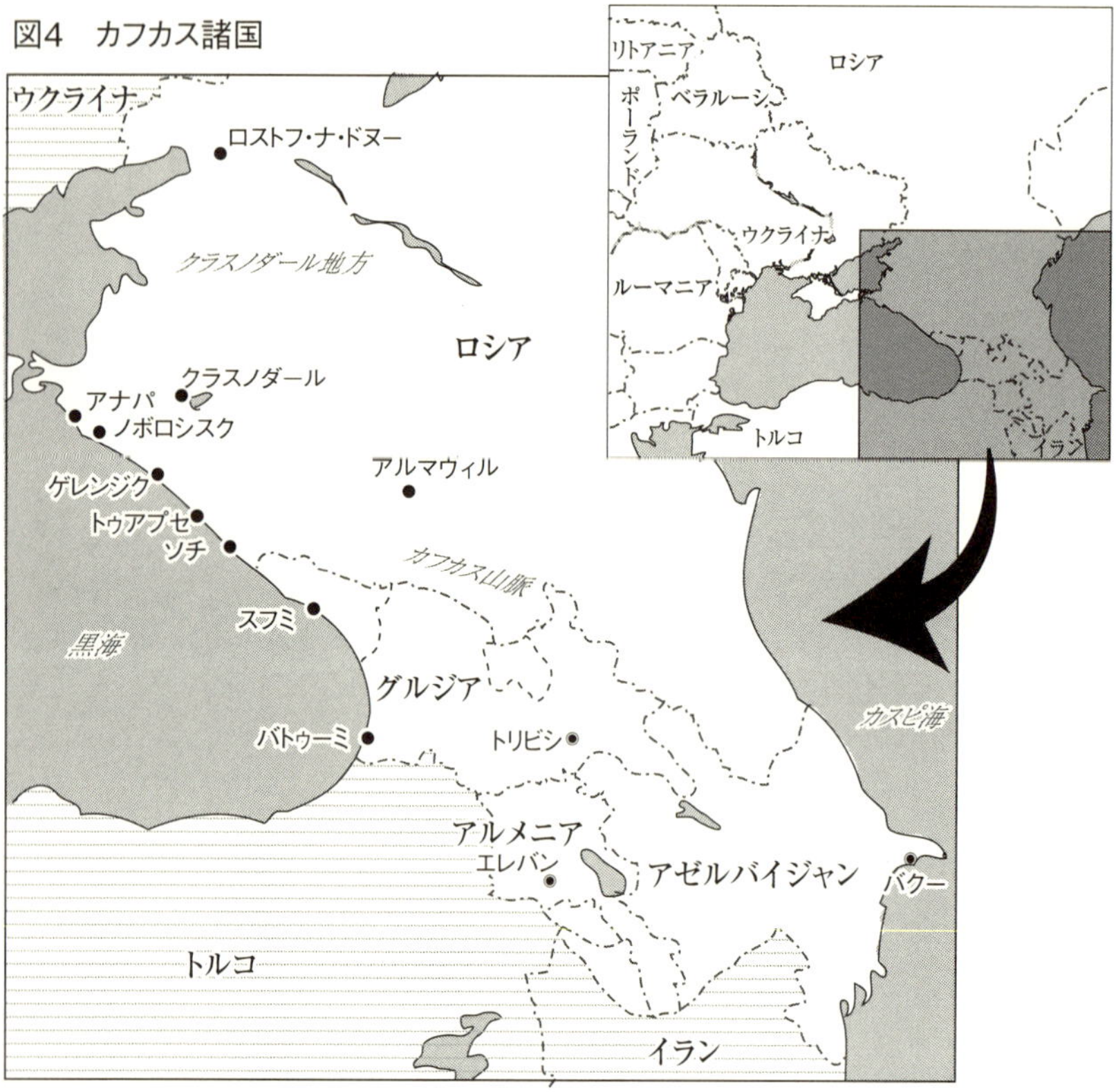
ウクライナ
ロストフ・ナ・ドヌー
クラスノダール地方
ロシア
クラスノダール
アナパ
ノボロシスク
アルマウィル
ゲレンジク
トゥアプセ
ソチ
カフカス山脈
スフミ
黒海
グルジア
バトゥーミ
トリビシ
カスピ海
アルメニア
エレバン
アゼルバイジャン
バクー
トルコ
イラン
リトアニア
ロシア
ポーランド
ベラルーシ
ウクライナ
ルーマニア
トルコ
イラン

目次

序　章　チェルノブイリの村で生きる

四半世紀という時の流れは、すべての歴史そしてあらゆる民族にとって、チェルノブイリという現象、人類の創造した原子炉による大惨事の全体像を解明するには、とても恐ろしく過酷なものだった。事件は一九八六年四月二六日。ソヴィエト連邦チェルノブイリ地区の、自然の恵み豊かな大地に建つ、原子力発電所で起こった。放射能に汚染された庭で呆然と立ちつくす時は過ぎた。

ウクライナの小さな街チェルノブイリは、約二百年という時を経てこの宿命的な核爆発によってヨーロッパで再びその名が知られることになった。さらには、ヨーロッパを超え、全世界を大きく揺るがし、その結果、強大なソヴィエト共産主義帝国の崩壊を加速させることになった。

現在わかっているところでは、この街は一七八九年のフランス大革命に多少、関係している。この歴史的事件にわが身を投じた者のひとりに、二六歳のチェルノブイリ出身の女性、ロザリー・ハドゥケヴィチ、旧姓リュボーミルスカヤがいた。彼女の生命を奪ったのは、数千の群衆であった。彼女はマリー・アントワネット王妃一族に関係したために、一七九四年六月二〇日、パリでギロチンの刑に処せられたのだ。

この若くて美しい淡青色の目をしたブロンドの女性は、フランスはもとより、革命が波及していったヨーロッパ中で、「チェルノブイリから来たロザリー」としてその名を知られていった。当時、この静かな田舎町は、レーチ・ポスポリータすなわちポーランド・リトアニア王国（一五九六年〜一七九五年）の支配下にあった。そして一七世紀後半からは、リトアニア人大領主ハドゥケヴィチ一族に領有され、ロシアの一〇月革命（一九一七年）までそれは続いた。二〇世紀初頭には、一族の後裔によって、ここチェルノブイリに二万ディシチャーナ（二万一八四〇ヘクタール、一ディシチャーナ＝一・〇九二ヘクタール）の土地が所有されていた。この地は、ハドゥケヴィチ一族の所持していた土地の一部であった。

チェルノブイリから来たロザリーについて、興味深い話を私に教えてくれたのは、チェルノブイリ地区のローカル紙『プラポール・パレマギー（勝利の旗）』の元編集長ニコライ・ラツィスだ（原子炉の爆発から一〇日後には、編集部員とともに彼も、故郷から避難しなければならなかった）。話によると、チェルノブイリにはそのむかし、ハドゥケヴィチの支配下にあった街の建物のひとつに、フランス大革命（一七八九年）の不安に満ちた時代に、ブルボン一族の王妃を守った人物として、反革命的人間ロザリーのタイルのプレートに刻まれた胸像が当時のまま残っていた。その後ここに、チェルノブイリ地区中央病院が建てられ、チェルノブイリから来たロザリーの彫像は、神経科のプレートのひとつにおさまっている。

革命から二〇〇年の時を経ずしてチェルノブイリは再び世界にその名を馳せることになった。これは恐ろしい予兆であった。おそらくこんにち、チェルノブイリは、悲しいことに、世界で最も有名な街となった。この間、ウクライナが不吉な意味をもつチェルノブイリという名前と結びついてしまった[訳注1]（次のことを心に留めておきたい。幾多のジャーナリストや作家が全世界で、この大惨事について書いているが、二五年たった今でも、事故は実際にはプリピャチ市で起こり、その中心地区がチェルノブイリという名であることは知られていない。エネルギー産業労働者の都市プリピャチは一九八六年四月二七日に永久に人の住めない都市となった。チェルノブイリ地区住民が避難できたのは事故から暫くして一〇日後のことだった）。とりわけ、ロザリーの彫像のあるこの病院では、巨大な核惨事の直後の数日、被災者らが極限まで打ちのめされていた。もちろん、おびえきった病人たちにとっては、そのような歴史も（おそらくその場のだれもがロザリーのことを知らないはずだ）、無名の若い女性の奇跡的に整った顔立ちも、起こりつつある放射能の狂気と著しく乖離していて、どうでもよいことだったであろう。

地元の人の話では、あの宿命の爆発の起こる前日に、町はずれで、だれかが、切り取られた頭部を手にもった若い女性の姿を目にしたという。チェルノブイリから来たロザリーの魂が、自分の故郷の人々の前に立ち現れて、悲劇の兆しを知らせたのだ。永遠の不幸から、人々を守ろうとしたのだ。

こんにちでは、もう一つの革命、それはウクライナで二〇〇四年の終わりに起きたオレンジ革命[訳注2]が世界に知られたことで、一部のアメリカ人の知り合いが、以前のようにウクライナはどこにあるのかと訊ねることはなくなった。ロシアの南にはない。そう、ウクライナといえば、チェルノブイリなのではない。中央ヨーロッパにある若い独立国家であるということを、世界のだれもが知っている。そして、チェルノブイリはこの地からどこへも逃れようはない。チェルノブイリは以前もいまも私たちとともにあるのだ。

「最も優秀」と言われてきたソヴィエト連邦の原子炉が爆発したとき、私は、家族とともにジトーミルの森（ポレーシエ）に住んでいた[訳注3]。チェルノブイリから一四〇キロメートル離れたところにある。ここは、古来のスラブの大地である。紀元前二〇〇〇年にはすでに最初の住人がいたらしい。私たちの祖先は青銅器時代に、そして鉄器時代前期へと足を一歩踏み出していった。その証人は丘の古墳遺跡と城塞跡である。

しかし年代記に、ジトーミルの名が登場するのは一三九二年である。歴史家と郷土史研究家が言うには、このとても美しい名前でこの街を呼んだのは、市の創設者、古ルーシ〔古代ロシアの呼称〕のジトーミル公である。名前はふたつの言葉に由来する。「ジート」と「ミール」。おそらくはこれは世界のあらゆる言語の中に共通の最も簡潔で根本的な概念であろうと思う。すなわち「ジート」とは、ウクライナ語でライ麦のことをいい、「ミール」は平和を意味する。これは、たんに言葉の上だけではなく、〝ライ麦〟と〝平和〟という、まさに真理を言い当てているのである。大地に根をはる哲学だ。

市の中心はザムコヴァヤ丘〔宮殿の丘〕だ。言い伝えによれば、この丘から市は始まったらしい。つまりふたつの方角から流れているカミャンカ川とチェチェレフ川にはさまれているこの丘に、古代ジトーミ

訳注1　「チェルノブイリ」とはロシア語で苦蓬（ニガヨモギ）を意味する。この言葉がなぜ不吉な予兆なのか、作家・元外務省分析官の佐藤優と作家・中村うさぎの対談『聖書を語る――宗教は震災後の日本を救えるか』（二〇一一年、文藝春秋刊、一九八頁）に以下の記述がある。「中村　確か『ニガヨモギ』はヨハネの黙示録に出てくるよね。／佐藤　その通り。厳密にはヨハネの黙示録のニガヨモギとは別の種類なんですけど、意味上はそうですね。／第八章一〇節〜一一節《第三の天使が、ラッパを吹いた。すると、松明のように燃える大きな星が天から落ちて来て、川という川の三分の一と、その水源の上に落ちた。この星の名は『苦よもぎ』といい、水の三分の一が苦よもぎのように苦くなって、そのために多くの人が死んだ》。当然、キリスト教文化圏の人には、ニガヨモギという名の大きな星が降りてきて、そのせいで水が汚染され、多くの人が死ぬことに連想が働く。しかも〔チェルノブイリ〕原発にトラブルが起きたのは一九八六年。千年に一回の大世紀末じゃないですか」。

訳注2　二〇〇四年末、大統領選挙でヴィクトル・ヤヌコビッチ首相の不正をめぐり、市民が不正・腐敗に対する抗議集会を開き、ヴィクトル・ユーシェンコ大統領を支持した一連の政変のこと。

訳注3　ポレーシエとは、ベラルーシ南部、ウクライナ北部、ロシア南部にわたるプリピャチ川、ドニエプル川、デナス川流域の湿原地帯。

ルの宮殿が建てられ、敵軍を撃退するための錠前の役割を果たしていたのである。そしてまわりに本来の町が発達し広がっていた。鍛冶屋、陶工、漁師、農民や商人など、熟練した職人が住んでいたらしい。ジトーミルの周囲の原生の森には、たくさんの野鳥が棲息し、苺（いちご）、茸（きのこ）、根菜類が豊かで、川には魚が棲み、岩の多い川岸に町が作られた。私たちの祖先は、自分たちの町と教会の建設のために、人知を超えた、何らかの確かな力によって、地球上で最も魅惑的な場所を幾世紀もかけて選びとったのである。

　家族や友人たちとともに私たちは今も、市の周辺を訪れる。そうしたときはいつも、この土地の美しさに感嘆せずにはいられない。ジトーミルから数キロメートル離れると、大きな丸い石が岸にころがるチェチェレフ川が手つかずの姿で私たちを感動に包んでくれるのだ。清澄な水が川を流れる。川の両岸に沿って、古い原生林には、恥じ入るかのように苔むし、あらわになった切り立つ岩肌。そして渓谷。遠くのくすんだ緑色の松林の頂上のむこうに、子どもの心のように淡い青色をした、村の教会の明るい丸屋根が見える。それは永遠の静謐のようでもあり、まるでそれらがこの大地に昔から生きていたようでもある。そして私は、溢れる涙を抑えることができない。この森、川、教会をぬってひとつになったような、おぼろげななにか理解しがたい気分で心が満たされ、涙をさそわれる。光り輝く太陽の十字架の中に、あらゆる生が抱かれているかのように。それとも別のなにかが。

　いずれにせよ、その日も、家族とともにこの地を訪れていた私は、このような思いで心は満ち足りていた。春の日だった。あたりは解放感に溢れていた。生命の息吹。前の年の落ち葉が腐食し、その下からは青く煌めく初花の花弁が顔をのぞかせていた。二歳になる息子サーシェンカは、そんな花を見つけるたびに、前にしゃがみ込んだものだ。

私たちは知らなかった（そしてそれはだれもがおそらく同じだったろう）。数時間後に、この大地で、すぐ間近で、この古くからの美しい大地と森と草原と平原が永久に奪い去られてしまうような、ある事態が起きるということを。あらゆる現実を変えてしまうなにかが。そしてこの時以降、地球上の生命は、時代、紀元、文化、宗教、社会・政治の構造をふたつの立場に分離するだけでなく、チェルノブイリ以前と以後に分断することになるであろうということを。チェルノブイリ以前、そして、以後。私たちのこの地球は、一九八六年四月二六日午前一時二四分よりも以前のものであって、以後はまったく別物になってしまったのだ。ジトーミル市はウクライナの首都キエフ市から一三〇キロ離れたところにある。ときには、私は夫と市の劇場を訪れたこともある。

チェルノブイリ原子力発電所の爆発事故など、想像だにせず、ラジオもテレビも新聞も、そしてだれもなにも知らせなかった。その日、運命のいたずらによって、まさにちょうど四月二七日の日中、私たちはキエフに向けて出かけたのだった。その晩に文化会館「ウクライナ」では、日本の松竹歌劇団の公演が演目にあがっていた。私たちはすぐそばの駐車場に車を停めた。松竹の公演は私たちにとって小さな祝いごとといってよいものだった。それは本物の芸術であった。役者たちのふわりとした純白の衣装と優美な物腰や舞踊が現在も私の目に焼き付いている。

私たちは、満ち足りた気分で夜遅く自宅に戻った。キエフからジトーミルへの道は緑に覆われた春の森の中に沈んでいた。半時間以上走ってから、車を停め、まばゆいばかりの緑を深く呼吸しようと車のそとへ出た。静寂があった。星は煌々と冷たく耀（ひしやく）いていた。遠方の銀河系外星雲が私たちに挨拶を送ってきた。そのわきでは穏やかにくつろいで、大熊座の柄杓が吊り下がっていた。落ち着いた月明りは、すべてのものを照らし出していた。森でつぼみが爆ぜる音がしたような気がした。

公式には、チェルノブイリ原子力発電所の爆発について、どのような報道もソヴィエト連邦の情報機関は伝えなかった。しかしチェルノブイリの近くにある州、キエフ、ジトーミル、チェルニゴフでは日を追うごとに混乱が激しさを増していった。いったいなにが起きたのか、だれも知らなかった。にわかに信じがたい噂がひろがる。薬局からは安定ヨウ素剤が姿を消した。放射能から身を守ろうと大勢の人が、自分の喉と腸にひりひりと火傷を負いながらも、安定ヨウ素剤を原液のままで飲むということも起こっていた。公的機関の医療関係者は黙して語らなかった。五月も一〇日になって漸くウクライナ共和国保健相アナトーリー・ロマネンコが重要な勧告を出した。換気用小窓を閉じ、家に入るときは濡れ雑巾で念を入れて靴の汚れを拭き取ること。住まいを濡れ雑巾で掃除をすること。そしてこれが、放射能予防対策のすべてだった。この陳腐な発言が、大混乱に一層の拍車をかけたのである。

ソヴィエト連邦においてチェルノブイリ原子力発電所4号機が爆発したこと、放射能の増大が意味することについて、私たちが初めて知るところとなったのは、外国のラジオ放送の音声からだった。なんと、わが指導者が事故について発表したのは三日目のことである（スウェーデン政府は、まだ確かなことはわからなくとも、どこかで放射能漏洩が起きているので、詳細が明らかになるまで原子力施設からすべての人を退避させ、どこでなにが起きているのか事態を把握しはじめていた）。

さて、メーデーの祭日（現在五月一日は、「春と労働の祝日」となっている）がやって来た。現実になにか恐ろしく取り返しのつかないことが起きたということを、おそらくだれも信じたくなかったのだろう。ジトーミル、キエフ、チェルニゴフそのほかの都市で、全ソヴィエト連邦で、幾百万の人々がメーデーを祝うパレードに参加したのだ。とても暑い日だった。暖かいというのと違って、暑いのだ。キエフではウクライナの民族衣装をまとった大勢の子どもたちが、放射性有毒ガスを胸いっぱいに吸いながら、ウクライナの首都キエフの目抜き通り「クレシチャトカ」で踊っていた。高く設らえた演壇からは、共和国の共産党指導者たちが、パレード参加者たちへ歓迎のあいさつを送る。そして、ほとんど同時刻に、指導者の子どもたちは、ボリスポリ空港に向けて出発を急いでいた。激甚災害からできるかぎり遠くへ逃れようと、機内へ乗り込んでいたのだ。このようなときに、裏切られた労働者、インテリゲンチャ〔知識階級〕の子どもたちは、すべてが統制下におかれていた世界共同体のために、幻想を振り撒きながら、政府要人たちの目を楽しませていたのである（目撃者の証言では、ウクライナ共産党中央委員会特別切符売り場は閉鎖されていた。同時刻には、航空券を求めて、長蛇の列がいくつもあったということだ）。

私の大学時代の女友だちで、ジャーナリストのニーナ・スミコフスカヤは、当時四〇歳で、漸く子どもを授かったところだった。彼女は五月七日になってやっとキエフからオデッサに住む親戚の許へ向けて脱出することができた。そのころには大混乱はすっかり首都キエフに襲いかかっていた。ニーナは双子の娘に、困難な時に支援してくれた人の名にちなんで、ディアナとインナと名づけた。ふたりの幼児は虚弱体質と貧血症を患っていた。けれども、母親は放射能の危険性についてよく考えずに二週間、キエフを離れなかった。そして放射性ヨウ素と放射性セシウムを子どもに摂取させてしまったのである。ひと月後に、オデッサの医師に、ふたりとも、輸血をして血液を入れ替える必要があると宣告された。子どもが助かったのは奇跡としか言えないだろう。双子の子どもたちの健康問題はその後も続いている。現在、原子力大惨事に生まれた世代は出産年齢を迎えているのである。

五月初めの悲運の都市を私は鮮明に記憶している。淡青色の空。真っ白な雲。暖かい、とても暖かい日だった。不思議なくらいに暖かだったのである。噂やデマは、私たちの国ではとても重要な情報入手手段になった。五月一日以降それらは雪だるまのように増大していった。新聞やラジオでは、同じようなことが言われていたけれど、あちらからやって来た人たちだけが、まったく違ったことを話してくれた。キエフの鉄道切符売場と航空券売場では、ひと月先まで乗車券がすべて売り切れだった。気持ちが高ぶり、不安に恐れおののく人々が、駅や売り場や列車に詰めかけた。人々はどこかへ逃れたいのだ。できるかぎりチェルノブイリから離れていれば、どこでもいいのだ。

五月七日に夫アレクサンドルは、職場から私に電話をよこし、強い調子でこう告げた。「子どもたちを連れて、早々に逃げるんだ」（彼の知り合いの幾人かがチェルノブイリに派遣された。虫の息状態の原子炉の真下からポンプで水をくみ出すためだ）。逃げろと言葉でいうのは簡単だが、問題は、どこへ、どうやって、なのである。

その当時、私は州党機関紙『ラジャンシカ・ジトーミルシチナ』（ソビエツカヤ・ジトーミルシチナ）の産業およびインフラ部門担当の特派員をしていた。さっそく編集長に休暇申請を提出すると、部長から休暇取得の条件を示された。クローシニャ〔ジトーミル州郊外の地区〕の新工場建設に関する記事を書きあげてからにしてくれ、ということだった。翌朝、関係記事を編集長の机上に置いておいた。その記事は次のような書き出しで始まるものだ。ジトーミルのはずれで、花々が泡のように美しく咲き乱れ、芳醇な林檎の香りが近くの公園から工事現場へと漂う……。

カフカス〔訳注4〕のアルマヴィル〔ロシア連邦クラスノダール地方のクヴァニ川に臨む都市〕に住む親戚の許へ行こ

うとしたが、航空券が手に入らなかった。チケットは一枚も残っていなかったのだ。もっとも、どこへ向かうチケットもありはしなかったのだが。けれどもやっとのことで、私たちはモスクワの知人のところへ向けて出発することができた。ジトーミル駅での出発を待つ風景は、まさに疎開風景であった。長男のミラン（当時六学年に通っていた）は、第四学期をまだ終えていなかった。しかし、脱出が可能となった人々はみな、子どもたちを連れて行くのを学校は認めていたのだ。近しい人たちが駅に見送りに来てくれた。母、姉妹、夫の両親。みな、涙がこぼれ落ちそうだ。たくさんの甘い菓子と玩具を持たせて、ふたりの祖母は二男のサーシェンカに話し続けていた。私はいくつかの助言に頷き、長男のミランは、道中絶対にわがままを言ってはだめよ、そして母である私をしっかりと助けるのよ、と強く言われていた。ジトーミルからモスクワまで列車で一八時間かかる。五月八日に二男は二歳になった。誕生日、歓びにあふれた記念の日を、同じように災厄に打ちひしがれた人々で混み合ったジトーミル〜モスクワ間の列車の座席指定車両の中で私たちは過ごしたのだった。

モスクワには、私たちの親戚はいない。だからそのときまで、モスクワを訪れる理由が私にはほとんどなかった。学生時代、三回生のときに一度。そして二度目はジャーナリストという資格でモスクワのソ連国民経済達成博覧会（一九九二年に全ロシア博覧会センターに改称された）を訪れた。初めてモスクワへ来たときは、ほとんど市内を見学することができなかった。なぜなら、旅のあいだずっと別の町に残してきた恋人のことを想っていたからである。二度目のモスクワは、教会や大通りがとても美しく、旧い名称の残

訳注4　カフカスとは、黒海およびアゾフ海、カスピ海に囲まれる地域。ロシア連邦、ジョージア（グルジア）、アゼルバイジャン、アルメニアにわたる地域。

るザモスクヴォレチエ［モスクワのクレムリンの南、モスクワ川右岸部］に心を奪われた。本当にここにはそういったものが無数にあった。まさにモスクワには首都のあらゆる魅力が詰まっていたと言っていい。

しかし、今回の私たちにとっては、モスクワ市内見物をするどころではなかった。駅で私を迎えてくれたのは、知り合いの家族、ファイナ・アレクサンドロヴナと息子のミーシャだった。かなり前に彼らはジトーミルに住んでいたことがあり、その当時は毎年夏になると、私たちのところへ休暇を過ごしに来たものだった。ファイナ・アレクサンドロヴナはドイツ語の教師をしており、ミーシャは大学で学んでいた。いまではめったにお目に掛かれないような親切な心と誠実さとを併せ持つ人たちであった。

アパートに着いてから、さっそく私たちがしたのは、着物をかえて、すぐに洗うことだった。なぜ、そうしなければならないか。だれも私に言わなかったが、私たちの持ち物（に付着した放射能の塵）が、どれほどの放射線を出しているかわからなかったからだ。これは自己保存本能のなせる業であろう。私は、放射能濃度を下げるためにジトーミルで買ってきた野菜類を洗った。

ファイナ・アレクサンドロヴナとミーシャが、そんな私たちを勇気をもって、暖かく住まわせてくれたことに、今も変わることのない感謝の念を抱いている。放射能から逃れてきた家族は、新しい土地では、感染症を患ったかのように偏見の目に晒されるのだ。悲しいことだけれども、そのような例を私はよく知っている。モスクワではこの家族のもとで数日間を過ごした。アパートはモスクワの三〇平方メートルの「フルシチョーバ」［訳注5］で、それほど快適といえるものではなかったが、それはこの一家にとっても同じで、私たちが原因のひとつだったことだろう。私たちは、カフカスの近しい親戚の許へ行く切符を入手したかったが、モスクワでも、簡単には乗車券を買うことができなかった。むこうでは私たちを待っていてくれた。五月一四日、モスクワ〜アドレル〔ロシア連邦クラスノダール地方黒海沿岸の、グルジア共和国境界近くの都市〕間を走る埃っぽい座席指定車両の中でうんざりとした一晩をすごし、私たちはアルマヴィル〔クラスノダール地方の都市〕に到着したのであった。

カフカスは、すでに春の自然を謳歌していた。クラシェフスキー家で私たちは、チェルノブイリがどうなっているかというニュースを気を揉んで待った（私たちにとって、どれほど長く感じられたかをわかってくれるだろうか！）。家のそばに初咲きの五月桜が実をつけていた。すべての樹木が花をつけ、馥郁（ふくいく）たる香りを放っていた。生活が穏やかに、平穏に流れていた。ここではチェルノブイリについて話すことはめったになかった。アルマヴィルの人々にとって、それは関わりのないことのように思われた（クラスノダール地方と周辺の有名な保養地のところどころに、チェルノブイリ原発事故による放射能汚染地帯がしみのように点在していたことを私が知るのは三年後である）。

私はまっさきに子どもを、地区の放射線研究所に連れて行った。私たちの衣類は、約〇・〇二五ミリレントゲンのガンマ線を放っていた〔被曝量ではなく、衣類周囲を飛び交うガンマ線量（単位：レントゲン）を測定している。自然放射能は約〇・〇一ミリレントゲン〕。医師は、この地域ではバックグラウンドだと言う。ジトーミルでは事故以前のバックグラウンドは〇・〇一七より小さかった。

訳注5　フルシチョーバとは、フルシチョフ（ソヴェト連邦共産党書記長）とトルシチョーバ（貧民窟）の造語。一九五七年七月三一日、党中央委員会ソ連閣僚会議決定は、大都市の深刻な住宅不足を解消するために、一家族一戸の五階建て集合住宅の大量建設を決め、その結果、モスクワ等の深刻な住宅不足は緩和した。しかし、工事が杜撰で質が悪く、エレベータがなかったので評判が悪かった。二一世紀初頭にかけて撤去された。

花が咲き乱れ、暖かなよい季節であったものの、アルマヴィルで私たちはあまり平穏な日々を送ることはできなかった。次男のサーシェンカが体調を崩したのである。しかし、ここでも世の中には心優しき人々がいることを教えてくれた。地区担当医のラリーサ・イワーノヴナは、頼むと往診してくれた。彼女は私たちがチェルノブイリの汚染地域から来たことを知ると、とても心優しく接してくれた。おそらくそれが当然なのだとは思う。しかし、ソヴィエト連邦の医師の体質を皮膚感覚で知っている私たちとしては、ラリーサ・イワーノヴナの心やすらぐ対応は高い評価に値するものと言えるだろう。サーシェンカは、咽喉が冒されて、気管支炎も起こしているようだった。

息子が恢復すると、私の休暇も終わった。そして六月には私たちはジトーミルに戻らざるをえない。子どもをカフカスに残して仕事に戻ることなど私にはできない。ここには、あの子たちの世話をやいてくれる人はいないのだ。そして私にも仕事があり、それを投げ出すこともできなかった。ソヴィエト連邦の家庭では、ひとりの稼ぎで家族が生きていくことは無理な話だった。

私たちの前方には、長く不安に満ちた、とても暑い夏が控えていた。ソヴィエト共産党中央委員会機関紙『プラウダ』は数百万部の発行を誇る日刊紙である。すべてが順調に推移していると、人々が希望を抱くような記事を掲載して、まさに安手の鎮静剤を支給していたようなものだった。私は、そのときのモスクワにいる同業者たちのつけた新聞の見出しを思い出すと恥ずかしくて穴があったら入りたくなる。「プリピャチ市を見下ろす小夜啼鳥（さよなきどり）」「原子炉からの土産物」等など。そして二五年間、放射能との闘いに敗北の続く地区でしぶとく生きている人たち、その数およそ九〇〇万人、あまりにも大きな代償を私たちは払っている。この人々については後に述べることにしたい。

一九八六年の不安に満ちたジトーミルの夏空からは、大地にわずかの雨粒も落ちないかのように思われた。沈むことを忘れたような太陽によって、空は、底知れぬあせた青色を示していた。悪魔と化した原子炉の体内は、膨大な砂と鉛その他を一息に飲み込み、とうとう蓋が閉じられた。特別な「墓地」で、原子炉の「葬儀」が執り行なわれたのだ。放射能と火災によって亡くなった消防隊員の亜鉛製の柩に向かって、親戚縁者たちは声をあげて涙し、それらは故郷から遠く離れた、モスクワのミチンスコエ墓地に埋葬された。チェルノブイリ原発の運転員として、ソヴィエト・システムに翻弄された原子力専門家は、すでに刑期を終え、うち幾人かは亡くなっている。これですべてが終わったのか、いや違うだろう。大惨事から一〇年を経て私たちは、その規模、救いのない現実、未来を苦しめるチェルノブイリの遺伝子に襲われている。この地球規模の（文字どおり、そして喩えとして）癌細胞のことを知ると、私たちは自身についていっそう深く知ることになる。私たちの病んだ社会について知るのである。私たちはあたかも星雲より遠いほどの、われわれの過去を知り、将来を悲観するのである。希望はチェルノブイリという過去によって失われるのだ。

共産主義という原始の洞窟で、観念的な呪文のほかは、なにも聞かされなかった私たちは、多くの闘いと膨大な損失——チェルノブイリがまさにそれだ！——をもってしても、永らくこの世界から抜け出せなかった。チェルノブイリが起きるまで、チェルノブイリに関して、現実社会にはりついた欺瞞と嘘とを払い落とせなかった。そしてポストチェルノブイリの嘘と欺瞞が再び堅く築かれてしまった。その中へ、当局は私たちをなんとかして封じ込めようとしている。

私たちの行く手に待ち受けているのはなにか。チェルノブイリという物差しで、そこに生きる人々と権力をもつ人々、真実と嘘とを考察しよう。チェルノブイリはそのための尺度なのである。

第1章　ルードニャ＝オソシニャ、それは騙された村

すでに述べたように、事故当時私は州の共産党機関紙『ラジャンシカ・ジトーミルシチナ』で仕事をしていた。私たちは州のナロヂチ地区にある四つの村の住人が、致死量に達する放射能が検出されたとの理由で、強制移住を迫られているという知らせを受け取った。新聞やラジオ、テレビは、人々は安全地帯へ移住させられているのだと、私たちを思い込ませた。被災者のために必要なことは、すべて実行に移されている、と報道された。私の新聞もまったく同じことを書いていた。そのように伝えられてはいる危険地帯のなかで、本当はいったいなにが起きているのかという確信を、私はなにひとつ持っていなかった。新聞などで伝えられるものとは違う〝なにかとんでもないこと〟が起きていると感じたのだ。それは直観だと思う（おそらくこれはジャーナリスト特有の職業気質であろう）。人々のための新しい住宅が、チェルノブイリからごく近いところに建てられ始めていることに、私たちがなにか疑いを持ったのかもしれない。強制的に立ち退かせた場所からほど近い、鉄条網に囲まれた田舎町のすぐ隣に農民たちを住まわせるとは、いったいなんのためだろうか。

思った通り、私たちの新聞が報じているのは、いかに建設労働者は勤勉に働いているかとか、どれほ

ど迅速に、順調に強制移住させられた人たちのための施設が建てられたかということなのである。しかし、原子炉の壁のすぐむこうに新築住宅が必要なのかという問いについての答えはない。そこは危険な場所ではないのか。そこで私は詳細に検証して真相を究明することにした。

私はこの考えを、長い間、党専従職員を務めたドミートリー・パンチュク編集長に伝えに立ち寄った。彼は、聞き終えると、実務的に、冷たい表情で次のように答えたのである。「それを決めたのはわれわれではない。真相究明はわれわれの仕事ではない」と。私は、移住者向けの家が建てられている問題の場所、ナロヂチ地区へ出張を許可してくれるよう頼んだ。しかし、編集長は私のこの申し出を、断固として認めなかった。

このような事情で、私は狡賢く立ち回ることに決めた。実験工場のあるマリン地区への出張取材の計画をもって、わが国の科学技術の達成を記事にしたい、と編集幹部に掛け合うことにしてみたのだ。この取材は不許可とはならなかったので、私は出かけることにした。一日半かけて科学技術の輝かしい成果に関する取材をすませ、なんとかそれでも、禁止されているナロヂチ地区を訪れることができた（ナロヂチ地区とマリン地区はどこかで境を接しているはずだ。私のジャーナリストとしての手練手管の成果である）。ナロヂチ地区では、マリン地区の実験工場から派遣された建設労働者がルードニャ＝オソシニャ村の幼稚園を建てているところだった。

工場長は私に旧式のマイクロバスと運転手を手配してくれた。二時間ほど、私たちは「施設」にむけて、荒れた道に大きく音をたてるマイクロバスに揺られつづけた。暑い夏の終わりであった。バスは豊かな森を横切り、その森では、無数の野鳥が囀（さえず）っていた。車輪の下には茸類が広がっていた。小さな林のあいだをとおして木漏れ日が差し込んだ。運転手は名のらない。年配の人だ。彼は、悲しみに沈んだ声でこう語るのだった。チェルノブイリの大地がどんなに汚れてしまったか。いままでどれほど光り輝く茸や苺に恵まれ、豊穣な世界が広がっていたかを。この地はもともとそうだったのだ。しかし今は、森に入ることも、草原で寝ころぶことも、オランダ苺や苔桃（こけもも）やさまざまな茸を狩ることも、ここでは禁じられているのだ、と。すべてが毒に穢（けが）されている。しかし土地の人は、この毒がどこでどんなかたちとなって私たちを襲うか、危険性についていろいろと言われることなど気にすることなく、葦（あし）で編んだ手籠をもって茸や苺を狩りにたびたび森に入った。そして自分の食卓を飾った。またある人は、キエフやジトーミルの市場へ収穫物を持っていくのだった。

ルードニャ＝オソシニャ、それは典型的なポレーシエ〔一三頁訳注3参照〕の村である。春の公園には、豊かな花々が芳香を放ち、そこは蝦夷松（えぞまつ）の森のまんなかの広い花壇に似ている。われわれは、公衆浴場を建てていると思われる、建築作業員に近づいていった。すぐ隣が森の始まりだ。無愛想で寡黙な五人の男との会話は、なぜかぎこちないものだった。加えて、あたりで不快な小糠雨（こぬかあめ）がしとしとと降っている。それでもやはり私は、ここで今、なにが起きているのか、なんのために彼らは建設しているのか、この地の放射能レベルがどれくらいかを知ろうと努めた。湿った会話を終えた。そして、まさにここ、放射能の高いこの場所に、公衆浴場が建設されていることがはっきりしたのである。建築している彼らも自分たちのしていることを理解していない。だれもこれについては語らない。「兵士がやってきて、（なにかを、なにかで）測定するんだ。おれたちには、なにがどうなっているのかを教えてくれないのさ」。初めは二カ月で公衆浴場が完成する予定だったが、工事は遅れていた。わが国ではよくあることだ。起重機がなかったのである。どの家にも専用の浴室がついているのに、村のはずれに、一〇カ所もの公衆浴場が、なんのために必要なのか。結局だれも本当のところは知らないのだ。公衆浴場の建造には、五万ルーブルの費用がかかるというのに。隣には、幼稚園の校舎を建設している労働者が八名いて、彼らはさきほどの公衆浴場の建設労働者にくらべると、ずっと人あたりがよかった。年配の作業班長ユーリー・グリシチェンコは次のように語ってくれた。「幼稚園の建造に、一二万ルーブルの税金が投入されるんだ。ここの作業でわれわれは二カ月になるけれど、まわりの住民はもうわしらがなにをしようと気にとめていないね」。だれのために、彼らは幼稚園を建てているのだろう。ルードニャ＝オソシニャ村には就学前の子どもはほとんどいないのに、幼稚園の建設は二五カ所予定されていた。

最初に私はここで「棺桶代」という不思議な言葉を耳にした〔ソヴィエト時代、亡くなった人の遺族に、いくばくかの〝遺族年金〟が国家から支給され、それを「棺桶代」と呼ぶこともあったが、この場合はそれとは異なる〕。村人たち、労働者、幼稚園と公衆浴場の建設に携わっている人々の「栄養強化」食品（！）のためにあてがわれる月々のあわれな施し分三〇ルーブルをそう呼ぶのである。単純に計算して、一日当たり給料に一ルーブルが上乗せされる勘定になる。労働者のための品揃えは、えんどう豆、パーミセリ〔極細のスパゲティ〕、牛肉だった。鶏肉が「指定食品にない」のは、値段が一日分の食費として加算される一ルーブルの三倍を超えるからだろうと説明してくれた。

働く者たちは、気分がすぐれない、頭痛がする、疲れやすいと訴えた。彼らは高い放射能が原因ではないか、と考えていた。

そして、こんにち、チェルノブイリ原発の爆発から多くの歳月が流れ、私は彼らのこの考えは「正しかった」と断言したい。風変わりな名称をもつ村、ルードニャ＝オソシニャ村は、チェルノブイリ原子力発電所大惨事の四年後にとうとう全員立ち退きとなったのだ。この地で生きるのは、あまりに危険が高いことがわかったからだ。なんと、事故から四年も経って、権力者がこのことを理解したのである。私は、その当時、ルードニャ＝オソシニャを訪れたことを、編集部には内緒にしていた。

建設作業員との話を終えて、私たちは村をくまなく歩き、作業班長のいる家を探した。ここには村ソヴィエト〔村議会〕はなかった。コルホーズ理事会もなかった。住民が教えてくれたように、ルードニャ＝オソシニャ村は、作業班によって運営されている村だったのである。言い換えると、未来のない村だった。ここには一〇年制中等学校さえも存在しなかった。そのような「未来のない」村はソヴィエト連邦の中に数万もあった。神にもソヴィエト政権にも忘れ去られた村々。ある村には、商店もなく、郵便局もなく、いうまでもないことだが、電話そのほか文明社会を示す基本的なものがなにも存在しなかった。とはいっても、そこにも人々は生きている。彼らにもパンや衣料品やマッチや明かりや書物やラジオ、そのほかいろいろなものが必要なのである。いまになって、政府は「未来のない」村に対する政策を批判しているが、後の祭りだ。村は死に絶えつつある。かつて頑丈に建てられた家々は、釘で打ち付けられ、小路と墓地のあたり一面には、雑草が生い茂っている。人々は少しでも文明へと向かっていく。都会へ出るのだ。

当時、人民代議員地区ソヴィエト〔地区議会〕総合作業班長ヴァレンチナ・ウシチャポフスカヤが私に話した記録がある。「私たちの村には、二〇〇ほどの農家がありました。村は非常事態でした〔たとえば、放射能による汚染〕。ルードニャ＝オソシニャには一年生から八年生まで二七人の子どもたちと九年生と十年生がふたりいました。そして就学前の児童は六人でした。四つのクラスをもつ初等学校が閉校となりました。というのも校内のガンマ線の空間線量が一・五ミリレントゲンだったからです〔自然界の空間線量の約一五〇倍に相当する〕。その学校へは一二三人が通っていました。校舎には教室がふたつありました。そして現在、用水路周辺が〇・二ミリレントゲンで、大地は〇・四です。村のはずれではさらに高く、ここはまだ低いほうです。自分で測りました。私のもっている線量計ДОС（デーオーエス）－5は、〝大嘘つき〟であてにならないのですが、これで測ったのですよ」。つらいのをこらえながら、冗談を交えて彼女は話した。「私の線量計では実際の三分の一ほど小さい値が表示されるのです。去年、特別調査チームが訪れ、同じところを測ると一・一ミリレントゲンでした。それでも〝生存可能〟と言われました。線量計を私に提供してくれたのは地区執行委員会でした。軍の人間が測定に訪れましたが、私たちにはなにひとつ説明しませんでした。

　私たちのところに建てられた幼稚園をご覧になりましたか。いったいなんのためでしょう。なぜあんなものを建てたのでしょう。私たちの村には、大勢のウクライナの若者がいます。娘たちは少ないのです。おそらく、彼らにとって快適な高齢者施設になるのでしょうね。

　でもね、私たちにはまだまともな道もありません。ルードニャ＝オソシニャ村からマールイエ・ミニキ村へは車で行くことはできません。私はナロヂチ地区ソヴィエト定例会議に出席し、この点を質しました。道路のことと子どもたちのことを訴えたのです。一〇歳ほどの子どもが学校まで一〇キロの道のりを歩くのです。放射能以降〔彼女はそのように表現した〕さらに広い範囲で道路は朽ち果て、通行ができません。もし道路ができれば、亜麻（あま）をとりに三キロだけ歩けばいいのに、今は一七キロ歩かねばなりません。六年間ずっと道路を造ると約束されてきました。事実、村ではアスファルトを生産していました。私たちはウクライナ閣僚会議宛てに手紙を書きました。そうです、マーソル〔閣僚会議議長〔首相〕〕へです。その後に、州執行委員会〔州政府〕から人がやってきて、第4四半期に道路を敷設すると約束しました」。

本当に、確実に、住民たちは希望を持って生きているのだ……。

「私たちは言われました。メンデレーエフの周期律表にある元素ならなんでもかんでも存分に摂りなさい、とね。そのためになにを食べなければならないか」と上着の裾で両手を拭きながら作業班長は続けた。彼女はちょうど自家菜園で馬鈴薯（ばれいしょ）を掘り出すところだった。そこから遠くないところで、別の女性が馬鈴薯を選別していた。すぐそばでは、砂場で子どもたちが飛び回っていた。すこし離れて、だれかが葉や茎をくべて焚火をしていた。そして放射能を含んだその灰は、すぐ近くの菜園と広場で遊ぶ子どもたちの頭上にふりかかった……。村のまわりでは事故後、日が経たないうちに、表土を剥ぎ取る必要があった。しかし、それは全面的に見直され、ただ地中に漉（す）き込むだけということになった。「除染済み」の村。石灰を使った放射能除去が実施されたのは一九八七年の秋だけだった。この間に、外部被曝、内部被曝という最初の放射能の攻撃を受けた村の住民数十名が、事故後ほぼ三カ月間、放射能で汚染された地元産牛乳を飲み、州中央病院の病床に伏していたのが明らかにされた。また、幾人かは数回にわたり病院を訪れていた。

自家菜園で働いていた女性たちも、私たちのところへやって来た。なにを話しているのかを知ると、自分たちの苦しい生活が話に溢れてきた。こんなことが起きていたようだ。村から六三頭の雌牛が連れて行かれた。体重一キログラムにつき一ルーブル九二カペイカ〔一ルーブル＝一〇〇カペイカ。日本の銭に相当し、現在ロシアではカペイカ硬貨はほとんど流通していない〕が支払われた。雌牛はこの地区のバザール村にあるコルホーズ「シチョルサ」に移された〔四年後に、バザール村も完全移住しなければならないことが明らかになった）。なぜ、バザール村なのか。そこは「きれいな」場所なので販売用の食肉にするため牛たちを肥育するという理由であった。雌牛は一九八六年七月一七日に連れてこられた。仔牛は残された。しかし後になって、仔牛たちも引き取られた。雌豚と雄鶏のみ手許におくことが許可された[訳注1]。「爆発当初の日々、わたしたちは、みんな声が擦（かす）れてしまったのです」と、女たちは言う。「今年、私たちはスグリの実とオランダ苺を食べるのを禁じられました。林檎（りんご）は許可されていますけれど、流水で洗うようにと言われています。トマトと胡瓜（きうり）もそうです」。

こんなことも知った。村の農場には八六頭の雌牛がいて、雌牛の肥育場には、一一三頭いた。コルホーズ「クラースナエ・ポレーシエ」の年度計画は、上半期で一一三パーセント達成された。かつて、ここで一ヘクタール当たり一〇〜一三ツェントネル（一〜一・三トン。一ツェントネル＝一〇〇キログラム）の穀類が収穫された。このときは、一八ツェントネルほどだ。

女たちが話すほどに、私はここでは〝犯罪〟が実行されていると確信した。人々に対する権力犯罪だ。私をしてこの地へ出張に赴かせたのは、その犯罪性ゆえではないだろうか。

ルードニャ＝オソシニャ村の新築の幼稚園と、有刺鉄線で囲まれたキエフ州のボベル村とウラヂミロフカ村とは目と鼻の先だ。平原を行っても、有刺鉄線にぶつかる。遠くないところにゴルビエヴィチ村が

訳注1　コルホーズは集団農場、ソフホーズは国営農場のこと。ソ連の社会主義農業の二形態をなしていた。勤労農民が自発的に連合して共同経営を行なうのがコルホーズであり、国営のもとで賃金の支払を受ける労働者が働くのが、ソフホーズである。連邦崩壊とともに、農業企業、生産共同組合など多様な形態に再編成された。

ある。女たちが私に言ったように、その村には、新しい家が建てられている。しかし、緊急避難した村の人々は、そこへ引っ越さなかった。しばらくの間、そこは空っぽのままだった。利用したのは、自分たちのコルホーズ員だ。そこからチェルノブイリ原発まで六〇キロメートル、死の三〇キロ圏内まで三〇キロメートルだ。

こんにち、ルードニャ＝オソシニャ村はすでに存在しない。爆発が起きてから四年経ち、政府は、緊急に住民たちの移住を決定した。緊急などというが、それまでどれほど多くの歳月が欺瞞にまみれて流れていったことか。犯罪に匹敵するほどの欺瞞で。

その当時私は、自分のジャーナリストとしての調査にどれほどの価値があるかわからなかったが、見たこと、訊いたことをすべて書き続けようと、自分に言い聞かせた。情報の公開（グラースノスチ）だけが、この人たちを擁護することができる。グラースノスチは一九八五年に、ミハイル・ゴルバチョフが権力の座に就くとともに、わが国で宣言されたが、この地方にはまだその兆しもなかったのである。

まるひと月、放射能に汚染された村、ルードニャ＝オソシニャへの隠密取材をしたあと毎週末、夫とともに愛車「ジグリ」でナロヂチ地区の村々を巡った。そこには、亡くなった人、障害を負った人、裏切られた人たちとの重い出会いがあった。以来二五年の歳月が流れた。その出会いの一つひとつを、私は忘れることができない。なぜならば、彼らの痛悔（つうかい）のどれひとつとして、無下に忘れ去ることは許されないからである。当時書き留めた血の滲むようなメモ帳、いずれ訪れる死の他には人生になんの希望もない高齢の人たちの記憶のように、私はチェルノブイリの資料ファイルをいまも大切に保管しているのである。

第2章　進入禁止！　生命の保障はない

赤紫や黄金色に覆われた秋の大地に横になると、まさに言葉で尽くすことのできない美しさだ。左手には草原が広がり、そのむこうの牧場に放された、草を食む家畜の群れ。家畜たちの奥に立ちのぼる靄の背景に伸びる森そして森、まさに絵画のようだ。ここはプロバンス地方かと見紛うほどだ。いや、プロバンスだって、私たちのこの美しさにはとうてい及ぶまい！　これこそがポレーシエだ！　果てのない大地と森、そしてそれらと永遠に血のつながったように醸し出される重厚な気分。いつも変わらぬ鮮やかな緑色に縁どられた中には、かけがえのないブローチ。それがフリスチノフカ村だ。フリスチノフカ、この名はフリスチヤン〔キリスト教徒〕に由来する言葉か。ハリストス〔キリスト〕に由来するのか。それともウクライナ語の「フレスト」〔十字〕つまり「クレスト」〔十字架〕が語源だろうか。どれほど特別な十字架がこの村の運命を左右するのか？　そこから右手遠くに、桜と林檎の園に、ポレーシエの農家と質のよい白い煉瓦で造られた新築の家々が並ぶ。ここは、スターロエ・シャルノ村だ。そして真正面には……。

いきなり、「止まれ！　通行禁止！　身体に危険」という背筋が凍るような警告文が、有刺鉄線の上や重い錠前のかけられた遮断機に掲げられている。

なにかの間違いではないか。そんなことはありえない。どうも合点がいかない。ことがうまく説明できない。有刺鉄線のむこう側一〇〇メートル先に農家がある。庭に林檎の実が落ち、棚のすぐ傍らから草原へころがる。幼い子が家から外に出てきた。五歳くらいだろう。六つかもしれない。嬉しくてたまらないらしく、湧き立つような秋の花々の中を走り出した。なんと品の良い花だろう。林檎の花に手をのばす。それから口元へ運ぶ。唇を花の汁がつたう。そして編み上げ靴と地面に滴り落ちる。子どもの顔に笑顔がはじける。

有刺鉄線の反対側には、牧草地の近くに家並みがあり、ウーシ川に沿ってノーヴォエ・シャルノ村が延々と続いている。チェルノブイリで大惨事が起きたあと、もはやこの光景はなくなり、荒廃した姿を晒している。そして、どれほど哀しい運命が、さらに続く三つの田舎の村を襲っただろうか。ドールギー・リエス村、モトゥイリ村、オメリニキ村。一九八六年夏、これら農村の二五一家族、五〇〇人が移住したということを私は新聞で知っている。彼らはどこへ立ち退かされたのか、どんな暮らしを送っているのだろう？　まずなにより私はそれが気になった。新しい土地で精神的に追い詰められていないだろうか。

チェルノブイリ原発爆発後はじめてナロヂチ地区を訪れたのは土曜日で、そのときは、災厄のおおよその規模や、その地で行なわれている欺瞞的行為が、私にはまだよくわからなかった（私の地元の地区だというのに）。休日には、指導部のだれも地区執行委員会に姿を現さなかった。私はただただ、道行く人々に、商店のなかで、家々に立ち寄って、話を聞いた。始めに私は、ナロヂチのはずれに行ってみるとよいだろうと勧められた。そこは小さな村ミールヌィのことだ。村には移住者のための戸建て住宅五〇棟が建っていた。しかし人々はその住宅に住みたくはなかった。なぜなのか。

ミールヌィ村で私はこの疑問点について、ノーヴォエ・シャルノ村から移り住んだ人々と話し合った。避難してきた人々が語ったのはつぎのようなことだ。

アダム・パストゥシェンコ、大祖国戦争〔第二次世界大戦〕の傷痍軍人、移住後、ナロヂチ地区財務局で仕事に就いている。「ここに家など建ててはいけなかったんだよ。それには二つの理由がある。第一に、私たちが立ち退きを迫られたところにくらべて、ずっと良い場所というわけではないということ。第二に、長年にわたり、ここには空中散布用の農薬倉庫があったんだ。ここで呼吸はするなと言われるほど酷い臭いだからね」。

私が商店の中で、原発事故の被害者と話していると、私つまりジャーナリストが来ていると聞きつけて、移り住んだ人たちが集まり、自らの不幸な体験について語り、助けを求めはじめた。彼らはみな、文字通り同じ質問を私に投げかけたのだ。誰がこんな命令を出したのか。誰が放射能に汚染された危険地帯に隣接するここに住宅を建設せよと決めたのか。ただでさえチェルノブイリの周辺でさんざん苦労を重ねた移住者向けに、なぜ、ここに住宅を新築したのか。私には当時、答えを持ち合わせていなかった。私はひとりで、それがだれかを捜していた。この場所もそのひとつだった。

農民たちは、新たに誕生した小さな村に通じる、ふたつの道を行くようにと私に勧めてくれた。大部分の家には人が暮らしていなかった。四軒の新築家屋をみると、剥げ落ちた壁が、窓から農薬がしみ込んだ大地へ投げ捨てられていた。話していたひとりが、苦々しげに冗談を言った。「私たちの村には蠅さえもいないんですよ。みんなばたばたと死んでしまったもんで。穏やかな風でも反吐が出そうなアンモニア臭がまき散らされるんです」。

何軒かの家は、凍てつく寒さだった。スチームのボイラーは壊れていた。「党幹部は言うんですよ。お婆さんはスチーム暖房をうまく使えないんだ。だからボイラーが爆発してしまうんだ」と。この言葉に人々は嘆き悲しむのだ。

ジューコフ通りにある八つの家では、床板が取り外されてあらゆるものが地面に投げ出されたと、ここに住む人々が言う。移住してきたひとり、フョードル・ザイチュクは、私を家に招き入れてくれた。彼の家には三つの部屋があった。天井は黒く汚れており、湿気が酷い。しかも寒い。疲労の色濃く、希望の失せた表情で、「どうやってここで生きていけというのでしょう」と繰り返し私に訊ねるのだった。

こうした家を巡りながら、私たちは再び商店に戻った。私は移住してきた人々が「きれいな」食料品をどのように確保しているのかに関心があった。店長のリュドミーラ・パストゥシェンコはみんな、とても口にできないほどひどく焦げたパンを受け取っている、と訴えた。ミネラルウォーターはない。肉が充分にはない。働いている人は、日中に肉を買うことができない。仕事を終えてからでは、その肉も残っていることはめったにない。魚の燻製もない、鶏肉もなし。鴨肉とジュースは足りている。一応のところは、お上から降りてくる食料の「配給」は、移住者一カ月一人当たり、蕎麦(そば)の実と小麦が各一キログラム、蒸し肉とコンデンスミルクが二缶、このようなありさまである。

しかし、それはともかく、みんなは健康に不安をもっている、と傷痍軍人アダム・パストゥシェンコは言う。彼の体内を測ると六二万九〇〇〇ベクレルのセシウムが検出された（ベクレルは放射能の強さを表す単位。旧単位はキュリー。一秒間に六二万九〇〇〇個の放射性壊変するセシウムが体内にあることを意味している。日本の一般食品（厚労省の基準で一キログラム当たり一〇〇ベクレル）を六トン以上食べ、全セシウムが体内に留まっている状態である」。二四日間、彼はジトーミルの病院で治療を受け、三三万三〇〇〇ベクレルに下がってから、退院したのだ。

ニーナ・モホイトは言う。「私には娘が二人います。オーリャは一二歳、リューダは九つです。オーリャは最近、州の小児病院に入院しました。リューダも病気です。私たちにはいま、二カ月分、なにかは知りませんが薬を処方されています。子どもたちの甲状腺は一、二級の段階まで肥大しているのです」。

州文化会館の教授法講師ヴァレンチナ・カフカの話。「六歳のヴァクダンと一四歳のスベトラーナの二人の子どもは、ジトーミルとキエフに行きました。ヴァクダンは肝臓肥大と胆嚢炎なのです」。

そして再び、彼らはみな同じ問題の核心に戻るのである。危険な放射能地帯、文字どおり有刺鉄線に囲まれたノーヴォエ・シャルノ村にいた自分たちが、そもそも、数キロメートルしか離れていないここへ移住する必要が本当にあったのか。これでは、自分たちにとっては「一難去ってまた一難」だ。なぜそれがわからないのか？

彼らに向かって、その時、私はなにを言うことができただろう。

夜になって、私は重い足取りでミールヌィ村を離れた。人々は馬鈴薯畑を通り抜ける近道を案内して、ナロヂチの中心地まで見送りに来てくれた。吐き気を催すアンモニア臭が、香（かぐ）わしい秋の草木の香りにとってかわった。小さな焚火がここで燃え上がることもあれば、あそこで燃え上がることもある。ここでは子どもたちが、蕪（かぶ）などの葉と茎を燃やしていた。それは、ルードニャ＝オソシニャとまったく同じような光景だ。そして実際に焚火から立ち上る致命的な放射能の灰は、あたり一帯、生きとし生けるものの上に降り注いだ。

日曜日に私たちは別の方角へ出発した。そこもまた、移住者のための住宅建設工事が行なわれていた村だ。メジレスカ村は、ウクライナの言葉で「森のあいだで」「森の中央で」を意味し、実際に村は言葉の意味どおりの姿であった。そこでは、学校の周囲の表土が剥がされ、六軒の老朽家屋が取り壊されていた。それら農家のうちの一軒には、放射能を帯びた土壌が捨てられ、七軒の少し大きな農家の周辺でも大地の表層が剥ぎ取られていた。しかしながら、つねにどこでもそうであったように、この村は恵まれた「きれいな」ところに思われた。ここでは、ほかの田舎で行なわれているような賃金の二五パーセント割増も月々三〇ルーブルの「棺桶代」の支払いも滞っていた。その替わりに、電話線が引かれていた（それは、苦あれば楽あり、ということも示していた）。救急診療所も建設されていたが、診療は行なわれていなかった。

チェルノブイリ原発の爆発後の夏に、ここには一五軒の移住者用新築住宅が建設された。私が訪れた日は、三分の一は住人のいない状態だった。このような目撃証言がある。

村ソヴィエト経理担当者ナジェージダ・オサドチャヤは言う。「家は突貫工事でした。村人のためではないのです。私のお婆さんは、冬の間ずっと村ソヴィエトで過ごしました。なぜかというと、彼女たちには、ストーブが必要なのですが、住宅にはそれがありません。炊事用かまどもないのですからね。もし地域暖房があれば、話は別ですけれど。でも、お年寄りは地域暖房を利用したスチーム暖房の使い方がわからないのです。ストーブがあればよいのですけれど……」。

そばに腰かけている一九一二年生まれのアントーニナ・アダモヴナ・コンドラチェンコと一九〇五年生まれのオリンピア・ミハイロヴナ・ジョヴニルチュクは、深く頷いた。歳月を経てかつての輝きを失った瞳から、頬に深く刻まれた皺へと静かに涙が伝うのであった。

すでに入居済みの家の大半には、年金生活者が住んでいた。働ける人は二、三人だった。

「やって来た時には、仔豚二頭と缶詰キャベツ、胡瓜、トマト各一箱、穀類三袋、鶏一〇羽が移住者に配給されました」と地元住民は言う。

「自分の家と村をあとにするのは、とても辛いことでした。故郷の大地に悲しみの嗚咽が残り、深い呻吟の声がありました。私たちはみな、声をあげて泣きました！　車が新しい家に着くと、全員で自動車を洗いました。私たちの家は以前のものより良く見えました。暖かでした。すべてが揃っていたので、買ったのはパンだけです。でも、今は、すべてを買わねばならないようになってしまい、年のいったお婆さんは嘆き悲しんでいます。あるお年寄りの夫が亡くなりました。ご高齢でした。そして残された彼女は、亡き夫をドールギー・リエス村の郷里のお墓に埋葬しました。埋葬許可がおりたのは幸いでした」。

メジレスカ村では、移住してきた人々に配慮して、これらの新築の一五軒に加えて、彼らに三軒の家をコルホーズ〔四一頁訳注1参照〕の中に買った。一軒当たり二万ルーブルだ。しかしまたしてもそこへは、放射能の被災者は入居しなかった。二軒には、コルホーズ員の新婚夫婦が越してきた。残りの一軒は、空のままだ。

コルホーズ「マヤーク」党書記アナトーリー・コノトフスキーは語る。「住宅は今年修繕されました。今年の冬の寒さは厳しくないでしょう。天井に暖房を据え付け、扉の立てつけを直しました。州党執行委員会は、オヴルチ地区の木材事業団に、暖房用薪を手配しました。というのは、私たちには、放射能に汚染された薪をナロヂチへ持ち込むことは認められませんし、移り住んだ人々は、自分たちの残してきた村、オメリニキ村、モトゥイリ村〔ナロヂチ地区の北東に隣接している〕から薪を持ってくるからです。けれどもこれは禁じられています！　そこは放射能が高いのです。お年寄りにとって必要なのは、いま、暖炉のある田舎家です。ごくふつうの薪で焚く暖炉です。五から七つの薪貯蔵倉庫を彼らに用意し、冬いっぱいを自分たちで暖かく過ごせるようにすることです。子どもたちには、甲状腺肥大がみられます。学校で検診が行なわれました。隣はオソカ村です。もちろん私たちのコルホーズでも検診を行ないました。放射能レベルはたとえば、ゴルビエヴィチ村よりも上昇しています。けれどもここでは割増金の未払い分がまったく支給されていません。自家製ミルクや肉や鶏を食べるのを禁じられているというのに、村は非常事態にあると認められていないのです。村には畜産専門工場があります。私たちはそこから、ミルクを国家に納め、つづいて、オヴルチの加工工場に回されます。私たちのミルクはコーロステン地区から届くのです」（四年後に、コーロステン地区は放射能レベルが高いことがわかった）。

村ソヴィエト議長ウラヂーミル・ブドゥニツキーが言う。「オソカ村の畜産専門工場では、一一名が働いていて、三五〇頭の牛を飼育しています。メジレスカ村とオソカ村の畜産工場では放射能除染が実施されました。学校の周辺では放射能は六倍を超えましたし、ここでは表土が剥ぎ取られています。移住者たちには食料配給券がありますが、なにも届きません。なんでもいいから持ってきてくれと、声を大にして求めているんですけれども、だめです。二度ほど、メジレスカ村のコンデンスミルクをくれました。缶詰もありました」。

オソカ村の搾乳係は仕事に出なくなった。

ゴルビエヴィチ村では、移住者用にさらに二〇軒の家が建てられ、一九八六年八月六日にはふたたび雌牛が没収されてしまった。理由は、牛乳が放射能で汚染されているからだ。子どもたちは一日中学校にいる。無料で日に三度、「きれいな」食事を食べることができる。

ゴルビエヴィチ村ソヴィエト会計係のマリヤ・コノトフスカヤの話。「二、三カ月、私たちは給料の二五パーセント割増分と食品購入分の三〇ルーブル〔棺桶代〕を受け取っていました。けれども突然それが打ち切られました。間違いだったなんて言うんですよ。私たちではなくて、ブダ゠ゴルビエビヴィチという近くの村の人に払う分だったんですって。最近では、土地の税金は下がったけれど。自分たちの収穫した食料を食べるのは禁止されて、結局は同じものを三〇ルーブル払って買うのだから、新しい家には人は住みたがりませんね。私たちがここでどんな暮らし振りかをあの人たちも見ているんですもの。おまけに寒い家だし。うちのユーゼフ婆さんはこの冬はずっと自分の村で過ごすと言うのよ。冬が終わったら、やって来るようだけれど。彼女も一九一四年の生まれで、コルホーズで働いているんです。私たちは移住者たちを、いつものように、パンと塩と花で歓迎します〔パンと塩で客人を迎えるのは、今に残るロシアの習慣〕。彼らは七月か八月にやってくるから、それまで待つようにと言われています。特別な日が、決まりました。ナロヂチ州党委員会書記ムズゴリンは、移住者たちはやって来ないだろうと言いました。けれども私たちは、テーブルを置き、歓迎の花束を立てて、学校に通う子どもたちも出迎えにやってきました。村総出で移住者を迎える予定でした。でも来なかったんですね……。秋に私たちが住む許可をもらうまでは、家はからっぽのままでした。それまではなにもかも待たされました」。

同じことがグト゠マリヤチン村でもあった。

郵便局長ニーナ・ヴォロフは「一五軒の家のうち、一二軒の家に私たちのような若い、地元の家族が住むようになりました。三家族だけ、私たちは花とパンと塩で出迎えました。私たちには自前のオーケストラがあります。州党委員会第一書記アナトーリー・メルニクが歓迎に訪れました。引っ越してきた人たちへ、おもてでコンサートが開かれました」。

トラクター運転手ビクトル・テレシチェンコの話。「私たちはキエフ州ブロヴァルスク地区からここへやって来たんです。いいえ、その地区は汚染されていません。私たちは結婚して、マーシェンカが生まれて、いま一一カ月で、住むところがなかったんです。というわけで、ここへ引っ越すことにしました。ここには、家に空きがあり、仕事があると知ったからです。妻のヴァレンチナはマーシェンカと家にいて、私はコルホーズ『マヤーク』でトラクター運転手の職を得ています。家は寒いです。雨が降ると、寝室や廊下が雨漏りするし。冬は部屋を暖めるために、早朝三時に起きるんです。あまりに寒いんで、窓に霜がつきますね。ひと月半で、荷車一台分の薪を炊きました。ガスボンベですか。到着までにひと月半待たなければなりません。冬には給水塔に水はありません。みな凍ってしまいますから。村でいちばん近い井戸は、二キロ先です。子どもは毎日風呂に入れなければなりませんでしょう」。

ある家に住んでいた移住者は去って行った。同じようなことが原因である。年金で暮らすニコライ・ハルチェンコと妻は移住先のオメリニキ村からトゥチコフ村へと出て行った。そこに、ふつうの暖かい自宅を買ったのだ。

しかし、とりわけ私の記憶に焼きついたのは、ドールギー・リエス村出身で年金暮らしの女性マリヤ・ステパノヴナ・コズィレンコの悲痛な告白である。「私たちはただちにロズソフスキー村へ移送されました。最悪のことですね。普通は身寄りのもとに行きましたよ。けれど身寄りがいないと、私のように、ロズソフスキー村です。そこで一週間くらいいましたかね。私ともうひとり、息子の子どもで二歳半になる孫が一緒です。夏は息子のところで過ごしました。そして秋が訪れ、九月一五日にロズソフスキー村からここへ移されたというわけ。秋は村ではすることがありません。ここでは、四家族がドールギー・リエスからやって来ました。ほとんどの人が年金で暮らしています。若い人は少数です。私たちは、数週間の一時避難だ、長くてもひと月だと言われたから来たんです。バスが五月二七日の朝七時に到着し、一〇時にはもう村をあとにしていました。朝、村人が牛を放牧し始めると、警官がきて、牛は小屋に戻されました。豚を絞める準備をしようと思っていたところでした。ここは気候が悪いし、村から離れているし、さみしいところなのです……」。マリア・ステパノヴナは涙をこらえることができなかった。白地に黒い水玉模様の刺繍のついたプラトーク〔ロシアの民族的な女性用スカーフ〕に、疲れはてた顔を埋め、流れる涙を拭うのであった。

証言の蒐集を終えるにあたり、私はなんとしてもナロヂチ地区の指導者に面会する必要があった。そして彼の立場を理解し、地区内の放射能汚染の状況を解明しなければならなかった。できれば、地区を越えて、州の全体像も明らかにしなければならない。そのころには、わたしたちは爆発によって引き起こされた影響と実態について、まったくなにも知らないのだということを、強く自覚していた。どれほどの規模か、いかなる影響があるのか。一般市民向けに伝えられる情報のなかには、偽りの報道やあからさまな嘘も流れていたからだ。

私は、勤務時間内ならば、関係者を取材することが可能なのだが、表立ってそれはできない。なぜなら、すでに書いたように、おおやけには私は放射能汚染地域に立ち入っていないことになっていたからである。このような状況を解決するために、せめて一日だけ勤務時間をつかって汚染地域の取材をするために（ナロヂチ地区へはジトーミル市から路線バスで五時間、州北部にある）、私は編集長ドミートリー・パンチュクに宛てて、週の勤務時間のなかで、丸一日分の休暇取得申請をした。事由は「諸般の事情による」だ。取材している場所や対象については、もちろん申請書には書かなかった。私の申請に対して、編集長は当然のように拒否してきた。部長のグレゴリー・パヴロフは、私の「事情」がなにかを、聞き出そうとした。しかし、私はそれには乗らず、しばらくしてもう一度同じ申請書を提出した。私には他の方法がなかったのだ。今度は編集長も拒否しなかった。というのは、個人的事情で休暇を申請するのは、なにも私ひとりではないからである。そして、いままでだれひとり拒否されたことはなかったのだ。この日、私は休暇を埋め合わせるために、次の土曜日、印刷所で当直をするようにと言われた。

しかし、部長パヴロフは、申請書を回されたおそらく上司から、問い質されていたのだろう。みなが関心をもっていること、なぜ申請書を受理して、私に休暇を認める必要があるのかということだ。私にできる言いわけは残されていなかったので、その日に人工妊娠中絶手術を受けるつもりであると伝えて、とうとう諦めさせた。

休暇を取得すると、私はすぐにナロヂチの地区執行委員会（地区政府）に向かった。

ナロヂチ地区執行委員会議長ヴァレンチン・セミョーノヴィチ・ブヂコは飾らない社交的な人物のように思われた。ふつう、われわれの国では、こうした地位にある人間——ソヴィエト指導部や党書記など——は、絶対的権力をもっているので、尊大な目線で国民に命じる立場にあるものだ。思うに、ブヂコも、チェルノブイリ原発が爆発事故を起こすまでは、そうした類の人間であったことだろう。しかしこの大惨事は、彼自身に、彼の家族に、親戚に、近しい人々に直截的にふりかかった。理不尽な現実とその黙殺は、彼を別人格へと変えたに違いない。その結果、私は彼に会うことができたのである。率直かつ真摯な人間であった。彼は、自分の指導者としての地位にしがみつくことより、住民のことを考えていた。

私は地区の中に点在する、生きながらにして「死んでいる」村を取材したと、彼に話した。そして、人々の健康と地区の放射能レベルに関する情報を提供してくれるよう頼んだ。さらに、ここで起きていることを広く伝えて、力になりたいと申し出た。するとヴァレンチン・セミョーノヴィチ〔・ブヂコ〕は了解してくれた。しかし、この地区にはすでに多くのジャーナリストが訪れ、彼らはみな情報を持ち帰り、新聞に記事を書くと約束して戻っていったけれど、だれも、なにも、どのメディアにも取り上げられなかったという。地区の子どもたちに関する情報が唯一『夕刊キエフ』紙に掲載されたのみだ。その記事では、ウクライナ・ソヴィエト共和国保健省、母子医療支援施設長官Г・И・ラズメイエフが次のように書いていた。「プリピャチ市とチェルノブイリ地区の子どもたちは、苦しんではいない。が一方、ナロヂチ地区の一七、八歳の若い層では甲状腺に放射性ヨウ素の蓄積が進んでいることが確実となった。彼らは直ちに入院措置となり、現在彼らの健康状態は危機を脱している」。要するに、万事順調というわけだ！

議長が自由に使える「ガス」〔ゴーリキー自動車工場製の自動車〕に乗り込み、私たちは、まずはじめに、廃村となったノーヴォエ・シャルノ村に向かった。途中、地区中心から八キロほど離れたところで、彼は、私に恐ろしい失敗談を語った。「チェルノブイリ事故について私が知ったのは、四月二七日の朝のことでした。〔新聞やラジオの〕ニュースではありません。この日、私は第一書記と地区の定期市を主催していたのです。もちろん朝、そこへ向かいました。そしたら突然、私たちの目に、キエフ州ポレススコエ地区方面へ向かう車の隊列が見えたのです。黒塗りの「ヴォルガ」でした。「ヴォルガ」の隊列が停車しました。

コロバセンコ〔州自動車管理局長〕が降りてきて、『チェルノブイリ原子力発電所で過酷事故が起きた……』と言うのです」。

事故原因はなにか、どれほど深刻な事態か、だれひとり語らなかったし、伝えてくれはしなかった。それで、その恐ろしい日の見本市はナロヂチで立派に催されたのだ。地区内のすべての村から見本市に食料品が届いた――塩漬けラード、肉、胡瓜、トマト、キャベツ、牛乳、カッテージチーズ、バター、いろいろな野菜、茸類――要するに発達した社会主義が誇る豊穣が、私たちポレーシエの食卓を飾ったのだ。地区民間防衛隊長И・П・マカレンコの資料の中には、一九八六年四月二七日一六時にナロヂチでは一時間当たり三レントゲンの放射能〔自然放射線はおよそ一〇マイクロレントゲン〕が記録されていた。翌二八日午前九時には、〇・六レントゲンだったのだ。

私たちがノズドリシチェ村を通過しているときに、ヴァレンチン・セミョーノヴィチ〔・ブヂコ〕は村の右手のはずれを指した。「あそこが、この地区のなかで、もっとも放射能汚染の高いホットスポットです。一平方キロメートル当たり五兆九二〇〇億ベクレル〔一六〇キュリー、居住禁止規制値の四倍〕ですから」。私は、彼が示した先へ目をやると、そこには、壮麗で鮮やかな緑色の草原が地平線まで広がっていた。まさに、そこには放射性セシウム137が埋められていたのである。草原には、なんと恐ろしいことに雌牛が放牧され、物憂げに放射能を含む牧草を食んでいた。二、三〇〇メートル先は有刺鉄線で囲われていた。ノーヴォエ・シャルノ村だ。そこで車は止まった。けれども議長は「自動車から出ないほうがいい」と警告するのだ。不思議なことに、すぐ近くで人々は暮らしている。それなのに私は立ち入るのを止めるようにと言われる。私は考えをめぐらせたすえ、車を降りることにした。

重たそうな錠前で閉じられ、立ち入り禁止の札のかかった門のちかくに、見張り小屋が建っていた。窓の向こうに電話機と机と椅子が見える。小屋から警察官が出てきた。私は彼に、門の中へ入れてくれるように頼んだ。門が開き、私たちは、立ち入り禁止区域に入った。はずれに佇む農家の陰鬱な秋の庭には、勢い良く伸びた草木の中に、だれもが望みもしない放射能で汚染された果実が落ちていた。そのうえを、木々の枝が、考えられないほどのおおきな重苦しさで撓(たわ)んでいた。村はずれにある農家の近くでは、最後の苦蓬(にがよもぎ)と菊が燃え尽きていた。野生化したそれら苦蓬や菊はほとんど窓の高さまで伸びていた。窓越しにのぞくと、萎れた花のついた植木鉢が見えた。家の中から庭を見ると、白い布地が風で揺れ動いており、垣根の上には、雨や雪で洗われた、数リットルほどの壺と小さな丸石が置いてあった。それらはいまだれにも必要とされていないのだ。「引っ越したあとの三日間で猫と犬は殺処分されました」と〔ナロヂチ地区執行委員会〕議長はぽつりと言った。

この村は、遺跡だ。チェルノブイリの遺跡だ。罪深い遺跡だ。この村に住む農民にとって、あまりに、あまりに高くついた代償だ。この鉄条網のなかを行くと、となりにノズドリシチェ村がある。遠くないところに、このほど新しい幼稚園が建てられた。よそ者にそれを自慢げに見せびらかしているようだ。幼稚園から放射能に汚染された牧草地は目と鼻の先だ。

ナロヂチへ戻る道すがら、議長は村の人々がどのように立ち退かされたかを聞かせてくれた。「四つの村すべてが強制移住しました。正直に言いましょう。私には見たこと、聞いたことすべてに心が締め付けられました。あるお婆さんを隣の人が家に匿(かくま)ったのを覚えています。お婆さん本人が頼んだのです。彼女はなにがあろうと出て行きたくなかった。けれども、私たちは、彼女をこの地獄に置き去りにすることはできません。私たちは捜し出して、いやがるのをむりやり連れて行きました。私たちが最初に移住させたのは、ドールギー・リエス村で、その日はすっきりと晴れ渡った日でした。早朝六時に村へ到着したときは、まだ村人が家畜をそれぞれの牧場へ連れ出していました。五月二七日はノーヴォエ・シャルノ村の村民が避難しました。みな大慌てでした。これは一時的なことで、数週間で戻るんだと、私たちも思っていましたし、村人にもそのように言いました。私たちは家々をめぐり、人々に気持ちを落ち着けるように頼んだのです。けれどもみな、気持ちは高ぶり、神経質になっていて、女たちは声をあげて泣き、自分の家をあとにしました。それは、今生の別れのようでした」。

そうなのである、それが永遠の別れであることはわかりきったことだった。永久に。率直に言って、それが理解できない人はいないだろう。ポレーシエの村人は、先祖代々、何世紀の間も、この地で、ウクライナの清澄な美しい川のほとりで暮らしてきたのだ。ウーシ川、ジェレフ川、ノルィニ川、ルジェンカ川。どの家であろうとみな崇高な芸術作品なのだ。美しく飾られた窓枠。内装はしゅす形縫いで十字架の刺繍の施された絨毯、そして手ぬぐい。何千年のあいだ、この田舎の大地を耕し、種を播き、収穫してきたのだ。この地にはほとんど産業といえるものはなかった。しかし、大気は深く澄みわたっていた。美しい原生の森は茸や野苺（のいちご）そして野生の鳥や動物で溢れていた。そして、これらすべてが、愚かなことに、無責任なことに、永遠に滅ぼされたのである。いつのまに、人間はこの愚かさに慣れてしまったのだろうか？

執務室で地区執行委員会議長は、貴重品保管特別室を開け、州全体の放射能汚染地図を私の前に広げた。ほぼ全体にわたり、傷だらけの人間のように、血の色に染まっていた。ところどころに、緑色がみられた。そこには、事実上、生活の場所はなかった。私はあわてて手帳に放射能の値を書きとった。地図の端には、総被曝線量の最大許容基準値は、一平方キロメートル当たり一兆四八〇〇億ベクレル〔四〇キューリー〕、居住禁止区域に相当〕との記載がある。しかしのちに判明したところによると、同じ場所で四四兆四〇〇〇億ベクレル〔一二〇〇キューリー〕以上まで最大許容基準が引き上げられていた。私は、移住者向けの住居が八つの別々の村に建てられていたのを見てきた。この汚染地図には、その半数がすでに放射能厳重管理区域の中にあり、汚染値が記入されていたのである。しかも、地区中心地の近くに新たにミールヌィ村とマールイエ・クレシチ村が建設され、そこは原発事故直後に汚染地帯リストにあがった場所である。それがわかっていながら、荒廃した家屋の点在したこの一画に、新しい戸建て住宅や公衆浴場、道路や幼稚園や水道設備が建設されたのだった。火を逃れて炎に包まれるとはまさにこのことである。

私が、新しい建設工事について調べているのとちょうど同じころ、高放射能汚染地帯へはすでに一億五〇〇〇万ルーブルが投入されていた。そしてだれも住もうとしなかったらしい。しかし、現実とは反対に建設は促進された。木曜日ごとにジトーミル州執行委員会副議長ゲオルギー・ガトフシツ〔故人〕はナロヂチで緊急会議を開いていた。その閉じられた扉の向こうで、不幸なことに、欺かれた人々の人生と運命が事実上決められていたのである。なぜなのか？　なぜ汚染地域に建設工事の必要があったのか？　いったいなぜ州、共和国、広大なソヴィエト帝国の中に、体内に放射性物質を取り込んでしまい、チェルノブイリの城壁の近くで苦悶する人々のための「きれいな」場所が見つけられなかったのか？　この問いに対する合理的な説明を引き出すことは不可能である。

当時、ナロヂチ小児病院や診療所で聞いたことは、いっそう私の心を揺さぶるものであった。医療関係者が目撃したままをここに書き記そう。時は一九八七年一〇月のことだ。

ナロヂチ地区病院小児科長リュボーフィ・ガレンコの話。「ある一定量の放射性ヨウ素を私たちは確実に体内に取り込んでしまいました。私の予想では、甲状腺障害が起きる可能性は六〇パーセント上昇しました。私たちは、とくに重症の場合は〝T〟と〝Д〟の印をつけています。その子どもたちをキエフ市が優先的に引き受けてくれます。そこが子どもたちの健康にとって、充分に安全な場所であるかどうかは、私には断言できません。よそから来た専門家は三年から五年で明確になるだろうと答えるのです」。

ナロヂチ地区病院医局長レオニード・イシチェンコは言う。「われわれは、幾度も、地区の子どもたち全員を調査しました。八〇パーセントの子どもたちに甲状腺肥大がみられました。標準は一〇パーセントです。かつては甲状腺肥大症の人はせいぜい一〇から一五パーセントでした。私たちはこの事実を原発事故と関係があると考えています。他のことは関係ないと思います」。

ナロヂチ地区診療所所長アレクサンドル・サチコの話では「私たちの子どもの健康が万事良好だとか、かりに甲状腺肥大があるとしても事故とはまったく関係がないという発言には納得できません。問題はなにもないという立場をとってはいけません。最近、私は週単位で行なわれた子どもたち全員の健康状態の分析結果に目を通しました。五〇〇人のうちの一八〇例で血液に異常な現象がみられました」。

「ジトーミル州、キエフ州、ウクライナ共和国保健省はその結果を把握しているのではないでしょうか?」と私は訊ねた。「医療関係者は知っていると答えました。私たちのところへは、大勢の様々な専門家が訪ねてきて、分析用に血液を採取していきますが、それ以後まったく、結果は知らされないのです。私たちは放射能恐怖症で、子どもたちの健康に問題はなく、心配無用と思い込まされてきたのです」。

医学者たちは、地区の子どもと成人の体内に放射性セシウム137が取り込まれたかどうかの検査結果を私に手渡した。ふたつの、さほど厚みのない、しかし身を焦がすような健康診断書である。それをよく見ると、地区の子どもたち五〇〇〇人が放射性ヨウ素131にたっぷり被曝したということもわかる。さらには、一一五名の「機密扱い」の子どもは、さまざまな腫瘍、甲状腺腫、甲状腺機能の障害、甲状腺疾患のレベルにあり、それは精神遅滞をはじめ深刻な結果をもたらすかもしれないということである。

この衝撃的な情報をもって、私はジトーミルに戻った。翌日に州衛生保健局に出向いて、説明を求めた。長時間、ある専門家から別の専門家へとたらいまわしにされたすえに、だれもなにひとつ明快に説明することができなかった。もしかすると、言いたくなかったのかもしれない。おそらく彼らは恐れていたのだろう。事ここに至って私は、被災地区で本当に起きていることが、州政府によって、秘匿されていると強く疑うことになったのである。そしてそれはすぐに確信に変わった。州衛生保健局母子保健部長ヴィクトル・シャチロに会見して、彼の次の言葉で合点がいった。「放射能による疾患は見つけられませんでした。直近の四年間のデータを比較検討していますが、上昇はみられません。肝臓肥大は別の原因で説明できるということなのです。甲状腺機能の低下は明らかになっておりません。権威筋はどのような影響もありえないということで、意見の一致をみております」。

まさにこのとおりである。明らかになっていないのである。説明されていないし、公表もされていない。そんな馬鹿げたことがあるのだ。要するに子どもたちの健康を脅かすものはない……。

私は、見たこと、聞いたことをすべて原稿に纏めた。しかし結局、自分の勤務する新聞〈ラジャンシカ・ジトーミルシチナ〉で発表することはできなかった。「彼女［つまり、私のことだ］がナロヂチ地区の村々で目撃された」件に関する議題が編集局党員集会で取り上げられたのである（ちなみに、党機関紙編集部員のなかで、私はただひとり、非党員の記者だった）。編集局はとてもあわてたようで、同じ職場の記者ヴラヂーミル・バゼリチュクをナロヂチ地区に派遣した。彼は、移住者たちについて、党の期待に応える記事を書き、それはすぐに掲載された。私の同僚である彼は、不幸な人々を非難することに終始し、まともなことはなにひとつ書きはしなかった。紙面の半分をつかった記事の要旨は、被災者のために住宅が建設されたのに、彼ら被災者にはまだなにか不満があるようだ、というものだった！

私は、とりあえず中央紙に記事を発表する道を探るために、モスクワに行くことにした。またもや私は編集長あてに、短期休暇の申請書を書かなくてはならなかった。土曜日に提出したが、やはり歴史は繰り返すのである。私は二度申請のやり直しをさせられ、ようやく休暇をとって、ひそかにモスクワへ向かった。そこで、六カ所ほどの出版社を巡り、電話を掛けたのだが、どこもチェルノブイリに関する話を聞こうとしなかった。それでも漸くペレストロイカ時代の高級紙『イズベスチャ』で私の原稿はなんとか輪転機へと回される段取りになった。しかし喜びもつかの間のこと、しばらくして『イズベスチャ』から電話があり、「貴方の記事は掲載できなくなりました。このテーマは〝機密扱い〟とされているからです」と率直に言われた。一九八八年一月のことだった。

予想外のことだったが、『プラウダ』に原稿を送ってから半年たって、同紙キエフ特派員セミョーン・オヂネツから電話を受けた。そして、つぎのようなやりとりをした。

「ウラヂーミル・グーバレフ〔訳注1〕が、いただいた原稿の掲載は見合わせることになりましたとあなたにお伝えするように、とのことでした」。私は「なぜでしょうか？」と訊ねた。

「別の記者の執筆した同様の内容の記事が、掲載予定となっているからです」とのことであった。

しかしその日以降、毎日なめるように『プラウダ』に目を通していたけれど、私の原稿と同様の記事を見つけることはできなかった。〝石棺〟に関する抽象的な戯曲の執筆は、「機密扱い」されているテーマのノンフィクション記事を発表することより、はるかにリスクの小さいことなのであろう。当時私の記事が出ていれば、放射能汚染地帯における、ばかげた新築工事をとめることができたはずだ。いったいだれが、この責任をとってくれるというのだ。『プラウダ』の党員ジャーナリスト、ウラヂーミル・グーバレフよ、放射能の地獄から数千の人々を救出するために書いた、苦悩に満ちた原稿を、依頼状を添えて届けたというのに、あなたは書面での返事すらくれなかった。しかも、おそらくお手頃な第三者を経由して、しかも証拠がなにも残らないように、口頭で返事を伝えたのではないのか？

とはいえ、ヴラヂーミル・グーバレフが自らの職業的良心にしたがって、私の原稿掲載を決断し、孤立していたというわけではないことがはっきりしたのは収穫だった。気持ちがおさまらなかったので、なんとか別の媒体を探さなければと私はこんどはモスクワの『アガニョーク』誌に向かった。この雑誌は当時ペレストロイカの急先鋒の役割を担い、広汎に読まれていた。数多くのソヴィエト連邦の神話を暴露する大胆な記事を発表していた。地方で働く私たちは、編集部の胆力を感嘆の目で見ていたのである。なんとずっと後になって知ることであるが、この編集部の胆力とは、ソヴィエト連邦共産党中央委員会書記であるゴルバチョフ自身の後ろ盾があってのことだった。

『アガニョーク』編集長ヴィターリー・カロチチに面会することはできなかった。私は、社会・政治部

訳注1　ヴラヂーミル・グーバレフ（一九三八年〜　）、『プラウダ』編集長、作家。戯曲『石棺――チェルノブイリの黙示録』金子不二夫訳、リベルタ出版、一九八七年ほか。

長パンチェンコのところへ行くよう促された。彼は年齢のそこそこいった、神経質そうな人間であった。執務室では、絶え間なく電話のベルが鳴っていたが、彼は受話器をとらなかった。たまに受話器をとっても、たちまち置いてしまった。彼は私の記事を読み終えると、雑誌に掲載することを約束してくれた。

　しかし、パンチェンコ部長もやはり約束を反故にした。私は幾度もジトーミルから電話を掛けた。手紙も書いた。電報も打った！　そしてもう一度、編集部を訪れた。私はなにがなんでも『アガニョーク』編集長ヴィターリー・カロチチに直談判するつもりであった。なにはともあれ、彼もまたウクライナのキエフ出身なのだ。これがどれほど重要なことか、彼にわからないはずはないだろうに！　だから彼が良心に忠実であれば、万事うまくいく可能性がある。

　カロチチとは、廊下で会うことになった。そしてロビーのソファに腰を掛けて、話し始めた。私たちはウクライナに思いを馳せた。そこではちょうど共和国の新聞が反カロチチ・キャンペーンを展開していたので、彼の関心はそのことにあるようだった。自分の批判記事が気になっていたようだ。ところで、私はその新聞を持参していない。私の関心は別のところ、つまり放射能に汚れたナロヂチにあったのだから。彼は、パンチェンコ部長のところに私の原稿があることは知っているので、印刷に回すように準備を整えると約束してくれた。

　パンチェンコ部長はまたも私に約束をしたのである。そして私はまたジトーミルから電話を掛ける羽目になった。記事を発表してくれるように、もう今度は、たとえボツとなっても、原稿を取り戻さなければ。最後に私が『アガニョーク』編集部を訪れたときに、パンチェンコは私を前にして自分の机の引き出しを引っ掻き回していたが、結局、私の原稿は見つからなかったのである。原稿を探しながら、こんなことをつぶやいた。記事の発表ができなくなったのは、なぜかというと、「そこに〔一九八六年五月二日チェルノブイリに〕、〔ソヴィエト共産党中央委員会書記〕ドルギフが滞在していたようだ。彼のチェルノブイリ訪問の後で、あなたの記事に〝書いてあるようなこと〟は新聞にひとつも掲載されなかった。党の大物が視察したあとで、面子を潰すような、あなたの記事を掲載するわけにはいかない」からだという。その後パンチェンコは頃合いを見計らって、われわれの第一書記ヴァシーリー・カヴンを知っている。かつて『プラウダ』で編集していたときに、彼の人物紹介記事を書いたことがあるのだと私に言った。ここに至って、一連のできごとが私にはすべてはっきりと見えたのである。私の原稿が掲載されない背景には、党幹部の強い意向があった。私の原稿は『アガニョーク』編集部のなかで「永遠に」「紛失」してしまったのだ。

『アガニョーク』編集部へ送った最後の手紙に対しては、梨の礫(つぶて)であった。私はもう原稿が無事に返却されることだけ、そのほかになにかを期待していたわけではなかった。『アガニョーク』に送った私の原稿はどこかへ消え、私の勤務していた『ラジャンシカ・ジトーミルシチナ』（ウクライナ語版）には、ナロヂチ地区は、万事問題なしとする記事が突然掲載されたのである。この内容は、人々の合理的思考に対する冷笑的な愚弄といってもよいほどのものだった。執筆した記者は私の上司で部長のグレゴリー・パヴロフだった。これは私に対する、奇妙で奇抜な返礼か、それとも『アガニョーク』からのご挨拶なのだろうか。パンチェンコの事務机の引き出しのなかで消えてなくなった私の原稿は、ことの経緯から考えて、ジトーミル州党委員会の机の上に置かれているはずだと私は確信した。嗚呼、彼らはなんと仕事ができる連中なのだろう！

その後、私は『文学新聞』に控えの原稿を持ち込んでみた。当時、ソヴィエト連邦で最もリベラルな新も。

聞のひとつに数えられるものだ。しかしここでは掲載が約束されるまでに至らなかった。私たちは、だれもチェルノブイリの事実を必要としていないことが骨身にしみた。そしてわれわれの子どもたちの事実をも。

ウクライナおよびモスクワのマスコミは、特別なことはなにも起きていないという見方をしていた。最近資料を整理し、当時の日記に目を通してみると、そのなかに自分はこんなことを書いていたのだ。「一九八六年八月三一日、番組『国際情勢』を観た。政治解説委員はスタニスラフ・コンドラショフだった。彼は、国際時事問題解説者としてあらゆる問題について説明を加えた。テーマはエチオピアの分離独立主義者について。アエロフロート航空を使って親戚のところへ移動するエチオピアの子どもたちの状況について。ナチス国歌がニュルンベルクの学校で演奏されたことについて。日本人にソヴィエト連邦の核実験モラトリアム〔訳注2〕をどう思うかと訊ねる企画もあった。ミシシッピ旅行の話題もみられた。『新思考』〔訳注3〕については、とくに多く取り上げられた。私はチェルノブイリに関する論評があるかと待っていた。それは、番組の予告には、『国際原子力機関（ＩＡＥＡ）とチェルノブイリ』という文言があったからだ。しかし、チェルノブイリに触れた解説はひとつもなかった。私たちにとって、今、それより重要なことはドイツ連邦共和国であり、エチオピアの分離独立主義者である。われわれの子どものことは後回しになっている。この放送は、スタニスラフ・コンドラショフの職業的良心を疑わせるものだと思う」。そしてなんと、彼は孤立しているわけではないのである。こんにちでは、かつて〝功なり名遂げた人たち〟が自覚することなく、〝小者〟へと成り下がってしまった例がほかにも無数にあるのだ。

何度も重ねたモスクワ訪問時に、なにも変えることのできないおのれの無力感に苛まれて、私は中央郵便局に向かったことがある。そしてもう一度、今度は自分の書いた原稿を高名な詩人エフゲーニー・エフトゥシェンコ〔詩人、一九三三年～　〕宛てに書留郵便で送ったのだが、返事をもらうことはできなかった。一九八九年春に、彼の友人に頼まれて、私はハリコフ〔ウクライナ北東部のハリコフ州の州都〕へ向かった。エフトゥシェンコがそこで、ソヴィエト連邦人民代議員に立候補したときのことだった。私は当時、人民代議員であったので、短い休みをとって、彼の応援に駆け付けたのだ。そこで私はなぜあの時、返事をくれなかったのかと彼に訊ねた。すると詩人は、そのような手紙を受け取った覚えがないということであった。「もしかすると、君はモスクワの住所に宛てて、送ったのではないかな。そうだとすると、なくなってしまったのかもしれない。私はペレジェルキノ〔モスクワ郊外の作家村〕のダーチャ〔別荘〕にほとんどいるからね。モスクワのアパートには郵便物をとりに行くだけだから」とのことである。

ことほどさように、助けを求める私の叫びは今回もモスクワとモスクワ郊外の作家村のダーチャのどこかで紛失してしまったようである。

郵便局つまり郵政省〔総務省〕にその責任があるということになる。

訳注2　一九八六年八月一八日、ゴルバチョフ書記長が核実験の一方的停止を年末まで延長するとの声明を表明したこと。

訳注3　ペレストロイカとならび、ゴルバチョフ書記長時代の外交政策上のスローガン。階級的アプローチよりも、平和共存や相互依存を協調する考え方が中心にある。ドイツ統一や東欧諸国民主化の容認、中距離核戦力の全廃、アフガニスタン撤退、中国他の社会主義諸国との関係改善など、東西冷戦の終結と緊張緩和につながった。

第3章　ジトーミルにおける洗脳教育

私が本章を書く理由は、被災地域で見たこと、聞いたことを公表しようとしたが、何度も失敗したので、その後に私の身に起こったことを説明しないと、私の言っていることが不完全で一面的なものになってしまうだろうと思うからだ。私たちが、多様な非公式の情報源をもとにして、内外の放射能汚染地域の状況を知るにつれて、チェルノブイリの生態系問題は、政治問題へと一段と傾斜していった。

私は、ジトーミル州北部の放射能被災地で見聞きしたことを発表できるあてもなく、タイプライターに打ち込んでいたのである（当時のソヴィエト連邦では事実上複写機は存在しなかった）。それをもとにしてチェルノブイリの記事を集めた冊子を一〇部ほどつくり、友人知人に配布したのである。彼らはそれを読んで、別の人に渡す。これはすでに広汎にひろがっていたペレストロイカのサミズダート（地下出版物）なのであった。

私は中央紙『イズベスチヤ』と『プラウダ』に、地方紙におけるグラースノスチ（情報公開）への締め付け、党州委員会の新聞への圧力、州および共和国党指導部の二重基準（ダブルスタンダード）について二本の切れ味よい批判記事を折よく発表できた。この時が、ペレストロイカの始まりだったのだといま振り返って思うのである。独裁体制の年月、従順な仔羊を装っていた人が、そして数十年間密かに自分の考えや意見を隠していた人々が、この記事を読んで私を熱心に支持してくれるようになったのだ。最初の記事が「一地方記者の懺悔（ざんげ）」という表題で『イズベスチャ』紙に出たとき、私の編集室では多くの部員の電話の呼び鈴が文字通り、鳴りやまなかった。一部の女性は感極まって受話器に向かって涙をながしているようだった。多くの人がジトーミルに解放をもたらした日と呼んだ。私の周囲は、言論の自由が訪れたこと、真実が存在し、善が悪に勝利したことを皮膚感覚で知ったのだ。

　圧倒的多数の普通のジトーミルの人々は、私の記事をそのように受け取った。党州委員会の汚職にまみれた上層部、人民を何十年も騙し続け、賄賂漬けとなった無能な特権階級は、さぞ不満であったろう。政府は自らの特派員を護るために、私との会戦に突入してきた。この一介の地方記者である私の記事のなかに自分たちの規範を脅かすなにかを嗅ぎ取ったからだ。

　上からの命令に従い、下りてきた連中はほとんどすべてが私の仕事仲間であった。その衝撃から我に返ると、私を侮辱し始めたのである（その少し前には、彼らは私の家で、二番目の息子の誕生を祝ってくれたというのに）。こうした現象はソヴィエト時代には、異分子に対してよく見られたことであった。党員集会では、この記事がウクライナ共産党ジトーミル州委員会第二書記ヴァシーリー・コビリャンスキーのいる前で、審議にかけられ、六時間もそれは続いたのである。集会は私の個人的事情聴取の様相を呈してきた（前述したように、私は共産党員ではなかった）。私は黙っていたけれども、幾人かは私を支持してくれた。その中のひとり、かつてファシストによって強制収容所に囚われていた人物、農業経済局の記者グレゴリー・ストリャルチュクが、別の集会に参加したあとに、いつものように遅れてやってきた。編集者や党州委員会書記を恐れることなく、彼は立ち上がってこう言った。「もしあなたたちに、ピストルがあれば、もうとっくにヤロシンスカヤは銃殺刑になっているはずだ！」。おそらく解き放たれたグラースノスチが彼らみなを纏めたのである。これまでとこれからは違う、という線引きで。とはいえ、彼らそれぞれのポケットには党員証が忍ばせてあった。彼らはみな様々な事情を抱えているがゆえに、個人の自由を人質にとられていたのである。そしてそれは最低最悪とは言わないまでも、ドストエフスキーの言葉を借りれば、「ろくでなしの生き物」でない者への、ありふれた俗物的な羨望となって表れるのである。

『ラジャンシカ・ジトーミルシチナ』の一九名の記者たちが、ソヴィエト共産党中央委員会と、あの中央委員会書記イゴール・クズミチ・リガチョフ個人に宛てて、私の行動に反対である旨の手紙を出した。当時、スターラヤ広場〔ソヴィエト共産党中央委員会の入居していたビルの前の広場で、転じてソヴィエト連邦共産党中央委員会を指す〕でイデオロギー部門を担当していたのはアレクサンドル・ニコラエヴィチ・ヤーコヴレフであった。当時私たちは彼のことをゴルバチョフのペレストロイカの「デザイナー」と呼んでいた。おそらくヤーコヴレフの狙いは、われわれに対抗する勢力を作り上げることにはなかったと思われる。私に対峙した記者たちは党中央委員会のなかにお仲間を捜したのである。慣例にしたがって、手紙をだした彼らは、ただちに上層部から指示が下りてくるのを期待していたのである。それから指示どおりに行動し……。

しかし彼らの期待していた「それから」はなく、指示は下りてこなかった。とはいえ、私は結局まともに働けなくなってしまったのである。難癖と軽蔑のまなざしが果てしなく続き、私に小さい子どもがいることを口実にして、半人前の、アルバイトのような形で働かされることになった。週に三日間だけである。

編集部のいやがらせにこれ以上耐えて仕事をするのもうんざりであった。仕事場には殺伐とした勝利の凱歌が挙がった。すべての人の息の根を止めて、その勝利の歌声が紙面に響き渡った。

「アフトザプチャースチ〔自動車部品〕」工場の労働者は党州委員会に、窓際に追いやられた記者である私との面会を要請する手紙を送った。彼ら労働者は党と政府を批判した私の記事の正当性を支持し共感してくれていた。手紙には、約五〇〇名が署名してくれてもいた〔共産主義者の統治する時代には、党州委員会の許可なくしては、なにもすることができなかったのである！〕。彼らが関心を抱いたことは、さまざまな問題に対する具体的な私の立ち位置と、ものの見方であった。市内のアパートの分配における党高官たちの不法行為、チェルノブイリ事故の影響に関する隠されたデータ、当時すでに多くの人々にひろく読まれていた非合法出版物。しかし、私が彼らに会いに行くことは許可されなかった。党州委員会はただ、怯えていたのである！

工場では三度、当局から目をつけられているジャーナリストと懇談する集会を開いたが、三度とも、私だけは出席できなかった。勤務時間中に許可なく仕事を中断することができなくなってしまったからだ。編集長のパンチュクは、私に向かって、もしも労働者集会に行くのなら、無断欠勤という理由で解雇せざるを得ないと恫喝を繰り返した。労働者諸氏の説得にあたったのは、党州委員会第二書記ヴァシーリー・コブィリャンスキー、副編集長スタニスラフ・トカチ、党地区委員会書記ニコライ・ガルシコであった。

三回目の集会の前に、私は工場労働者と会いたいと要求した。私と同様、すでに窓際族となっていた同業者で『ノーヴォスチ』通信地方支局員ヤコフ・ザイコが行なったのと同じように、彼らになぜ私が勤務時間中に集会に参加することができないのか、その事情を説明したかったのである。しかしこれもうまくいかなかった。「アフトザプチャースチ」工場の販売部門労働組合支部の活動家数人をつれた工場長が、私を待つ労働者のいる工場の集会場の扉をバタンと閉めてしまったからである。

しかし、市内では燃え上がった熱気は収まらなかった。加えて私は二回、「時事戯評……籠の中で」という記事で、州の党指導部に対する痛烈な批判を中央紙の紙面に載せることに成功したのである。記事のなかで、政府が割り当てたアパートをめぐって、州の党最高指導部による汚職を裏付ける文書を公表した。彼ら幹部にとっては、この記事は青天の霹靂ともいえる大きな汚点だった。この記事が党中央機関紙『プラウダ』に載ったのだから。こうして私は州内だけでなく、ウクライナ共和国で最も知られるジャーナリストとなった。さらには連邦内でも知られるようになった。中央紙で二本の記事を発表した後に、全国津々浦々から数千におよぶ私宛ての手紙が舞い込んできた。なかには、ジトーミル、ジャーナリスト、ヤロシンスカヤ様へ、とだけ宛名に記されているものもあった。心の底から私の記事を支持してくれるものだった。さらには共産主義イデオロギーを信じて疑わない年配の党員が、数十通の手紙をくれて、党への推薦状を届けてくれた……。けれども、私はそこへ行く必要はなかった。なぜなら党はほとんど瓦解寸前で、その退廃の放つ腐臭が社会を窒息させていたからだ。

ジトーミルの工場「アフトザプチャースチ」の労働者をもってしても結局うまくいかなかったことを、不思議なやり方でなし遂げたのが、数千の工場をもつ「プロムアフトマチカ」の技術者、イヴァン・イヴァーノヴィチ・コロリョフである。彼は、党幹部の考え方をある程度知っていた。彼は、マルクス・レーニン主義者協会「ズナーニエ」の講師であり、その立場を利用して、このような形での私と労働者との邂逅（かいこう）が、党の親分たちの名誉を脅かしはしないと説得したからであった。こうして一九八八年の夏の終わりに、はじめてこの大きな団体と私はお互いに向き合うことができたのだった。

ここでまさに、この企業で私は社会活動家として最初の一歩を踏みだした。人々は私に会い、私の意見を聞くことを望んだ。なんのために、なにに対して闘っているのか。私が現在の国家の状況についていかなる見解をもっているのか。およそ三時間という長丁場、私たちみなが懸念しているあらゆる課題について、率直かつ真摯に細部にわたって意見を交換した。この国では数年間、ペレストロイカ〔改革〕が叫ばれたけれども、私たちの州、ジトーミルの壁にぶつかり、いまだ健在な嘘、欺瞞、腐敗した党といったものによって、この波は砕けてしまっていた。ここで私は初めて、そのような欺瞞のなかで、みな、いやすべての共和国がチェルノブイリ事故から約三年を生きてきたということを人々に話したのだ。ペレストロイカのもとでの検閲制度についても話をした。そしてジャーナリストとしての力不足、放射能汚染地帯で間近に見たすべてを公開することが、いかに困難であるかについても話をした。ジトーミルではこれは原発事故の影響を広く知らせる最初の突破口となった。ソヴィエト連邦では、嘘に塗り固められた報道が洪水のように溢れていたのだった。

私が労働者たちに、ともに行動を起こそうと呼びかけたときに、私たちはなにがしかを成し遂げることができたのだ。

ソヴィエト連邦人民代議員選挙〔一九八九年三月二六日〕が近づいていた。これは良くも悪くもソヴィエト政権下で実施される初めての自由な選挙であった。過去の選挙はすべて虚構であって、党特権階級が全国民の嵐のような拍手で選出されるという、羞恥心というものを持たない者たちによる猿芝居であった。しかしこのように少なからぬ企業や高等教育機関などの労働者集団が、私を代議員候補に推挙してくれたのである。当初私は立候補する気持ちはなかった。なぜなら、第一に私はジャーナリストなのである。私の仕事はなにがしかを考えて記事を書くことであって、法律を作ることではない。しかし、しばらくしてこの考え方が変わった。市の労働組合が私を推薦していることを党組織が知り、とても強力な「反ヤロシンスカヤ」キャンペーンを展開したのである。彼らにとっては、このような経験にはこと欠かなかった。気に入らない連中に汚名を着せ、中傷するためには、じつにタイミングよく自分たちの経験を共有し、分かち合うのである。

こうしてふたつの大きな工場、「工作機械製造工場」と「プロムアフトマチカ」は、同日同時刻に、早番の交替のときをみはからって、人民代議員選挙で推薦候補として私の指名を決めたのである。窓から眺めると、私たちの仲間のふたつの「選挙部隊」が黒塗りの「ボルガ」〔ロシア製自動車の車種の名〕に乗り込んだ。それより少し前に始まっていたソヴィエト連邦人民代議員の推薦候補決定集会に彼らが向かうのが私にはわかった。私は同時にふたつの集会に参加することができないので、「プロムアフトマチカ」に行くことにした。なぜならば、その前日に私がいかなる人物か、なにと闘い、原理原則はなにかを確認するため、「プロムアフトマチカ」の労働者レオニード・ボレツキーが自宅に来たからである。彼は始めのうち、なにかひどく戸惑っているようだった。自宅を訪れる前に彼は、『ラジャンシカ・ジトーミルシチナ』編集部を訪れており、編集部では私の〝名誉を棄損〟する材料を用意周到に揃えていたようなのだ。それで、レオニード・ボレツキーは私を代議員候補に推薦してよいものかどうか迷っていたのであった。かりに『ラジャンシカ・ジトーミルシチナ』編集部で彼が聞かされたことが事実であるとしたら、私を代議員候補に選ぶよりもしなければならないことは、監獄へ送ることであるはずだった。それはともかく、私たちは話し始めた。私は彼に文書類を見せ、それにもとづいて、職権を濫用している人物に関する私の書いた関連記事を読んでもらった（しかし、新聞には党州委員会の名において、私、ヤロシンスカヤが正当な党活動を誹謗中傷したと書いてあった）。漸く彼は党機関紙の目的がなにか、だれを護るためか、私はだれと対峙し、なにを擁護しているのかを理解してくれた。

私が「プロムアフトマチカ」に到着すると、ホールには溢れんばかりの仲間が待っていてくれた。通路に立ち、入口や廊下に群がっていた。私はその中に、顔見知りの人間を見つけた。表情には怒気を含み、むき出しの憎悪を浮かべていた。新聞記者の同僚たちであった。名前を明かそう。ガリーナ・プローニナ、ミハイル・ピエフ、リュドミーラ・ナチカチァ、イヴァン・ガツァリュクの面々だ。編集長のお気に入りの使徒たちなのであった。

この特別編成チームの中心人物はガリーナ・プローニナであった。編集局ソヴィエト建設部門部に所属していた。小柄で、いつも明るく着飾り、薄く染めた髪をして、ふっくらした指には宝石のたくさんついた指輪を四つはめていた。ガリーナ・プローニナは演壇に立ち、力をこめて、私を糾弾する演説を行なった。私が党員集会に参加しないことをあげつらって、党に対する忠誠心に欠ける人間だと非難をあびせた。けれども、彼女は演説をしまいまで続けることができず、結局彼らの目論みはうまくいかなかった。ホールで突然、ウラヂーミル・マンゲイムが立ち上がり、しゃべり始めたのだ。「ヤロシンスカヤがどのような人間か。われわれは中央紙に発表した記事を読んで、われわれの側に立っていることを知っているんだ。けれど、あなたがどんな人物か、われわれは知らないのですよ。もし同じジャーナリストとして禄を食んでいるとしても、あなたのことも、あなたの書いた記事も記憶にありません。われわれはあなたを知らないし、知りたいとも思わないんだ！」。こう言うと彼は席に戻った。彼の発言は万雷の拍手で迎えられた。それでも、ガリーナ・ヴァシリエーヴナ〔・プローニナ〕は毅然として、これらいっさいのできごとに耐えているようにみえた。

続けて彼らは彼女にむかって、ヤロシンスカヤに対する非難を証明するものはなにか、と訊いた。すると、プローニナはなにひとつ具体的に答えることができなかったのである。会場は騒然となり、彼女は演壇から逃げだしたいように見えたが、いまやそうはいかなかった。聴衆にはそんなことを許さない雰囲気があった。みなは、しつこく彼女に答えを求め続けた。私は壇上で集会主催者と机の反対側に腰かけていた。演壇はすぐ近くだ。様子をみていて私はすこし心配になってきた。ガリーナ・ヴァシリエーヴナ〔・プローニナ〕が、緊張のあまりに体調が悪化してしまったら大変だからだ。というのは、彼女が脳卒中で倒れ、四カ月間も入院していたのを知っていたからである。彼女の片手がわずかに震えているのがわかった。私は彼女が気の毒になってしまった。

次に登壇したのはイヴァン・ガツァリュクだった。当時農業部長であったと思う。しかし、すぐ前に登壇した発言者〔ガリーナ・プローニナ〕の演説が完膚なきまでに崩壊してしまったのを目の当たりにして、はやる血気を抑え、自分の役割をこなすことに徹していた。労働者たちが、私を代議員候補者に立てることは許されないということだった。

入念に練り上げられた、わが新聞社に忠誠を誓ったジャーナリストらによる連携は、このようにして、当然のことではあるが崩れていった。私の代議員候補資格はほとんど満場一致という投票結果だった。党オルグと工場長は棄権した。この行為は要するに、個人的にはわかるような気がする。私のせいで、彼らは州の党機関の方から最大級の圧力に晒されていたのだった。

代議員候補推薦に関する「プロムアフトマチカ」の集会で私は、まず始めに、立候補するにあたっての政策綱領を述べた。スローガンのひとつに「環境と医療」を掲げた。私は被曝地域をどうするかについて、自分の構想を話した。私たちの州のチェルノブイリ事故の影響を解決する具体的計画を説明した。その規模については、その時点ではおよそのことしかわからなかった。

私に対する強烈な情報戦が各方面から仕掛けられてきて、息がつまりそうだった。所属していた新聞『ラジャンシカ・ジトーミルシチナ』、ウクライナ共産党中央委員会をはじめとするさまざまな党組織からすさまじい弾圧があったけれども、数千の工場を擁する三つの労働団体「プロムアフトマチカ」「アフトザプチャーチ」「エレクトロイズメリーチェリ」が、当局にとって覚えめでたくない三名のジャーナリストをソヴィエト連邦人民代議員候補の資格を有する者とし、登録することに成功した。ほかにも四名が代議員候補の資格を取れる可能性があったが、結局登録できなかった。

私の対抗馬たち、つまり私の立候補の取り消しを企てる連中にとって、最後の機会は、選挙前集会のときにやってきた。われわれの国では、以前よりは民主主義的であるものの、「巧妙に仕掛けられた」ソヴィエト連邦人民代議員選挙に関する法律が新たに施行された。それは、候補者の推薦と登録に平等の権利を保障するというよりは、民主主義の初歩的段階ですこしだけ遊ばせておいて、結局はそれを潰してしまおうとするものだった。不適格と烙印を押された候補者を振るい落とすために、選挙前集会を招集するのである。

ジトーミル政治教育会館の大ホールで約千名ほどの党州委員会のメンバーの閉ざされた世界で、この問題は決着したのだった。全部で八名の推薦候補者が提案された。そのうちの何人かが辞退した。党地方委員会は、リストのなかに無記名投票の投票用紙に書き加えられる二、三名の候補者を絞り込むように主張して譲らなかった。

私を支持してくれる人たちは、労働者や技術関係のインテリゲンチャであり、この状況を読み解いて私に教えてくれたことは、会場の様子からして、もし投票になれば、おそらく私が候補者に選考されることはないであろう、ということだった。最前列に傲慢な、むやみに威張り散らす市、地区党官僚が並んでいた。しかしものごとは彼らにとってもシナリオ通りにはいかないものなのである。「ジトーミル木材」協会の労働者ユーリー・オレイニクが登壇し、いくつかの労働団体で地区集会議長選挙が行なわれなかったという声明を読み上げたのだ。党オルグと党指導者たちは、労働団体の利益を代表するという権利を、自分たちの利益ために横取りしていたのである。労働者たちは、そのような合法的権利の奪取に抗議の意思表示をしたのである。

労働者たちの声明は、集会にとっては小さな爆弾の炸裂を意味していた。その結果、夜中の二時ちかくにすべての候補者リストを投票にかけるという決定になったのである。私をのぞく全員は、ソヴィエト連邦共産党党員で、ほぼ全員が市委員会事務局、地区委員会事務局のメンバーであった。そして候補者の絞り込みは行なわれず、すべての候補者に対して、投票が行なわれた。私は振るい落とされなかったのだ。こうしてひとつの小さな勝利が我々の側にもたらされたのだ。

しかし選挙前にまだ、とても気の重くなるような最強権力との闘いが控えていた。重工業、軽工業の工場、研究所そしてとくにコルホーズとの対決である。だが、そこにおいて重要な原則は、裂帛（れっぱく）の気合と揺らぐことのない精神で臨むことであった。コルホーズ員は疲れ果て、声を上げるのを恐れたようである。コルホーズ議長〔最高責任者〕は党書記であり、自分たちの所有する「農奴」を震えあがらせていた。もし、ヤロシンスカヤに一票を投じるならば、その人間には畑を鋤起こすための馬を貸し出すことはやめ、木炭と薪を提供しないというのだ。そうなればいろいろな物がまったく手に入らなくなる。ソヴィエト連邦のコルホーズ員は完全に領主つまりはコルホーズ議長になにもかも依存しているのである。だから彼らは領主の言いなりなのである。しかしそれでもやはりコルホーズ員は背筋をぴんと伸ばし、ほとんど不平を口にすることなく、好ましからざる候補を支持した。彼らの大多数が、選挙公示期間中に発行された『イズベスチャ』に載った私の二番目の記事「割れたガラスを素足で歩く」を持っていた。記事のなかで、私はとくに自分の新聞『ラジャンシカ・ジトーミルシチナ』紙上でコルホーズ「ザリャー」議長ウラジーミル・ガリーツキーによって、コルホーズ員の女性アントーニナ・アボルスカヤがどれほど酷いいじめにあっているか、彼女を擁護しようと試みたかを取り上げた。この後にわが州党機関紙面には党指導部の要請に忠実に従って、ジャーナリスト、イヴァン・イリチェンコが登場し、だれの農場の温室で一年中、党指導部の食卓を彩る新鮮な胡瓜やトマトを実らしているのかと書いて、件(くだん)のコルホーズ議長の身の潔白を証明した。さらに記事は一介のコルホーズ員にすぎないアントーニナ・アボルスカヤとそのついでに私をばっさりと切り落としたのだ。

人々はコルホーズ員をとりまく状況を実によく知っており、コルホーズ議長を擁護するイヴァン・イリチェンコの記事の意味するところを深く理解していた。件のコルホーズ議長ガリーツキーはジトーミル州党委員会第一書記ヴァシーリー・カヴンのお気に入りのひとりで、このコルホーズ議長が、言うことをきかない、頑固なコルホーズ員〔アントーニナ・アボルスカヤ〕を温室の外へと放り出したのだということを読み取っていたのである。

このようなことは一度ならず起きた。まず初めに、新聞に私の書いた記事が載る。そして記事で取り上げた批判対象人物が党指導部に唆(そそのか)されて、私に対する苦情を編集部と党州委員会宛てに書くのだ。そして編集部が、特定の記者に私の記事内容を論破するという特別の課題を与えるのだ。こうして、彼らは私の名誉を貶めることができたと考える。しかし、その結果は、自分たちの下劣な品性を世間に晒すだけということになってしまうのである。

もちろん、私は当選を楽観してはいなかった。それにはひとつ理由がある。私たちはみな選挙が公正に実施されるかどうかが気がかりだったのである。当然、選挙区は数えきれないほど多い。党書記メンバーらや賄賂の効く労働組合幹部たち、村ソヴィエトの指導者、微妙に異なる考え方をもつさまざまな党活動家がいて、彼らはまともな人々よりも大勢いるのではないだろうか！　市内で私の支援集会を開くと二、三万の人々がやってきた。選挙投票日は一九八九年三月二六日であった。私たちはすべての行政区に人民による選挙監視制度の導入を求めた。おおがかりな選挙結果の改竄(かいざん)を許さないようにするためだった。

被災地域の放射能レベルと人々の健康状態に関する秘密データを中央紙で発表することができれば、あらゆる人々の関心をチェルノブイリ問題へと速やかに向けることができたかもしれない。しかし、記事は存在しなかった。チェルノブイリという争点は、党にとっては絶対に触れてはならないものであった。そこで私は自分の選挙運動には、被災地域で見聞きしたすべてを情報公開することに重点を置くことにした。二カ月間、私はありとあらゆる個人や団体でおよそ一六〇回の会合をもった。私は毎回チェルノブイリ事故で将来的に表れる影響について口を閉ざすことの危険性について話した。ジトーミル州北部地域で、つまりウクライナのキエフ州やチェルニゴルスク州、そしてさらには私たちの国と同じく放射性セシウムと放射性ストロンチウムに覆われてしまったベラルーシで起きていることについて、虚偽の報道が流布されていることについて話をした。私は当時、ロシア連邦共和国の一六の州、隣接地域、諸外国が、黒い放射能の翼で覆われてしまっていたことをまだ知らなかった。これらのことは、私はあとになって知ったのだ。それは、党地方委員会のすさまじい抵抗を押しのけて、私はソヴィエト連邦人民代議員に選出され、極秘文書の利用許可を得たときだった。この件についてはのちほど述べることにする。

一九八九年春に、発表した私の選挙公約を掲載した『ラジャンシカ・ジトーミルシチナ』紙でチェルノブイリの爆発事故の影響に触れた最も重要な個所が、とても保守的なその号の担当編集者で国家保安委員会（KGB）に関係するイリーナ・ガラヴァノーヴァの手で、慎重に、有無をいわさず削除されてしまった。一九八九年三月一日号に掲載された私の選挙公約から削除された部分をここに示したいと思う。「こんにちまで、地元住民に注意深く秘匿されていたナロヂチ地区の放射能汚染の影響が公開されなければならない。放射能特別管理地域の近くに村は多い。放射能に汚染された地域に積極的に新たに建設がすすめられ、五〇〇〇万ルーブルがすでに支出された。これらの箱物に有効性があるかを深く検証する必要がある」。私のテキストから、過酷な放射能状況下にある村の具体的数に関する部分が削除された（かわりに「……村は多い」という曖昧な表現に書き換えられた）。また、ナロヂチの子どもたちの健康状態の悪化に関する部分も削除された。私が、責任者は州の指導部だ、というところもまた、党の腰巾着たちによりテキストから容赦なく削られた。

政府機関は全体主義体制の七〇年間に完成した〝最後の切り札〟をすべて行使してきた。これは彼らにとって〝最後のそして命がけの闘争〟であった。地方および中央の党ウクライナ・メディアはラジオとテレビで私の顔に泥を塗った。編集部に仕事に行き、新聞を開くと、私に関する頭がくらくらするようなすさまじいニュースが目に入る。たとえばついいましがた私がすべての共産主義者を柱に吊るすよう呼びかけたなどだ。キエフ共和国テレビのカメラマンは、指導部の指示で、カメラをもって亜麻紡績コンビナートの近くの木陰からいきなり現れ、投票日までの二、三日「汚い」フィルムを編集し放映していた。

彼らは私が、党活動に対するいわゆる名誉を毀損したとして刑事訴訟を起こしてきた。そして私には日常的に裁判所の召喚状が送達されてきた。彼らは私を司法の場に引っ張り出し、四〇名におよぶ私の支援者に有罪を宣告した。その中には大祖国戦争〔第二次世界大戦〕の傷痍軍人も含まれていた。彼らは、州党委員会を襲撃する準備を整えた市民に狙いを定めていた。彼らは、士官である夫と私を離婚させようとし、長男ミランは学校の授業でいじめられた（クラスみんなの前で、教師は、亡くなった祖父、つまり私の父があたかもナチスに雇われた警官であったかのように中傷したのである）。彼らは電話で脅してきた。さらに脅迫状や侮辱的な手紙がいくつも舞い込んできた。彼らはありとあらゆることを仕掛けてきたのだ……。

なんと心貧しき人々であることか！　彼らはなすすべもなく敗れた。九〇・四パーセントの有権者が私と私の政策綱領に一票を投じてくれた。これはソヴィエト連邦で実施された新しい形の選挙で最初の成果だった（二回目は、モスクワのボリス・エリツィン〔大統領選出〕のときである）。

私はまず初めにモスクワで開かれる第一回ソヴィエト連邦人民代議員大会の演壇から、賄賂にまみれ、ジャーナリズムと結びついた国家官僚がチェルノブイリ原発事故とその影響を覆い隠している嘘について話し、そして秘密文書の閲覧許可をとって公表し、裏切られている人々の力になるために、自分の名の入った代議員証を行使することにしたのである。私は、嘘は大きいであろうとは思っていた。しかし後に実際にそれに関わったときには、そら恐ろしくなった。チェルノブイリの嘘は、途轍（とてつ）もなく巨大でそれ自体が破滅的規模を有していた。

第4章　議会での虚しい叫び

一九八九年五月二五日、モスクワで第一回ソヴィエト連邦人民代議員大会が開催された。それは幸福と希望に満ち溢れたときであった。連邦中が、仕事を中断し、テレビとラジオの前で、大会の実況中継に耳を傾けた。この人民代議員大会に、人々はとても大きな関心を寄せたのである。なぜならそこに全体主義からの救いの道を見たからである。ある代議員は、情報公開への突破口を「生まれたばかりのお嬢ちゃん」と愛情を込めてこう呼んだものだ。

広大無辺の国土のなかで未だ選挙戦の熱気冷めやらぬ市や村から選出された代議員たちが抱えてきた課題の山が、国家機能の中心地で崩され、遠く離れた人目につかない辺境まで電波に乗って、飛んで行ったのである。

ときに大会は〝集会〟へと変わることがあった。会場ではマイクの前に長い行列ができ、二五〇〇人の代議員が有権者と連邦中の人々にむかって、自分たちの選挙公約を伝えようと競った。最も重要な地元の問題について、病理的症状を示す経済について、滔々（とうとう）と演説し、お互いの発言内容を聞かないこともしょっちゅうだった。各人が各様に選挙区の問題を提起した。黒海の汚染問題、アラル海の消滅危機、〔訳注1〕神秘的なバイカル湖〔訳注2〕の保護、ザポロジエ〔ウクライナの州都〕の大気汚染、数万人におよぶソヴィエト連邦の最貧困層――ソヴィエトのどん底、潜在的な失業問題、質の悪い日用品および食品、悪化する一方の物不足、財政赤字の増大、亢進するインフレ……。問題を逐一並べていけば果てしなく続くであろう。つまるところ、この状況が明らかにしたことは、この国の七〇年におよぶ一党独裁体制の統治の悲惨な結末なのであった。すべての背景には、途轍もない経済危機があり、モラルを欠いた特定の人物がいた。このなかでは、チェルノブイリという課題は、一地域の、ウクライナとベラルーシの人々固有の災難にすぎないものとなってしまったのである。事故による影響とその規模に関する国民世論への問題提起は、このような中で、霧の中に埋もれてしまったのだ。つまり偽善的プロパガンダが無数の偽善の芽を生んでいたのだ。

ウクライナ選出代議員の多くが、大会で発言を求めていた。キエフ選出のソヴィエト連邦人民代議員ユーリー・シチェルバク〔訳注3〕もまたチェルノブイリについて発言することを望んでいたひとりだ。私たちは、もしもシチェルバクが発言の機会をものにできなければ、私が中央マイクにむかって、強硬手段に出ること

訳注1　カザフスタンとウズベキスタンにまたがる塩湖。かつては世界第四位の面積であった。豊富な漁業資源と海運によって、地域の人々の生活を支えてきたが、ソヴィエト連邦崩壊の前後から湖の縮小が知られるようになり、「地球上から消え去る湖」として注目を集めた。原因はソヴィエト政権の政策により、アラル海に流入する河川周辺が綿花栽培の大規模灌漑農地となり、湖への流入水量が激減したことにある。二〇世紀最大の環境改変といわれる。

訳注2　シベリア南部のイルクーツク州とサハ共和国にまたがる淡水湖。淡水湖として世界第一位。水深は約一七〇〇メートルで世界最深。

訳注3　ユーリー・シチェルバク（一九三四年～　）、医師、作家。『チェルノブイリからの証言』（上・下）松岡信夫訳、技術と人間刊、一九八八年・一九八九年。

で合意していた。私と彼の名は発言予定者リストのなかにはあった。しかし、シチェルバクは大会事務局のスタッフだったので、当然彼のほうが、発言のチャンスが高いのである。しかし、議論、意見の対立、政治論争が来る日も来る日も単調に続いていった。彼にも、そして私にも、発言の機会は訪れないままだった。

私たちは、ウクライナの被災地で起きていることを、マイクをとおして、演説するつもりだった。そして映画『ザプレヂェール』のビデオフィルムをその場で議長に手渡すつもりであった。映画の一場面は、多大な辛酸をなめたわがナロヂチ地区で撮影されたものだ。私たちはみなそこを訪れ、周囲を見渡し、人々に話を聞いたことがある。ナロヂチ地区は、すべての生きとし生けるものを殲滅させる「システム」の象徴的存在なのである。

ビデオテープを巡っては、このようなことがあった。大会期間中、私の滞在していたホテル「モスクワ」で、キエフの人民代議員でウクライナ共和国映画人連盟議長ミハイル・ベリコフが私に接触してきた。彼は、わがジトーミル州の汚染地帯の様子が撮影されたフィルムを持っているという。これが『ザプレヂェール』だ。われわれの中から、だれかが、発言の場に立つことができるなら、ゴルバチョフ〔ソヴィエト共産党書記長、人民代議員大会議長〕にそのフィルムを渡してもらいたいというのである。ビデオはユーリー・シチェルバクのアタッシュケースのなかにあるという。

大会も終盤に近づいたある日、私には発言が認められないだろうということが、わかってきた。そこでチェルノブイリについてせめてひと言でも喋るために、是が非でも演壇にあがることにした。私は、大会の場でチェルノブイリをみなに伝えるという自分に与えられた権利を使いきることなく、地元に戻ることなどできなかった。そうしなければ、一票を投じてくれた人々に、申し訳が立たない。そのころになると、第一回大会の壇上に、全連邦だけでなく、世界から注目が集まっていた。生放送の場で、一気呵成に、チェルノブイリ事故から三年間のすべての嘘を暴露できれば……。

そのために、私は〝無謀な〟行動に出ることにした。会期が押し詰まっているこの日の終わりに、会場にいるすべての人の前で、四九名の構成員からなる議長団のなかのゴルバチョフ〔議長〕のもとへ向かった。正直に言うと、私は緊張で震えが止まらなかった。そして、チェルノブイリについて発言する機会をくれるようにと議長に強く迫った。ゴルバチョフは、私の大胆な行動に驚いた様子で、「ここに座りたまえ。最前列だ。次の発言はアナトーリー・イヴァーノヴィチ・ルキヤノフだから、その次に発言を認めよう」と言った。ユーリー・シチェルバクは三、四列離れた椅子に腰掛けていた。彼が『ザプレヂェール』のビデオを持っているはずだ。そこで、すぐに彼に近づいて、まもなく私に発言が回ってくるから、ビデオをちょうだいと言った。しかし、シチェルバクは私の言っている意味がわからない様子で、なにもしてくれなかった。そうこうしているうちに、すぐに時間が来た。しかたなく、私はビデオを持たずに話すことにした。それでも不都合なことはなにもあるまい、と腹を括った。

アナトーリー・ルキヤノフはソヴィエト連邦最高会議第一副議長であり、ゴルバチョフの戦友であったが、その後に袂を分かつことになった人物である。そして私の名が呼ばれ、演壇にあがった。このとき、脇から私の手になにか、本のようなものが押し込まれた。それが件のビデオテープだった。シチェルバクが最後の最後に気が付いてビデオを渡してくれたのだと私は思った。

激しい論戦の日が続き、疲れきった会場は、ざわついていた。話を聞いてもらうのが難しい状態だった。

「大統領〔ゴルバチョフ〕、代議員のみなさん、大切なお願いがあります。これから私が述べることは、私個人や、選挙人だけに関係していることではありません。社会全体におよぶ問題なのです。われわれの生きるジトーミル州は、特別管理地域に指定されてしまったということです。ジトーミル州ナロヂチ地区についてもお話しなければなりません。この地帯は完全に沈黙の地区となりました。私はジャーナリストです。一年半の間、どのメディアにもこの地区内に存在する村の現状を発表することができませんでした。そして今、三年たって、このような村は二〇〇もあることがわかりました。当初、放射能で汚染されていたとされたのはナロヂチ地区だけでしたが、いまでは四つの地区の汚染が新たに判明しました。ウクライナ共和国保健相ロマネンコはこの地区に暮らしている人々に対して、スイスにある保養所と同じくらい快適だろう、などと言っています。まったくなんということでしょうか。ドキュメンタリー作家が撮影した映画をご覧になれば、かの地で現実に起きていることがおわかりになるでしょう。これこそ私たちとみなさんに深く関係することなのです。トビリシでは別の難題があるでしょう〔訳注4〕。もちろんそれも大事です。それでもなお、ここで起きていることは非常な重大事態です。私は議長団のみなさんに、この巨大な難問に目を向けるようお願いいたします。私はここにビデオを持ってまいりました。そしてできることなら、人民代議員皆様がこのビデオをご覧くださるように、議長団には取り計らっていただきたいと思います。映像にはチェルノブイリ事故が起きてから、ナロヂチ地区はどうなってしまったかという事実があります」。

与えられた発言時間は一五分であったのに、アナトーリー・イヴァーノヴィチ〔・ルキヤノフ〕は、私が発言を始めるとすぐに、終了を促すベルを鳴らした。興奮冷めやらぬまま話し終えると、私は会場に向かって、ビデオを高く掲げてみせ、すぐにゴルバチョフの手に渡した。

その夜滞在したホテル「モスクワ」の当直女性が私宛ての至急電を持ってきてくれた。電報には私への感謝の言葉があった。ウクライナの有権者からはもちろん、ベラルーシからのものもあった。これは、チェルノブイリ原発事故の影響に関して、嘘で固められた情報の包囲網に対する最初の重要な突破口となったのである。

続く大会のさまざまな分科会の席上で、被災地選出の代議員が何人もマイクの前に立つことができた。チェルノブイリの真実の言葉が事故から三年経って、最も高いレベルで木霊（こだま）したのである。代議員たちの演説の中からいくつかを紹介したい。

白ロシア共和国〔ベラルーシ〕モギリョフ州スラヴァゴルスク中央地区病院部長3・H・トゥカチェヴァは言う。「私たち地区住民は、今は、きれいな大地、澄んだ水、清澄な大気、豊かな森や草原を奪われました。これなくして、人間は生きていくことはできません。ただ存在するだけです。一九八九年五月二九日付『プラウダ』に載った会見によると、公式見解では、人間の健康と子々孫々の運命を懸念する必要を認めない、ということです。しかし、チェルノブイリで起きた事故は史上初めての規模でした。世界を見渡しても経過観察記録は存在しません。住民の体調や汚染地区でいまなお暮らす人々の健康状態を実際に看ている現場医師たちの見立ては、医学者の権威筋や政府保健省指導部の見解と大きく乖離しています。われわれの地を訪れる専門家とくに高い地位にある人物は、数時間あるいはせいぜい一晩滞在しただけで、

訳注4　一九八九年四月四日、トビリシの政府庁舎前でジョージア（グルシア）の独立要求、アブハジアの分離反対集会が開かれ、つづいて八日、九日に開かれた「無許可」の集会に軍が武力行使した。死者一六人、負傷者一〇〇人以上。トビリシ事件という。

私たちの健康を悪化させるようなことはないと説得を試みるのです。いま現実に存在するこの異変を、都合よく説明するのです。硝酸塩の影響ではないか、授乳期の栄養不足ではないかと解説しますが、放射線被曝のことにはまったく触れません。

……私は、自分を支持してくれた有権者の瞳を忘れることができません。今すぐに安全な場所に転居することを願っています。政府はソーセージを配給し、個人向け放射線線量計を提供し、気密性の高いトラクターを渡します。でも彼らには必要ないのです。住民は普通の暮らしを送りたい、自分の農地を持ちたい、農作業をしたい、それゆえに移転を求めているのです。それを思うと気が滅入るのです」。

突然ベラルーシの党活動家数名が自制を失って、代議員の言っていることは信じられない。彼らにはなにか不満があるのだろうかと、胸の内をさらけ出して反発したりした。こうして、代議員の発言によって、わが祖国の国民は、次第にクレムリン宮殿のなかにチェルノブイリの秘密があることを知るようになったのだ。

ベラルーシ共産党中央委員会第一書記E・E・ソコロフは「時が経っても、ベラルーシに住む人々の心の痛みが癒されることはありません。ベラルーシでは農地の一八パーセントが放射能で汚染されています。もしも初期段階ですぐに連邦政府委員会が行動を起こしていればよかったのに。現在では、もうそのような努力はほとんど感じられません。三年かけて政府委員会は結局のところ安全性が担保された耕作地を保障することができませんでした。そして住民の安全と次世代の人々の健康を守るため熟慮した構想を提案することができませんでした。私が思いますに、この状態はおそらくあることを意味しています。つまり、自分の農地の収穫物を食べられないところでは、生きていくことはできない。これは倹約しなければならないといったレベルの問題ではありません」。

ウクライナ閣僚会議議長B・A・マソールは五〇分にわたって、どれほどの「結果が達成されたか」についてだらだらと話しはしたが、ウクライナの他州で苦悩をもって語られる（その後ずっと語られ続けている！）肝心のテーマ〝チェルノブイリ〟については触れもしなかった。

ゴルバチョフ〔最高会議議長〕はチェルノブイリのことを話した。ルイシコフ〔ソ連閣僚会議議長〕は、ひと言しゃべっただけだった。モスクワ選出の代議員ヤブロコフ教授[訳注5]は触れはした。しかし、なんとウクライナ共和国指導者はなにひとつ口にしなかった。たったひと言も。なんということであろう！

驚くべきことに、御用医師も政府関係者も代議員の追及にだれひとりなにひとつ答えなかった。これもまた人民の声と荒野の叫びに対して、公的機関がどのように対応するかを示す顕著なバロメーターであった。

ところで、長い間、ゴルバチョフに手渡したビデオのことを私は考えていた。大会で私が壇上にあがる直前にシチェルバクが渡したあの件についてだ。後に代議員ベリコフが私に教えてくれたことだが、ベリコフの書類鞄にはビデオのコピーが入っていた。彼は大会の場ではそのとき一列目に座っていた。私の手にビデオを握らせたのは彼だったのである。

翌日私はルキヤノフのところへ行き、ビデオをご覧いただけたかどうか訊ねた。大会閉会まで残すとこ

訳注5　アレクサンドル・ウラヂーミロヴィチ・ヤブロコフ（一九三三年〜　）、生物学者、社会活動家、政治家。ソヴィエト連邦最高会議エコロジー委員会副議長（一九八九年〜一九九一年）をへて、エリツィン政権下でエコロジー問題関連の各種委員会顧問などを歴任した。

ろ一日か二日だったと思う。アナトーリー・イヴァーノヴィチ・ルキヤノフは人民代議員に向けてこの期間内にビデオ上映会を催すことができるとは明言できない、と答えた。あらゆることが、時間切れを理由に押し切られるようであった（会期中にトビリシでの流血事件の映像を、代議員たちは観ていたのである）。

大会が終了した。働きかけは功を奏さなかった。代議員たちはビデオを観る時間がなかったのである。ヨーロッパの中心で起きた「核戦争」の戦場で、放射能に晒された人々がどのように暮らしているかを観る機会を失ったのである。

しばらくして、人民代議員大会後はじめてのソヴィエト連邦最高会議が始まった。私はもういちど同じことを、つまりなぜ人民代議員にあのビデオを観せてもらえなかったのか、とアナトーリー・イヴァーノヴィチ〔・ルキヤノフ〕のもとを訪れて訊ねた。彼は、ソヴィエト連邦閣僚会議とソヴィエト連邦共産党中央委員会政治局では観たと明言した。その後の展開を勘案すると彼は嘘をついていないと私は思う。

「ザプレヂェール」を観て、いったいなにを感じるか、ナロヂチ地区病院看護師のひとりは、こう言った。「……最初の日々、子どもたちの検査があったとき、放射能測定器の前に腰掛けて、ずっと被曝線量を測定していました。なんとも酷いことでした！　あなたたちが書き取った値のコピーは処分してください。室内からなにも持ち出してはいけません。……」ということは？　また外科部長A・Б・コルジャノフスキーは「〇～〇・三グレイが一四七八人、〇・三～〇・七五グレイが一一七七人、〇・七五～二グレイが八六二人、二～五グレイが五七四人、それ以上が四六七人でした。甲状腺を検査しただけです。この値は約二年後に私たちが入手したものでした」と語った〔訳注6〕。

沈黙が犯罪であるなどという一片の見識もなく、政府高官の事務室で肘掛け椅子に腰を下ろし、真実を充分認識しながら、その危険性について人々に注意喚起を怠ったことに対して、自責の念にかられることは、なかったのだろうか？

おそらくなかっただろう。

訳注6　「電離放射線の線源、影響およびリスクUNSCEAR2013年報告書　第Ⅰ巻　科学的付属書A」（原子放射線の影響に関する国連科学委員会）によると、「甲状腺がんについて　幼少期・小児期において放射性ヨウ素に被ばくした後人生の後年に生じる甲状腺がんは、……おおいに関係がある。……予防的避難を行った集団の地区平均甲状腺吸収線量は一歳児の場合最大で約八〇ミリグレイ（〇・〇八グレイ）になると推定された。……福島第一原発事故後の甲状腺吸収線量がチェルノブイリ事故後の線量よりも大幅に低いため、福島県でチェルノブイリ原発事故の時のように多数の放射線誘発性甲状腺がんが発生するというように考える必要はない」。また、作業者については「ヨウ素131の甲状腺吸収線量が二～一二グレイの範囲だったとされる一三人については、甲状腺がんの発現リスクの上昇を推定することができる」とある。

二〇一五年八月に、福島県民健康調査専門家会議は、事故当時一八歳以下だった調査対象三八万人のうち、一三八人に甲状腺がんが疑われ、一方原発事故の影響とは考えにくいと発表した。津田敏秀岡山大学教授は、独自研究の結果、この数は日本全国の一年間当たり発症数の二〇～五〇倍に相当し、原発事故との関係を強く示すものだと警鐘を鳴らしている（「Thyroid Cancer Detection by Ultrasound Among Residents Ages 18 Years and Younger in Fukushima, Japan: 2011 to 2014.」Epidemiology:Post Author Corrections: October 5, 2015）。

第5章　極秘：チェルノブイリ

第一回ソヴィエト社会主義共和国連邦人民代議員大会が終わって、ついにグラースノスチ〔情報公開〕の閘門（こうもん）が開かれてから、ナロヂチ地区にジャーナリストの大群が波のように押し寄せ、その成果が刊行物となった。国内外でも状況は同じだった。手許にある資料を求めて、彼らは私の社会団体からユーリー・レズニック博士が代表を務める作業班へと取材に訪れた。その際にはいつもジャーナリストたちに、ナロヂチ地区には行かないようにとお願いした。あえて行く必要がないのである。国中も、世界も、この苦しみ悶える大地のことをすでに充分に知っていたからだ。人民代議員大会の後には、放射能汚染地帯で暮らし、呻吟する人々に関する一連の記事が、人気の高い週刊誌『ニジェーリ〔一週間〕』や『セーリスカヤ・ノーヴィ〔未開拓農地〕』に発表されていたし〔チェルノブイリに関する私の記事が年間最優秀賞に選ばれた〕、フランスはパリの『ルースカヤ・ムィスリ〔ロシア思想〕』に掲載された〔『アガニョーク』編集部は人民代議員大会で、私が懸命に発言したあとになって、「原稿をお願いできませんか。必ず掲載させていただきますから」と言ったけれども、もう私には、この雑誌編集部と仕事をすることになんの期待も持っていなかった〕。

私の州ジトーミルには、ナロヂチ地区以外にも六つの放射能汚染地区があった。オヴルチ地区、ルギヌイ地区、コーロステン地区、オレフスク地区、エミリチノ地区さらにはマリン地区のなかにも、汚染地帯が見つかった。四年たってノヴォグラード＝ヴォリンスキー地区がそれに加わった。要するに、ほぼ州の半分におよぶのである。しかし、国家も世界も未だそのことを知らずにいる。まったく報道もされない。そこで私たちは記者に、とくにその地域つまり世間から完全に忘れられた地域を取材してくれるようにと依頼した。

徐々にではあるが、秘密の扉は開かれつつあった。私たちは、放射能のもとで疲れ果てた人々を何年も放置してきた秘密体制を作り上げた連中を知ることができた。「機密指定」の公印の押されたたくさんの文書を入手することに成功したのである。この章ではチェルノブイリの悲劇をめぐるグラースノスチの攻防について記したいと思う。

読者に留意していただきたいのは、チェルノブイリの情報を隠すために指令や指示を秘密裏に出していた機関は、ソヴィエト連邦保健省、連邦政府委員会、軍、連邦国家水質・環境管理委員会、連邦電力・電化省、連邦外務省、ウクライナ共和国保健省、共和国水質・環境管理委員会など多岐にわたる点だ。したがって私を含めて事実を公開しようとする側や住民に直接対応する現場は、大きな困難と混乱に直面した。

まず、チェルノブイリ映画の上映に対する当局の介入について話をはじめたい。

一九八六年六月二七日付ソヴィエト連邦保健省第三総務局指令「チェルノブイリ原発事故処理作業遂行に関する情報統制強化について」。この重大な指示内容は「（……）四、事故関連情報を機密指定とすること。（……）八、診療情報を機密指定とすること。九、チェルノブイリ事故処理作業従事者の被曝線量情報を機密指定とすること。ソヴィエト連邦保健省第三総務局長シュリジェンコ」というものだった。

もうひとつ文書がある。これは、政府委員会みずからが指示している一九八七年九月二四日付け第四二三号「チェルノブイリ原発事故についてラジオ、テレビ放送および刊行物を用いて、公開を禁ずる情報リスト」である。そのなかで機密指定とされているのは、「一、基準を超す居住区の放射線量に関する情報。二、労働安全環境の悪化およびチェルノブイリ原発の特例条件のもとで働き、爆発事故の処理に参加している現場要員の専門技術の低下を示す情報」であった。

これは、ただ文書が見つかったということに止まらない。この種の指令すべてに新聞、雑誌、ラジオ、テレビ、映画の編集・制作者は震え上がったのだ。私に対しては、だれも本当の理由を言うことなく口頭で掲載を拒否し、決して文書で答えることはなかったが、他の人の場合、とくに用心深い指導者らは、問答無用で指令書を示したのだ。ソヴィエト連邦国家原子力エネルギー審査委員会議長П・M・ヴォルフホヴィは、ウクライナ国家映画委員会議長A・И・カムシャロフと「ウクライナニュース」制作委員会委員長に対して一九八九年二月一日付け一二号文書で「チェルノブイリ審査委員会は、ドキュメンタリー映画『マイクロフォン』(ゲオルギー・シクリャレフスキー監督、一九八八年)を視聴した結果、(……)先入観をもって取捨選択された偏りのある事実のほとんどが、専門家の意見によってすれば疑わしく、政治的観点からすれば、ソヴィエト連邦国家の国益を毀損する可能性があると指摘する必要があると考える」という通達を出した。国家原子力エネルギー審査委員会が、わが国民の幸福を課題と考えているのは事実であろうか? ひたすら国際社会が騒ぎ出さないように、ソヴィエト連邦の子どもたちが、粛々と放射性物質を体内に留め込むのを放置しているのだ。映画を制作したのは、「ウクライナニュース」監督ゲオルギー・シクリャレフスキーである。ナロヂチ地区で撮られたものである。

もうひとつの映画はロラン・セルギエンコ監督の『チェルノブイリの鐘』である。五カ月をかけた厳しい検閲をへて、漸く〔許認可権をもつ〕ソヴィエト連邦中規模機械・工業省が劇場公開を許可したのである。セルギエンコ監督の第二作『ポローク』〔一九八八年〕も同じような運命に遭っている。七カ月間の検閲が続いた。しかも公開禁止措置が解除されてもなお、さらに数カ月放置されたままになっていた。最高水準の警戒をもってして、われわれの官僚組織はつねに抜かりなく目を光らせているのである。私たちには、あらゆる物が不足していたけれども、たったひとつだけ、当局のこの過剰な警戒心だけは溢れるほど豊かであった。

このような次第で、チェルノブイリ事故の影響解明へ向けたグラースノスチはまさに風前の灯となった。それに手をかけてさらに遠くへと押しやったのは、ソヴィエト連邦国防省だった。ここにもうひとつの文書がある。一九八七年七月八日付け「ソヴィエト連邦国防省中央軍医委員会声明」二〇五号で、各軍代表部へ送られたものである。「一、電離放射線被曝による作用およびそれに因果関係のある作用のなかに、吸収線量〇・五グレイ〔脊髄の増血機能低下が生じる被曝〕を超す被曝をし、五～一〇年後に発症する白血病と白血症が含まれるべきである。二、事故処理関係者のなかで、急性放射線障害を発症しなかった者に、急性身体変調が表れたり慢性疾患の悪化の兆候がみられたとしても、電離放射線被曝との因果関係は存在しない。三、過去チェルノブイリ原発で業務に携わり、かつ急性放射線障害を示していない人あるいは放射線障害の基準を満たしていない人のカルテの作成にあたっては、……原発業務への参加事実と総被曝線量とを記載してはならない。第一〇医療協議会議長軍医局大佐バクシュートフ」。

さらには、ソヴィエト連邦国家水質・環境管理委員会、連邦電力・電化省も重要な文書を出している。

一連の膨大な嘘がまき散らされたなかで、特別な役割を演じたのはソヴィエト連邦国家水質・環境管理委員会であった。機密扱い公印の公文書がある。一九八九年六月一二日付けだ。つまり第一回ソヴィエト連邦人民代議員大会〔五月二五日～六月九日〕のあと、当時は、事故を覆う秘密のヴェールが剥がれたと思われたときのことである。ところがそうではなかったのが、今となってわかる。この文書には次のような記載がみられるのだ。「ソヴィエト連邦国家水質・環境管理委員会の指示のもとで、ジトーミル州ルギヌイ地区の放射能汚染状況についての補足調査結果により、データが修正される。付記、ルギヌイ地区の汚染状況。機密扱いを要す」。ウクライナ共和国水質・環境管理委員会副議長П・B・シェンドリクが署名している。

何年か後に、運命のいたずらによって、ナロヂチ地区の中心地で、被災住民と政府委員会委員が面会したときに、ソヴィエト連邦人民代議員であった私が、ソヴィエト連邦国家水質・環境管理委員会副議長ユーリー・ツァトゥロフと同席することになり、この文書が意味することを彼に質してみた。その答えは「そんなことはありえない！」というものだ。正解はふたつにひとつ。ウクライナ共和国水質・環境管理委員会高官の署名が鮮明に記されている文書を目にした私が間違えたのか、あるいは、ソヴィエト連邦国家水質・環境管理委員会が共和国の当該管理部局の行なった調査を知らなかったのか。右手が左手の行為を知らなかったとでもいうのだろうか。

のちに偶然、ソヴィエト連邦国家水質・環境管理委員会が持っていたロシアのクラスノダール地方の放射能汚染レベルに関する情報を入手して、私はユーリー・ツァトゥロフに電話を掛けた。彼は、とても苛立っていたようだった。なぜならば、私が『モスクワ・ニュース』紙に書いた記事のなかで「極秘文書」

を引用したからである。彼は苛立ちを隠すことなく受話器の向こうで言った。「われわれはこの件に関知していないんだ。罪はないんだよ。ウクライナの馬鹿者がどんなことを書いたとしても……」。ウクライナ共和国水質・環境管理委員会が国家水質・環境管理委員会の配下にあるのだから、その一部門の不始末については、私はツァトゥロフにご同情申し上げる次第だ……。

チェルノブイリの悲劇から三周年の日、第一回ソヴィエト連邦人民代議員大会開催までひと月後に迫ったときに、別の秘密文書が明かされた。それはソヴィエト連邦電力・電化相А・И・マイオーレッツの指令書である。そのなかで、ソヴィエト連邦電力・電化省に付属する発電施設および施設建設現場における事故、火災と環境汚染について、また基本設備部分の故障、物質的損失規模、人的被害等々については、機密扱いとするよう命じていた。この指示のもとに大臣は部下たちに「公開を前提とした公文書、電信通話記録において、前述した情報の遺漏なきよう、情報の管理・統制を徹底されたい」と厳命しているのである。これは、情報の選別といえるであろう。

次に私の不思議な体験に触れよう。健康調査に関する驚くべき文書を入手したときのことだ。一九八九年五月はじめに、ウクライナ選出人民代議員が、キエフの華やかなマリーンスキー宮殿（まさにそこは二〇〇四年の「オレンジ革命」が包囲した場所だった）に、モスクワの選挙人リストに登載される人物、つまりソヴィエト連邦最高会議で活動する代議員を指名するために集った（数千名の代議員の中から常設の最高会議（約五〇〇人）が形成された。議長はゴルバチョフ）（この行事は〝無法者たち〟をモスクワへ立ち入らせないように仕組まれた共産党特権階級の完全な茶番劇であったことに注意しなければならない。しかし、ことは共産主義者たちの思惑通りにはいかなかったのである）。さて、最初の休憩時間にあたりを見回すと、知り合いのウクライナ共和国最高会議職員が近寄ってきた。そして円柱の陰へと私を誘い、ジャケットの奥からそっと包みを取り出して私に手渡し、そしてこう囁いた。「あなたにはなにも渡していないことにしてくださいね。文書に署名している人たちの名前を明かすのはかんべんしてください」。読者は推理小説みたいだと思うかもしれないが、たったこれだけのことだった。私は不本意ながら、この推理小説の謎解きをすることにした。この物語は、原子炉事故から三年を過ぎた時のことについて語っている。「新思考」〔六七頁訳注3参照〕とともにペレストロイカが宣言され、権力組織にいる人々は未だに不愉快な目に遭わないように、「灯りがともる」ことを恐れていた。今はもう、私はこの職員の名を挙げることができる。ウクライナ・ソヴィエト最高会議職員エフゲーニー・バイだ。だれかが、現在彼はどこかで大使を務めているようだと教えてくれた。

さて、渡された包みのなかにあったのは、一二頁にわたり、ウクライナ共和国の各放射能汚染をうけた州に住む子どもと成人の重要な健康調査結果だった。表紙はなかったので、どのような用紙に、なんという組織が作成し、どこのだれに宛てたものかはわからないが、しかし、この文書をこのような不自然な形で受け取ったからには、それが公開目的で作成されたものでないことは明白だった。この文書には付録がついており、ウクライナで放射能に汚染された各州の疾病をわずらう住民の調査結果一覧があった。

文書の中身に私は驚愕した。（長文で科学的専門的な文書なので）ここに全文を引用することはしない。最も恐ろしい部分を書き写すことで、ソヴィエト体制の不快な本質を示して私の義務を果たそうと思う。その部分はこのようにある。「（チェルニゴフ州をのぞく）すべての医療施設においては、死亡者に関する公式記録は作成されなかった。死亡者に関する文書には、日付けや死因などの記載はなく……。死亡した子どもの公式記録は残されていない……。放射能監視班（専門の測定スタッフが所属していた）の作業では、その大部分がカルテに測定結果を記載しておらず、放射線量データは、どの集計表にも記録されていない」。

恐ろしい犯罪が、いま生きている人に対してだけでなく、亡くなった人に対しても行なわれていたのだ。ソヴィエト体制は子どもや成人の死因と検査結果を記した文書を残すと、のちのち発覚し告発される可能性のあることを恐れて、その痕跡を消し去ったのだ。

以下文書をさらに読み進むと「ジトーミル州とキエフ州では、放射能に被曝した人の追跡と登録は保障できない。とくに危険地帯からの一時避難者に関しては保障の限りではない。被災者への通知は、内務省機関から届いて各州の支部（第二局）に残され、利用されていない。居住地域の保健施設には届いていない……。ポレススコエ地区と登録された人の住む村には二〇六名の一時避難者が存在するが、しかし全ソ放射線医科学センターへの特別登録は五四名分の通知しか受け取っていないということが明らかになった。（……）事故処理作業従事者については、その後移動した人数に関する信頼できる情報は保健省も把握していないと思われる。それとも医療機関の発表の後に彼らの登録が行なわれたのか。そして彼らがその後転居したかどうか、いかなる情報も保健省は把握していない」。

次のような興味深い指示もみられる。「一九八八年以降、ソヴィエト連邦保健省の指示に従い、次の要件を満たす者の新規登録を禁じる。一九八八年一月一日以降、事故処理作業従事者」。しかし4号機復旧作業、放射能除染作業、事故処理作業は一九九〇年以降も依然として続いていた。その間に数千人が作業に参加している。

極秘文書にはさらに恐ろしい犯罪情報の記載がある。「キエフ州（ポレススコエ地区、イヴァンコフ地区）

では、死亡および死産に対して病理解剖は行なわれていない。これら地区には担当する部署がないからである。ポレススコエ地区、ヴィリチャ地区で一九八七年に死亡した三五三名は全員病理解剖が行なわれていない。スラヴチチ地区でも同様に一例もない。ジトーミル州ではオヴルチ地区に共同病理解剖センターが設立され、医療機関における死亡者のみが病理解剖に回されている」。

資料の末尾に付けられている文書から明らかなことは、ジトーミル州で予備検査が実施され、その結果では、検診を受けた人の四三・七パーセントが健康であると認められた。キエフ州では三九・七パーセント、チェルニゴフ州では六六・三パーセントであった。

文書に署名した（当時は大変勇気のいることだった）のは、ソヴィエト連邦医学アカデミー全ソ放射線医科学センター放射線障害疫学予防研究所所長・医学博士Ｂ・Ａ・ブズノフ、同センター研究室長・医学博士Ｂ・Ｈ・ブガエフ、同医学修士Б・Ａ・レドシチェク、同医学博士、教授Ｈ・И・オメリャネツ、同医学修士Ａ・Ｋ・チェバン、ウクライナ共和国保健省情報計算センター部長Ｈ・И・イワンチェンコであった。

事実というのはこのようなものを指すのだ。公式医学界は私たちを放射能恐怖症だとして非難してきた。しかし、この病を認めている医学者は、モスクワから汚染地区にやってくる際に、セロファン製袋に入れた鶏肉や、手を洗うためのミネラルウォーターを持参しているのだ。地元住民は、危険なことはまったくないと信じ込まされていたのである。唯一彼らの言ったことといえば、放射能の付着した薪を暖炉にくべる前に、薪を洗いなさいと勧めたことくらいだ。これは笑える小噺などではなく、実際にあったことなのだ。

だれに対して秘密にするのか、と思う。

チェルノブイリ事故の秘密情報は、普通の人々やジャーナリストに開示されなかっただけでなく、専門家や医療関係者にもその詳細は知らされなかった。ソヴィエト連邦国家水質・環境管理委員会議長Ю・А・イズラエリが人民代議員たちを納得させたように、「チェルノブイリのデータは関係省庁に対して、すべて提供され、そして爆発事故処理に少なからぬ貢献をした」が、「住民には秘密にした」のである。彼の告白がすべてを物語っている。

しかし、ウクライナ科学アカデミー準会員ドミートリー・グロジンスキーの次のような証言もある。

「原子炉爆発直後の時間帯にとるべき行動を住民に勧告できるように、原子炉で起きていることを放射線生物学者に説明されたかといえば、それはなく、なんと私たちの持っていた放射線測定器まで差し押さえられてしまったのです。そして、チェルノブイリで起きたことは極秘事項に属すると言われました。権力を守る立場にある人々が、私たちに、ここでなにが起きているかを理解できないようにしたのです。そのような人たちは、つねに周りで起きていることから人々の目をそらし、幻想を真実であるかのように言いくるめるにはどうしたらよいかを考えるものです。彼らは、すべては停滞の時代[訳注1]の産物なのだと言うかもしれません。しかしそれならば、同じ人々が(事故から四年経つ)いまは、放射線測定器の差し押さえは解除したけれども、事故を起因とするあらゆる情報をなぜ遮断しているのか説明できないでしょう? なぜなのか? この本能のような秘密主義はいったいどこからくるのでしょう?」

「……線量計、放射線測定器を保有している研究室は、その間はだれもなにも測定しないように、ただ、

訳注1　レオニード・ブレジネフの書記長在任期間(一九六四年~一九八二年)のとくに後半期を改革派は批判を込めてこのようにいう。

差し押さえられただけでした。冷静に、理路整然と、わかりやすく、客観的に、事態の推移を説明されたことはなく、そこには絶対的な沈黙がありました。事故を完全に制御できたという連絡もありました。そのとき燃え盛る原子炉は時々刻々、想定外の挙動を示し、予期せぬことで事態は混沌とします。私には、許し難いことでした。……」とグロジンスキーは話し続けた。

破滅的大惨事から数年後に生物学博士Е・Б・ブルラコーヴァ教授の主導する研究者グループが次のように指摘している。「これらの地区において、科学的根拠にもとづく放射線生物学上の影響を予測するためには、ウクライナ共和国、白ロシア共和国〔ベラルーシ〕、ロシア連邦共和国の汚染地域ごとの具体的なあらゆる種類の電離放射線の線量データが不可欠である。こんにちあるデータでは、放射線生物学者にとっても充分ではない。保健省やソヴィエト連邦医学アカデミーの学者たちにとっても同じだ」。これ以上の説明は不要だろう。

チェルノブイリの真実を隠すにはもう一つの擬装形態があった。それは、「機密扱い」の公印のかわりに「業務用」公印を押した文書を隠れ蓑とするのである。たとえばウクライナ共和国保健省科学衛生センター副主任О・И・ヴォロシェンコは恥も外聞もなく自分の文書にこの印を多用していた。

一九九〇年二月一日にウクライナ共産党ジトーミル州委員会で、「業務用」印章の押された「チェルノブイリ原発事故処理の進捗状況および追加措置について」という決議が出た。第一書記В・Г・フォードロフが署名している。

「唯一の党とともにある」はずの人民に、州委員会事務局決議を知らせることが許されないのか？　そのような「業務用」の決議の多くは、大抵、このようなものである。「党機関および連邦組織の業務における遅滞と一貫性の欠如、不十分な情報公開、住民への理論的かつ効果的な情報伝達手段の欠如は、人々の不満と社会的緊張を招き、ありとあらゆる風説と憶測と結びついて、精神的混乱を引き起こす」。「業務用」という印章が押されて情報公開の後退が息を吹き返しているとは、なんということだろう。「業務用」の情報公開とはいったいどういうことだ。

チェルノブイリ原発の大惨事について、私たち大多数は、西側の〝ラジオの声〟で知ったのであった。まず最初にスウェーデンの原子力発電所が警報を発したのだ。

さて、チェルノブイリの資料ファイルの中から、私は一九八六年五月六日の記者会見の模様を伝えるタス通信の配信記事を見つけた。会見はソヴィエト連邦外務省プレスセンターで開かれた。「チェルノブイリ原子力発電所の事態について」と題して、連邦中の新聞に掲載された。そのなかで外務省次官A・Γ・コヴァレフはこう述べている。「われわれのアプローチは、情報が重要で、客観的な事実にもとづき、信頼性が高く、熟慮されたもので、一言でいえば、誠実なものであることが重視された。……われわれの下には、信頼できるデータが届き、速やかに発表された……。職務遂行にあたっては、個人的感情を排除して、優れた専門家と高度な測定装置によって提供された事実とデータに依拠していた」。こんにち、公的人物がなにをしていたか、すでによく知られている。もちろん熱意をもっていなかったということではない。彼らはいつものように浅はかな嘘をついたのだ。なんのためらいもなく嘘をついたのである。嘘をつくことは彼らにとっての公務であり、生きるための行動様式に属することなのである。

繰り返すが、事故直後の日々、チェルノブイリ原発に関するニュースを、ソヴィエト市民は「敵軍の」声から知ったのである。外務省次官はそれを「アメリカ合衆国のある特定のセンターに組織され、公然といつもと同じ台本どおりの一連の熱狂的な反ソ的策動」であると見立てた。次官は厳かに、わが国の原発にはなにも起きていない、と言った。「明確な〔西側の〕軍国主義勢力が社会主義平和思想の圧力のもとで、足場が揺らいでいると感じている」と。なんということであろうか。この帝国主義者の罰当たりめが。外務次官はさらにつづけて「そのような大量の嘘、事実の改竄、歪曲、安ものの芝居が、いま噴出している事態の原動力なのである」。なんと恥ずかしいことを言うのだろう。今となっては、本当の偽善者たち、嘘に塗られた「安ものの芝居」の脚本家たちが誰かはよく知られているし、九〇〇万という人々がすでに長い間、自分の子どもたちの健康被害という代償を支払っているのだ。嗚呼、外務次官コヴァレフ同志よ、どうしてくれるのだ。

次のようなこともあった。一九九〇年にソヴィエト連邦国家水質・環境管理委員会議長Ю・A・イズラエリは、人民代議員と専門家たちにつぎのように伝えた。「政府委員会と政治局作業部会は複数の技術データの秘密指定解除を決定した。このデータは八月に国際原子力機関（IAEA）の手にわたり、公開されたものである。とくにわれわれのデータは、ロシア語版と英語版の冊子として刊行された」。この冊子とやらは、どこでどれだけ発行され、だれが読んだというのだろう。英語版はだれのもとへ届いたのか。スコットランドの雌羊の所だろうか。一九八六年五月の時点で、フィンランドではすでに自国民のために二冊目の小冊子『フィンランドにおける国内の放射能汚染状況に関する内部報告書　一九八六年五月』を発行していた。フィンランド語である。その中には汚染地区でとるべき行動、どこでどれだけ子どもたちを遊ばせてよいかといった詳細な勧告がある。牧畜業者に向けた解説部分では、どの地区でどれだけ放牧が可能か、なにを食べさせ、飲ませてよいか、などが記されていた。

われわれウクライナ共和国では事故から一〇日後になって、漸く国営放送に保健相A・E・ロマネンコが出演した。そして放射能とどのように相対するかについて注意を喚起した。「おもてに出てはいけません。換気用の小窓を閉めて、雑巾で部屋を拭き掃除するとよいでしょう」と言った。五月二〇日、つまり事故発生からおよそひと月たっていたときに、いくつかの地区で自家製牛乳を飲まないようにという命令が出た。しかし、わがソヴィエト連邦国家水質・環境管理委員会は、ポーランドの「汚染」牛乳については重大な懸念を表明した。「ポーランド国内では（われわれの提案により）、一時間当たり〇・一ミリレントゲン以下の放牧地で育った乳牛のものに規制された、とルイシコフに伝えられた」というわけだ。わがスラブ兄弟国に対する思いやりはいまさらながら、感動的である。とりわけ同じときに数千人の同胞が高レベル汚染地帯（一平方キロメートル当たり六兆二九〇〇億〜七兆四〇〇〇億ベクレル〔一七〇〜二〇〇キュリー〕）に暮らし、放射能入りの搾りたての牛乳をたっぷりと飲んでいるのだ。この件について、兄弟国からは、ルイシコフに対してなにか思いやりある「提案」はされたのであろうか。

さて、第一回ソヴィエト連邦人民代議員大会のあと、マスコミを通じて全国レベルで多くのことが知れ渡った。機密扱いの決定は、新たな段階に入った。文書化された指示はすでにまったくなくなった。チェルノブイリの秘密を保存している人間は、表舞台から消えてしまうか行方をくらました。そして、たとえば、ジトーミル州では、検閲官の役割は地元紙『ラジャンシカ・ジトーミルシチナ』やジトーミル州ラジオ局が担うことになったのだ。

放射能汚染地区の被災住民数千人が集った公開の会合で行なった発言を例に挙げよう。私は党州委員会第一書記B・M・カヴンなる官僚特有の鼻につく人物にむかって、人々の健康被害と事故の影響に関する事案を秘密扱いとしたことで、汚染地域の人々が騙されたのではないかと抗議を申し立てた。そこには『ラジャンシカ・ジトーミルシチナ』紙の記者や州ラジオ局の記者が出席しており、その会合の模様を特派員グレゴリー・シェフチェンコが現地報告するという。私の発言を録音テープからカットしないようにと依頼した。すると彼は、現地報告の編集作業は終えている。そのなかに私の発言はないと答えたのである。そうするように上司であるピョートル・スモリャールは指示したのだ。スモリャールは私に、当初、原則として私の発言をすべて使うつもりであったが、編集をやりなおす時間がないと言い訳をした。もし私が抗議しなければ、この番組は、数日後にラジオで流れることになっていた。

この日の模様はラジオで放送されなかった。私はふたたびスモリャールのところへ足をはこんだ。彼は無表情に私に伝えた。私の発言を含む箇所に、党州委員会で注文がついたのだという。彼は、注文に応じたと答えた。私にとっては、すべての事実を知りながら、なにも知らないふりをして沈黙している人物の名を、人々が聴いてくれるということが重要なのである（州には五〇万くらいの住民がいる）。その一点を除けば、どのような注文がついても私は驚きはしなかったが、発言は電波に乗らなかった。注文がつこうがつくまいが、私の肉声を流すなということが重要なのだった。それから私は公式の代議員質問を州テレビ・ラジオ委員会議長B・Я・ボイコに提出した。そして、腰を抜かすような回答を受け取ったのである。なんとこの私が、〝自分の発言が党州委員会のお眼鏡にかなっているか、録音テープを聞いていただいて、お伺いを立ててほしい〟とスモリャールに、依頼したということになっていた。要するに第一書記B・M・カヴンは〝言論を弾圧に加担した〟という汚名から救われたというわけだ。ラジオも新聞『ラジャンシカ・ジトーミルシチナ』も、会合の件の部分にははじめから関心などなかったのである。

ジトーミル州では、のちに大規模な環境集会が開催された。当然、チェルノブイリ原発事故についても議論された。私にも発言の機会が与えられた。その当時、チェルノブイリに関する国家審査委員会で働いていたので、私は多くの閲覧許可された文書を蒐集しており、事故の影響について真実を知りながら、人民の目から隠していた共和国および州指導者のうちの何名かの実名を挙げた。公共空間で、二万人の集会参加者の前で、その場で取材している州新聞特派員たちに、この私の発言を記事にしてくれるように頼んだのだ。しかし……

新聞が災厄に関心をもっていたのではなく、好ましくないウクライナ人民代議員候補や、私の政策秘書らを幾度でも蹴散らす必要があった。私の政策秘書には、気骨のあるジャーナリスト、ヤコフ・ザイコやエコノミスト、ヴィターリー・メルニチュークがいたからだ。この方が権力を握る党幹部の名を明かすという危険を冒すよりもはるかに簡単だった。もともとこんなことは驚くに値しない。ペレストロイカがどれほど前進しようと、党の機関紙は党の弾圧用装置の駆動ベルトにすぎないし、そこで働くジャーナリストの大多数は「党の手先」なのだから。言われたように働いていれば、おそらく彼らには安穏とした暮らしが保障されるのだ。

私の発言は独立系新聞『ゴーラス』の創刊号に掲載された。編集長はウクライナ人民代議員ヤコフ・ザイコが務めていた（ちなみに創刊号が発売されたときジトーミル州党委員会ビル正面のレーニン広場には数千人の市民が集まり、党の指示による創刊号差し押さえ処分を撤回するよう要求を掲げていたのである）。

一方、チェルノブイリ後の社会に対する最初の公式文書は、事故の影響、現下の秘密体制についても率直に書かれている。ソヴィエト連邦最高会議に付属する三つの委員会の合同会議の決議であった。三つの委員会とは、国民健康保護に関する委員会、環境と合理的資源利用に関する委員会、女性と母子保護に関する委員会である。原子炉爆発から三年が過ぎていた。文書にはこういうくだりがある。「事故直後の二年間で医学的な放射線量に関する情報が秘匿された」。その後要請を受けた「ソヴィエト連邦保健省およびソヴィエト連邦医学アカデミーは、チェルノブイリ原発事故に被災したすべての地区の環境放射能データを公開することを保障し、被災地における総合的な罹病率のデータに付された『極秘扱い』公印「関係者限定」の指定を解除すること」とする重要な任務を引き受けた。しかし、最重要なこの文書においても大きな誤りがある。党組織から代議員をとおして持ち込まれたものではないかと私は疑っているのだ。なぜなら情報が非開示とされていた期間は二年でなく三年なのである。第一回ソヴィエト連邦人民代議員大会の前日、一九八九年五月二四日に政府がこれらの情報を開示することを決議した。大会が始まり、代議員から怒りの声が沸き起こるのを恐れ、直前に決議が行なわれたのであろう。火は消えたとはいえ、残り火は燻っているのである。

第6章　罰なき罪

人民代議員大会が終わるとすぐにナロヂチ地区では集会が開かれ、ソヴィエト連邦最高会議へ向けたアピールが採択された。「……いま四年目を迎えわれわれは、子どもたちの運命、自分の運命に絶ちがたい不安を抱いて生きている。ほぼすべての地区は特別放射線管理区域に該当する〔訳注1〕。私たちの『汚い』大地で栽培された作物は食用には適さない。放射能の濃度は、人々が暮らしていく限界許容量を超えている。われわれの苦痛と苦悩は、子どもたちの未来と健康に関するものである。深刻な懸念を抱いている段階である。多くの子どもには甲状腺疾患が認められる。眼科系慢性疾患も急激に上昇している。学校の授業

〔訳注1〕　チェルノブイリ事故のセシウム汚染の区分分けと対応は、次のようになっている。居住禁止区域（一平方メートル当たり一四八〇キロベクレル以上）：強制移住区域。特別放射線管理区域（一平方メートル当たり五五五〜一四八〇キロベクレル）：一時移住区域、農地利用禁止。高汚染地域（一平方メートル当たり一八五〜五五五キロベクレル）：移住権をもつ居住区域。汚染地域全体の約一割におよぶ。汚染区域（一平方メートル当たり三七〜一八五キロベクレル）：キエフなど大都市を含み、五〇〇万人以上が住んでいる。一二・五万平方キロメートルほど。スウェーデン、ノルウェー、フィンランド、スイス、オーストリアにも発生している。（ＯＥＣＤ報告書一九九六年を参考にした）。なお、ストロンチウム、プルトニウムについても定められている。

中に襲う眠気、意欲低下、頭痛、足の痛みの訴えに、親の心配は尽きることがない。成人の癌罹患の増大も憂慮されている。私たちのメッセージは共和国、連邦の様々な機関で理解と賛同を得ていない。……私たちはチェルノブイリ原発事故後に作られた諸条件下で、ナロヂチ地区住民の健康維持および疾病予防の保障と社会的保護を要求する。この目的のために限界許容量を超える汚染地帯に居住する人々を移住させること。家族（子どもを優先する）に新規住居の引き渡し、非汚染地域に転居する権利を認めること。年金生活者を含めてすべての地区住民に汚染のない食品を相応の割合で追加支給すること。地区住民の休暇期間を延長すること。以上を速やかに実現するよう要求する。

一九八九年六月一七日　市民集会決議」

第一回ソヴィエト連邦最高会議本会議の場で、この決議文書を私の代議員質問とともに、第一副議長А・И・ルキヤノフに直接渡した。重要なので、ここに代議員質問の全文を紹介させていただきたい。

「人民代議員大会会期中に私は公開の場で大会常任委員会に、ジトーミル州の汚染地帯で起きていることを記録したビデオフィルムを渡しました。そして代議員全員に観ていただくようお願いをいたしました。しかし遺憾ながら常任委員会はこの請願に耳を傾けてくださいませんでした。それと同時に、ナロヂチ地区（実際にはルギヌイ、コーロステン、オヴルチ、オレフスクの四地区）では、とても複雑な放射能汚染状況が生じています。公式文書にしたがうと、この地区では様々な疾患が増加しています。そのなかには放射能に起因する癌の増加も含まれます。コルホーズでは奇形の家畜が産まれています。ところにより放射能レベルはバックグラウンドの一〇〇倍から一六〇倍に達しています。ここで人間が暮らしているのです。

耕作に適すとされた農業用地のほとんどは、一平方キロメートル当たり一兆四八〇〇億ベクレル～七兆四〇〇〇億ベクレル〔一平方メートル当たり一四八〇キロベクレル〜七四〇〇キロベクレル〕の放射性セシウムを含む状態でした。限界許容量は一四八〇キロベクレルです。専門家の見解では、少なくとも地区内の一二の村が移転しなければなりません。それにもかかわらず同時に特別規制区域において新規建設工事に資金を投入しています。放射能汚染地帯のなかに建てられた住居から、人々はふたたび引っ越さねばなりません。建設工事費用としてすでに一億ルーブルを超す資金が使われました。

人民代議員大会の後にナロヂチ地区の住民が私を集会に招いてくださいました。ここでソヴィエト連邦最高会議への集会決議が採択されたのです。集会決議にしたがって、私は決議文を最高会議に提出する全権を委託されています。同時に本最高会議にこの代議員質問をあわせて提出することが委任されました。

一、だれが高汚染地帯に住居、学校、幼稚園の建設を決めたのか。

二、数万の人々が三年間、放射能汚染について知らされずに汚染地域に暮らし、こんにちまで現状が秘匿されてきたことに対する責任を負う人物はだれか。

三、ナロヂチその他の地区の村民が具体的に、最終的に、きれいな環境のもとに移転するのはいつか。

四、ナロヂチ地区の四〇〇〇人の子ども、同じく他の放射能に被災した地区の子どもについて、健康診断を実施し、必要があれば治療と、きれいな場所での療養を求める。

ソヴィエト連邦最高会議に対し、連邦保健省第四局の管轄するすべての治療用、療養施設をウクライナに移管し、困難な状況にある子どもたちのために使用することをお願いしたい（これらの施設は、当時ソヴィエト共産党中央委員会が保有し、指導者層が無料で治療を受けていた）。

五、省略。

六、ソヴィエト連邦最高会議においては、当該代議員質問に対する回答を今会期中に公開していただくようお願いする」。

ソヴィエト連邦代議員の地位を定める法律があり、その法にしたがうと、代議員質問は公開されることになっていたが、そうはならなかった。私の代議員質問はソヴィエト連邦閣僚会議ニコライ・イヴァーノヴィチ・ルイシコフのもとへ届けられた。二週間後にルイシコフは次のような指令を出した。「ウラヂーミル・ウラヂーミロヴィチ・マーリン同志。代議員ヤロシンスカヤ同志と多方面にわたって話し合い、代議員質問に提起された課題に合致するような方向で検討されたい」。これが回答のすべてである。この事実のなかには、チェルノブイリ原発の爆発によって被曝した人々に対する、わが最高指導部の対応がみてとれる。ただでさえ、私たちは手紙、請願に対する彼らの対応にうんざりしているのだ。そして私の代議員質問への対応もまた同じであった。彼らにとっては、どれもこれも大した問題ではないのである。わが連邦政府首脳のひとりであるルイシコフからこの回答を受け取って、記者時代の出来事が蘇った。『ラジヤンシカ・ジトーミルシチナ』のウラヂーミル・バセリチュク記者が、上層部の期待どおりの記事を書き、そのなかで、新築の家を提供されても移住者はまだなにか不満があるのかと、非難していたことが、アナロジーとして思い出された。上から下まで、考えるのは同じであることがわかる。このロジックの上に乗って、全体主義体制がどれほど多くの歳月続いてきたことだろうか。

しかし私は投げやりになることなく、ソヴィエト連邦閣僚会議燃料・エネルギー資源局のB・B・マーリンのもとに出向いた。彼は、チェルノブイリ原発事故処理に関する政府委員会副議長を務めている。その場には、委員会事務局長B・Я・ヴォズニャクと上席専門官Ю・B・デフチレフとが同席していた。

席上、B・B・マーリンは次のように話をきりだした。一九八六年に移住者提供用家屋の建設工事の実施を当該地域に決定したのは、もっぱら地元政府当局であった。一九九〇年から一九九三年にかけて一二村落の住民移住計画が立てられた。このように、相手方は熱心に私に対する説得を試みている。この悲劇的大惨事の影響について、いかなる発表の禁止、あるいは極秘扱いのデータも……なかった（！）彼らは、農民だれもが、村ソヴィエトでどのような情報でも知ることができた、と実にあっけらかんと言うのだ。

これは高い要職に就く人物の、良心のかけらもみられない嘘っぱちであった。私がいろいろなデータの公表禁止命令の件を例にひくと（B・B・マーリンが委員をしていた政府委員会のものも含めて）、彼はそれらはすでに効力が失われていたと答えた。実に不思議なことは、ジャーナリストである私が、ほんのわずかのものを手掛かりに秘密情報を蒐集し、その後ほぼ三年、ナロヂチの置かれた状況に関する記事をどのメディアにも発表することができなかったというのに、コルホーズ員ならば、だれに気兼ねすることなく関連情報を知ることができたと、明言するのだ。マーリン同志は嘘をついている。先に述べたように、文字通りゴルバチョフに訴えた第一回人民代議員大会〔一九八九年〕の前日に、秘密扱いの解除措置（すべてとはとてもいえないが）がとられたのだ。新しい代議員が必ずもたらすであろうグラースノスチを恐れて、行なわれたことだろう。

ソヴィエト連邦閣僚会議燃料・エネルギー資源局における会談は、重苦しい雰囲気であった。人民代議員大会の後に明らかにされた事故の影響に関する情報を広く知らせようとする小さな試みは、今後長く息を吹き返すことはないであろう。しかも、私が明らかにしてきた医師の見解にも、公式文書にもだれひとり関心を示さなかった。彼らには自分たちに都合のよい見解があり、自分たちに都合のよい文書があった（あなた方にはあなた方の文書があるだろうが、われわれには、われわれの文書があるのです、と彼らは言う）。私と対峙した人物は、人々の健康になにも脅威はないと繰り返した。ナロヂチ地区の一二の村の緊急避難に関する政府決定は速やかに採択された。しかしこれが、緊急避難と言えるのか。事故から三年も後になっているのに。

一九八九年九月二五日にジトーミル州全体の放射能汚染状況について、私はソヴィエト連邦政府に対して三回目の代議員質問を行なった。一二村の緊急避難の他にはどれほどの人が一時避難することになっているか。そして「きれいな」食品を被災地区に追加支給するよう申し入れた。この質問にはジトーミル州執行委員会議長B・M・ヤムチンスキーが回答した。政府の委任をうけて彼が私に答えることになったのである。彼のあきれるほどの冷笑的態度を思い出すと憂鬱になる。

きれいな食品に関する二番目の質問に対しては、ソヴィエト連邦閣僚会議副議長レフ・アレクセーヴィチ・ヴォローニンが私にメモを寄こした。正確にいえば、それはソヴィエト連邦商工相K・3・テレフへ宛てたメモのコピーであった。「ジトーミル州の放射能被災地域において住民の食料品供給に関する複雑な問題を調査するために、ソヴィエト連邦ウクライナ共和国閣僚会議と共同してジトーミル州へ商工省次官を派遣されたい。本年一一月一日までに講じられる措置についてはソヴィエト連邦人民代議員ヤロシンスカヤ同志とソ連邦閣僚会議にお伝え願いたい」。ソヴィエト連邦ウクライナ共和国閣僚会議議長B・A・マソールとソヴィエト連邦閣僚会議食料調達国家委員会議長B・B・ニキチナへ私の質問に回答するよう指示されていたのである。これらの人から結局、回答はこなかった。

それに替わって、ソヴィエト連邦商工省次官П・Д・コンドラートフは、Л・A・ヴォローニンの手紙に指定された二週間を過ぎてから型通りの返事を寄こした。きれいな食品を住民に保障することを本気で検討しているというよりも、前年の成果に重きを置いて書いていた。最後の段落で、一九九〇年にジトーミル州では、子ども向け缶詰は充分に確保されるはずだと明言している。まるで、子どもたちが缶詰だけを常食としているかのようである。これに一九八九年に州が調達した食品リストがついていた。

役立たずの代理人の回答は、祖国でだれからも必要とされない、被災された人々、なかでもまず第一に子どもたちに関心を向けるよう願いをこめて書いた代議員質問に対して、あきれるほどの冷淡な態度を証明していた。彼はどこかの代議員から届いた、煩わしい紙切れを、うるさい蠅をはらうかのように追い払ったのである。

一九八九年八月一〇日、ナロヂチで「汚れた」地区の代表者と連邦非常事態政府委員会との一連の会合が開かれた。当時はじめて真実にもとづく記事を新聞に発表した私たちウクライナとベラルーシの人民代議員は、グラースノスチに向かってまっしぐらに進み、大きな災厄をじっと耐え忍んでいる市民を忘れてはならないと、政府を「突き動かした」のである。

集会は一一時に始まる予定であった。しかしそのずっと前から地区文化会館ホールは、溢れるほどの人で埋め尽くされていた。外では拡声器を使っていた。新任の政府委員会議長Ｂ・Ｘ・ドグジェフをいまかいまかと待っていた。彼はなにを話すだろう。

委員会委員の到着が遅れ、ホールは騒然となった。ジトーミル州、キエフ州、モスクワから記者が取材に来ていた。「ウクライナ映画ニュース」の照明係が巨大なライトを配置していた。そこへ数台のヘリコプターが着陸するとの知らせが届いた。会場でだれかが言っていたことだが、この日のために何日もかけてヘリポートが建造されたということだ。

お客を待つ舞台には、長いテーブルが置かれ、赤いテーブルクロスが掛けられていた。六から八つの椅子が据えられた。委員がテーブルに向かって席に着き始めると、椅子の数が足りないようだった。あわてて、椅子をそろえ、四列に並べた。何人かが壇上からおりて客席に腰をおろした。

今回地位の高い人物が大勢揃って訪れたのは、おそらく被災者に関する問題の重要性を強く認識したことを示しているにちがいなかった。しかし、みなはたんに人数が多いことを評価はせず、壇上に座る人々に対して、会場からは轟々とした非難、ときには侮蔑と紙一重の言葉が乱れ飛んだ。私は、その場の聴衆を批判しない。むしろ彼らの心情を考えるとやむを得ないことだと思った。彼らは騙されたのだ。彼らの家を建てるといって、汚染した土地で建築工事が行なわれ、上下水道やガスが敷設された。心配とたんなる幻想にすぎない安全神話をつくりだすために、要するにあらゆることがなされた。全世界を騙し続け、後戻りはしてはならない、と言われてはきたが、現実に起こっていたのである。

私は発言するつもりはなかった。しかし会場から質問がでた。集会の議長はジトーミル州ソヴィエト執行委員会議長・人民代議員B・H・ヤムチンスキーであった。中央には彼と並んで、ソヴィエト共産党中央委員会委員でウクライナ共産党中央委員会メンバーにして社会主義勤労英雄、胸に五つのレーニン勲章をぶらさげた党州委員会第一書記ヴァシーリー・ミハイロヴィチ・カヴンが座っていた。進行係がメンバーを紹介すると、会場が不満でざわついた。だれかが、三年もしてから漸く顔を出したな、と叫んだ。

私は発言を求め、第一書記に幾つかの質問をした。なぜ事故後ひと月、ナロヂチの子どもは、放射能の塵を吸い込み、汚染食品を食べることになったのか。なぜ、速やかに危険地帯から避難させなかったのか。なぜ、外国での休養をきりあげて、子どもの避難を最優先に直ちに帰国しなかったのか。彼がいないと、つまり州代表以外は、緊急避難を決定できないのだ。

避難民のための新築住宅を、なぜ、放射能汚染地帯に建設したのか。なぜ、第一書記はナロヂチ地区の汚染地図を見なかったのか。地方紙の一記者にすぎない私が州執行委員会で確認できたというのに。

場内は湧き立った。B・M・カヴンはおそらく公衆の面前で自分の行動を問い詰められたのは初めてであろう。立ち上がりはしたが、演壇に上がることなく声を落として説明を始めた。建設工事の決定は、連邦の非常事態政府委員会と共同で行なった……。汚染地図はなかった。情報を持っていなかった。爆発が起きたときに不在だったのは事実だ。そして帰国が遅れたのは交通機関の確保が難しいことがわかったからだ。一二日後に戻ったときには、すでに当該地域で建設工事は開始されていた。

俗にいうところの口達者な人間である。もしかすると、ジミートル州党第一書記の部下たちが、彼に汚染地図を見せなかったのかもしれない。それにしても、落ち着いたものである。聴衆は彼の視界に入らず、心は痛まないのだろうか。このような場合にはだれもが嘘をつくものだ。ソヴィエト連邦閣僚会議燃料・エネルギー資源局副議長B・B・マーリンに、移住者向け住宅建設場所をどこにするかは地元政府が決定したのかと問い質すとしたら、ジトーミル州党第一書記カヴンが決定したということになるのだろう。

一九八九年八月二日付『トルード』紙は「厳戒態勢の村」という見出しで次のように報道している。「しかし、すでに翌年〔一九八七年〕の春にソヴィエト連邦閣僚会議非常事態政府委員会とキエフ州、ジトーミル州の州執行委員会はウクライナのポレーシエ地帯北部の詳細な放射能汚染地図を持っていた。地図には、健康に脅威となる濃度一平方メートル当たり一四八〇〇～三七〇〇〇キロベクレルを超えた村や草原に印がついていた。そこで生活し、仕事に就くことができないことは明らかだ。とくにキエフ州ヤセン村、シェフチェンコ村、ポレススコエ地区、ジトーミル州ナロヂチ地区マールイエ・ミニキ村、シシェロフカ村、ヴェリーキエ・クレシチ村、ポレススコエ村も同じである。しかしながらこんにちにいたるまで、この地では人々は生活しているのである」。さらには「汚染地図に印はないが、民間防衛司令部、ジトーミル州指導部は一九八六年四月二七日から二九日にかけて、ここ州執行委員会の中庭では、ガンマ線量が一時間当たり一レントゲンを超えていたことを知っていた。この値は緊急避難を要する許容限度の二〇倍である」。

私は、一九八六年五月六日ソヴィエト連邦外務省プレスセンターで開かれた代表会見についてのタス通信の論説を読み直してみると、その内容に改めて驚いてしまった。「責任ある立場の同志諸君」が「時間の経過とともに放射能レベルは徐々に低下していった」と語ったと伝えていたのだ。ソヴィエト連邦閣僚会議副議長Б・Е・シチェルビナはこのように発表している。「放射能の上昇は、事故現場に接する地帯で認められる。そこでは、最高値で一時間当たり一〇～一五ミリレントゲンに達した。しかし、五月五日［一九八六年］の状況では、これらの地域の放射能レベルは二分の一から三分の一程度へと低下している」。

そして、この公式発表から判断すれば、日を追って放射能レベルは低下しているのである。私には、もしかすると放射能はすべて消えてなくなるのではないかとすら思われた。それならば、私たちはなにを悩んでいるのであろうか。そうならば、事故から三年がたち、晴れわたった空に突然現れた雷雲から逃れるように、人々を移住させる必要がなぜあるのだろうか。本当に「責任ある立場の同志諸君」は、プリピャチ市における戸外の放射能は四月二六日以降〔一時間当たり〕〇・五から一レントゲンを示していたという事実をまさか知らなかったとでもいうのだろうか（グレゴリー・メドヴェージェフ著『チェルノブイリ・ノ

ート』(邦訳『内部告発』松岡信夫訳、技術と人間刊、一九九〇年))。

ナロヂチの集会に話を戻すと、前述のように、一九八九年八月一〇日に政府委員会議長B・X・ドグジエフをはじめとする全委員がナロヂチ地区を訪れた。ウクライナ・ソヴィエト閣僚会議副議長エフゲーニー・ヴィクトールヴィチ・カチャロフスキーが発言した。権力を握って放さぬこの人物の手腕に、子どもの苦悩がかかっているというのに、私はあきれてまともに聞いていられなかった。このような貧困な精神をもつ指導者が統治できるのは、おそらくわれわれのようなとても忍耐強い人間だけであろう。

はじめE・B・カチャロフスキーはあらゆる責任を外国人に転嫁しようとしたのだ(録音そのままを文字に起こして引用する)。「そして私は、みなさんに言いたい。外国人たちが、ドル紙幣を持って、われわれのもとを訪れ、この問題に関するわれわれの得た知見を研究・調査しています。これは偶然ではありません。なぜならば……」。あとに続く言葉を私は聞きたくなかった。ただ、冒瀆する態度といっていい。被災地区に三年もたってから漸くやってきて、ほかに言うことはないのか。悔悛の言葉、それこそがその場に相応しいものだったはずだ。被災者が今後どのように生きていくか、具体的解決策については触れない。しかし、指導者は結局なにも理解していなかった。会場はざわめいていたが、一方、彼は明らかにモスクワから訪れた上司の顔に泥をぬることがないようにと、誠意のかけらもない舌足らずな言葉で人々にお説教を垂れるありさまだった。「紳士的にやりましょう。必要がないなら、私が話すことはありません。大声をあげるのはやめてください。ここはバザールではありません。ご静聴をお願いします。退場を命じるのは私の趣味ではございません。私の発言がお気に召さないのなら、席に戻ります。あなた方が発言してください。このショーは耳鳴りの原因になりますよ。そこにリーダーがいるね。マイク近くの女性、手を挙げると騒ぎ立てる、手を降ろすと黙る。このような状況はいけません。きちんと行動してください」。

ためらいひとつなく、カチャロフスキーは、このように発言をした。「私たちが当時決断を誤り、政府委員会が移住させた点について問題があったとはまったく思いません。わがソヴィエト共産党中央委員会政治局が最終決定をしたのです。村の数、人数はすでに決められており、われわれは提案するだけでしたが、われわれの提案はある部分が採用されませんでした」。

そして、カチャロフスキーは、会場から手渡されたメモを読み上げた。「われわれの子どもはこの事故に遭遇しました。なかでもとくに危険地帯の子どもが大きな被害を受けたのです。一九八六年五月二四日に避難が始まって、六月九日に終えました。最も危険の大きい時期に、子どもたちは最も危険なところにいたのです。だれも放射能の危険性を警告してくれませんでした。この疑問にだれが答えてくれるのですか」。

それに対し、いかなる明快な答えもないのだ。

しかしほかならぬこのE・B・カチャロフスキーその人がチェルノブイリ原発事故対策ウクライナ政府委員会を主導していたのである。一九八六年五月二日にソヴィエト連邦閣僚会議議長で共産党中央委員会政治局員H・И・ルイシコフとソヴィエト共産党中央委員会書記E・K・リガチョフがモスクワからチェルノブイリを訪れ、共和国指導部を事故現場へと派遣したのだ。

会場からカチャロフスキーにもうひとつ質問が飛んだ。「どうして私たちの子どもの避難がキエフ市やキエフ州やベラルーシよりも遅れたのですか。向こうは、一九八六年五月前半に避難していたのですよ。だれが私たちの地区の避難を決定したのでしょうか?」。その答えは、何度も繰り返されたことだ。興奮し、立て板に水のごとく雄弁だ。「はい、その件についてあなたにお答えしましょう。われわれは五月一日メーデーのパレードを実施しました。政治局員と妻、子どもや孫もその場にいました。キエフでも同様です。だれがパレードを行なうという指示を出したのかということですね。禁止されなかったからです。だれも、われわれの学者も、専門家も。三年後のここで、雄弁に語っている同志諸君も、家が焼けた後になってから駆けつける消防士に似ています。同志諸君。ここにはそんな賢い人はいるのかね。昨日の火災の消火にやってきて、その時はなにも知らなかった、火災のあとにみんなが賢くなっている。ですからわかっていただきたいのは、あなたたちも、あの時、立ち上がることができたのです。……どこが放射能で汚染されているか、どれほどの値だったのか、私たちは当時まだ知らなかった。あなた方もなにも提案しなかった。メーデーのパレードの半年後もそうだった。三年たってみんな気が付いた。つまりパレードはこのような状況の下で行なわれたのですね」。

カチャロフスキーの無責任で空疎な発言を聞いて、恥ずかしくて顔から火が出る思いだった。私はひと月前のできごとを思い出した。一九八九年七月一二日、第一回ソヴィエト連邦最高会議で国家水質・環境管理委員会議長の選出について、ユーリー・アントーニエヴィチ・イズラエリ候補を審理に付したときだ。ウクライナとベラルーシ選出の代議員はЮ・A・イズラエリに向かってチェルノブイリに関する質問を行なった。それはすでにおなじみになったことであった。「なぜ、だれも、汚染地図の存在を知らなかったのか、どうして放射能レベルの情報がなかったのか、メーデーのパレードの強行をだれが決めたのか、なにゆえに、キエフの子どもたちと同時に避難させなかったのか」などだ。

その当時、ソヴィエト連邦議会のなかでは、主役たちによる本物のドラマが繰り広げられていたのである。主役たちとは、ソヴィエト連邦国家水質・環境管理委員会議長ポストの再任を狙っていたЮ・A・イズラエリ。そしてウクライナ共産党中央委員会政治局員兼同共和国最高会議幹部会議長ヴァレンチナ・セミョーノヴナ・シェフチェンコ。ソヴィエト連邦閣僚会議議長兼連邦共産党中央委員会政治局員И・И・ルイシコフの三名であった。あきれ顔で見ている代議員の前で、主役のあいだで繰り広げられる非難の応酬によって、多くのことがはっきりした（その模様は中央テレビ放送をとおして全国に中継放送された）。B・C・シェフチェンコに追い詰められると、イズラエリは、どこのだれに事故第一日目の情報が届けられたかを語り始めた。すると、シェフチェンコは、イズラエリが、アカデミー会員イリインとともに、キエフ市およびキエフ州の、子どもを含む住民に、いかなる健康上の危険もないかのような放射能状況に関する決定を下したのではないか、と強い疑いを持ったのである。

議会の高い演壇からヴァレンチナ・セミョーノヴナ〔・シェフチェンコ〕はソヴィエト連邦国家水質・環境管理委員会議長〔イズラエリ〕に語りかけた。「あなたはとてもよく覚えておいででしょう。机をはさんで私の向かいに座りましたね。そして私は訊ねました。『ユーリー・アントーニエヴィチ〔・イズラエリ〕、もしキエフの町にあなたのお孫さんがいたら、あなたはどうしたでしょう』とね。あなたは黙っていた。（……）国家水質・環境管理委員会が他のあらゆる決定を下し、ウクライナの政治指導者は粛々と実施しました。二四時間不眠不休で効率よく万全を期して措置を講じ、すべての方策を連邦の政治指導部と調整した、と強調なさっていましたね」。

反論があるだろうと互いの腹を探り合いつつ、彼らふたりは相手を裏切りはじめたのだ。他ならぬ、連邦議会の場においてだ。ちなみにB・C・シェフチェンコはキエフ州選出のソヴィエト連邦人民代議員であった。チェルノブイリ地区は彼女の選挙区である。しかしながら、ソヴィエト連邦最高会議に宛てて、彼女に一票を投じた人々が、次のようなアピールに署名をして送った。アピールには「最高会議には、われわれの代議員ヴァレンチナ・セミョーノヴナ・シェフチェンコがいます。しかし彼女は一度も私たちと面会してくれませんでした。モスクワでもお目にかかることが叶いません。ヴァレンチナ・セミョーノヴナ〔・シェフチェンコ〕に面会を求めて、私たちはカリーニン通り二七番地〔この住所にソヴィエト連邦最高会議の委員会がある〕で一日中待ちましたが、その日彼女はキエフへ出張ということが判明しました。これ以上私たちは彼女に援助を期待しておりません」とあった。

感情的になっていたヴァレンチナ・セミョーノヴナ〔・シェフチェンコ〕からは演説のおしまいになっても悔悛の言葉はついにひとことも聞かれなかった。そしてきっぱりと述べた。「私はこんなふうに思います。こんにち、ユーリー・アントーニエヴィチ〔・イズラエリ〕は、〔国家水質・環境管理委員会という〕要職にあります。特別重要な任務に参画している人物は、風見鶏のような立場をとることではなく、強固な原則的立場を貫くことであります。私はあなた〔国家水質・環境管理委員会議長再任〕には、反対票を投じますからね。ユーリー・アントーニエヴィチ！」。演説を終えると、会場では拍手が聞こえた。しかしなんともはや、拍手を送られた人物もまた、子どもたちの健康不安、放射能汚染区域での長期にわたる実態の秘匿、情報の隠蔽という多くの点でなんらかの責任を持つ人物なのである（ソヴィエト連邦崩壊後、ウクライナ検事総長は彼女の犯罪を認定した。これについては後述する）。大会会場にいたすべての人は、茶番劇であることを理解していただろう。

シェフチェンコが発言を終えると間をおかず、順番を飛び越えて、ソヴィエト連邦閣僚会議議長H・

И・ルイシコフに発言が認められた。ニコライ・イヴァーノヴィチ〔・ルイシコフ〕は精力的に自分への矛先をかわそうと努めた。「ここでは〔八六年〕五月七日の件について議論が戦わされていますが、ウクライナ共産党政治局がどのように会議を進行したか、私は存じ上げません。私はウクライナの政治局にいませんでしたから。けれども五月二日のできごとは存じております。二日のことを、あなた方はご存知ですか。われわれが政治指導部と汚染地区を視察に訪れたのを覚えておいでですよう？　七日より前のことでした」。

発言の終わりに、ルイシコフは自らの揺るぎない信念を述べた。「チェルノブイリは彼〔イズラエリ〕の犯罪ではありません」。当然のことだが、私にも他のソヴィエト人民代議員のなかにも同じ疑問が浮かんだはずだ。ではだれに責任があるのか。だれがそのとき実際にどのような罪を冒したのか。少ない情報のなかで、連邦のなかを飛び交った多くの風説の責任はだれにあるのか。だれが、すべての情報を秘密扱いにするよう命じたのか。情報を隠匿したことによって甚大な被害を受けた人々に対し、だれが最終責任をとるのか。病気になり、裏切られた人々つまり被害者だけがいて、責任を負う人つまり加害者がいないということになるのか。これはわれわれの歴史の大きな教訓である。わが祖国ではいつもソヴィエト連邦共産党中央委員会と政治局が大仰に決定を下し、責任を取るべき人がいなかった。もし責任を取らされることがあるとしたら、いつも下端であった。チェルノブイリもその例外ではないのだ。

チェルノブイリから六年後〔一九九一年〕、ソヴィエト連邦は崩壊し、私は、チェルノブイリに関するソヴィエト共産党中央委員会政治局の極秘資料を大量に探し当てることができた。一九八六年五月二二日付け政治局決議には極秘扱いの印章がある。これをみると、同じように極秘扱いとなった記者のメモが添付されている。『プラウダ』のジャーナリスト、ウラヂーミル・グーバレフのものだ（私の原稿の掲載を拒否した例の人物だ）。このメモには、以下のように記されている。「［事故発生から］すでに一時間がすぎ、市内の放射能の影響は一目瞭然であった。そこでは事故の招く事態を見越した、どのような対策も立てられていなかった。人々はなにをなすべきか知らなかったのであった。

あらゆる指示系統を動員して、危険区域からの移住に関する決定を地元政府指導部が行なう必要があった。非常事態政府委員会が視察に来る時までに、危険区域から全員を歩いてでも脱出させることはできたはずだ。しかしだれも責任をとらなかった。（……）民間防衛システムはまったく役に立たないことがわかってしまった。線量計の操作さえできなかった」。

本質的には、ウクライナ共産党中央委員会第一書記B・B・シチェルビツキーとウクライナ共和国最高会議幹部会議長B・C・シェフチェンコを長とする地元党エリートの決定であった。しかしジャーナリスト、グーバレフは、この犯罪的で鉄面皮な事態を党中央機関紙『プラウダ』に発表したのではなく、極秘事項としてソヴィエト共産党中央委員会に報告したのであった（極秘指定扱いの決定に、このメモが添付され、共産党書記長M・C・ゴルバチョフの署名があった）。

私はジャーナリスト、グーバレフの秘密メモを読んで、自分が『プラウダ』へ投稿した原稿「荒廃した塒（ねぐら）で」がなぜボツにされたのか合点がいった。その記事は、チェルノブイリの危険地帯での同じような破廉恥極まる無法行為について描いたものであり、それを『プラウダ』編集部ではグーバレフが検閲していたのである。グーバレフのこのような新聞向けと共産党政治局向けという行動のダブルスタンダードは、いくらでも例をあげることができる。ソヴィエト共産党中央委員会への秘密報告のなかで、ある特派員は、地元の党権力の対応の鈍さについて憂慮していながら、同時に次のような提言もしているのだ。「国境のむこうから届くプロパガンダが大きな影響を与えた。ラジオやテレビに出演して、子どもや住民の健康への脅威や不安の根拠はないとわかりやすい言葉で説明する〔ウクライナ〕共和国指導者はひとりもいなかった」。つまり一ジャーナリストが指導部の学者に講釈を垂れているのである。人々がパニックに陥らないように、より上手に嘘をつかなければならない、と。しかし時すでに、チェルノブイリをめぐる嘘と並行して国内ではペレストロイカが進んでいた。これをなんと説明できるか。

さて、〈国家水質・環境管理委員会議長再任候補者として〉イズラエリ候補の選考は先へ進められた。人民代議員でアカデミー正会員、環境委員会副議長アレクセイ・ヤブロコフは、異国で起きた前代未聞のエピソードを紹介し、候補者としての彼の勇気とともに高い資質を挙げた。「おそらくあの鯨の件は、初めてのことでしょう。アラスカ沖で氷に閉じ込められた三頭の鯨を救助したのです。『グリーンピース』アメリカ支部〔オランダを拠点とする非政府国際環境保護団体〕から救出要請が届いた三時間後には、われわれの砕氷船はイズラエリの指示で既定の航路を変更し、氷に閉じ込められた鯨の救出に向かいました。三時間後ですよ。正式に政府決定が出たのは三日後でした。おそらくニコライ・イヴァーノヴィチ〔ソヴィエト連邦閣僚会議議長ルイシコフ〕はこの事実を知らなかったと思います。要請をうけて、砕氷船は三時間後、つまり政府決定の出る三日前に行動を起こしたのです。これはリスクの高いものでしたが、うまくいきました。同志諸君、彼の決断が、世界世論に与えた効果は絶大でありました」。

もちろん、このソ連邦人民代議員は、投票の結果、イズラエリに〈国家水質・環境管理委員会〉議長の席に再び就いてもらいたいと望んで、イズラエリの印象を好ましいものにするためにこの話をしたのである。

鯨救出の一件は、間違いなく彼の人間性を飾るものではある。しかしそれは、イズラエリのこれまでの人生において、チェルノブイリという不名誉な一頁がなければ、という話である。三頭の鯨を救出したことはもちろん崇高な行為である。しかし、健康を失った数千の子どもと住民はどのように生きていけばよいのだろう。

こうして、ユーリー・アントーニエヴィチ〔・イズラエリ〕はソヴィエト連邦国家水質・環境管理委員会議長という高い地位を掌中に収めた。投票結果は出席した代議員四二二名中、賛成が二九四名、反対が八六名、棄権が四二名だった。

休憩が告げられる前に、ソヴィエト連邦最高会議副議長A・И・ルキヤノフが、ソヴィエト連邦人民代議員でチェチェン・イングーシ共和国の生産連合「グローズヌィ石油化学」理事長C・H・ハドジェフに投票結果について三分ほど講評する機会を与えた。彼の歯切れの良いスピーチは、会場で進んでいた審議の最終章を飾るものだった。「われわれはたったいま、ユーリー・アントーニエヴィチ〔・イズラエリ〕の議長再任を承認いたしました。それはつまりわれわれが、同胞に対して行なわれたこと、私たちの大地に、川に、湖沼に、海に対して行なわれたことすべてを承認したということであります。私たちはそのすべてを受け入れます。彼は、自分が知っていること、われわれとあなたがたが知らないことをここに確認いたしました。私はたとえば一九八八年に客観的事実を知りました。しかし彼はご自身の職務を、上司に報告することに限定しています。そこで仕事は完結する。そして本日、われわれはこれらすべてを承認しました……。私はあなたがたが、有権者の顔色を窺うようなことをしているとは存じ上げない……。しかるに私は個人的にこう考えます。われわれはみな、自分たちの選挙人のことを忘れたのではないか。彼らの数百万の子どもについて忘れてしまったのではないか。彼らはこんにち、環境の悪化が原因で病に伏しています。入院している兄弟姉妹のことを忘れているのではないでしょうか。専門家としてのイズラエリを高く評価していました。しかしユーリー・アナトーニエヴィチ〔・イズラエリ〕同志、あなたには市民の視点がありません。私たち市民がなにを恐れ心配しているかに考えがおよびません。あなたが沈黙し、上司に粛々と報告書を上げているこの一四年間〔前職もまた同じポストである〕は、つねにそうでありました」。

しかし、この講評の少し前にソヴィエト連邦最高会議の出席者の大多数により採択された、この投票結果を覆すことなどできるはずもなかったのである（ウクライナ人民代議員がどのように、連邦最高会議の代議員に選出されるのかについては前述したとおりである）。

ウクライナ共和国閣僚会議副議長でチェルノブイリ事故処理政府委員会議長Ｅ・Ｂ・カチャロフスキーが、ナロヂチ地区住民との面会の席上で行なった好戦的で曖昧な発言と、党指導部連中が、連邦議会の席上で、チェルノブイリの被災者たちに対する犯罪の責任をお互いになすりつける内部「抗争」の醜悪な記憶は、楽観を許さない今後の状況を強く暗示していた。

第7章　かばいあい

いまとなっては明らかであるが、ソヴィエト連邦のチェルノブイリ原発という舞台で枢要な役割のひとつを演じたのが、ソヴィエト連邦国家水質・環境管理委員会であり、より正確に言えばその議長ユーリー・イズラエリであった。彼の職務は、悪魔と化した原子炉から、どれだけの放射能が排出されたか、風に乗ってどこへ行き、どこに降下したかに関する報告を党、ソヴィエト連邦国家指導者、共和国指導者に提供することであった。この章で私は、イズラエリはいかなる上司に、いったいなにを報告したのかという問いに答えを出してみたい。これは全体像を理解するうえで重要だからだ。権力とチェルノブイリを秤にかけてみよう。

初めてこの情報をソヴィエト連邦人民代議員が知ったのは、一九八九年六月二四日ソヴィエト連邦最高会議エコロジー委員会会議の場であった。国家水質・環境管理委員会次期議長候補にЮ・А・イズラエリを選出するかを審議しているときであった。資料をもって代議員の前に現れ、複雑な問題を示して、ユーリー・アントーニエヴィチ〔・イズラエリ〕がこう述べた。「われわれが、直面したふたつの問題についてお話しします。まず第一に、チェルノブイリ原子力発電所の事故処理に関することです。ここで国家水質・

環境管理委員会が二六日以降きわめて積極的に関与することになりました。事故後三、四日に現場では一〇機の飛行機とヘリコプターが作業にあたりました。ソ連邦ヨーロッパ部にあるすべての気象台・気象観測所が稼働し、その数は一〇〇〇を超えます。これらから送られてくるデータは、毎日チェルノブイリ現地政府委員会とモスクワにある政治局委員会に報告されました（傍点は著者）。これらのデータにもとづいて最重要課題の決定が下されました。

みなさんご存知のように、一一万六〇〇〇人が緊急避難を余儀なくされました。その後、データにもとづいて、保健省、国家農工委員会とわれわれが、起こりうる影響を予測しました。保健省と国家農工委員会は、放射能に汚染した三地区の生活機能に関する決定を行ないました。汚染状況は定期的に報告されました。指令機関の他には、汚染地域の共和国閣僚会議すなわち、まず始めにベラルーシ、ウクライナ、ロシア連邦ブリャンスク州では、該当する州執行委員会〔州政府〕であります。

農村地帯のデータに関しては、書類ファイルのなかに全データがあり、それらもソヴィエト連邦閣僚会議と州執行委員会に報告しました。

……いま現在、全出席者のみなさんに、膨大なデータの記された全地図が蓄積されていることをここにお約束したいと思います。一九八六年にデータを蒐集しはじめ、五月に放射能レベルの調査と、一九八六年六月、七月からは同位体成分のデータは地元機関にも伝達されております」。

放射線測定値と汚染地図の提供先に触れたこの発言は、公的人物の語った初めての情報であった。

次に必要なことは「秘密のヴェールをはぐ」行動だ。だれが、入手した情報を隠したか。これをЮ・А・イズラエリは三週間後の、一九八九年七月一二日の議会の場で実行した。そこはソヴィエト連邦政府の名で国家水質・環境管理委員会議長候補が再任されたところだ。ここでイズラエリは、代議員が反乱して突風が自分に勢いよく吹きつけることを予期していて、いっそう力を込めて言った。「事故後の一日目からこんにちまで、これらの情報は、ニコライ・イヴァーノヴィチ〔・ルイシコフ〕を代表に据える政治局委員会、チェルノブイリ政府委員会、ソヴィエト共産党中央委員会、共和国閣僚会議、州執行委員会にあげられています。全データは州執行委員会にあり、それは住民に知らされなければなりません」。

代議員たちの要求がロビーには響いていた。それはチェルノブイリ原発事故原因調査議会特別委員会を創設することであった。事故から三年をへて放射能状況の実態を隠蔽していた責任者を明らかにするのが目的である。この声が大きくなればなるほど、これが現実的になればなるほど、イズラエリは代議員らに、国家水質・環境管理委員会という機関がどれほど「粛々と」職務を全うしたかということを強烈にアピールした。一九八九年になって事故当日の情報をどのような組織と関係省庁へ報告したかに始まり、ユーリー・アントーニエヴィチ〔・イズラエリ〕は、一年後の一九九〇年四月一二日、政府高官、最高会議幹部会の具体的氏名に触れた。とくにこの日は最高会議のふたつの委員会――健康防護委員会と環境委員会――の合同会議が開かれた。この会議はチェルノブイリに関する議会審査会であることが告知されていた。

ここでЮ・A・イズラエリは人民代議員の力に押されて、次のように言う。「……四月二七日、国家水質・環境管理委員会はチェルノブイリ事故の地区の放射能状況の報告書を、概要を添えてお届けしました。おもてには『共産党中央委員会御中』とし、個人名を記しませんでした。この意味はおわかりでしょうか」。会場からはすぐに鋭い質問が返ってきた。「当直の守衛に宛てたのですか」。それに答えて、ユーリー・アントーニエヴィチ〔・イズラエリ〕は説明をする。「送付するには定められた書式があるのです。閣僚会議に委託された課題が準備できると、私は宛名に『ルイシコフ様』とは書かずに『ソヴィエト連邦閣僚会議御中』と書きます。このようなしきたりです。私の言っている意味がおわかりになりますでしょうか」。

イズラエリはあきらかに神経質になって、苛立っている様子が伺えた。それにはこんな事情もあった。彼の指導者としての椅子は危うい立場に置かれていた。彼はその椅子に一四年間座り続け、今後も居座り続けることを強く願っていたのである。というわけで彼は一息に事故当日から秘密情報が報告されていた数十名の政府高官の名を挙げたのだ。議会聴聞会の速記録から引用しよう。「ソヴィエト連邦共産党中央委員会閣僚会議御中。個人名なし。四月二七日［一九八六年、以下同じ］、四月三〇日――ニコライ・イヴァーノヴィチ・ルイシコフおよびソヴィエト連邦閣僚会議宛て、五月二日――ニコライ・イヴァーノヴィチ・ルイシコフ宛て、五月三日――ニコライ・イヴァーノヴィチ・ルイシコフ宛て、五月四日――ニコライ・イヴァーノヴィチ・ルイシコフ宛て、五月七日――ムラホフスキー宛て他省庁の名は省略。五月八日――ルイシコフ宛て、五月九日――グーセフ宛て、ロシア連邦閣僚会議宛て、五月一一日――ムラホフスキー宛て、五月一二日――ムラホフスキー宛て、五月一三日――グーセフ宛て、五月一五日――コヴァレフ宛て、五月一八日――シチェルビナ宛て、五月二一日――ゴルバチョフ宛て、五月二一日――ルイシコフ宛て、五月二七日――コヴァレフ宛て、五月二四日――ムラホフスキー宛て、五月二六日――ルイシコフ、リガチョフ、ドルギフ、チュブリコフ、ヴラソフ、ソコロフ、ヴォロトニコフ、ムラホフスキー、シチェルビナの各人宛て。もしよろしければ続けますが、どうしましょうか」。

これは日付順である。しかし実際は分刻みで行なわれたのではないだろうか。同日午前三時につまり事故から一時間半後にこの事故について、ソヴィエト連邦共産党中央委員会原子力局長Ｂ・Ｂ・マーリンに報告が届いている〔マーリンは、のちに燃料・発電用燃料資源局議長に就いた人物。当時代議員だった私に、わがナロヂチでは万事うまくいっています、心配いりませんと答えたことを、覚えておいでだろう〕。イズラエリの挙げた名は、すべてソヴィエト連邦政府、ロシア連邦共和国、国家保安委員会（ＫＧＢ）の責任ある立場の人物であり、連邦政府指導部、すなわちソヴィエト連邦共産党中央委員会政治局の高官である。彼の挙げる名を聞いて驚き、この資料はチェルノブイリの真実を封じ込めようとした犯罪者のリストであり、ソヴィエト連邦最高検察庁が、速やかにしかるべく対応しなければならない事案だと私は考えた。しかし、あらゆる点から見て最高検察庁は、このようなごくあたりまえの発想を頭に浮かべなかったようである。

代議員たちの質問が核心に迫るにしたがって、国家水質・環境管理委員会が情報を伝えていたさまざまな階層の指導者の名を同委員会議長イズラエリは公表していった。「……一九八六年九月二三日……、トゥーラ州〔モスクワ南方の州〕執行委員会シネグボフ宛て」。

少なくとも情報はウクライナとベラルーシの最高指導部に滞りなく通報されていた。一九九〇年七月二〇日、ソヴィエト連邦最高会議環境委員会へイズラエリは次のように伝えている。「ここにわれわれは、ウクライナとベラルーシの政府機関の資料を揃えました。だれに、いつ、どこへ、どのような要件の文書が書かれたかを示すものです。これはウクライナのもので、ここに『一件記録』とあります。ここに、だれに、どのような手紙が送られたかが記録されています。ウクライナ共産党中央委員会、閣僚会議、最高会議、ウクライナ共和国国家保安委員会宛てとなっています。それからウクライナには作業班があり、ここにある同志諸君のほかに定期的に作業班、この件に関わる民間防衛司令部へ提供が始まりました。ですから当然関係省庁に届いています。ご覧ください。ウクライナ科学アカデミー、ウクライナ保健省などの名があります。このほかこれらの汚染地図は州執行委員会、州委員会にも送られています。その場合私たちは、宛て先を選別することなく届けております。ウクライナとベラルーシの閣僚会議へは全情報をくまなく送付しております。若干遅れて、ロシア連邦閣僚会議にも送りました。一九八六年四月二六日には、ウクライナ共産党中央委員会第一書記Ｂ・Ｂ・シチェルビツキー、同書記カチュール、ウクライナ最高会議では、最高会議幹部会議長でありウクライナ共産党中央委員会政治局員であるＢ・Ｃ・シェフチェンコ、そしてバフチン、ウクライナ閣僚会議では、リヤシコ、ボイコ、カチャロフスキー、コロミーツが受け取っているはずです。

送付先リストが記された文書には、一九八六年四月三〇日にキエフの放射能レベルがとても増大したと書いてあります。たとえば科学大通りでは一時間当たり最大二・二ミリレントゲン、最小一・四ミリレントゲンでした〔自然放射線は、一時間当たりおよそ〇・〇一ミリレントゲン〕。夜間に低下しています」。イズラエリは後に、こう説明している。「五月一日には〇・六一、五月二日には〇・八五、五月七日には〇・七になります。時間がたつと徐々に低下しています。正確を期すと〔一九八六年四月〕三〇日一三時に放射能レベルが急上昇しました」。

関係者全員がすべてのことを知っていたことがはっきりした。それぞれの場所ごとの放射能レベルを知っていた。そしてなお嘘をついていたのである。

「この情報を私はウクライナ共産党中央委員会と、ウクライナ閣僚会議に報告しました。われわれの情報を指導者に知らせたのです。（……）シチェルビツキー、シェフチェンコそして中央委員会書記局メンバーにもですね」。

にもかかわらず、共和国指導者たちは、キエフでメーデーのパレードを強行することにしたのだ。放射能がまるでペストのように蔓延している中での祝祭。パレードには子どもたちの舞踊団が招待されていた。大人と並んで横断幕を掲げ、旗や花や風船を手にピオネール〔共産少年団員〕が行進した。そして指導者は、自分の孫たちのことはちゃっかりと考えていた——放射能から遠く離れた場所へと避難させていたのだ。これについて、ジャーナリストのグーバレフ〔『プラウダ』編集長〕は、秘密報告書のなかで書いている。このメモは、ゴルバチョフに届いており、一九八六年五月二二日付けソヴィエト連邦共産党中央委員会政治局秘密議事録に添付されている。記載のなかには、要するに「とくに指導者の子どもや家族が市街から姿を消したことが知れ渡り、しかも共和国指導部の『沈黙』は（……）再びパニックを招いた。ウクライナ共産党中央委員会にある交通機関の切符売り場窓口には一〇〇〇人を超す行列ができたのだった」。

事故から長い年月を経て、ソヴィエト連邦は崩壊し、共和国の連邦会議も共産党中央委員会も消え、それゆえに危険性を知らされていなかった数百万人が健康を害し、多くの専従職員がそのときまで座っていた指導的立場の椅子から、別の椅子へと横滑りした。彼らはその後も重要な地位を占めており、大臣、議長、人民代議員、党指導者、国営団体首脳などのポストに座っていた。

そのうち何人かは褒章休暇（われわれの連邦にはこのようなしきたりがある）を取得して引退し、破格の特別年金を受け取っていた（私は彼らがみなチェルノブイリ事故処理作業従事認定証を受け取り、特別な待遇を有しているということについて言っているのではない）。たとえば元ウクライナ共産党ジトーミル州委員会第一書記Ｂ・Ｍ・カヴンのような人物もいる。自分に対する批判記事が中央紙に掲載されて、人々の支持を失いその職から解任された後に、ほどなくして党はカヴンをジトーミルからキエフに呼び寄せ、速やかに国営アパートを提供し、超高額年金を支給した。ちなみにこのことについてはもちろん極秘事項なのであるが、私は重大案件の取調官で、特典と特権に関する議会委員会議長Н・И・イグナトヴィチから聞いて知ったのだ（後にイグナトヴィチはベラルーシで殺害された。真相は闇に葬られたままだ）。

イグナトヴィチはさらに閣僚会議の場に、連邦全体におよぶ特別年金受給者リストを「引っ張り出す」のにどれほどの困難があったかを私に話してくれた。市民の年金の「上限」は二五〇ルーブルで軍人は三〇〇ルーブル。さらにはなんらかの特別功労のあった人のための「特別年金」がある。該当する人は五〇〇ルーブルから七〇〇ルーブルが支給される。提示された年金受給者リストをみるとВ・М・カヴンが五つのレーニン勲章、労働赤旗勲章、民族友好勲章、おびただしいメダル、さまざまな記章を受けていることがわかった。加えて社会主義労働英雄も。ちなみに五つのレーニン勲章はチェルノブイリ事故の二年後に受賞している。クレムリンはチェルノブイリについて沈黙を守り通した彼の功績を讃えたのかもしれない。いずれにしろ、事故から四年過ぎて、私の代議員質問に対してジトーミル州執行委員会議長А・С・マリノフスキーは、「チェルノブイリ原発事故当日から州北部地点における放射能状況を把握するために、州民間防衛研究室の管理統制網が展開された。一九八六年四月二八日から、個々の居住地点のガンマ線に関する最初の情報が、州民間防衛本部から州執行委員会に届き始めた［ナロヂチへ届き始めたのは四月二六日からだ］。事故の年である一九八六年から一九八七年に居住区をはじめとしてナロヂチ地区、オヴルチ地区、ルギヌイ地区の放射能汚染情報は共和国上級機関から特別便で届き、返信された。一九八八年五月からウクライナ気象観測所により観測データが州に報告された」と答えている。

これは、私の質問に対する答弁のなかで認めていることだが、ウクライナ共和国国家農工委員会放射線医学部長C・A・リャシチェンコは「ウクライナ共和国国家農工委員会によって、［放射性物質による汚染に関する］総合資料一二三二号Cがジトーミル州執行委員会に一九八六年九月一二日に届けられました。一九八七年三月に、……これら資料の分析が再度行なわれてから同八月一日に一三一九号Cとして送られたのです」と言う。はたしてこれを、州の「あるじ」である第一書記が知らないなどということがあるのだろうか。

ウクライナ共産党第一書記B・B・シチェルビツキーもまた高額年金生活者であった（現在は故人である。後に自身の誕生日に拳銃自殺を図った。党関係者の元同志のだれひとりとして誕生日の祝いに訪れなかったことを苦にしての不幸である。「ウクライナ共産党中央委員会第一書記」という肩書の外れた人物をもうだれも必要としないことは明らかだった）。また同じように高額年金生活者となったのはウクライナ最高会議幹部会元議長B・C・シェフチェンコである。一方、同時期のウクライナ共産党中央委員会元第一書記B・A・イヴァシコは、当時のソヴィエト連邦共産党書記長M・C・ゴルバチョフの誘いを受けて、モスクワへ移り、彼のもとで第一次官を務めた（一九九五年にチェルノブイリがイヴァシコを襲った。甲状腺癌で死去）。

州の元指導者たちは昇進していった。ジトーミル州執行委員会副議長Г・A・ガトフシツはウクライナ政府チェルノブイリ省のトップを務めた（死去）。州執行委員会保健局長Ю・П・スピジェンコはウクライナ保健相を務め、のちに苦労の末、代議員となった。そしてにわかに信じがたいが、しばらくのあいだ、全ウクライナ・チェルノブイリ党「社会福祉と社会防衛」の代表を務めた（二〇一〇年に他界した）。

元ウクライナ保健相A・E・ロマネンコは安泰であった。彼は事故当初断固として沈黙を貫き、その後嘘をつき、彼の犯罪的な不作為によって、こんにちウクライナ被災地域の数万の人々が、大きな問題を抱えることになった。彼は、放射線医学センター長のポストに就き、その後ウクライナ科学アカデミー放射線医科学センター総裁となった。しかも「チェルノブイリ事故の医学的影響」委員会議長でもある（巷では、この委員会は「山羊を菜園に放す」ようなものだと言われている）。

私は、かつてチェルノブイリ事故一八周年記念番組の制作に関わったことがある。その時の体験を報告したい。キエフ地方局「1プラス1」では「ふたつの証拠」という特別番組の放映が予定されていた。番組のシナリオ構成は、ジャーナリスト数名とアナトーリー・エフィモヴィチ（・ロマネンコ）が担当していた。ロマネンコ自身も番組に出演する。彼の立場は、「ウクライナ検事総長により認定された犯罪人、チェルノブイリの情報隠しの張本人、人民の健康を脅かした責任者、元ウクライナ保健相」という肩書ではなく、彼のもうひとつの顔である放射線生物学者としてだった。彼はなにが起き、なにをどのようにすべきだったのか、疑いもせず、思いつきをあっけらかんと私たちに語る！（ちなみに、この番組は実際に放映されることはなかった。ディレクターのヴァフタンク・キピアーニの説明では、技術的な事情があったとのことであるが、しかし私は真相は別のところにあると信じている。原因はこの放送のシナリオを、私が徹底的に批判したことにあったと思う。まったく準備不足のジャーナリスト、司会者、簡単にいうと彼らは、チェルノブイリについても、ウクライナ当局についても、なにひとつ知らなかった。ウクライナ独立（一九九一年）後数年間に当局は被災者に対してほとんどなにもしなかったのだ。番組収録をひとまず終えると、まったく「偶然に」この番組にかぶせるように、もうひとつの制作チームが番組を準備していたのである）。このようなジャーナリストが哀れだと思った。

チェルノブイリのアンチヒーローはすべて、はじめは毅然とした態度で、社会と世界に向かって、「子どもたちの健康になんら脅威となるものではない」と太鼓判を押すのである。つぎに「住民には情報がない」、彼らは「知らない」「理解しない」等々と嘆いて見せるのである。放送されなかったこの番組のなかで元保健相ロマネンコのくだらない議論によれば、こんにち彼らはチェルノブイリの人々の「英雄的行為」の多くが忘れられ、そして再び白日のもとにする時が訪れた、と考えている。私たちはそのことを忘れてはいない！

人民代議員のひとりが、イズラエリに爆発直後のキエフのメーデーのパレードについて訊ねたとき、彼はきっぱりと答えた。「私はもう一度いいますよ。個人的にも、国家水質・環境管理委員会議長としても、この問題の審議に参加したことはありません。パレードをするのかどうかも知りませんでした」。

さらに三カ月後の一九九〇年七月二〇日、Ю・A・イズラエリはエコロジー委員会委員と代議員との会合において、細部にわたって個々の大気中に飛散した放射能雲について、どこへいつごろ向かったのか、それについて誰に報告したか、どのような報告書であるかを公開し続けた。

彼は「この地図に示されているのは重要なことです……。はっきりと申し上げますと、これは正確な地図です。すべて詳細にわたり正確で、われわれはこの地図を中央委員会と閣僚会議に送りました。……毎日除染が行なわれました。三、四日後にわれわれのもとで八機の飛行機とヘリコプターが作業にあたり、全ガンマ線量を測定しました。放射線強度とガンマ線スペクトルです。しかし、もっとも重要なことはついに大陸に鉄道網のように汚染地図を描いたことで、この点が、この図のユニークな所以です。大気汚染を考慮した上で地表面に描かれています。……つぎに、私は別の地図をご紹介したい。これは政府委員会に送ったものです。偶然にいま私の手許にあります。なぜかといいますと、シチェルビナの後任として政府委員会議長を務めたシラーエフが……これはシラーエフの署名……記念の地図ですね（……）。

私はここにいちばん初期の地図をご覧にいれました。はじめにその概略図をお見せしました。それは二七日に指導部へ送り届けられました。困難な状況のもとでわれわれは飛行機で行ないました。どうぞ、これが最初の飛行ルートです。これはメーデーの日〔五月一日〕の保存されていた草稿段階のものです。それに飛行機とヘリコプターの測定データがかなり加筆されています。私はその地図も公開しました。それは毎日政府委員会に報告されていました（傍点は著者）。

……最も興味深いのはこの地図です。

……この地図はとても重要なものであります。メーデーの日に作成されました。五月四日に運用されはじめ、そのときは三〇キロ圏内の移住が実施されているときでしたから、地図は五月一〇日まで正確なものに修正されました。この期間が終了すると、われわれは地図を提供しました。

……ここに記されているのが日付と値です。一一月の集計です。

……われわれの日常行なう作業のなかには、次のような、ふたつの大きな『仕事』がありました。毎日報告書を書き上げ、いま述べたところへ報告します。

……さらに、国防省の仕事に関与し、保健省の業務をし、ソヴィエト連邦科学アカデミー、ベラルーシ科学アカデミー、ウクライナ科学アカデミー、農工委員会、設備機械工業省の任務も行ないました。

……軍は政治局とともに、自分の組織内で報告を行ないました。危険地帯の最も近くで活動した化学部隊へは、絶えず報告を上げていました。

……私はチェルノブイリとキエフにいるので、キエフから定期的に電報を打ちました。ルイシコフ宛てに（一日おきに）そしてソヴィエト共産党中央員会書記ドルギフ宛てに。しかしドルギフへはまれで、ほとんどはルイシコフへ打っていたのです」。

最終的にイズラエリは政治局作業班と政府委員会の名前をあげて、話を移した。

「ソ連邦共産党中央委員会政治局作業班へ報告しました。しかし、われわれが報告をしたのは、七月終わりです。三つの文書がありました。閣僚会議からのものであることを強調しておきます。閣僚会議は自分たちの方針でウクライナ、ベラルーシ、ロシアの各州党執行委員会とともに働いておりました。連邦の政治局作業班長はルイシコフが務めました。ただ作業班と呼ばれていました。……この政府委員会は頻繁に効率よく会議をこなしました。五月中に政府委員会は会議を開きましたが、私は正確には知りません。少なくとも一日おきに開かれたと思います。それ以後、回数がいくぶん少なくなったと思います。

　政府委員会を主導していたのは閣僚会議副議長です。初代はシチェルビナ、二代目はシラーエフ、三代目はヴォローニン、四代目はマスリュコフ、五代目はグーゼフ、六代目はヴェデェルニコフ……」。

　彼らはみな知っていたのである。だれもが、すべてのことを知っていたのである。なぜ作業班の班長が頻繁に異動したのか。すべての人間を連帯責任というかたちで縛りつけようとしたのだろう。

　イズラエリは全力を挙げて、自分の職務を誠実に行なったことを証明しようとしたのだ。彼は、なんら罪を犯していなかったということを実証したかったのである。情報を公開することは彼の職務権限を超えることだった。限られた時間のなかで、彼はそんな回答を繰り返し、手を変え品を変え証明を試みた。「公式情報について言いますと、私は閣僚会議に全情報をあげておりました。データをゴメリ州委員会に届けました。ちなみに、ゴメリ州委員会はもっとも精力的に働いていました。モギリョフ州へも報告しました。

私の手許にもございます。地図も同じように届けました。さまざまな放射性同位元素が、どこへ到達したか、というのは私たちの職務の範囲を超えることです。州委員会はさまざまなところへ送りました——私には証拠があります——党の地区委員会にも送っているし、地区執行委員会へも届けています」。

代議員らは、彼に核心部分を問うた。「もしもすべてのことが、あなたの言うとおり充分に初期時点からわかっていたのであれば、なぜ住民に知らされなかったのでしょうか」。この問いに対して、イズラエリは、瞬きひとつせずに明快に述べた。「あなたは同じ疑問を共和国閣僚会議にお訊ねください。なぜならば、われわれの職務は、伝えるべき指導部へ情報を報告することだからです」。もしもロシア人に民主主義が根付いた時には、この言葉はおよそ次のようなことを意味するにちがいない。「私はいま、お隣さんの火事のようすを見ています。なかで寝ている人がいます。私は〇一番〔消防署の番号〕に連絡することができるのです。消防士が駆けつけるでしょう。でも電話をかけること——それは私の仕事ではないので——バケツで水を汲んで消火する——そんなことはとてもできません、がまんしてください、みなさん!」。危険な目に遭うかもしれないのだ。まさにわが身ほどかわいいものはない!

ベラルーシ最高会議チェルノブイリ事故処理政府委員会議長И・Н・スモリャールは端的に指摘している。「極秘文書について多くの議論があるだろうが、市民の目線でみたものも存在する。(……)なぜチェルノブイリに四月二七日に現地入りした国家委員会委員のなかで、だれひとりとしてテレビに出演して、一般庶民に起きている事態を説明しなかったのだろう」。

すべての審議において、あらゆる発言の中で、イズラエリはこのように自分に不都合な質問をする代議員たちが、だれになにを望んでいるかということをどうしても理解できなかったようである。善良な人々にとっては、当たり前な、つまり危険を知らせてくれ！　ということが、どうしても理解できなかった（もしくは理解しようとしなかった？）のである。彼は知っていたけれども、報告「しなければならない」か、「その必要がない」か、とくに子どもたちの身に起こりうることを理解し、それでも報告すべき機関や人物を見極めていた。私たちはそのようなことを知らなかったのである。なぜならば彼が知っていたからである。知っていたのは彼なのである。知っていながら罪深いことに、沈黙を通したのである。彼は知っていながら終始黙して語らなかった。三年間上層部へは情報を誠実に報告していたのだ。そしてそのことによって手にしたのがレーニン勲章なのだった。

前述したように、指導部の決定を待つことなく、氷に閉じ込められた三頭の鯨を助けたイズラエリは称賛に値する人物である。美しい話であるが、世界は私たちのことをどのような目で見るであろうか。

第8章　クレムリンのなかの権謀術数

「子どもたちの健康を脅かすものはなにもない」。チェルノブイリの被災者に向けたこのなんの慰めにもならない呪文は、大勢のさまざまな地位にある人々の口をついて出るものである。何十回と私は耳にしたものだ。そのなかでもクレムリンに近い要職に就く医学者からとくに頻繁に聞いたのだ。チェルノブイリの沈黙の歳月、私たちは国内のいろいろな書籍、雑誌で一度ならずこの種の呪文にお目にかかった。しかしこんにちなお、危険地帯で暮らす人々にとっては、この呪文はたったひとつのことを意味するのである。それは、彼らと病気の子どもに対するあからさまな嘲笑である。

しかしこれはなぜなのか。ソヴィエト連邦保健相Ｅ・И・チャゾフを頂点とする、ソヴィエトの公式医学界は、チェルノブイリ事故後一年間で三度も（！）公式に許容被曝線量を変更したのである。チェルノブイリ事故直後は七〇年間〔人の寿命を七〇年と想定している〕の累積被曝線量を七〇〇ミリシーベルトとしていたが、その後五〇〇ミリシーベルトに変更され、最終的に一九八七年には三五〇ミリシーベルトの運用が始まった。しかしチェルノブイリ以前は、累積被曝線量は二五〇ミリシーベルトだったのである。もしも一般的な言葉に言い換えるならば、この基準値は人間の身体に健康上の異変が生じはじめるリスクの限界量を示している。たとえ環境中の放射能汚染レベルを知ったところで、どれほどの期間で人間が危険な線量を体内に「ため込むか」を正確に測定することは困難である。この数値を境にして、「汚染の少ない」場所へ人々を移転させる必要があるような、危険な場所を確定する可能性が示されるにすぎない。これは人間が生存するにあたって、重大かつ深刻な指標である。したがって、このように運命を決するほどの、それでいて恣意的な数値は、たんに人々を驚かすのではなく、警戒させるようになるのである。ロシア医学界に大きな力をもつこの数字とはいったいなんであろうか。科学的なものか、それともいいかげんなものなのか。

ソヴィエトで正統的に「七〇年生涯累積被曝線量三五〇ミリシーベルト仮説」の父とされているのは、ソヴィエト連邦保健省放射線防護委員会元議長でアカデミー会員レオニード・アンドレーヴィチ・イリインである。そしてこの仮説は、おそらくは自分の地位を護ってくれる、御用新聞の最大の論拠となっている。つまり、この仮説に異を唱える人々（それが同業者であれ、ジャーナリストであれ）に対して、門外漢がなにを言うかと非難し、被曝により病気になった人々を放射能恐怖症だと言ってのける論拠といえるものだ。

イリインはジャーナリストを前に、一九八八年にキエフで開催された専門家会議「チェルノブイリ原発事故の医学的側面」において、以下のように表明した。「放射能恐怖症の責任はわれわれ全員にある。ここで私は二つの論点に分けて考えたい。放射線防護という分野で住民たちを抑圧している無知と、『普通の人々』の問題に病的な高い関心を示すジャーナリストがもつ志向である」。アカデミー会員、イリインの立場は、どう考えても、理解不可能だ。このとき、彼がこのようにジャーナリズムを非難したときは、当のジャーナリストたちは被災地区で見たことを発表する機会が完全に奪われていたのだ。なぜならそこは立ち入り禁止だったからだ。彼の棲む医学界は、放射線の身体への作用に関する情報の隠蔽に見事に手を貸したのである。熱心に上司に阿って(おもね)いる医師たちに、若いころにたてたヒポクラテスの誓いを思い出させることもできるかもしれない。〔訳注1〕しかし私は、ここで起きている具体的事象には、それは効きめがあるとは思わない。この問題点がひとつ。

そして第二に、自分たちの子どもの「健康上の不安」を口にしているからといって「普通の人々」を非難することができるだろうか。

実際に、イリインがジャーナリストたちを十把一絡げに非難しても虚しいだけだ。しかし国内主要新聞であるソヴィエト共産党中央委員会機関紙『プラウダ』のふたりの特派員が「風説……」と題する同会議の詳報のなかで、このように書いている。「放射能恐怖症の撲滅作戦が展開されている」。記者のひとりは同紙ウクライナ特派員セミョーン・オヂネツである。彼、オヂネツこそは、その昔私の原稿をボツにするという『プラウダ』からの伝言を、電話で伝えてきた人物だ（後に、ソヴィエト連邦崩壊直後に彼は再度私に関する小さい記事「大統領を狙う」を書いて、私への敵意をあからさまにした。当時はちょうど、ウクライナで初の大統領選挙運動が展開されており、もし私が立候補していたら、勝つ見込みが大いにあった。しかし運命は別の方向に舵を切った。ソヴィエト矯正労働収容所管理総本部によって政治犯として長年幽閉されていたヴァチスラフ・チョルノヴィル〔一九三七年〜一九九七年〕が民主派候補として立候補を表明し、私に参謀役を依頼してきたのである。私は彼の依頼を断ることができなかった。しかし、諸般の事情によって、残念ながら大統領選ではチョルノヴィルは元共産党書記レオニード・クラフチュク〔一九三四年〜　〕に敗れてしまった。人民は自分たちの初代大統領に、長年党の綱領によってあらゆる生身の人間を縛りつけてきた張本人を選んだのであった。私にはこれが理解できない。敗れたヴァチスラフ・チョルノヴィルは、数年してきわめて不可解な状況のもと、自動車事故で命を落とした。彼の息子、タラスはウクライナ議会の代議員を務めており、父親は消されたのだと確信している。しかし、それはまた別の調査テーマである)。

一九八九年一〇月一九日、ソヴィエト連邦最高会議の委員会公聴会で、Л・A・イリインは出席者らに説明した。「……累積被曝線量三五〇ミリシーベルトは危険水準ではありません。このレベルで、初めてなんらかの措置を講じる必要があるということです。……」。

アカデミー会員Л・A・イリインの見解に同調し、支持したのは彼のモスクワの同僚たち、具体的にはB・A・クニジニコフ、A・K・グシコヴァ、E・И・チャゾフ、ウクライナの学者グループ、И・A・ベベシコ、B・Г・リフタレフ、ウクライナ保健相A・E・ロマネンコらであった。とくにこの御用学者グループが支える「三五〇ミリシーベルト仮説」が政治上の重要政策の基礎になっている。この面々は、事故から四年を経て、未だグラースノスチが勝利を収めることができず、汚染地区で生きるほかない人々に対する責任の重さを感じなければならない。二年という間に、約一・二シーベルト、酷い場合は五シーベルトという放射能を〝一息に〟吸い込んでしまった子どもたちに対する責任。あらゆる会議、集会、ス

訳注1　ヒポクラテス（前四六〇年頃〜　）は古代ギリシアの医学の大成者。弟子たちにより編纂された「ヒポクラテス全集」の中で、医師の職業的倫理について記された宣誓文が「ヒポクラテスの誓い」である。患者の尊厳と医師の崇高な使命を謳うその精神は、世界医師会の「ジュネーブ宣言」（一九四八年）に継承されている。日本医師会ホームページで閲覧できる。

トライキ中の職場集会で、（まさに一〇年後に放射能汚染地帯を激しく揺さぶることになる）この仮説を支持する人々が、連邦政府と共和国政府と政治指導者とともに、苦悩に打ちひしがれた母親と後遺症を背負った事故処理作業従事者らの「なぜなのか」という問いに答えなければならない。

ナロヂチで開かれたとある会合のひとつで、ソヴィエト連邦医学アカデミー生物物理学研究所主任研究員で教授のB・A・クニジニコフは率直にこう述べた。「世界中にある放射線被曝の調査研究には、一シーベルトまたは五〇〇ミリシーベルトの被曝条件下で、発生学上の障害または癌の発生の上昇を示すデータはありません。広島、長崎にもありませんし、一九五七年以降のウラルでもありません。（訳注2）ウラルでは平均被曝線量は五二〇ミリシーベルトでした。ウラン鉱山労働者や放射線医学者などにおいても増加を示すデータはありません」。

会場からはこの言葉に苛立って、質問が飛んだ。「ここに広島がどうして関係あるんだ。もしかしたら、チェルノブイリでは別の放射性核種が出ているのではないか」。教授は瞬時にこう切り返す。「そうですね。もしあなたが、もっとお伽噺（とぎばなし）に関心がおありなら……」。その通り、そのまさに噴飯もののお伽噺に長い年月お付き合いさせられてきたがゆえに、人々はこんな話に関心がないのである。そして会場はクニジニコフ教授にどっと「拍手を送る」のだった。実際問題として、このような対比は可能であろうか。広島に投下された原子爆弾は、わずか四・五トンの重さであった（ここではこのわずかという言葉がぴったりだ）。そこで思い起こそう。チェルノブイリ原発4号機の原子炉燃料ブロックから微粒子や気体となって大気中に放出されたのは五〇トンである。二酸化ウラン、強力な放射性物質ヨウ素131、プルトニウム239、ネプツニウム139、セシウム137、ストロンチウム90そしてほかにも途方もない量の、さまざまな半減期をもつ放射性同位元素。さらに約七〇トンの核燃料が、あたり一帯に吹っ飛んだのだ。加えて原子炉部分の放射能を帯びた黒鉛約七〇〇トンが爆風で4号機周辺にばら撒かれたのである。チェルノブイリ、これは長寿命核種である放射性セシウム137を中心とする広島型原子爆弾三〇〇発分が、原子炉の外部へと噴出したものだった。

なぜこのことが学者たちにはわからないのだろう。

しかしながら、リアルな現実を前にしてもなお、公式医学界は保身のために目新しい話を見つけ出しては、自分たちの仮説を保持し続けた。「論拠」のひとつに、ナロヂチでの件の会合で提示されたB・A・クニジニコフによるこのようなものがある。「アルゼンチン政府では、二〇年間で累積実効線量一シーベルトが採用されています」。それがどうしたというのか。もちろん人々はこの情報にほっと胸をなでおろすであろう。それはアルゼンチンの話なのであって、私たちのように、ヨーロッパの限定核戦争の中心地で生き続ける人とは異なる、と考えるのだ。本質において、しょせんマスメディアにおけるチェルノブイリとはかようなものである。この会合から数年後に共産党中央委員会の秘密会議で、委員の間では（私にはわかっていたとおりであったが）、この事故のことを、「破滅的大惨事（カタストロフ）」と呼んでいた（この点については後述する）。チェルノブイリは率直に言うと、ほかに比較する事象がない。アルゼンチンに

訳注2　ウラルの核惨事という。一九五七年九月二九日、特別秘密閉鎖都市チェリャビンスク四〇において、放射性廃棄物タンクが爆発した大事故。被曝者六〇〇〇人といわれる。また後年、放射線廃棄物汚染に起因する被害全般を指すこともある。『ウラルの核惨事』（ジョレス・A・メドベージェフ著、梅林宏道訳、一九八二年、技術と人間刊）に詳しい。

も、広島にも、ウラルにもない。クニジニコフ教授もイリイン教授もグスコヴァ教授もチャゾフ教授もその他の教授も、このことが理解できないのであろうか。

つまり、だ。ごく平凡な〝そこに居合わせた〟人間は知りたいのである。理解したいのである。実際にこの三五〇ミリシーベルトが赤ん坊にとって、多いのか少ないのか、標準なのか。なぜならば、私たちはこの間に嘘をついた人々、未だに嘘をつき続けている人々の言うことを信用していないからである。彼らは私たちをこう言って欺いてきたのだ。「子どもたちの健康を脅かすものはなにもありません」。そして唐突に、事故四年後に、数十の村の移転が速やかに実施されなければならないということが判明したのである。その村には人々の健康を脅かすものがなにもないというのは本当だったのか。御用医学者たちのこのような方針転換に直面して、この大惨事そのものの規模に匹敵するほどの世界的な欺瞞を展開してきた政府を信頼し、わが身を委ねることなどできるであろうか。

私はこの国で最も権威ある情報源のひとつソヴィエト大百科事典を紐解いてみた。「当量線量。被曝量単位。年間五〇ミリシーベルトが職業被曝の許容限度とされている」とある。「素人」にとっても、簡潔かつ明快である。ひとつの州のナロヂチ地区の一二村の住民だけが、知らないままに、三年以上も専門家や原発労働者に定められた規則のなかで、暮らしたということになる。しかもなぜ原子力専門家に認められている追加特典――長期休暇、早期退職、早期年金受給資格取得、健康管理および治療費と傷病手当、有給休暇などがないのか。

B・A・クニジニコフ教授のチェルノブイリの被災者についての発言に戻ろう。「二五〇ミリシーベルトかそれ以下の被曝を複数回受けると、とくに感受性の高い人には血液の一時的変化が認められます。それは四週間続き、症状がなくなります。いかなる健康上の障害も発生しません」。ここで以下のソヴィエト大百科事典を読んでみよう。「細胞増殖能力の抑制を引き起こす最小ガンマ線量は一回の被曝で五〇ミリシーベルトである。長期にわたり恒常的に〇・二〜〇・五ミリシーベルトを被曝すると、血液に変化が見られるようになり、一一ミリシーベルトで、腫瘍形成にいたる。被曝の長期的効果は、次世代の突然変異の発生頻度の上昇として表れる」。教授にとって、なにが明らかでないというのだろう。だれにとって、二五〇ミリシーベルトは無害なのだろうか（本当は彼には無害で、他の人には有害なのである）。

なんとこんにち、長期被曝の影響が表れ始めている。近年ナロヂチ地区で、奇形生物の発生数が顕著に増加している。事故から三年後に牧畜場で一一九頭の仔豚と三七頭の仔牛に奇形が確認された。一頭には四肢がなく、別の一頭には、目、肋骨、耳がなく、また三頭には、頭蓋の変形が見られた。ある農場では、八本足の仔馬が生まれた。その恐ろしい写真が世界を駆け巡った。本物は、私の故郷ジトーミル市の特別研究室でアルコール標本とされており見学が可能だ。アディ・ロシュ（チェルノブイリ子どもの国際プロジェクト代表）と共にチェルノブイリで撮影したドキュメンタリー映画「チェルノブイリ・ハート」は二〇〇三年「オスカー」を受賞した（マリアン・デレオ監督、二〇〇三年米アカデミー賞短編ドキュメンタリー部門でオスカーを受賞）。チェルノブイリの核の恩寵は、抑えることのできない怒りの代弁者によって、わずかな希望さえ残されないのである。大入り満員の国連総会ホールで映画が上映されたとき、観衆はみな涙をこらえることができなかった。

さて私は学者の手による重要なもうふたつの結論を引用したい。「次のことを想起することが重要である。非電離放射線の作用に閾値が存在しないという仮説に従うと、長期被曝による晩発性障害のリスクの上昇はどれほど小さい被曝効果にも付随して表れる」。もうひとつは、「二一・五ミリシーベルトの放射性降下物によって生じる地球規模で晩発性障害の上昇を考察してみる。放射能に起因する致命的な腫瘍の数は、原発の大惨事後の二〇年間で一二〇万人におよぶ可能性があり、同様に三八万人に遺伝上の問題が表れる可能性がある」。これは楽観していられない予測である。本当であろうか。だれがこの悲観的予測をしたのであろうか。信じられないことだが、私は著者の名を書物のなかに発見した。なんと、チャゾフ教授、イリイン教授、グスコヴァ教授が著したものであった。この学者たちの書は『核戦争の危険性』と『核戦争の医学生物学的影響』である。どこに問題があるか。これら書籍が著されたのは一九八二年と一九八四年である。ということは、チェルノブイリの以前に書かれているのだ。本書に記載されているリスクのすべてが、自国にいる核被災者に深く関係しているなどとだれが当時予言できたであろうか。

当時はこのように、学者たちは正直だったのだろうか。自分たちの論文を書いた時、すなわちチェルノブイリ原子力発電所大惨事までの二年半から四年のあいだ、そして大惨事がおきてからも、（彼らも含まれる）あらゆる社会全体に、嵐のようなイデオロギーの圧力がかけられていたのだろうか。わが祖国は、おぞましい帝国主義者と学者とが力を併せて、世界で最高水準の原発の爆発事故によっても、犠牲者もなく、悲劇的結末も迎えることはないということを証明しなければならなかったのか。とはいえ、とりわけ爆発事故が起きる以前の数年間は、彼らアカデミーの世界の巨星たちが、イデオロギーを排除し、自らの科学的営為をとおして、許容リスクと想定される核事故の犠牲者について、信頼に足るデータをもって、世界に向かって真摯に警鐘を鳴らしていたことを私は疑っていない。チェルノブイリ事故の起きる前にアカデミー会員が叙述していた書物のなかで、閾値が存在しないという説を根拠にして、放射線被曝はいかに小さくとも健康に重大な影響を招く可能性があると、客観的に指摘していたのである。この件について私たちは続く章でも考えることにしたい。

チェルノブイリ大惨事が発生してから、アカデミー会員イリインは「三五〇ミリシーベルト」という稚拙な仮説を維持するために、およそアカデミックな論拠とはかけ離れた論理を展開した。それは「一〇〇の農村部の移住問題は無謀な行為であり、馴れ親しんだ生活を混乱に陥れ、住み慣れた快適な環境を奪い取られることになるであろう」というものである。つまりは人々が放射能のもとで、よりよく生きるほかないということである。一九八九年一一月一八日付け『ソヴィエト文化』紙に発表された論評「ザプレヂエール」で、著名な映画監督で国家賞受賞者、チェルノブイリ問題に関する国家委員会委員ヂェマ・フィルソヴァはこの問題に関して核心をついた問いを発している。いったいどのような快適な暮らしがアカデミー会員〔イリイン〕の念頭にあるのだろうか。「棺桶代」三〇ルーブルのことだろうか。液体放射性廃棄物を彷彿とさせる「汚染」ミルクか、それとも先の見えない子どもの病気か。

キエフの子どもたちが、事故から二週間してようやく一時避難をしたのは、モスクワのアカデミー会員イリインの支持者たちの唱える仮説に従ったからではないのか。それは五月七日のことである。知られているように、とくにメーデーの日は、市全体が巨大なレントゲン室と化していたのだ。

Ю・A・イズラエリは言う。「五月七日にウクライナ共産党中央委員会政治局会議があり、そこに私とアカデミー会員のイリイン、そしてもうひとり生物物理学研究所長が専門家という立場で招致されました……。最初はとくにキエフの一時避難について私たちの考えを口頭で尋ねられました。すでにこの日までに住民の一部は自発的にキエフからの退避を始めていました。子ども〔を連れ出した〕だけでなく、大人も脱出していました。乗車券売り場は人で溢れていました。よくわかりませんけれど、この事態を受けて、ウクライナ共産党中央委員会政治局会議でこの問題が討議に付されたのでしょう。彼らに私とイリインは考え方を尋ねられ、私は放射能汚染レベルのデータを提供できますと答えました（すでに提供した）。被曝線量を一時避難の基準と比較して評価し、私たち専門家は、キエフから住民の一時避難を実施する根拠に乏しい……と言いました。するとシチェルビツキーが私たちに『その旨を文書とするように』とおっしゃるので、しばらくして仕上げました。私たちは専門家として責任ある職務を遂行したと理解しております。シチェルビツキーは書き上げた文書を貴重品保管室に納めて扉を閉じ……『これでよし』と言われました。つまり、私たちふたりの専門家の判断をもって、それがどのようなものであれ、結論を出したのです。彼らは専門家の結論に同意を与えたのです。こうして市民の一時避難は決定されませんでした。もしも指導者のみなさんが、私どもの考えを不適切だと思うのなら、キエフやジトーミルのどなたか別の専門家を参加させるのだろうと理解していました（ちなみに、なぜ彼らを参加させなかったのかはいまも理解できません）。しかし、いずれにせよ彼らがこのような決定を下したのです」。

Л・A・イリインとЮ・A・イズラエリという専門家の宿命的な結論は、こんにち（またはかつて）ウクライナ政府の隠蔽工作にとって、ある意味では後ろ盾となったのである。「キエフ市やキエフ州［とくに州］における放射能レベルは、現在子どもたちを含む住民にとって危険な状況にはありません。チェルノブイリ原発事故においては国際原子力機関（IAEA）が公式に勧告した許容基準内におさまっております」。ここにふたりの重鎮のコメントがある。「キエフの放射能状況を分析しますと、現在のところ住民とくに子どもに対して他の地区への一時避難をするよう勧告すべき証拠がないことは確かです」。

おそらくその日〔五月七日〕に、証拠が「存在しない」という理由で、五月八日にキエフの子どもたち、学齢期前の児童を危険地帯からできるだけ遠くへ避難させる政府決定が、二週間遅れることになってしまったのだ。生徒たちは、五月一五日まで学校で勉強を続けていたし、寄宿舎やピオネールキャンプ〔共産青年団〕の「休息の家」に行っていた。そのほとんどが、七年生までの生徒だ。その子たちより上級生はみな自宅に残り、爆発後、最初の放射能の直撃をまともに受け、メーデーの日の〝レントゲン室〟となったクレシチャトカ通りをパレードし、脇道をとおってから、その後、飲料として放射性セシウムを摂り、骨の中にストロンチウムを蓄め込んだのである。

国家からは完全に蚊帳の外に置かれようとも、人民代議員大会と最高会議で声を上げ、また、祖国の何百万の人々の運命を左右する真実を伝える記事が初めて発表されたあと、われわれのチェルノブイリは、単なる環境問題から、より大きなものに変貌していることが明白になった。チェルノブイリは、ミハイル・ゴルバチョフをトップとする新ソヴィエト連邦指導部の揺れ動く政治姿勢のバロメーターになった。それまで国民を覆っていたチェルノブイリ大惨事にまつわる数々の嘘の中身が明らかになってくると、チェルノブイリ問題が、ゴルバチョフを主導とするペレストロイカ〔改革〕を飲み込み、葬ってしまったのである。

おそらくウクライナおよびベラルーシは、原子炉という怪物を自分の力で制御できない。つまり資金が充分にないことが明らかだった。さらにはモスクワのアカデミー会員が語る物語と、大事故の発生源に生きる人々のもとで現実に起きている事象とのあいだの亀裂はますます顕在化してきたのである。

一九九〇年春、第三回ソヴィエト連邦人民代議員大会〔三月一二日〜一五日〕で、政府のソヴィエト経済の健全化計画案が審議されたときに、同計画を決議するか廃案とするかをめぐり民主派と党との間で火花を散らす論戦が繰り広げられた。そのとき、私は、やっかいな状況に陥っていた。一方では私には、このような状況下でニコライ・ルイシコフの政府計画案がわが国の慢性化した病んだ経済の断末魔をいたずらに延命させるだけであることは明白だった。他方ではもし、その成立に反対票を投じたとしても、いずれにしろ多数派によってその計画は承認されるのも明らかであった。代議員の構成からして、このことは陽が東からのぼるがごとく当然のことであった。われわれウクライナとベラルーシ選出の代議員にとって重要なことは、ゴルバチョフと他の代議員にチェルノブイリ原発事故処理の全ソ的な計画を三年後であるにしろ決定するのは避けられないと認識させることだった。われわれに必要なのは資金であり、資材であり、もちろん公的医療の助言にしたがって、放射能という有毒ガスのなかで苦しんでいる被災者の安全を真に構築することであり、速やかに移住させることであった。

そしてこのような不幸に見舞われた人々、子どもたちのためではあるけれど、私は、とても難しい妥協点で、折り合いをつけざるをえなかった。つまり、政府が決定するソヴィエト経済健全化計画はどのみち賛成多数で成立するので支持せざるを得ない。そのかわり、その計画に全ソヴィエト的なチェルノブイリの事故処理計画に関する一章を押し込むことを要求して実現する道も残されていた。そこでクレムリンの演壇から議会へ呼びかける意味はあった。

私のこの提案を他のウクライナとベラルーシの代議員も支持してくれた。そして私たちは、この考えを実現することができた。会議の決議のなかに、事故処理計画の項目を書き加えることができたのである。ロシア連邦共和国、ウクライナ共和国、ベラルーシ共和国の三共和国に関して、一九九〇年から九五年の

「チェルノブイリ原発事故処理に関するソヴィエト連邦国家審査委員会」が設置された。著名なアカデミー会員で「核の冬」理論の提唱者Н・Н・モイセイエフ〔一九一七年〜二〇〇〇年〕が代表となった。とても長く続いたソ連邦の世論と政府のあいだのぎくしゃくした議論を経て、国家の事故影響に関する最初の審査委員会が組織された。

国家審査委員会には経験豊富な専門家、ソヴィエト連邦科学アカデミー会員、モスクワ国立大学の学者、ウクライナとベラルーシのアカデミー研究所研究員、社会学者、精神医学者、法律家、貿易業者、通信業者、公益事業者、地主、労働者団体代表、そして、そこにはじめて社会団体と市民運動組織も参加した。国家審査委員会には総勢約一〇〇名の専門家およびその道に通暁した人、そのほか私を含めた数名のソヴィエト連邦人民代議員が加わっていた。国家審査委員会のメンバーのおよそ半数が、すでにチェルノブイリ問題になんらかの関係を持っていた。多くは被災地域を訪れていたし、調査も行なっていた。まさに相応しい人々であった。

私は、生物化学博士でソヴィエト連邦国家計画委員会副議長А・Г・ナザロフが委員長を務める小委員会に所属して働いた。彼は第一回の挨拶で、「ご存知のように、私は二〇年間放射線生物学の研究をしてまいりまして、様々な審査委員会に参加しております。外国の審査委員会の参加経験もあります。しかし今回の体験には、心が揺さぶられました。最も苦しかったのは、被曝地区に住む人々と言葉を交わした時です。私はその場で消えてしまいたい、穴があったら入りたいと思いました。この人たちとまともに目を合わせるのが恥ずかしかった。関係省庁の高官や指導者が被害者に援助をせず、手を尽くさないこと、約束を守らないことに、とても気がとがめました。約束だけは沢山しておきながら、その場を離れると、忘れてしまうのです。それは予想をはるかに超える酷いものでした！」。

複雑に絡み合った嘘の網を解きほぐし、所轄官庁の煙幕をすり抜けるために、同委員会は精力的に働く必要があった。私たちは、必要なすべての文書を最初から受け取っていたのではなかった。幾つかは最後まで入手できなかった。ソヴィエト連邦国家水質・環境管理委員会の放射能汚染地図は一九九〇年三月四日にようやくエコロジー委員会に届いた。

休日を返上してわれわれは精力的に活動した。三カ月間で、ソヴィエト連邦最高会議に対して、ソ連邦政府に提出された三共和国の〝チェルノブイリ事故処理に関する国家計画〟――ロシア連邦共和国、ウクライナ共和国、白ロシア共和国〔ベラルーシ〕――の審査報告を提出しなければならなかった。細心の注意を払い、資料、測定結果、調査報告などを正確に検証し、海外の学者の助言をうけて、イリインの提唱する「三五〇ミリシーベルト仮説」を検証しなければならない。これには数百万人の運命が、連邦の国民の健康の行方がかかっていた。たとえば、ベラルーシの国土の八〇パーセントが放射能という鳥の黒い羽に覆われていた。ドイツ連邦共和国〔旧西ドイツ〕、アメリカ合衆国、スウェーデンの体験が調査された。情報は想像を越えて複雑だった。加えて、事故から四周年が近づいていた。これもまた仕方のないことであった。

計画の検証作業の過程で、多くの問題が発生したが、それについては後述したい。予想されたことであったが、委員会の審議のなかに表れた難題は、汚染地域で生きるうえで、なにが安全かという概念規定であった。大規模な放射能恐怖症という疾患なのか、なにかまったく別のなにかか。一部の専門家は、イリイン仮説が正しいと明言した。なぜならば、具体的に「雑音レベルの放射線」を検出することが不可能だからである。低線量放射線は「雑音」と考えられている。別の研究者は、オーストリアの研究者がわずか一〇ミリシーベルトの「雑音」の検出に成功した、という論拠をもってその考え方に異議を唱える。自分の研究業績のために、彼らはチェルノブイリの事故を利用していたのである。放射性降下物が降り注いだザルツブルク〔オーストリアの都市〕では、事故が起きる以前から調査していた被験者についてその後もモニタリングを継続した。その結果、彼らは一〇ミリシーベルトの変化を記録することに成功したのである。信頼できる結果は、五〇ミリシーベルトで得られた。すでにこのレベルで人間の身体の「崩壊」過程が観察されているのである。これはにわかに信じられないことだった。私たちは、われわれの医学と科学の水準に苛立ちを覚えた。これでは、チェルノブイリの犠牲者には申し訳が立たない。

大半の専門家の意見は「三五〇ミリシーベルト仮説」に対して非科学的、非人道的なものとして、懐疑的になっていた。われわれは、自覚しなかったけれども、ある発見をしていたのだ。世界では以前から、放射能の人間に対する閾値は存在しないとする仮説が提案されていたのである。これは（わかりやすく言えば）、任意の放射線被曝は健康にそれ相応の作用をおよぼすという意味である。もちろん人間の器官にも放射線核種は存在する。しかしこれは生まれた時からあるのであって、外部から持ち込まれたものではない。これについては、高名な学者アーネスト・スターングラスが書いている。〔訳注3〕「……放射能に対する感受性は対数法則か、もうひとつの複雑な数式による法則に従う。放射能に対する感受性は、高線量よりも低線量の場合でより高まるのである……」。後にチェルノブイリの住民の健康調査で明らかにされたことは、「より重要なことは、早期に放射能と関連がないとされる多くの病気、例を挙げると、感染症（インフルエンザ、肺炎）、慢性疾患（気腫、心臓疾患、腎臓病、痛風）は、本質的には低線量被曝に原因がある」ということだった。

国家審査委員会の作業の完了が見えてくると、思いもしなかったことが明らかになった。あの悪名高い「三五〇ミリシーベルト仮説」は、わが国においても科学的に根拠ある概念であることが、証明されなかったのである。あろうことか、特定の科学者グループの提唱する一仮説の域を越えるものではなかったのだ。まさにこういうことだった。その一仮説がわが科学界で承認されるためには、この国の放射線生物学会によって認定されなければならない。しかし、学会はそれを承認していなかったのである。推察するしかないのだが、なぜ汚染地帯の住民の危険性を考える際に、この仮説が援用され、われわれの政府と党中央委員会政治局によって支持され、歓迎されたのか。モスクワやウクライナやベラルーシではこの仮説に対して、別の学者の異論が存在したというのに。ましてや、海外では多くの研究の蓄積があったのにである。

もしベラルーシの学者が「三五〇ミリシーベルト仮説」を毅然として受け入れず、最高会議のふたつの本会議でその誤りを指摘したとしても、ウクライナ事故処理計画では依然としてその仮説を前提にしていたのである。そのうえ事故処理計画にはだれの署名もなかった。決裁署名のない計画。この計画には、汚染地帯のセシウム１３７のデータのみが提出されており、放射性プルトニウムや数十の放射性核種への言及はなかった。除染作業の積算費用もその除染効果も提出されなかった。個々の結論がばらばらで統一性を欠いていた。ウクライナ最高会議本会議に提出されていないこともわかった。ウクライナ議会の代議員たちはこの計画がどういったものか、なにを基準にしているのかを知らなかったし理解していなかった。ウクライナ指導部は自国の被災者のおかれた状況を憂慮してはいたのだが、このようなものだった。

後にウクライナ共和国最高会議で、私はチェルノブイリに関する幾つかの文書を手に入れた。そのなかのひとつによって、同共和国最高会議産業・自然保護・天然資源合理的利用委員会の決議が明らかになった。議題は「ウクライナ共和国の生態学的状況およびその抜本的改善問題をウクライナ共和国最高会議が審議するよう求める代議員K・M・シトニク提案について」というものであった。シトニク代議員はチェルノブイリ原発事故の影響を含めた検討を提起していたのだ。一九八九年九月二二日に可決された。この議題は同年一〇月二五日から二九日に予定された計画作成定例会議に事前に提出され、チェルノブイリ問題はその四番目の議題に含まれていた。最高会議職員Ю・Г・バフチンとИ・О・テレルクには、「チェルノブイリ原発事故の処理に関わる今後の作業の加速措置および状況に関するウクライナ共和国閣僚会議報告」と同時にウクライナ最高会議に提出する「ウクライナ閣僚会議草案準備計画」の作成が指示された。これらすべてのことが、同年の一〇月一〇日から一五日にかけて行なわれる計画だった。そしてなんと一〇月一七日にウクライナ共和国最高会議幹部会議長B・C・シェフチェンコは、ほかの緊急議題等があることを理由として本会議の議題からこの議題を先送りにしてしまったのである。当時ウクライナに、共和国指導部が国民生活に直結するチェルノブイリという問題の検討を断念せねばならないほどの、いったい

訳注3　アーネスト・スターングラス（一九二三年〜　）、ベルリン生まれ。米国に亡命。ウエスチングハウス社で原子力計測機器の開発に携わり、同研究所にて月面基地研究プログラムを主導する地位にまでなるが、放射線が胎児に与える影響の研究に専念するため一九六七年退社。核実験の死の灰による被曝で、米国における乳児死亡率と小児癌発生率の増加を見いだし、議会公聴会などで証言。ピッツバーグ大学医学部放射線物理学科名誉教授。著書に『赤ん坊をおそう放射能　ヒロシマからスリーマイルまで』（反原発科学者連合訳、新泉社刊、一九八二年）ほか。

どのような緊急事態が出現したのであろうか。いずれにしろ、この議題の審議は翌一九九〇年まで延期が決まってしまった。そして結局その時も、いかなる事故処理計画の話も出てこなかった。報告書、補足報告書が出され代議員が発言したのであったが、ただ、体裁を取り繕うためだった。

大惨事から約四年をへて、世界規模の国家的悲劇に見舞われたウクライナ議会で、初めての本格的な公聴会が開かれた。重苦しい空気が支配し、われわれを苦しめた。どのような人物が私たちを指導していたのだろうか。

世界のどこにこのような国があるだろうか。

四年後の、ウクライナ最高会議本会議で、代議員のほぼ全員が「三五〇ミリシーベルト仮説」を放棄しているというのに、この後もウクライナ政府はわれわれの審査委員会に提出した無署名の計画にいかなる修正も加えなかったのだ。モスクワで開かれたチェルノブイリの悲劇に関する議会公聴会でウクライナ共和国閣僚会議副議長K・И・マシコが行なった発言をどのように評価したらよいだろう。「『三五〇ミリシーベルト仮説』、これはわがウクライナの学者も私たちも認めておりません。この仮説を連邦政府は支持していませんが、こんにちまで被災地住民の安全な暮らしに根付き、いまも生きている概念なのです」。すでに国家審査委員会は終了したあとのことだった。

国家審査委員会の仕事が終了間際になると、不思議なことが私たちの背後で起きはじめた。会議のひとつで、審査委員会分科会副委員長でアカデミー会員C・T・ベリャーエフは私に事前に知らせないまま、次のような長い表題の文書「チェルノブイリ原発事故処理に関する連邦加盟共和国計画作成に向けた特定目的のための基本的課題と基準」(以下「特定目的のための基本的課題と基準」)に署名した。この文書に署名するということは、なんとしても「三五〇ミリシーベルト仮説」を堅持し、審査委員会の作業に横槍を入れることを意味していた。とはいえ、アカデミー会員サハロフが言うように、〝思想と闘うことができるのは思想だけである〟。そのインチキ文書に署名したなかには、広く知られた名があった。「ソヴィエト連邦保健省А・И・コンドラショフ、Л・А・イリイン、ソヴィエト連邦閣僚会議食料買付国家委員会Н・В・クラスノシチェコフ、同А・П・ポヴァリャエフ、ソヴィエト連邦国家水質・環境管理委員会Ю・С・ツァトロフ」（ポヴァリャエフはチェルノブイリ事故から一五年が過ぎてなお、現役で働いていると憚ることなく自慢していたものだ）。

自説を固く守る闘いのために、彼らは科学的手法においては手を尽くしたであろう。であるからこそ、所轄官庁と行政の圧力によって立つのである。しかしたとえば、ソヴィエト連邦閣僚会議議長が、ニュートンの法則の廃止命令を出したからといって、この法則はたちまち効力を失うとでもいうのだろうか。「特定目的のための基本的課題と基準」という「労作」のなかで、上に名をあげた人々は、つぎのように呪文を唱える。「個人の生涯累積実効線量つまり内部被曝および外部被曝をあわせてソヴィエト連邦保健省が一律定める三五〇ミリシーベルト以下であることを保障できない場合は、移住措置をとらなければならない」。これすなわち、「三五〇ミリシーベルト仮説」の堅持にほかならない。彼らは、「定められた暫定許容量以内の農作物の生産を認可すること（個人向けの副業経営を含む）」を提起している。暫定というところが問題だ。暫定許容量は何年間有効なのか、何十年を想定しているのか、ほぼ五年間は〝暫定〟のままなのである。国際標準では、暫定許容量の有効期限は一年間である。

暫定基準が本来の目的と逆の結果を招く場合がある。家畜の飼料用馬鈴薯の暫定基準は人の食用馬鈴薯の暫定基準の二分の一である。一七のコルホーズではたとえば、ナロヂチ地区の馬鈴薯は人間だけは食べることができるが、家畜にとっては高い放射能レベルとなってしまう。

この勧告に署名した学者はさらに、（一四億八〇〇〇万キロベクレル〜二九億六〇〇〇万キロベクレルのセシウム137の放射能で汚染されている土地で）耕作と播種、とくに工芸作物（茶、煙草、ビートなど）の栽培を提案した。三七〇〇万キロベクレルの放牧場で生産された牛乳は飲めない。雌牛にとっては基準以下の汚染された牧草であっても、生産された牛乳は飲料用に適さないので、思いついた苦肉の策だろう。

審査委員会は当初の予定を過ぎても作業を終えることができなかった。この上記文書「特定目的のための基本的課題と基準」が秘密裏に代議員と各委員会委員から、ソヴィエト連邦政府に送られ、チェルノブイリ事故処理に関する政府委員会指令五八七号という形で一定の強制力を持つことになったのである。それはふたつの条項からなっていた。第二項では連邦国家計画委員会〔ゴスプラン〕と各共和国閣僚会議に向けて、連邦および共和国計画の基本的課題と基準を作成する際に指導するよう指針が与えられている。この指令に署名したのは、チェルノブイリ事故処理に関する政府委員会議長Ｂ・Ｘ・ドグジェフであった。

このような審査委員会の当初の目的を骨抜きにするような権謀術数が私たちの背後で、クレムリンのなかでくりひろげられていたのである。それも私たちが日々審査作業をしているあいだなのである。これは不誠実かつ不真面目なものであった。会議で個人的にアカデミー会員Ｃ・Ｔ・ベリャーエフがこの舞台裏の事情をすべて話してくれてから、われわれはソヴィエト連邦国家計画委員会議長Ю・Д・マスリョフのところへ「科学論争」にこのような手法で介入してくる事情を指摘した手紙をもって向かった。ほぼ一カ月後に私たちの作業が終えてから、私はソヴィエト連邦国家審査委員会委員長Ю・Ｋ・アルスキーから回答を受け取った。なかで彼はこう書いていた。「お手紙でご指摘くださいましたように、B・X・ドグジェフ同志は審査委員会が終了するまでは、厳格に準備された計画に関係し、議論の余地の残るテーマのひとつに言及している文書に署名すべきではありませんでした」。しかし、あとの祭りだったのである。私たちは騙されたのだった。

自説を護るためにイリイン・チームが最後の拠り所としたのは、連邦大統領M・C・ゴルバチョフ（在任期間一九九〇年〜一九九一年）に宛てた二〇二名の専門家の署名するアピールであった（署名したなかには、放射線生物学と関係のない人もかなりいた）。虚しいことである。大統領はアピール文を受け取り、読んだのは間違いない。しかし彼らの期待した「三五〇ミリシーベルト仮説」を科学界に導入せよという指令は、結局大統領から来なかった。

さらに、あるひとつの試みが世論を揺さぶった。雑誌『放射線医学』と新聞『論壇・科学技術論』に事故に関連して、放射能安全管理および放射線医学の分野に従事する科学者グループの声明が掲載された。中心となる考え方は、人間の累積実効線量を最大で三五〇ミリシーベルトとすることは、安全上まったく問題がない、というものである。この線量に達しないうちは心配することはなにもない。人々の健康を脅かすものはなにもない。

本当にこの科学者グループのだれも、こんな単純な例を考えたことがないのだろうか。私が一〇年間かけて累積実効線量三五〇ミリシーベルトを被曝した成人であるとしよう。ゆっくり時間をかけたたとえだ。これはいわゆるひとつの状況である。しかし、一歳児や二歳児だとすると話は違ってくる。一〇年の歳月をかけて三五〇ミリシーベルトを被曝するのではなく、一、二年のあいだに被曝することにする。いったいこのふたつの事象は安全性という観点から、比較できるのだろうか。私の肉体は、赤ん坊の肉体の生体反応と比較できるのか。このような簡単なことを理解するために医学者や放射線生物学者に頼る必要はないのである。これは私の浅はかな見解ではなく、ジトーミル州で私たちの直面した人生の現実なのである。最初の二年で二〇〇ミリシーベルトを被曝してしまった子どもたちのいる村がある。一息に、と言ってよいだろう。二年間で五シーベルトを「もりもりと食べた」人もいる。脆弱な子どもの身体にとって、短時間の強い被曝は深刻な作用をもたらす。加えて、このような実態を親は知らなかった（なにしろずっと秘密にされていたのだ）。この事実を知って、アカデミー会員イリインの報告書のなかで言うところの「通りすがりの人」は、どれほど大きな一撃を受けたかは想像に難くない。

アカデミー会員イリインと彼の唱える仮説を支持する者のために、決して忘れさせないために、私はここにその村の名を挙げておきたい――ナロヂチ地区の一二の村は特別のものだった。その地に暮らす人々と子どもたち（チェルノブイリ原発で働く人の子どもたちではない）は、チェルノブイリにまつわる嘘が公的にばら撒かれた事故後の二年間に、一〇〇ミリシーベルトから二〇〇ミリシーベルトの放射能を被曝したのだ（こんにち二五年が経った！　ある人々はもうこの世にいないし、ある人は遠方へ去った）。これはルードニャ＝オソシニャ村（ここは私が政府に隠れて初めて訪れた村だ）、ズヴェズダリ村、マールイエ・ミニキ村、シシェロフカ村、マールイエ・クレシチ村、ヴェリーキエ・クレシチ村、ペレモガ村、ポレススコエ村、フリスチノフカ村、スターロエ・シャルノ村、ノズドリシチェ村、フリプリャ村。事故から五年経っても人々はずっとこの放射能隔離施設に暮らしていたのだ。そしてソヴィエト連邦は崩壊した。人々はどこへも移り住むことができなかった。家がなかったからだ。資材もない。建設労働者もいない。働き手もいない。なにもかもがなかったのだ。

連邦政府側が仮説を支持するグループに積極的に加担し、学者集団が、「三五〇ミリシーベルト」という命題に強く拘る重要な「科学的」根拠がここにあるのだ。放射能に焼かれた数百万の人々の生命を守るためではなく、われわれの政府のために、万事がうまくいっており、人々の健康を脅かすものは存在しないという幻想が、この命題によって創り出されることが期待されたのである。どうやら机、椅子、ガスレンジといった快適な生活用品だけでなく、「科学的予測」もそのような役割をもつのである。自分たちの政府が枕を高くして延命するために、人々は高い代償を支払わされているのである。

ソヴィエト連邦最高会議委員会の公聴会でイリインの仮説に対して以下のような評価が下された。

生物化学博士Γ・A・ナザロフ。「われわれはこの問題を医療の問題としてではなく、社会心理学的に、社会学的に、生態学的に、地勢学的に、さらに多様な視点から調べました。総合的なアプローチの結果、『七〇年生涯累積実効線量三五〇ミリシーベルト仮説』は基本的な科学的条件を満たしておりません。もともと、値そのものが三五〇ミリシーベルトでも四〇〇ミリシーベルトでも三〇〇ミリシーベルトでも採用が可能なのです。なぜならば、その値を用いて厳密に立証をすることができないからです。われわれは、医学アカデミーや保健省から提出された、あらゆる科学的データを精査しました。そして、いま説明したように、提唱された『三五〇ミリシーベルト仮説』は被曝問題の最終的解決にとって中心的役割を担うものではないという結論に達しました」。

専門委員Э・M・ボロヴィツカヤ。「『三五〇ミリシーベルト仮説』は、単位時間当たりの被曝量の分布を無視している。七〇年の長期被曝と三五〇ミリシーベルトの短期被曝とが等価であるような印象を与えている。しかしこれはあらゆる科学的データと矛盾する。実際には時間当たりの高線量被曝は有害作用が急激に増大する。（……）『三五〇ミリシーベルト仮説』は、人々の様々の年齢時における放射能に対する感受性の差異を完全に無視したものである……。それは急性および慢性の放射線障害の作用を考慮しているだけである。専門家にはよく知られているが、まだ十分には研究がなされていない、さまざまな疾患にかかりやすくなるような免疫機能攪乱、放射能に起因する発癌を含めたもろもろの有害作用への感受性が高まるなどの知見を無視している。三五〇ミリシーベルトという線量は遺伝子に突然変異を起こす頻度が増大するレベルに近いものである。つまり、もしこの線量を生殖可能年齢の人間が被曝すると、遺伝性疾患をもつ子どもの生まれる可能性が高まる」。

Э・M・ボロヴィツカヤが読み上げた文書は、四〇〇名の学者が署名していたものだ。これは「三五〇ミリシーベルト仮説」を信奉する学者グループの手紙に対して出された、「チェルノブイリ原発事故に関わる個体群と生態系に対する放射線効果の遺伝学的側面」という会議参加者の名による共同の論文であった。これは雑誌『放射線医学』と新聞『論壇・科学技術革命』に発表された。

ウクライナ人民代議員・ナロヂチ州執行委員会議長B・C・ブヂコ。「私たちはこの仮説が、医学的というよりは経済的背景によるものであるということが理解できました。これはそこに生きる人々を切り捨てるものです。なぜかというと、一九八六年四月から五月にかけてその地でなにがあったかを、まるで考慮していないからです」。

ソヴィエト連邦人民代議員・ソヴィエト連邦最高会議エコロジーと資源の合理的利用に関する委員会委員Э・П・チハネンコ。「チェルノブイリ大惨事直後から中央省庁のとってきた政策の基礎には、一九八七年から『三五〇ミリシーベルト仮説』が次の課題を克服するためにありました。世論を鎮静化すること、党と国家機関の具体的人物に対する事故の責任を回避すること、汚染地帯に暮らす人々や被災地に与えた損害に対する補償金の額を可能な限り抑制すること、人々が抱く健康と暮らしに対する不安に根拠がないことを明示すること。もともとこの仮説は、非人道的性格を持つもので、公認されている学会はまったくないということがそれを証明しています。（……）その仮説は冷笑的とさえ言えるものです」。

たしかに、ソヴィエト連邦保健省のこの仮説が、政策を包括する大きな根拠になっていた。

公聴会での大荒れの討論の時間に自然災害・大惨事対策事故処理政府委員会議長ヴィタリー・フセノヴィチ・ドグジェフの立場に変化が見られたのは興味深いことだった。彼は国家審査委員会の任務が終えるまでに、まさに悪名高い「三五〇ミリシーベルト仮説」を支持している指令第五八七号を出し、審査委員会がこの仮説を根拠に乏しいとして不採用としたあとになって、ドグジェフは、自らこう宣言したのである。「もし放射線医学の数字について述べるならば、線量がすべてであることはおそらく理解できることだが、同志諸君は正しいことを言っている。われわれは長期に及ぶ低線量被曝の作用がいかなるものかを知らないのです。実際この点については、まだ正解が得られていない。したがって、だれかが『三五〇ミリシーベルト仮説』があると言っても、政府としてもよくわからないのです」。よくわからない、とはよくぞ言ってくれた。でもそれならば、なぜ議会のあとで彼は自分の出した指令を撤回しなかったのだろうか。

この公聴会にはアカデミー会員レオニード・アンドレーヴィチ・イリインが出席していた。自分に向けられた多くの苦々しい言葉を、あらかじめ予期していたのであろう。おそらく審査委員と学者の説得力のある発言、ロシア、ウクライナ、ベラルーシ各共和国の指導者、ソヴィエト連邦人民代議員、ウクライナ人民代議員が示したように、被災地域で生きる人々の健康がほとんど危機に瀕しているという事実、おそらくこれらすべてが、このアカデミー会員自身をじわじわと締め上げたのだ。彼には自分の主張を守るに足る充分に説得力ある論拠がないことはもはや明らかであった。

Л・А・イリインがそれでもしぶとく粘るのを想定していたが、彼の論調に変化が見られてきたことに、私たちの多くは驚いた。会場では彼は「放射能恐怖症」という言葉を口に出すような危ない橋を一度も渡らなかった。自分の立場を彼は次のように釈明した。「生涯で三五〇ミリシーベルトという累積実効線量を設定すると、いずれかの地に暮らす人々に対する諸々の制限を機械的に撤廃することができたのです。

電離放射線に閾値がないということが承認されていますように、被曝した人には、理論的にどれほどの低線量被曝であろうと、しかるべき病理学上の変化が出現する蓋然性が高いと言えます。これには病理学上の二種類の分類があります。悪性腫瘍と遺伝子の損傷です。この問題を解決するには、必然的に許容被曝線量に立ち返らざるをえません。原子力施設近傍地区に暮らす村民に対する事故前の基準は、一年当たり平均五ミリシーベルトでした。放射性降下物が積もる地区にいる人々をこのカテゴリーに入れることは正しくありません。これは非人道的であり、誤りです。住民に事故を起こした罪はないのですから。彼らは普通の人と同じ放射線被曝条件下で生きているものとすべきです」。うまいことを言うものだ。これがあのイリインの言葉であろうか。

そして話は進む。「いま、別の状況を考えましょう。もしわれわれが三五年七〇ミリシーベルトという累積実効線量の基準を採用するとしましょう。なすべきことが容易に計算できます。概略を言いますと、一六万六〇〇〇人がいま全体で移住する予定となっていますが、移住が必要となる人数を一〇倍まで拡大しなければなりません。一五〇万人以上の移住という話になってしまうのです」。

そのとおりである。もし七〇年で七〇ミリシーベルトという他の文明国なみの累積実効線量を基礎として考えるとわれわれにはどんなことが起こるであろうか。一五〇万人どころではなく数百万人にのぼるのである。イリインの提唱する仮説の「医学的」本質はすべて、ここで言われる問題の経済的側面にある。

Л・A・イリインは言う。「いま、われわれの社会は、この行動により派生するすべてのリスクと**すべてのベネフィット**を勘案する必要があるのです（傍点は著者）。この問題は根本的に解決しなければならないと思います。なぜならば決定された事項の進捗状況について、さきに私があなた方に示した数値、それに政府と医学者たちの勧告が、一四か一五の村について話題になっているところをみると、私は、ウクライナ共和国閣僚会議が、本当に必要とされるところに［避難という］保障をしなかったのではないかと確信しています。したがって、繰り返しになりますけれども、どのような数値であれ、それぞれの累積実効線量の問題を解決するためには、徹底的に分析がなされなければなりません。（……）。われわれのこの考え方に関わる立場は変わりません。正確に言えば、考え方ではなくて、三五〇ミリシーベルトを基準として採用すべきだということです」。会場からはだれかが、うまい表現をつかって訊いた。「今日のあなたの話を聞くと、あなたの『三五〇ミリシーベルト仮説』というものが、医師としての発言というよりもエコノミストの話に聞こえます。これは医学の倫理と矛盾しないのですか」。

問題の本質はおそらくここにある。イリイン博士は、人間が健康に不安なく生きるという視点からではなく、経済的利益のことを語っている。会計士に変わってしまっている。人の一生に黒字と赤字がある。

だが、それがどうしたというのだ。こんな論理が果たして許されるのだろうか。

疑問はまだある。われわれが経済性を考える前に事実上、利益とは非汚染地帯に住民を移住させるのがいいのか、普通の暮らしのためにわざわざ「汚染した地」に建築工事と追加支払いの資金を無駄を承知で投じるのがいいのか。ベラルーシの作家ワシリー・ヤコヴェンコは、モギリョフ州執行委員会で専門家が興味深い試算結果をみせてくれたという。もしも人々を汚染地帯にそのまま止めおく場合、長い年月彼らの必要な物資を補償すると（たとえばセシウム137の半減期は三〇年だ）、政府にとっては、人々を安全な場所に移転させるより、二・五倍の費用がかかる。この推計は科学の視点ではなく経済性の視点でみても「三五〇ミリシーベルト仮説」を支持する根拠がないことを強く物語っている。

ベラルーシ最高会議チェルノブイリ事故処理委員会議長И・H・スモリャールの言葉。「……われわれは効果とか価格とか経済的利益に関して話しております。しかしもっとも大きな豊かさ、人々の健康について話したい。それなのに私たちは比較を始めている。三〇〇〇億だ、四〇〇〇億だ、いやもっとだ、と。（……）ソヴィエト連邦国家計画委員会の登場により、とても大きな悲しみがもたらされました。商売人のように私たちと価格交渉をしはじめ、まるでなんとかして値切ろうと、私たちになんとかしてゴメリ州に明るい暮らしを渡さない、造らせないように……」。

この国家官僚によって、人々の健康をネタにしたあけっぴろげの商売根性を開陳されると、嫌悪感をもよおす。話はたんに、科学的良心の問題ではなく（学者たちは完全に故意に誤解しているかもしれない）、科学者の倫理、道徳心の問題なのである。しかし「三五〇ミリシーベルト仮説」は本質的にはソヴィエト連邦保健省が提起したものであった。一方、わが国の放射線医学、放射線生物学、そして海外における専門家により支持され、一般的に広く知られた放射線被曝に閾値は存在しないという考え方は、「犠牲者を出してはならぬ」という人権の思想の上に打ち立てられたのだ。アルバート・シュヴァイツァー[訳注4]の言葉を借りれば「生命への畏敬」なのである。われわれの「御用」医師たちの医療経済学的な考え方は、お伽噺によって眠らせた後で、汚染地の人々の運命を決め、危険地帯からの一時避難を数年も遅らせてきたのである。

生涯被曝線量三五〇ミリシーベルトを閾値とするソヴィエトの基準は、放射線被曝に閾値は存在しないとする考え方の正反対のものである。それは被災者の存在を認めないとする考え方であり、ある意味では人道的精神を深く欠落させた考え方でもある。集団被曝線量に依拠したこの基準は、予想しうる犠牲者数は「統計学的観点から重要なものではない」と実に不謹慎にも考えている。これは明らかに「大数の法則」を念頭に置いている。[訳注5]専門家は「三五〇ミリシーベルト」と呼ばれる仮説を分析した結果、これは「犠牲受忍論」にほかならないとの結論に達した。

「三五〇ミリシーベルト仮説」の根拠として、ソヴィエト連邦保健省放射線防護委員会は、三五〇ミリシーベルトに起因する「癌および遺伝性障害、胎児期被曝による子どもたちの病的傾向、事実、その影響で発現している疾病の増加傾向」はみられないと私たちに明言した。しかし、それでもやはり、予想され

訳注4　アルバート・シュヴァイツァー（一八七五年～一九六五年）。フランスの神学者、哲学者、医師、オルガン奏者。一三年に仏領コンゴ（現ガボン共和国）のランバレネに渡り、熱帯病病院を建てて医療活動にはいる。「生命への畏敬」という標語はランバレネに行くオゴウェ川遡行のあいだに閃いたものという。一九五二年ノーベル平和賞。

訳注5　確率論の基本法則のひとつ。ある試行を幾度も行なえば、確率は一定値に近づくという法則。たとえばサイコロをふる回数を増やすと、それぞれの目が出る確率が六分の一に近づくなど。

る病気のリスクはどれくらいか、それに関係する生活の質の変化はどれくらいか。現役の「チェルノブイリ世代」にとって、これらの疾患に起因する死亡率はどれくらいか。だれの遺伝子が将来に受け継がれるのか。放射能が深く浸透しているという未曾有の衝撃に打ちのめされた国家全体、ウクライナ、ベラルーシの人々にどれほどの影響を及ぼすのか。アカデミー〝会計監査委員会〟の答えは「子どもたちの健康を脅かすものはなにもない」とひと言で片付けている。

すなわちイリイン説において、放射能に起因する癌罹患の条件に関するリスク評価は、私たちも予想していたとおり、かつて入手したデータにもとづいて行なわれた。しかしもっと正確な国際放射線防護委員会（ＩＣＲＰ）の疫学データ、放射線測定データがあり、それらは悪性腫瘍の発現リスクがかつて予測されていたよりも実際は二・四倍に上昇したという事実を語っている。ＩＣＲＰは被曝許容線量と移住者に対するリスクの大きさを再検討する意図があった。私にはイリイン仮説を支持するわが指導部がこのことを知らなかったとは思えないのである。

チェルノブイリ事故処理国家審査委員会の専門家の結論の中には、そのようなデータは存在した。遺伝子の危機という視点からすると、「原子放射線の影響に関する国連科学委員会」（ＵＮＳＣＥＡＲ）資料を根拠にした予測では、累積一〇ミリシーベルトの被曝をした親から産まれた新生児一〇〇万人に対しての五〇から三四七例の重篤な遺伝性疾患の発現が予測されている。生涯で三五〇ミリシーベルトを被曝すると一七五〇から一万二一〇〇の重篤な遺伝性障害の可能性がある。つまりこの状況下では現実的に被曝した子やその孫に遺伝子の改変が無視できないレベルで予測されるのである。このことを無視するのは冒瀆行為に等しい。

電離放射線の長期的影響について、被曝後最初の世代に生じる影響にくらべると、次世代以降に出現する突然変異は約一〇倍増大する。同一世代が最大一〇ミリシーベルト被曝すると仮定すると、一〇〇万人の新生児に対して四五〇から三四〇〇例におよぶ遺伝障害が含まれることになる。

一九八二年に作成された国連委員会の公式報告書では、遺伝障害を評価するために（入院などの）生活の質、寿命の短縮などの指標が用いられた。この科学的情報は、私たち人間の生命がまったく顧みられないわが国ではとくに注目すべきものである。さて、平均寿命が七〇歳と仮定すると（新生児一〇〇万人が平均寿命を生きるとして換算すると合計七〇〇〇万年になる）、遺伝リスクに示された損失評価は次のようになる。つまり三五〇ミリシーベルトの被曝で第一世代新生児一〇〇万人に三万九〇〇〇年から二四五万七〇〇〇年の病床の生活（入院など）と四万六五〇〇年から三万五八〇〇年の寿命の短縮をもたらすのである。

さらには、この損失の科学的データは、いわゆる「平準化した」放射線被曝の話である。チェルノブイリ原発事故以降の状況では、これについて語ることに意味はない。つまり三五〇ミリシーベルトの意味する中身には、事故直後に受けた被曝量が必ず問題となるからである。それは一般的にだれが知っているだろうか。おそらく、近似値であって、決してすべての放射能が正確にわかっているわけではない。審査委員会報告によれば、初期の被曝の日々、医師たちは、カルテに住民であるとか、事故処理作業に携わったなどの情報を記入することを禁じられていた。すなわちただでさえ信憑性の疑わしい被曝線量の信頼性がさらに揺らいでしまうのである。そして、結果もまたいっそう予測できないものとなっている。いや人間の生命はそろばんではじくようなものではない。この生命はこちら、あの生命はあちらなどということは、あってはならない。それぞれのやり直しの効かない、それ自体で完結した人間の生命に対する深い畏敬の念において、どれほどの差異があるというのか。これはあたりまえのことなのだ。まっとうな人間社会には、当然のことだ。

そしてそのことを具体的に「三五〇ミリシーベルト仮説」が示したのである。ただなぜだかわからないが、いつ、どこの刊行物のなかに、代議員や放射能に汚染された地区の住民を前にした発言のなかに、私は一度として、それを作り上げた人たちから〝反論〟を見聞きした覚えがないのである。学問によりすべて予見されるリスク、想定される全死者数、寿命の短縮、これらは「ただの人」にとっては「放射能恐怖症」という診断が下されているのだ。

英国人作家ジョン・ウィンダム〔一九〇三年～一九六九年〕の作品に優れたSF小説がある。核戦争以後の地球に現れた突然変異体の物語だ。左足に六本の指がある若い女性を必ず殺害しなければならない。それは、遺伝子の「損傷」を修復し、未来へ引き継がせないためだ。これは恐ろしいことだ。

意見の衝突や、思想闘争、さらには、不充分であるにせよ自分たちの世界史的体験の位置づけ作業のなかで、いつも信頼できるデータがあるとは限らず、学者や国家審査委員会委員らは「三五〇ミリシーベルト仮説」には科学的裏付けがないと結論した。

国家審査委員会報告書結論部より引用する。「［チェルノブイリ事故処理］計画で用いる基本的基準は、汚染地帯と食料品の放射能汚染濃度であり、『三五〇ミリシーベルト』という住民の生涯被曝線量を基本にしている。しかし、事故当時の住民の健康状態とリスクグループの存在とを考慮していない、生涯被曝線量を、唯一の基準として援用することはできない。なぜならば、短寿命放射性核種による直後の被曝量の評価が、物理的手法によって具体的に測定・評価できないために、大きな誤りが生じるからである。放射性核種が移動する可能性を考慮に入れた放射能汚染地域の予測は存在しない」。

すべての課題が解決されるなら、それは、当然、大変望ましいことである。しかし、以下のようになった。われわれソヴィエト連邦構成共和国のなかで最も大きい三カ国から選出された数百名の代議員は、大惨事の被害をうけ、生活のすべを失い、困窮にあえぐ人々の苦悩をなんとかして和らげようと、二年間力のかぎり闘った。そして中央から資金を「取り立てる」のに全力を投入した。なぜなら原子炉はウクライナ民族ではなくソヴィエト連邦原子力エネルギー省、連邦関係省庁の管轄下にあるからである。連邦は建て前上、共和国を襲った損害を補償しなければならなかった。しかし、われわれの社会のシステムのもとでは、ソヴィエト連邦保健省のポケットから損害賠償させるとはどういうことか。そもそも保健省にそのようなポケットは存在したのか。われわれの国では、あらゆることが完全に中央集権化されて、スパナで強く締め付けられていた。彼らのポケットはわれわれのポケットでもあったのだ。まるで、ひとつのポケットを共有していたようなものである。われわれが取り出し、彼らに提供する。それは他人のものではない、自分のものだ。もとは私たちから、奪い取られたものを元に戻せと要求したのである。

復興資金を私たちはなんとか「取り立て」た結果、少なくとも数百億ルーブルを「中央」は拠出した。各共和国で葬り去られた非人道的概念である「三五〇ミリシーベルト」は止めを刺された。そしてつぎに、人々を大至急移住させなければならない。しかし、それも順調にはいかなかった。資金はあるのに、建設資材がない。もし資材が揃っても、作業員がいなかった。どの連邦構成共和国もそれぞれ固有の困難、固有の問題を抱えていた。アルメニア共和国ではスピソタの大地震〔一九八八年〕、グルジア共和国のトビリシでは擾乱〔八九頁訳注4参照〕、ラトビア共和国の首都リガでは衝突が起きた。〔訳注6〕

つまりこのような困難のなかで、どれほど悲しみに打ちひしがれようとも、私たちにとっては、チェルノブイリの悲劇の全貌は次の点に帰着するのである。すなわち許容線量を変更することはできる。けれども、祖国に生きる人々をだれが、どこへ、どのようにして移住させようというのだろうか。恐ろしいことに、これが現実なのである。それがどれほど痛ましいものであろうと、大惨事に直面した国家の無力という現実を国民・市民に向かって言わなければならないのである。放射能恐怖症が原因だとし、「三五〇ミリシーベルト仮説」を拠り所にして、被災者の健康になにも問題はなく、心配する理由はないと説得してみても、嘘を隠し通せないみじめな現実を。どれだけの人が危険に晒されているのかという事実も言わなければならないのである。どれほど多くの時間が永遠に失われたことだろう。どれほど多くの国民の健康が失われたことだろう。

そして今後どれほどのものが失われていくのであろう。

訳注6　一九九一年一月、ソ連内務省治安部隊によるリガへの武力介入が行なわれた。二日に新聞会館を保護下におき、二六日には、共和国内務省の建物を攻撃。死者四名。

第9章　異端の科学者

チェルノブイリに関する国家審査委員会の議会公聴会において、人間の健康に関する良識が勝利をおさめた。つまり「七〇年生涯累積被曝線量三五〇ミリシーベルト仮説」に対する堅牢（けんろう）な信頼は見事に崩れ去ったのだが、ふたつの考え方をめぐる闘い、すなわちチェルノブイリの被曝者の健康に対して放射線の閾値（しきいち）が存在するか存在しないかという闘いが、ソヴィエト科学界で続いていた。当時のソヴィエト連邦においては、低線量被曝の人体への影響に関する翻訳された科学文献は存在しなかった。まさにクレムリンに巣食うアカデミー会員たちは、内輪だけで通用する非人道的な仮説を使って、「ただの人」に対して「閾値の存在」を押し付けたのである（どのような形で、いつ、アカデミー会員アレクサンドルとドレジャーリが独自の原子炉РБМК（エルベーエムカー）―一〇〇〇型（黒鉛減速・軽水沸騰冷却・チェンネル型原子炉）の導入を推進したか。それがチェルノブイリでどのように終焉を迎えたかはよく知られている）。

ソヴィエト連邦の時代は変化しつつあった。私たちも彼らも変わった。「低線量被曝の効果と放射線被曝に閾値は存在しない」という考え方を共有する学者・市民たちの、本来あってはならないはずの小さな芽が、次第にソヴィエト連邦の御用新聞社の厚い壁を突き破っていった。最初に私がこの動きに気づいたのは、クレムリンではなくナロヂチ地区指導部の、陽の光がいっぱいに差し込んだ執務室のなかであった。そこで私が目にしたのはモスクワの放射線生物学者エレーナ・ボリーソヴナ・ブルラコーヴァ教授が、放射線から住民を守る社会グループへ宛てた手紙であった。チェルノブイリ後一年間に、数十という社会組織や地元の政府機関があらゆる方面に支援をもとめたのだが、一度として色よい返事を受け取ることはなかった。しかし、ここにモスクワからある手紙を受け取った市民グループがあったのだ（というのは、当時われわれにはまだ西側諸国で、本来意味する非政府組織は存在しなかった）。そのモスクワの組織とは、「ソヴィエト連邦科学アカデミー放射線生物学問題に関する科学会議」であり、手紙は議長を務める教授からのものだった。一九八七年七月と記載されており、これは小さな町では大きな出来事であった。

エレーナ・ボリーソヴナ・ブルラコーヴァは、学者チームが、被災者のもとを訪れた後に、彼女の科学会議は連邦議会と他の複数の重要な機関に宛てて「汚染地域から人々を移転させる緊急請願書」を送ったと伝えていた。「さらには」と教授はつづけて、「私たちがいま、地区住民が実際に受けた放射線量を推定するために、ウクライナの遺伝学者グループと眼科医グループのところで調査できるように、訪問したいと思っています。この問題は簡単に解決できません。私たちは、ソヴィエト連邦科学アカデミー研究所と眼科顕微外科手術センターと交渉をしてみましょう。……」とあった。

実をいうと、私は驚いた。それまでこの地を何十人という学者が訪れ、去って行った。しかし彼らからいかなるフィードバックもなかった。もし、彼らが密（ひそ）かに重大な課題について分析を行なっていたとしたら、これはある意味で放射線生物学の異論派、反体制派専門家ということになる。〔訳注1〕

ナロヂチ党地区委員から私宛てに彼らの手紙のコピーが届いた。党地区委員会でも「騒ぎ」が始まった。

正しく言えば、真実が語られ始めたのだ。そのころすでに月刊応用科学専門誌『治療記録』一九八七年五九巻六号にＭ・Д・ブリリアント、Ａ・И・ヴォロビエフ、Ｅ・Ｅ・ゴーギンの共著論文「低線量電離放射線被曝の長期的影響」が発表されていた。生物学博士でソヴィエト連邦科学アカデミー遺伝子総合研究所遺伝生態学研究室主任Ｂ・Ａ・シェフチェンコはナロヂチ地区で蒐集したデータをもとにして雑誌『プリローダ』への投稿論文を準備していた。それは同じく、低線量被曝の生体組織への影響に関するものであった。専門家の権威に頼らない、他の学者もこのテーマを追究していた。彼らは厳重に管理された区域を訪れ、現実に起きていることを目の当たりにした。それはクレムリンのプロパガンダと国際原子力ロビーの代理人を務める医師の報告書が描くものとはまったく異なっていた。

こうして、ソヴィエトの放射線生物学の世界では激しい対立が起きた。一方の側は自分のチームで生と死を機械的計算で処理する「三五〇ミリシーベルト仮説」の創設者。もう一方の側は、彼らの主張に賛同せず、とり残された住民の問題に対し労を惜しまず解を探し求めた。この人々は自分たちの結論をルーブルに換算することをよしとしない。移住を迫られる人の苦悩が自分たちの研究にかかっているからだ。そして、人々の健康や研究者の社会的責任について考えていた。

放射線生物学問題に関する科学会議の学者たちは、幾度も被災地域を訪れ、国家指導部へ請願書を書き

訳注1　異論派と反体制派は少しニュアンスが異なる。作家・元外務省主任分析官の佐藤優は著書『自壊する帝国』（新潮社、二〇〇六年）九四頁で「『異論派』とはすなわち『反体制派』のソ連的な言い回しだ。ソ連社会では、『反体制』というと組織をつくり政治活動をしているという意味になるが、『異論派』というとソ連体制に反対する見解をもっているが、政治的に組織された反革命活動は行なっていないという意味になる。『反体制』は存在が許されないが、『異論』ならば存在は認められた」と書いている。

送り、自らを苦々しくモルモットと呼ぶ被災者の非公開健康情報の利用許可を要求した。要求先にはイリインのソヴィエト連邦保健省生物物理学研究所も含まれていた。

彼らの調査および分析結果が多くの点で貢献したがゆえに、チェルノブイリに関する国家審査委員会は「七〇年生涯累積被曝線量三五〇ミリシーベルト説」を根拠に乏しく問題があるとする結論にいたったのだった。ロシア、ウクライナ、ベラルーシの学者からなる大きなグループは、数年かけてチェルノブイリの大惨事の被曝の長期的影響は複合的なものになるであろうと結論している。そして結局は彼らの結論が国家審査委員会に提出されたのである。それから後になにがどうなったか。本来ならば公的医学界が長年引きずってきた「三五〇ミリシーベルト仮説」を放棄して、自分たち独自の仮説の提唱を可及的速やかに、そして効果的にしなければならなかった。汚染地帯の人々には待ったなしだからだ。

国家審査委員会の結論では、二年でチェルノブイリ事故処理に関する緊急かつ早急の措置を講じる決定をした。科学的原理、低線量長期被曝の影響の概念、そのメカニズムなどは、ことごとく信頼に足る根拠があるかという壁にぶつかってしまった。

国家審査委員会の結論である「三五〇ミリシーベルト仮説」の放棄を、科学的大論争のすえに実現した科学者たちは、どのようにより早く、より正確に、さらにより詳細に検討されたチェルノブイリ事故処理評価を提案するかについて責任を感じていた。彼らが取り組んだ研究というのは、細い筆を使い、精巧な筆致で極細部を描く古代中国の芸術家の気骨（きぼね）の折れる仕事に似たものだった。生命を映し出す木の切り株に木目がはっきりと見えるようにするものであった。

一九九〇年九月一日にソヴィエト連邦最高会議幹部会決議「チェルノブイリ原子力発電所事故原因調

査および事故後職員対応評価検討委員会設置について」が採択された。設置される委員会の作業にはソヴィエト連邦科学アカデミー放射線物理学科学会議の学者が招集された。「低線量放射線被曝に閾値がない」という概念は、繰り返しのきかない唯一の人間の一生の素直な表現だ。この考えは一貫したものだった。

一九九一年一月二三日に委員会の定例会議が開かれた。この席でエレーナ・ブルラコーヴァ教授は大きな科学的成果を発表した。彼女は、人間に対する低線量被曝作用について語り、その大部分は、高線量被曝地域に暮らす人々と事故処理作業におけるさまざまなデータにもとづいた学者グループの調査・研究の成果に集中していた。そこで私たちが聞いたのは、初めて知る真実の閃光といえるものであった。それはチェルノブイリ原発の爆発から五年間に起きた数少ない輝きのひとつであった。それゆえに彼女の語るすべては、私たちだけでなく世界の科学界にとっても大変重い意味を持つものであった。

科学者たちの前には、無数の課題が立ちはだかっていた。その課題への回答は研究成果に影響を及ぼした。一時避難の実施は適切な時期であったろうか。住民、なかでも子どもたちに放射性ヨウ素の被曝を減らすための措置が実際にとられただろうか。住民の健康に対して「三五〇ミリシーベルト仮説」の果たした役割はどうだったのか。ブルラコーヴァ教授はこう答える。「私はただちにお答えしたい。ウクライナ共和国、白ロシア共和国〔ベラルーシ〕、ロシア連邦共和国で実施した医師たちへのアンケート集計結果によると、安定ヨウ素剤による予防措置はとられませんでした。あるいは行なわれたとしても、非常に限定的なものでした。それどころか、ロシア連邦共和国では、開始されたところでも、あとになって中止されていました。医療専門家のうちの何人かは率直に、爆発が起きた後、安定ヨウ素剤の配布が行なわれたものの、上層部から電話が掛かり、混乱を招くので中止するようにと要請されたのです。当然、住民への説明会はまったく開かれませんでした。その結果、多くの人の甲状腺被曝を防ぐことができなかっただけでなく、大勢が使い方を知らないままヨウ素剤を服用し粘膜を傷つけてしまいました。事故の三、四カ月たってから安定ヨウ素剤を使った人もいたほどでした〔安定ヨウ素剤の効果は直後一週間である。それは放射性ヨウ素131の半減期〔八日〕に起因している〕。当然のことであるがこの状況を招いた責任はわれわれ公的医療にあるのです」。

ふたつ目の説明責任のある問題として、過去、学者たちはチェルノブイリ事故を正しく理解し、対応できる状況にあったかということだ。党機関紙はチェルノブイリで起こったことはわが国で初めて起きた事態であると書いている。すべての人が茫然とわれを忘れ、なにをしたらよいかわからずに、誤ったデータに振り回された、と。

E・Б・ブルラコーヴァは「どれほどの根拠とどれほどの知識があったのでしょうか。それを解明するために、われわれはチェチャ川で被曝した住民の健康状態を詳細に分析しました〔秘密軍複合体「マヤーク」で一九四八年から一九五一年にかけておきた一連の事故〔ウラルの核惨事〕をさす〕。チェチャ川に放射性廃棄物が投棄され、キシティム事故〔一九五七年〕[訳注2]事故が起きたあとで、東ウラルの放射能の爪痕といわれる汚染地域一帯で生き延びていた住民の健康状態を調査したのです。その結果、当時だれも関心のなかった、大変興味深い事実が明らかになりました」。

核廃棄物の投棄が始まってから六年後から八年後になって、チェチャ川のほとりに住む人々のなかに慢性放射線障害[訳注3]を患う人が表れた。調査の結果、この病気が拡大している傾向が明らかになった。これは、新しい種類の慢性疾患であるということがはっきりした。症状が「消えた」ようになり、時間が経ってから、論文には記載されていないような病気の兆候が表れるのだ。しかも、複数の症状が複合的に合わさった慢性放射線障害と考えられるのである。

このテーマについて発表された文献にはすべて、慢性放射線障害は被曝線量が一〇〇レントゲンに達すると表れると書かれている。チェチャ川流域住民の検査の結果、わかったことは、慢性放射線障害は、さまざまな線量の被曝をした人に表れるということだ。そして、多くの人で被曝線量は一〇〇レントゲンよりもはるかに小さかった。

Е・Б・ブルラコーヴァは続ける。「現実的に考えると、すべての人に対して同一の閾値を適用して論じることはできないと思います。各々の今現在の具体的な環境条件のなかで、様々な疾患を背負う住民、または病気に対する感受性の高い体質の住民の場合には、より低線量放射線被曝でも、慢性放射線障害になりうると推測されます。ウラルにおける状況の分析からふたつのとても重要な事実が明らかになりました。それは多くの連邦の放射線生物学の文献に症例の記載がないということと、通常は放射線被曝を起因

訳注2　チェチャ川は、ウラル山脈東側のチェリャビンスク州を流れ、オビ川の支流イセチ川に合流する。上流に特別秘密閉鎖都市チェルャビンスク四〇の軍複合体「マヤーク」がある。放射性廃棄物の漏洩など一連の事故（ウラルの核惨事）により流域に現在も放射能汚染地帯がひろがっている。このうち、一九五七年九月二九日に起きた廃棄物タンク爆発事故のことを、現場近くで被害を受けた村の名をとって、とくにキシティム事故と呼ぶ。

訳注3　放射線障害は、短期間に多量の照射を受けて生じる急性放射線障害と照射が長期間反復された後に生じる慢性放射線障害に分けられることがある。慢性放射線障害から生じる皮膚癌などがある。本書で述べられているような意味での放射線障害は、世界の「公式」医学界では、確立されていない。放射線障害は、そのほか晩発性障害（白内障、胎児の奇形、老化など）、遺伝障害などに分けられる。

としない症例があり、その数が急激に増大していることです」。

ここに、独立系学者グループの結論がある。「チェチャ川に放射性廃棄物が投棄された後と、チェルノブイリで爆発事故の後に出現した病気を比較してみよう。すると、全疾患についてとてもよく似たスペクトルを両者に確認できる。例を挙げると、ウクライナから委員会〔国家審査委員会のこと〕へ提出されたデータによれば、心臓血管系疾患が一・八倍増加すること、内分泌系疾患のなかでも糖尿病が二倍に上昇することが明らかになった。ほかの疾患の数も急激に上昇するスペクトルを示す。これは教科書には載っていない。だれも、どのような研究においても、放射線被曝によって、梗塞が起こるとは示していない。しかし、汚染されたチェチャ川流域で得られたデータを解析すると、研究者であるわれわれはそのように考えざるをえないのである。あるグループでは心臓血管系疾患が減少し、狭心症が増加した例もみられた。チェチャ川で被曝した人と、チェルノブイリ原発事故で被曝した人のなかにも同じようにみられた」。

すなわちチェチャ川の住民、東ウラル地区の放射能汚染地帯に生きる人々の調査から得られたあらゆるデータが、チェルノブイリで起こり、現在起こりつつある健康被害を予測する基礎データとなりうるといえる。〔政府系組織に属さない〕独立系の放射線生物学者は、「事実上そのような証拠が得られた」と考えている。なぜこのような事態において、クレムリンの代理人のような公的な医療関係者が沈黙を守っているのであろうか。

Е・Б・ブルラコーヴァ。「バックグラウンドの一〇倍から一〇〇倍を超す低線量被曝の領域では線量対効果は単純な関係にはないということがわかりました。両者の関係は非線形で非単調の関係にあります。たとえば、一時間当たり五〇マイクロシーベルトの線量レベルまで線量対効果が線形の関係にあり、それからは、線量の増大にともなって作用は小さくなったり、次の段階では作用が大きくなったりします。このデータは動物実験から得られたものだけではありません。チェルノブイリなどの事故後得られた、人間の造血器官の損傷についても、母集団の不均質性〔多様性〕が原因となり疾病の重篤さという点では、八レントゲンと一七五レントゲン、一五レントゲンと三〇〇レントゲンを被曝した人間に同じ傾向がみられるといわれています。

なぜ私たちの身体は、低線量長期被曝という微弱な刺激に順応しないのでしょうか。われわれは一定のバックグラウンドのもとで生きているのであり、あるバックグラウンドから別のバックグラウンドへ移行することはわれわれにとってダメージが大きいのです。すなわち、広く流布された〝教義〟がいうように一度に一〇〇レントゲンを被曝する効果は、一年間で一〇〇レントゲンを被曝する効果よりはるかに強力である、というのは正しい。一回に一〇レントゲンを被曝する効果は、一年間で一〇レントゲンを被曝する効果にくらべてはるかに強い、これも正しい。しかし一年間で一レントゲンを被曝する場合と、一回に一レントゲンを被曝する場合とでは、その効果が正反対に表れるのです」。

そしてこの現象こそが、チェルノブイリという大惨事の後に独立系の放射線生物学の獲得した新しい知見の究極的本質なのである。このデータはしかし、教授のことばを借りれば、断片的で、統一性に欠け、いまだ確立されるにいたっていない。これらはチェルノブイリから三、四年を経て初めて動物実験により明らかにされたものなのである。これらの被曝線量は致命的なものでないことが明らかになっている。が、しかし、生体組織の適応能力を変化させるのである。このことからなにが言えるだろうか。喫煙によって被曝の効果が高まることはないが、被曝によって喫煙の効果が高まることになる。農薬によって被曝の効果が高まることはないが、その反対はありうる。われわれは、被曝していない時よりも、被曝している時の方が環境汚染に対して身を守る力が弱まるということがわかってきたのだ。

すなわち次のことが予測される。なんらかの複数の疾患が進行中の州においては、被曝によってその患者数が増大するであろう。梗塞による死亡率が高まっている地域では、被曝によってその割合が高まるであろう。癌患者がいて被曝のない地域では、被曝にともなない癌患者の数は増大するであろう。

これは新しい独立した概念であろうか。事実が明らかになった瞬間であろうか。

すでに繰り返してきたように、ジャーナリストたちは長い年月チェルノブイリの秘密情報に接触できなかっただけでなく、クレムリン宮殿の秘密を知っている学者たちに接触することさえもできなかった。さらには、一九八六年のチェルノブイリ大惨事が起きた年に、「エコロジー」という言葉を知っていた人は少なかった（遺伝学やサイバネティックス[訳注4]がそうであったように）。放射線物理学や放射線生態学は〝歯痛〟をのぞけば、権力機構にいっさいなにも関与しなかった。それらは専門家の狭い世界で独立した科学分野であり、学際的分野としての統一見解が出されるということもなかった（現在もそれは続いている）。

わが国の学界をみても、専門家の集う国際シンポジウムのために海外に出た人は、それほど多くはなかった（必ず国家保安委員会〔ＫＧＢ〕の担当部署をとおして、主催団体等の機関に対して知りえた情報を報告書として提出することが義務付けられていた）。しかし、ごくわずかではあるが、海外の科学雑誌を読むことができる人がいた。その学術雑誌は、党機関、国家体制へ深い忠誠を誓った人々のサークルに届けられた。外国語を解する人が少ないために、さまざまな秘密の研究所などには秘密の翻訳者グループがあり、御用学者たちに、西側の知見を伝授していたのである。過酷な全体主義システムの実相とはこのようなものであった。

私が個人的にははじめて、西側の高名な米国人学者ジョン・ゴフマン教授（一九一八年〜二〇〇七年）にお目にかかったときのことだ。その当時、教授は〝矍鑠たる〟ものであった。核エネルギー分野の一連の発見に中心的役割を果たした人物で、その後、低線量被曝の人体への影響を精力的に研究し、ストックホルムで一九九二年国際賞、ライト・ライブリフット賞を私と同時に受賞したのだった。これは、「もうひとつのノーベル賞」と呼ばれるものである。

ジョン・ゴフマン教授はマンハッタン計画（第二次大戦中、米国で進められた原子爆弾の開発・製造計画）に参集した学者のひとりである。しかし低線量放射線被曝問題に取り組んで以降、アーサー・タンプリン教授と共同で、公式発表よりも低線量放射線被曝効果により発癌の蓋然性が一〇倍から二〇倍高まるというデータを公表した。その結果あらゆる合衆国の研究機関から干されてしまった。核エネルギーに関する委員会活動を監視していた議会行動委員会議長のホメフィルドが、ある委員会でゴフマン教授に会った際に、「原子力エネルギー委員会の見解と反対の立場を表明するとは、いったいなにをお考えですか？　かつて同じようなことをした人がいました。私は彼らとは対立しましたよ。私はあなたを処分することができるのですよ」と恫喝したのである。そしてその言葉通りを、ホメフィルドは実行に移したのである。

ゴフマン教授の科学界における運命は、ある意味では、失脚したアンドレイ・サハロフの運命を彷彿とさせるものがある。ゴフマン教授は、人間に対する放射能の作用を研究していたものの、思想的に要注

訳注4　生物と機械における制御と通信を統一的に認識し、研究する理論の体系。社会現象にも適用される。米国の数学者、ノーバート・ウィーナーが提唱。（『大辞泉』小学館より）

意人物との烙印を押され、合衆国の公的研究所から追放されてからは、非政府組織「核の責任委員会」を設立して牽引してきた。その委員会にはノーベル賞受賞者を含む錚々たる名士が名を連ねている。さらに、教授と同じような運命を辿ったアメリカ人女性がいる。ロザリー・バーテル博士だ（一九二九年～二〇一二年）。彼女もまた低線量被曝の研究成果を発表したところ、公的人物からは疎んじられ、カナダに移り住むことを余儀なくされた。彼女のすべてを纏めた論文集『長期的危険性について』は、残念なことに今までロシア語にもウクライナ語にもベラルーシ語にも翻訳されていない。

さて、ストックホルムのスウェーデン議会における授賞式でのジョン・ゴフマン博士の受賞スピーチのなかに、私も祖国ソヴィエト連邦の閉鎖社会でそれまで知らされなかった低線量被曝影響に関する科学的研究成果を、私ははじめて聞くことができた。それは放射能という抽象的現象から離れた、まさにわが故郷チェルノブイリの物語であった。この研究に対してジョン・ゴフマン教授は「もうひとつのノーベル賞」を受賞されたのである。彼の語ったことは、ロシア、ウクライナ、ベラルーシそれぞれが独立した国家となり、その議会公聴会で専門家が発言した内容と、整合的なものだった。そして私は突然理解できたのだ。さまざまな国の学者らが詳細に話してくれたように、同時にみな同じことを考えていたのである。多様な研究チームが、当たり前の事実を研究し、結果を持ち寄り照合する。このテーマはとくにそれを必要とするケースなのである。

彼の大きな業績『チェルノブイリ事故：放射能の影響の現在と未来』（ロシア語版は一九九四年にミンスクで出版された）のなかで、彼は、チェルノブイリ原発事故の影響を研究するための方法論を確立し、三つの側面から研究成果を発表している。

第一の特徴は、放射線被曝の初期効果を評価していることである。事故現場にいた人員は、事故後に危険地帯から一時避難した人と、高濃度に汚染された地区で暮らしていた人を併せて一一万六〇〇〇人で、それに事故処理作業員、軍関係者と民間人が六〇万人（現在では八〇万人だったことになっている）が加算される。

第二の特徴は、長期に及ぶ透過性放射能の効果がどのような形で発現するかという予測である。この点については、ブルラコーヴァ自身の報告書に言及されている――前述した原子力事故の被災者に対する調査結果の活用である。

第三の特徴は、中程度の放射能汚染地帯で暮らしている人および低線量汚染地帯で暮らす人など数百万人の被曝者に対する潜在的影響を評価していることである。対象となる人々にはウクライナ、ベラルーシ、ロシアさらには西ヨーロッパ諸国、東ヨーロッパ諸国民が含まれる。ゴフマンはチェルノブイリ事故以前に行なわれた調査・研究によって、一〇〇万人当たりの全患者数が、きわめて低線量被曝のもとでとても大きいことを証明した。教授のデータによれば、チェルノブイリの放射能によって引き起こされる悪性腫瘍疾患数は地球上で三四万人から四七万五〇〇〇人に達する。その数に非致死性の癌の数が加算されるのである。

ゴフマンの結論によれば、チェルノブイリ事故を起因とする低線量被曝作用に関して、身体に危険のない線量は存在せず、どれほどの低線量被曝であってもそれに相当する疾患が発生する可能性がある、ということである。低線量被曝の影響で、吸収線量が中程度またはそれ以上の被曝の場合よりも、発癌のリスクが高まると考えられる。

ゴフマンの学者としての次に述べる見解は、市民意識に大きな感銘を及ぼした。「私は、健康に対する放射能の影響を過小評価するためのあらゆる試みには、絶対に反対であることを強調したい。私は癌や白血病、遺伝子変異に対する放射線の影響を過小評価する試みに反対である。かりに科学的に充分な根拠にもとづいたデータによって、私の予想よりも放射能の有害性が小さいことが証明され、決して健康被害が起こりえないことが証明されたならば、私はとても幸せである。しかし、放射能に害がないことを証明するために情報を秘匿したり、非科学的手法を使うならば、私は人として学者として、医師として、断じて反対を表明せざるを得ない」。

彼はまた、チェルノブイリ事故をめぐる秘密体質について、似非科学の猿芝居について、それらをソヴィエト連邦における全体主義体制と一体となって活動する国際原子力推進機関が牽引していることについて、西側論文やメディアをとおして熟知していた。彼には、国際原子力機関（ＩＡＥＡ）や世界保健機関（ＷＨＯ）が行なった、人々の健康に対するチェルノブイリの被曝線量調査手法のまやかしを明らかにしたという大きな功績がある。「国際原子力機関とは」と彼はチェルノブイリに関する自著のなかで書いている。「あらかじめ決められた水準を超える被曝の証拠が〝必要である〟とし、それより小さな被曝を、一律に切り捨てたのである。（……）プログラムの実施の過程でＷＨＯの基本方針にしたがって、特定の疾患だけが調査対象とされた。それは甲状腺の働きを攪乱するもの、血液中成分の変化および白血病、つまりは伝統的に放射線の影響が疑われる疾病に限られたのである。（……）当該データを優先するという問題は、原発事故が及ぼす人間の健康への影響の初期段階についてなんらかの知見を得る唯一の可能性を失うという点において、全人類に対する冒瀆行為を反映しているように思われる」。ゴフマンは独立系研究者が集って原子力の危険性評価に関するグローバルな研究所設立の構想を表明した。〝放射能の危険性を持ち寄って発信する機構〟（監視委員会）と呼べるようなシステムだ。

医学・化学博士であるジョン・ゴフマンは、数人の学者の悪行について語った。チェルノブイリの後になってロシア連邦共和国保健省生物物理学研究所がチェチャ川の事故の影響に関するあらゆるデータを持っていることが判明した。長期間その地への立入許可はほとんどだれにも下りなかった。すべてが堅牢な秘密体制のなかにあった。しかしイリイン・チームはチェルノブイリ事故で被災した地区の影響を比較検証するために、チェチャ川の豊富なデータを使わなかったのだろうか。そうならば、多くの犠牲が無駄になってしまう。とくにこの点についてゴフマンは言う。原子力事故の影響の主要課題は、起因する作用が表面化する前に長期被曝効果を予測することである。それが行なわれるか、それともいつものように、影響は機密扱いされるか。この問いに対する答えは、チェルノブイリから一〇年たった今、専門家にもジャーナリストにも、世論にもない。これは学者の良心の問題なのである。

ゴフマンの著した六〇〇頁の大著は、現在そして未来世代のチェルノブイリ事故の影響に関して書かれており、ソヴィエト連邦崩壊（一九九一年一二月）後に検閲を経ることなくロシア語に初めて翻訳された。本書のなかでチェルノブイリ事故の中心的課題が述べられている。それは低線量放射線の長期的被曝が人体にどのような悪影響を与えるかについてである。本書は科学者のあいだで、ベストセラーとなり、同時にジャーナリストや被災地域に暮らす人々のあいだでも広く読まれた。

ゴフマンにつづいて、モスクワで核エネルギー論に関する専門家の翻訳書が現れた。スイス人ラルフ・グロイブ著『ペトカウ効果』（『人間の環境への低レベル放射能の脅威』ラルフ・グロイブ、アーネスト・スターングラス著、肥田舜太郎、竹野内真理訳、二〇一一年、あけび書房刊）である（しかもこれはわれわれの政府関係者の功績ではなく、工学博士で核物理学研究者ヴラヂーミル・ヤキムッィにより翻訳されたのだ）。そのなかで、われわれは初めて放射能というものの完全な見取り図を手にすることができたのである。世界の学者・研究者がどのように放射能を研究し、レントゲン照射の結果発生した最初の皮膚癌の記述（一九〇二年）に始まって、人間に対する低線量放射線被曝効果という現象にたどりついたのだ。

その最重要な課題は、カナダ人学者A・ペトカウ〔一九三〇年〜二〇一一年〕による一九七二年の発見である。〔訳注5〕それはこのようなものだ。長時間、低線量放射線を照射する場合の方が、短時間、高線量放射線を照射する場合よりも、細胞膜は容易に損傷を受けるということがわかったのである（彼は、実験では懸濁液中の人口細胞膜をもちいて実験を行なった）。彼の観察から見えることは、慢性的な低線量放射線被曝は、短時間高線量被曝よりも人体にその影響が甚大であるということを示唆している。これは放射能の作用について、いままで発表されてきた知見に大きな異議を唱えるものである。科学における真の革命といってよいものだった。

彼らにつづいて、アメリカ人学者A・スターングラス〔一六三頁訳注3参照〕は、人工細胞で観察されたペトカウ効果を、初めて生体機構のなかで明らかにしたのだった。原発の放射性廃棄物を起因とする低線量慢性被曝は、日本における原子爆弾により受けた被害の一〇〇から一〇〇〇倍危険であるということが裏付けられた。

さらには一九八〇年には一九五八年よりも、一〇〇〇倍も危険性が高いと想定されているのである。

ソヴィエト連邦という隔離された世界の住人であるわれわれにとって、これらの発見すべては、驚くべき想像力の賜物であった。われわれのうちのいったいだれが、これらの知識全体を、東ウラルの「マヤーク」の惨事の後に、そしてチェルノブイリの大惨事の後に、知ることができただろうか。

クレムリン付きの御用医師たちは慎重な措置を講じて、このような情報を統制下に置いたのである。しかし、議会の代議員を前にして、チェルノブイリ国家審査委員会で報告した際にも、彼ら当局は、われわれの前におろされた緞帳（どんちょう）のむこうで約百年にわたり、世界には、まったく異なる視点をもつ科学者たちの活動が存在することについて、われわれ核保有国にとって、放射能と人類の共存というきわめて重大な研究・発見について、とりわけ全世界の目が注がれている低線量放射線によってソヴィエト連邦（いまでは一五の独立国家になっている）に住む数百万の人々が〝中毒状態〟にあることについては、一度も言及することがなかったのである。

私たちの側に立つ異端の科学者について話をもどそう。真実を求めてソヴィエト連邦科学アカデミー放射線物理学者のグループが、汚染地帯の住民の健康調査に訪れただけでなく、事故処理作業従事者の健康調査にもとりかかった。被災者たちは〝神に忘れられた人たち〟であり、祖国の医学界に忘れられた人たちだ。ブルラコーヴァ教授は彼らのために、エレヴァン〔アルメニア共和国の首都〕にある放射線医学研究所をたびたび訪れた。その地に地元の事故処理従事者が登録されていたのである。考えてみてほしい。いったいチェルノブイリはどこにある地区で、エレヴァンはどこにある都市か。彼ら事故処理作業に携わっ

訳注5　アブラム・ペトカウ（一九三〇年〜二〇一一年）。カナダ原子力公社研究員、チョークリバー原発で働いた後、医学生物物理学主任。一九七二年に「ペトカウ効果」を発表。その後も精力的に、低レベル放射線の人体、環境への影響を研究し発表するも、一九八九年に政府予算を打ち切られ、退職。診療所を開設（『人間と環境への低レベル放射能の脅威』あけび書房刊より）。

た人々は事前になにも聞かされることなく、まさに地獄に連れて行かれたのだ。しかし〝人間の尊厳〟というものを歯牙にもかけない国家は、事故があるとすぐに彼らを最大限に利用し、まるでなにごともなかったかのように、忘れ去ったのである。

ブルラコーヴァ教授は言う。「事故処理で被曝した若い人たちは、気分がすぐれず、疲れやすく、絶えず頭痛を訴えています。少し散歩するだけで息があがってしまいます。しかし、それは本人の『思い込みではないか』という事故処理作業従事者たちへの強い偏見が存在しています。何百、何千という人々に見られる症状が、本当に『思い込み』ですまされるでしょうか。エレヴァンで、ナロヂチで、キエフで、ベラルーシで、みんながみんな、どうして同じ症状を訴えるというのでしょう……。反対のことも言えます。被災地区とは無関係なところに甲状腺障害の子どもたちがいるとして、その子たちが原発事故の関連疾患として登録され、援助を受けていることがわかったら、それこそどんな中傷を受けることになるかわかりません」。

世界ではあらゆることが時間とともに変化しているが、ここわれわれのもとでは、なにひとつ変わらない。ウラルやチェルノブイリの汚染地帯における人々の健康に関するデータは、機密扱いとされ、ロシア〔旧ソヴィエト〕科学アカデミー生物物理学研究所の文書保管室に確実に〝埋葬〟された。どのような研究者であれ、探究心の強い日本人はもとより、私たちの祖国人も、ウクライナの研究者も、そのデータに近づくことは許可されていない。研究所長は、特権を使ってこれらデータにアクセスし、ときに自分と意見を異にする学者やジャーナリストを中傷・批判する物語を書き、それがいまわしい「放射能恐怖症」を世界中にまき散らしているのである。

第10章　地球規模の大惨事

チェルノブイリ事故はまさに「地球規模の大惨事（カタストロフ）」といえるものだ。事故の四年後に国家審査委員会の出した結論にはこのようにある。「チェルノブイリ原子力発電所の事故は長期的影響をともなう同時代の巨大な大惨事である」。これはなにを意味するのか。私たちの青い惑星、地球の寿命はおよそ一〇〇億年か二〇〇億年とされている。地球に渡された時間の三分の一が過ぎ去ったということである（四五・五億年前に地球が誕生した）。そしてこの三分の一のあいだに、自然の驚異を凌駕する、この人工的に創出された超弩（ど）級の大惨事は、壊滅的影響という観点からして、これを凌ぐものはない。

そうは言っても、「原子力の平和利用」にともなって、さまざまな不幸な出来事は起きていた。アメリカ合衆国では、一九七九年にペンシルベニア州スリーマイル島原子力発電所で大事故が発生した。いまとなっては、チェルノブイリに警鐘をならしたと言われている大事件だ。炉心溶融をともなうスリーマイル島原発事故前後にも一二件を超す小規模の原子炉事故が起きている。

ソヴィエト連邦では、チェルノブイリ事故の前触れとも言える、次の三件の事故が挙げられるだろう。まずそれは、一九四九年の核兵器製造用の秘密生産公団「マヤーク」のチェチャ川汚染に始まる（ウラルの核惨事のこと。一五一頁訳注2および一八七頁訳注2参照〕。これはウラル地方で起きた。さらには、「『第一次五カ年計画』〔一九八一年〜一九八五年〕のあいだに、原子力発電所で一〇四二件にのぼる事故が発生し、発電ユニットが停止した。そのうちPБМK（エルベーエムカー）型原子炉〔黒鉛減速・軽水沸騰冷却・チャンネル型原子炉〕によるものが三八一件だった。チェルノブイリ原発では一〇四件あり、うち三五件は人為ミスによるものであった。チェルノブイリ原発1号機では一九八二年九月には配管部に破断が起き、黒鉛チャンネル内の核燃料の漏洩があった」。以上は一九八六年七月三日付け政治局の極秘議事録からの引用である。レニングラード原発事故（一九七五年）、チェルノブイリ原発事故（一九八二年）、クルスク原発事故では限定的な放射能汚染が三回あったことに注目しなければならない。私たち祖国の市民はこのような大事件をまったく知らなかったのである。

しかしこのような事故はみな、ウクライナで起きた大惨事のあと拡散した放射能に比べれば、大海に落ちたしずくの一滴といったものである。全世界におよぶチェルノブイリ大惨事の激越な実相は、国家審査委員会の公式報告で述べているように、想像を絶する規模である。一九八六年ウィーンで開かれた国際原子力機関（IAEA）の会議でソヴィエト連邦代表団が提出した報告書では、環境中に一八五京ベクレルの多種類の放射性物質が放出され、とりわけ特徴的なことは、そのうち三京七〇〇兆ベクレルが放射性セシウム〔Cs137とCs134〕で、八一四〇兆ベクレルが放射性ストロンチウム〔Sr90〕であったことだ。ダゴムイス〔ウクライナの都市ソチ近郊の地区〕で一九八九年一一月に開かれた原子力発電の安全に関する国際協議会で、幾人かの学者が分析結果を発表した。彼らの予測では放射性セシウムはさらに多かった。また、海外の専門家はソヴィエトの報告書とは異なって、二・五倍もの数値を予測した。たとえばI

ＡＥＡに提出し、承認されたソヴィエト連邦報告書のなかでは、放出されたヨウ素１３１は二七京ベクレルとなっているが、アメリカ合衆国のローレンス・バリモア研究所は、約二倍多い五四京ベクレルが放出されたと想定しているのである。同研究所はセシウム１３７については二倍以上の値を予測している。全ソ原子力発電研究所の専門家の調査によれば、放射線全排出量は三七〇〇京ベクレルに達する。セシウム１３７に限ると、広島型原子爆弾三〇〇〇発分に匹敵するのである。

一九八六年五月九日から一〇日にかけて、一日当たり数百億ベクレルの放射性廃棄物が風に乗って世界のさまざまな方角に流れて行った。爆発炎上した炉心では放射性同位元素の最も複雑な燃焼過程が起こり、そこでは摂氏二五〇〇度に達した。これらの数字すべては一九八六年春のソヴィエト連邦および世界規模の放射能汚染の大惨事の真の姿を表していた。メンデレーエフの周期律表にある全原子に加えて未知の物質が原子炉から飛散したとも考えられた。

Ｈ・Ｈ・ヴォロンツォフ博士の事故の影響評価には「……事態がどのようになろうとも、いずれにしろチェルノブイリの汚染地帯は、広い意味では、全地球が含まれる」。とくにソヴィエト連邦に生きる人々がその中心にある。「汚染の流れを記した地図がある。（……）舌のような形をした汚染区域のひとつがソヴィエト連邦ヨーロッパ部中央を越えて広がり、ウラル地方や西シベリアに達している」。

高濃度汚染地帯の状況は、私たちの最も近い隣人、ポーランド、ルーマニア、ノルウェー、フィンランド、スイスそして、なんと遠くはブラジル、日本、オーストリア、イタリア、その他の国々におよんでいたのには、言葉を失う。この広汎な汚染についてソヴィエト連邦国家水質・環境管理委員会議長Ю・Ａ・イズラエリは「汚染はスウェーデンを経てポーランド、ブルガリア、ドイツ、英国、ドイツ南部に到達した。

ここに挙げた国々では汚染濃度は一平方キロメートル当たり三七〇億ベクレル〔一平方メートル当たり三万七〇〇〇ベクレル〕を超えている。しかし、四四四億ベクレルから五五五億ベクレルという値は重大なレベルではない。（……）。わが国の気象学者だけでなく海外から蒐集したこの地図によれば、放射能雲は北イタリアから、バヴァリア州〔現在のバイエルン、当時西ドイツ東南部の州〕にかけて重要な境界線をつくったのである。そこで雨が降り、セシウムを中心とする放射性物質が降下した」。

ソヴィエト連邦議会エコロジー委員会においてЮ・A・イズラエリはカタログを示した。そのカタログには風向きが記載されていた。それを使って、日ごと、時間ごとに放射能の雲がどの方角へ達したかを追跡調査することができたという。「ご覧ください」とイズラエリは言って、ある箇所を指し示すと「二六日三時、二六日一五時、二七日三時。すでに私たちの領土であるバルト三国〔エストニア共和国、ラトビア共和国、リトアニア共和国、当時〕の沿岸部に達していました。二七日の夜に雲はここにあります。コペンハーゲン〔デンマークの首都〕です。これは四月二七日午前三時の様子です」。つまり丸一日かけて放射能の「煙」はデンマーク沖に到達していたのである。

この真実は代議員たちが文字通りイズラエリの「口を割らせた」ものである。状況が自分に有利になりそうだと感づいて、彼は〝守りの体勢〟に入ったのである。彼の演出する脚本は、ソヴィエト共産党中央委員会極秘決定の附属文書「チェルノブイリ原発事故一周年記念日に関するプロパガンダ計画について」のなかで政治局が承認したのであった（一九八七年四月一〇日付け議事録四六号）。「極秘　チェルノブイリ原子力発電事故処理に関し、ソヴィエト連邦において講じられた措置に関するラジオおよびテレビ放送番組・刊行物一覧（……）三、四月の風向きはどのような状況であったか。西側では事故時に大量の有害物質が隣接するヨーロッパ諸国の領土に向かったと主張している。ソヴィエト連邦国家水質・環境管理委員会Ю・А・イズラエリの解説は、多くのデータをもとにして、そのような憶測に反駁する。（……）。Л・クラフチェンコ、ソヴィエト連邦国家委員会第一副議長がラジオおよびテレビ番組に出演する」。そしてその場で彼は反論した……。

代議員らの要請で、ソヴィエト連邦国家水質・環境管理委員会議長〔イズラエリ〕が提出を求められた資料によると、事故から四年後に連邦内で強い放射能汚染に晒されたのはロシア四州、ウクライナ五州、ベラルーシ五州であった。知られているように、事故後数日で一一万六〇〇〇人が緊急避難した。およそ一四万四〇〇〇ヘクタールの耕作地が放射性物質の「缶詰」とされて永久に封印された。ここは死の街となった。

しかし、その一方で放射能に汚染された大地を耕し、種を播き、収穫もしているのである。公式データによれば、放射能の「散布」をとくに酷くうけた三共和国で、三七〇億ベクレルから三兆七〇〇〇億ベクレルとそれ以上に放射性セシウムによって汚染された農地は、およそ一〇〇〇万ヘクタールにおよんでいる。そのうち三〇〇万ヘクタール以上が肥沃な農地なのである。

チェルノブイリ大惨事という世界規模の環境破壊を、主な被災国である三共和国で、さらに詳細にみてみよう。

まずはウクライナである。ここはソヴィエト連邦時代には、国の穀倉地帯と呼ばれていたように、肥沃な国土が汚染された。国家審査委員会の提出した公式データによると一平方キロメートル当たり一八五〇億ベクレル〔一平方メートル当たり一八万五〇〇〇ベクレル〕以上の農地が三七万七五〇〇ヘクタール。それにくわえて、一八五〇億ベクレルより低い汚染農地が三三一万六〇〇〇ヘクタール。この数字を私は信用できないので、ウクライナ共和国国家農工委員会放射線医学局に質問書を提出した。答えはあらゆる予想を超える途轍（とてつ）もないものだった。ウクライナの放射能汚染農耕地は七二二万ヘクタール（七万二二〇〇平方キロメートル、東京都の約三三倍に相当）であった。とくに過酷な状況にあるのはキエフ州とジトーミル州である。キエフ州執行委員会副議長H・ステパネンコが言うように、州都の放射能汚染地帯は一六〇万ヘクタール以上である。ジトーミル州では「放射能で汚れた」地帯の面積は四六万六七〇〇ヘクタールとなる。

二五年を経たこんにちにいたってまだ、その正確な汚染規模はわからない。放射性ストロンチウム、プルトニウム、アメリシウムそのほかのホットパーティクル（放射能を持つ、不溶性の微粒子）は人々の胃袋におさまり、そこはある意味では小さな原子炉と化しているのだ。公式発表では放射性セシウムによる汚染は均質化しているという。しかし、よくあるように、これらの値は不当に低く見積もられている。例を挙げると、ジトーミル州ルギヌイ地区オスタピ村では、公式に発表された汚染地図の数値よりもおそらく二倍は高いと思われる。私が放射能平均値について専門家に訊くと、病院での平均体温についての小咄を思い出すのである（連邦の国家水質・環境管理委員会だけが爆発三年後になってはじめて、ウクライナの平均放射能汚染値について、自分たちで簡単な教科書を作成した。それは胡散臭（うさんくさ）い精神安定剤のようなものだった。この教科書には表もあり、発行部数は四二五万部、二億五〇〇〇万の国民に向けたものである）。

たとえば、キエフ州ポレススコエ地区に関するウクライナ水質・環境管理委員会のデータをみると、一平方キロメートル当たりの平均汚染濃度は九一三九億ベクレル（一平方メートル当たり九一万三九〇〇ベクレル」である。生産公団「コンビナート」の資料では、この値は五五五〇億ベクレルから一一兆一〇〇〇億ベクレル、またはそれ以上と跳ね上がり、変動を示している。「憩いの広場」（！）における事故四年後の値は二四兆七九〇〇億ベクレルである。私たちは、いったいどの数字を信じたらよいのか。「コンビナート」のデータは領域内の一七〇〇サンプルを用いて詳細な測定にもとづいて得られた。これに対して、ウクライナ水質・環境管理委員会のデータはせいぜい二〇〇サンプルの分析をもとにしたにすぎない。この例のように、サンプル数の問題はきわめて典型的だ。ウクライナにとどまる話ではなく、ロシアやベラルーシにおいても同じようなものだからである。

しかし、この生産公団「コンビナート」のデータでさえ、放射能汚染の真の姿とは看做（みな）されないであろう。なぜならば、放射性セシウムの汚染だけを反映したものだからである。ポレススコエにはセシウム以外にストロンチウム、プルトニウムそして他の放射性物質が降り注いだ。プルトニウム濃度は一時的に許容限度値と等しかった。

事故から多くの歳月をへて、ウクライナの汚染地域に含まれる都市や農村の放射能は増大した。私の故郷ジトーミル州が具体的に明らかにしている。しかし、大惨事から二〇年が経ったというのに、ウクライナ最高会議の発表によると、この国の被災した農村地帯の正確なリストは存在しないのである。存在すれば政権にとって、都合の悪いことだからである。正確な被災地リストは、被災者に税の免除などの特典を提供し、生活の保障をしなければならない、といった頭痛の種になるからである。

次にベラルーシを見てみよう。チェルノブイリに関する国家審査委員会に提出された初期の資料によれば、ここでは、一九八九年に放射能汚染国土は七〇〇〇平方キロメートル〔東京都の約三倍に相当〕におよぶ。うち五分の一の農耕地はとくに人体にとって危険だ。さらに二〇〇四年に行なわれたミンスク放射線医学研究所専門家グループの放射線学術調査データをみると、四万三五〇〇平方キロメートル〔東京都の約二〇倍〕が、寿命の長い放射性セシウムやストロンチウムに汚染されている。この値は当初発表のデータを六倍以上も上回るものである。すなわち長期間汚染した大地に数百万の人々が、その危険性についてなんら疑うことなく暮らしていたこと、放射性物質を吸い込み、食事で口直しをしていたことを意味する！　ベラルーシの最も重い十字架は、多くの辛酸をなめたモギリョフとゴメリ両州の人々が背負うことになってしまったのだ。

最後はロシア連邦共和国だ。ロシア共和国閣僚会議審査委員会に提出された事故処理計画には、わずかブリャンスク州が記載されているだけだった。ところが西部七地区で一〇〇〇平方キロメートルが被害を受けているとの指摘がある。非公式の情報源によると、この値はさらに五倍大きいとある。審査委員会はオリョール州、カルーガ州、トゥーラ州に汚染地域が存在することを示している。汚染レベルは、セシウム137が一平方キロメートル当たり一八五〇億ベクレル、またトゥーラ州プラフスク市では五五五〇億ベクレルである。汚染地帯全体では二〇〇〇平方キロメートル以上だ。

つまり事実上、ロシア共和国閣僚会議は、事故処理長期計画を立案するというソヴィエト連邦政府の任務を果たすことはなかったのだ。一九九〇年四月一二日の議会公聴会で国家審査委員会副議長・生物学博士A・Γ・ハザロフの発言のなかに次のような文言がある。「ここで、われわれにとってタベイエヴァ同志〔初代ロシア閣僚会議副議長、事故処理委員会議長〕の共和国計画の評価に関する不可解な発言が聞かれました。……われわれはウクライナとベラルーシ二国のプログラムを審査・検討し、現在もその途中です。

さらにはロシア連邦から、ロシア連邦共和国政府として提出されたブリャンスク州の州プログラムも加えています。国家水質・環境管理委員会の汚染地図にはトゥーラ州、カルーガ州、オリョール州に点在する膨大な汚染地域についての情報がまったくありません。どこでも、どのレベルでも、ソヴィエト連邦とロシア連邦共和国のもとでの首尾一貫した検討は今まで行なわれてこなかったのです」。なんとこのときすでに大惨事から四年が過ぎ去ろうとしていたのであった。

事故から六年が経過して漸く明らかになったことは、想像を絶することであるが、ロシアでは四つではなく一六の州の住民二〇〇万人が日々、低線量被曝状態にあり、失われた健康に対する国家補償はなにも受けていないということだった。当局者はだれも結局のところ、住民への〝隠蔽〟という罪深い〝掟〟にしたがい、なんの回答もしなかったのだ。

国家水質・環境管理委員会が審査委員会に提出した放射能汚染地図は、壊滅的事故の全様相を深さにおいても広さにおいても充分な説得力をもって示していなかった。放射性セシウム137の濃度の等値線は、この地図にはプラスマイナス三〇パーセントの誤差を含んで引かれていた。ときにその誤差は五〇パーセントであった。ストロンチウム90に関する情報はまったく不充分であった。プルトニウム239に関しては、記入されていなかった。そのほかの放射性降下物については、いっさい触れずに、きれいさっぱりと無視されていた。

国家審査委員会の結論では、放射能汚染地点はクラスノダール地方やスフミ地区〔グルジア（ジョージア）北西部アブハジア自治共和国の都〕、バルト三国にも点在していたことが言及されていた。クラスノダール地方はカフカス〔二九頁訳注4参照〕の黒海沿岸にある。ここには何百という保養所、サナトリウム、休息の家、ピオネールキャンプがある。毎年一〇〇万を超す人々が健康増進のために黒海や山岳地帯へまっすぐに向かう（そして私も子どもをつれて一九八六年五月にまさにこのクラスノダール地方に向かったのだった。おそらく、せめてここなら何週間かはチェルノブイリからなにも飛んでこないだろうと思っていた）。

この地でなにが起きているかを正確に知るために、私は代議員質問を国家水質・環境管理委員会議長Ю・A・イズラエリ宛てに送った。「沿バルト海地域とクラスノダール地方、スフミ市のなかでどの地域の居住区に放射能汚染地帯があるかを教えていただきたい」と申請した。そして旧知の副議長Ю・C・ツァトゥロフから公式書簡として回答を受け取った。そのなかで彼はこのように書いている。「チェルノブイリ事故の結果、大気圏内に放射性物質が放出され、クラスノダール地方、スフミ市、バルト三国を含む連邦全域に降下した。ソヴィエト連邦西部国境の個々の行政区、グルジア共和国〔ジョージア〕西部へ一九八六年四月末と五月初めに、ソヴィエト連邦国家水質・環境管理委員会支部によって、事故後の大気圏内放射能のレベルの短期間の上昇と、許容範囲内の汚染が確認された」。のちに彼は四月末と五月初旬のビリニュス〔リトアニアの首都〕、リガ〔ラトビアの首都〕、スフミ、チャルトゥボ〔グルジアの中西部イメレティ州の都市〕、トビリシ〔グルジア（ジョージア）の首都〕の線量を発表した。

ツァトゥロフは汚染されたスポットに移り、こう述べる。「一九八六年にカフカス黒海沿岸、スフミ、バトゥーミ〔アジャール自治共和国の首都、黒海沿岸の都市〕における放射性セシウム137の汚染濃度は一平方キロメートル当たり七四億ベクレルから三七〇億ベクレル、事故前は〔一〇分の一程度の〕二二億二〇〇〇万ベクレルから三七億ベクレルであった。クラスノダール地方とバルト三国は一平方キロメートル当たり一一一億ベクレルより顕著に低かった。一九八九年八月から九月にかけては、再度、バルト三国で航空ガンマ分光測定を実施し、一九八六年に測定した結果をあらためて確認した」。さらに彼は、汚染濃度は数キロメートルおきに計測されたと指摘した。つまり、測定地点と数キロ離れた測定地点のあいだにもホットスポットが残っている可能性がある。

「一九八六年の地上の予備調査ではバトゥーミに放射性セシウム137の濃度が一平方キロメートル当たり三七〇億から五五五億ベクレルまでの間で、それほど高くない区域が見つかった」（ちなみに、スウェーデンでは三七〇億ベクレルの放射線を被曝した人に一定の保障制度がある）。「……一九九〇年にバトゥーミ市のピオネール広場では、一時間当たり一カ所で最大四〇〇マイクロレントゲンまで放射線の上昇が認められた。汚染土壌は速やかに除去され、適切に処分された」。

以上が知らされた具体的情報のすべてだ。私にとっては、これは回答になっていない。だいたいいつからクラスノダール地方に、バトゥーミ、チャルトゥボ、トビリシが編入されたというのだろうか（以上はグルジア共和国や他の民族共和国の都市である）。馬鹿も休み休み言ってほしい。私は、グルジア共和国ではなく、クラスノダール地方の放射能汚染の状況を訊ねたのだ。私はこのツァトゥロフのやり口を問題にしたい。相手にするにたらないと思う人間――代議員や選挙人に訊かれたことには、耳をかさずいいかげんに答えるというこのやり口が、わが祖国でながらく多くの小役人たちの仕事のスタイルだったのである。そのため私は、チェルノブイリから一〇〇〇キロメートル離れたクラスノダール地方の汚染に関して、より正確でよりわかりやすい情報を求めてもう一度、質問することになってしまった。

今回は議長Ю・A・イズラエリが直接答えを寄こした。「……一九八六年五月初旬、降雨が観測された後に、強い線量が測定されました。たとえばソチでは一時間当たり一二〇マイクロレントゲン、アナパ

〔以下クラスノダール地方の都市〕、ラザレフスキー、カネフスキーは一時間当たり六〇マイクロレントゲン、クシセフスキー、ゴルニーは一時間当たり三五マイクロレントゲンでした。短寿命の放射性同位元素が崩壊したため線量は急激に減衰しました。一九八七年にたとえばソチでは一時間当たり三五マイクロレントゲンを超えることはなく、一九八八年には二〇マイクロレントゲンに、現在は自然放射線レベルと同じ一時間当たり一〇から一五マイクロレントゲンのレベルにあります。

セシウム137の汚染地域についてご説明しますと、平均値として、ソチは一平方キロメートル当たり一四八億ベクレルから五一八億ベクレル、トゥアプセ〔ロシア南部クラスノダール地方にある黒海に臨む港湾都市〕は一二五・八億ベクレル、ゲレンジク〔同〕、ノボロシスク〔同〕、アナパ〔同〕、クラスノダールが一平方キロメートル当たり三七億ベクレルであります。この地方の居住区では同様の値かさらに低い値で、ガンマ線の強度は自然放射能と本質的に差はないもので、一時間当たり一〇から二〇マイクロレントゲンであります。たとえば、一九八九年にガンマ線分光器を使用して、二〇六カ所のホットスポットが一時間当たり九〇から六〇〇マイクロレントゲンであること、それぞれの面積は一から一〇平方メートルであることがわかりました。最も酷い汚染はアドレル空港のある地区（一時間当たりおよそ二五〇マイクロレントゲン）、ソチ市内の取水設備（一時間当たりおよそ一六〇マイクロレントゲン）であることが判明しました」。

私が、ソヴィエト連邦国家水質・環境管理委員会に質問書を提出したのが一九九〇年夏であったことに注意を喚起したい。当時は少々汚染があったようであるが、今は大丈夫と思われるという、相手をまるめこもうという意図を感じさせる内容の回答。そして嗚呼、なんとそのわずか半年後に『イズベスチャ』は、「ソチの中心地にチェルノブイリの足跡」という小さな記事を掲載したのだ。事故から五年にしてはじめてソチの中心地で九〇〇カ所のホットスポットが判明したのである！　それ以前にわかっていた四〇〇カ所に新たに加えられたことが判明した。想定外の場所に、人の住む狭い地区に、通りに、並木道に、劇場のそばで、市ソヴィエト執行委員会近くの芝生で観測された。九〇〇カ所の汚染地点のうちの二〇〇カ所はすでに除染された。汚染した土壌は片づけられ、ママイスク地区の放射性廃棄物処分場に埋葬されている。一三〇〇もの古くて新しい放射能汚染地点がわずか二年間に国際的に知られる保養地の中心に出現したのだ。これは一大事ではないのだろうか。約五年間、人々はそこを訪れ、解放された時を過ごし、深く呼吸をしたのではなかったか。そして彼らはいまどこにいるのだろうか。レニングラード〔サンクトペテルブルク〕か、ドシャンベ〔タジキスタンの首都〕か、それともベルリンだろうか。

政府にはいったいどれほどの時間が必要なのだろうか。クラスノダール地方のみならず、放射能が降り注いだ他の地域の詳細な調査がなされるまでには、五年だろうか。それとも一〇年か。ヨーロッパの〝核戦争〟の中心から数千キロ離れたところにある都市や農村、谷間や丘について、もし高汚染地域で過剰な放射能を被曝している人を移住させることができないとしたら、言ってみたところでどうなるものでもない。まさにチェルノブイリは核戦争の主戦場なのである。大気圏内で通常の核爆弾が炸裂すると五五五〇兆ベクレルが放出されるが、もしも、公式発表のとおり、原子炉から噴出した放射性物質の総量が一八五京ベクレルにのぼるとしたら、まさに文字通りの核戦争である。後に極秘文書を手に入れてみると、そこには政治局員らがチェルノブイリに関する会議でチェルノブイリ事故を「大量破壊兵器使用」と比較して、「中央ヨーロッパの小規模核戦争」つまり、破滅的大惨事と呼んでいたのであった（実際は、彼らは全世界に向けてまったく別のことを語っていたのである）。

最大級の放射能汚染に直面することになった三つの共和国は、ソヴィエト連邦崩壊後、いずれも独立したので、独力でこの問題を解決しようと努力した。独立国家共同体創設〔訳注1〕の時期（一九九一年末）までに、チェルノブイリ事故によって、一平方キロメートル当たり三七〇億ベクレル以上セシウム137に汚染された面積は、ロシアとウクライナとベラルーシを併せて一〇万平方キロメートルを超えるのである〔日本の国土面積は約三七・八万平方キロメートル〕。

全人類に及ぼす大惨事の規模。放射能で被災した領域では、気の遠くなるほど大勢の人々が生きていた。公式情報を紐解くと、政府は四年後に二五〇万四〇〇〇人とはじき出している（とはいっても常識から考えて、これは私たちを愚弄するものではないだろうか。なぜなら、ロシアの被災地域一六州だけでも二〇〇〇万人が暮らしているのである）。

こんにち、国際連合の統計をみると（ヨーロッパを含む）チェルノブイリの放射能汚染地帯には九〇〇万人が生活しているのである！

ベラルーシ最高会議の予備議会公聴会でベラルーシ最高会議チェルノブイリ事故処理委員会議長が述べた。「ベラルーシ人民の悲劇の歴史がこうして繰り返されるのである。大祖国戦争〔第二次世界大戦〕で、われわれは四人に一人を失った。チェルノブイリ事故では五人に一人を失うことになろう」。

被災地に生きる人々の絶望の深さを示すために、私は次のような事実を挙げることにしたい。モギリヨフとゴメリの両州にわたる一二の地区では、五〇もの村落が被害に遭った。厳重に規制された区域には一八四人が暮らしていた。放射能レベルは、一平方キロメートル当たり五兆一八〇〇億ベクレル〔一平方メートル当たり五一八万ベクレル〕に達している。クラスノポリスク地区内の、とある村の幼稚園内のプレートには、「一時間当たり一〇〇マイクロレントゲン以上」と記されている。砂場の近くは、二一〇〇以上、芝生の上は四五〇。それは許容量の二〇倍だ。まだある。並びにある果樹園は一平方キロメートル当たりおよそ一四兆八〇〇〇億ベクレルである。

最新データをみると、二一〇万のベラルーシ人（これは人口の二二パーセントに相当する）は、爆発事故から二五年たって、一平方メートル当たり四万ベクレルを超す放射性セシウムに汚染された地域に住んでいる。一三万五〇〇〇人がこの共和国のよりきれいな場所に引っ越した。なぜ「よりきれい」と呼び、「きれい」と言わないのか。なぜならば、汚染のない場所など事実上存在しないからである。

ウクライナでは最初に公開された公式データ（事故後四年）によると、放射能で「汚れた」地帯に一四八万人が生活しているとされた。

危険な地区から汚染のないところへ住民を移住させることについて、私は代議員質問を共和国閣僚会議に対して提出した。それに対してウクライナ共和国国家計画委員会副議長В・П・ポポフは次のように答えた。「一九九〇年から九一年に約四万五〇〇〇人の移住は避けられないであろう」。二万を超す人々がジ

訳注1　一九九一年一二月のソヴィエト連邦崩壊にともない、連邦を構成した一五共和国のうち、バルト三国（エストニア、ラトビア、リトアニア）をのぞく一二カ国で結成された国家連合組織。目的は、核兵器・在外資産処理などソ連解体にともなう問題、旧ソ連における人・物資の移動など日常レベルの問題、新興独立諸国間の外交問題などの解決にむけた調整を行なうことであった。その後、南オセチアを巡るジョージア（グルジア）とロシアの武力衝突、ウクライナとロシアの対立など国家間の争いをへて、現在加盟国は九カ国（アゼルバイジャン、アルメニア、ウズベキスタン、カザフスタン、キルギス、タジキスタン、ベラルーシ、モルドバ、ロシア）。

トーミル州の放射能汚染集落から、州南部地区へと移住すると予測された。しかし、被災地では四年たってもまだ四五五の居住区に二〇〇〇人の子どもを含む九万三〇〇〇人が暮らしていたのだった。

人々の避難についていえば、新しい住まいのことでも問題が持ち上がった。移住者向け住宅が意図的にジトーミル州の放射能汚染地帯に建設されたのである。数億ルーブルの国民の金がこのために浪費されたのだ。膨大な数に上る罪なき人々の精神的苦痛、償うことのできない健康被害については、もう繰り返すまい。だれの許可と同意を得てこれらすべてが実行されたのか。いったいだれが決めたのか。

私は、事故で放射能に汚染された村を訪れたときに、この事実を発表しようと試みたのだが、力が及ばなかった。さまざまな階層の指導者たちについて前に述べたように、ようやくこの核心部分に話が及ぶと、誰もが恥をさらしてまでも、お互いに罪をなすりつけるのだった。

こんにち私はこうした事情を仔細に知っている。私の行なった代議員質問に対してジトーミル州執行委員会議長A・C・マリノフスキーが回答したからだ。それによると、高汚染地帯（！）での住宅建設工事は「ウクライナ共産党中央委員会およびウクライナ共和国決議にしたがって」実施されたことがわかった。

ウクライナ共産党とウクライナ政府の無能で無責任な決議は、あわせると六つは存在した。それと同時にウクライナ共産党ジトーミル州党委員会と州執行委員会が共同で同じく四通のしかるべき通達を出していた。公式情報によると、危険地帯での生活から緊急避難した九〇三軒の家族は、もとの場所と同じように汚染された地区の新築住宅に引っ越した。これを犯罪と呼ばずになんと呼べばよいだろう。現在、マリノフスキー同志はジトーミル生態学アカデミー（前農業研究所）で学生たちに教鞭を執っている。おそらく彼は、自身が州執行委員会議長時代に深く関与したチェルノブイリにおける〝英雄的な〟職務を語ることはあるまい。

同様の破滅的状況はキエフ州においても起きていた。七〇以上の村落では、汚染レベルが八五〇億ベクレルかそれ以上なのである。とくにポレススコエ地区の被害が深刻だ。ヤセン村とシェフチェンコ村は一九九〇年時点でまったく立ち退きは実施されていなかった。アカデミー会員イリインが代議員らに伝えたように、ヤセン村は、一九九三年になってようやく移住計画が日程にのぼっていた。この村の住民にとって、これはなにを意味するだろうか。御用新聞のデータでさえ、彼らの被曝線量は、移住する時までに、もうおよそ三五〇ミリシーベルトに達するとしていた。キエフ州執行委員会は一三の村を移住させる予定であった。ここにはおよそ二万人が生きている。そして大勢の人々の健康を護るには、当然のように資金が不足していた。

さらにはもっと驚くべき、理解しがたい問題が残されている。それは、なぜ危険地帯から逃げ出したいと思っている人が自らの意志で、移住できないのか、という問題だ。どうして当局は、住民自身が決めた場所への移住を力づくで認めないのか。ひとりの女性が、ナロヂチの集会で腹立たしげに、こうした当局の対応に不満を述べた。「私は、あんたたちに金もなんにもくれとは言わないよ。私たちが、出ていくのを認めてくれればそれでいいの。私はここにいたくない。汚染のない〝きれいな〟ところで居住登録をして、仕事をできるように、出ていくのを許可してくれればいいのよ」。いったいこれではソヴィエト体制下の農奴制ではないか。

事故の約五年後に、キエフ州とジトーミル州に接するロヴノ州とチェルニゴフ州から六つの村が移住するという問題が持ち上がった。その一方キエフから遠く離れたウクライナ西部、ハンガリーに近いイヴァノフランコフスク州の住民は、あの運命の春の日に自分たちに放射能が降り注いだことを知ったのである。現在、ロシアの専門家らが明言しているように、ウクライナの放射能汚染地域には二四〇万人が暮らしており、そのなかには一四歳以下の子どもが五〇万人以上も含まれている。大惨事から四年もたつというのに一〇〇万（一〇〇万！）をはるかに超す人々がいる。チェルノブイリから時がたつほどに、彼らを包む恐怖は増す一方なのである。

しかし事故初動時に最も苦境に陥ったのはロシア人であった。ベラルーシかウクライナでなにか大変な事態が起きたことは知っていたが、カルーガ州、オリョール州、トゥーラ州の放射能汚染については、数年たって、はじめて知られるようになったからである。ロシア政府内では、この一帯にどれほどの人が住んでいるのか、だれも正確には知らなかった。ロシアにおけるあらゆる放射能状況というものがブリャンスク州の状況だけに代表されてしまったのである。そしてブリャンスク州の被災地全域に七〇〇を超える集落が存在した。そこには州全体の五分の一の人々が住んでいて、子どもたちが約三万いた。一九九〇年一月までに住民全体の二〇パーセントが立ち退かされた。ザボーリエ、ツコベツ、コバーリ、ポルカ、ニコラエヴナという集落では生活することそれ自体が危険をともなうほどであった。人々はソヴィエト連邦崩壊後数年をへてもなお、移住の自由がなかったのである。彼らのなかには、少なからぬ子どもたちがいたが、彼らの被曝量はイリインの基準〔三五〇ミリシーベルト〕に達してしまった。

ロシア労働省附属生活水準全ロシアセンターの専門家M・C・マリコフと国家審査委員会のO・Ю・ツユトツェルが報告書のなかで指摘しているように、現在チェルノブイリ大惨事の影響下にあるのは、一三八行政地区、州管轄一五都市、二七〇〇万人の暮らす七七〇〇以上の居住区である。

同じデータによると、チェルノブイリ事故が起きて一週間、被災した町や村で除染が行なわれた。そして六三〇平方キロメートルの汚染土壌が剥ぎ取られた。ブリャンスク州では、放射能汚染地帯にある一八の居住区から一万三〇〇〇人全員が強制移住させられた。一九九三年までにロシア連邦の被災地区から約五万人がなかば強制的に避難させられたり、自らの意志で故郷をあとにした。

当時、チェルノブイリから排出された放射性物質が別のいくつもの爪痕を残しているのではないかという多くの推測が語られている。ベラルーシの作家アレクサンドル・アダモヴィチ（一九二七年～一九九四年）は、全国紙の紙上で、ソヴィエト連邦閣僚会議議長で燃料・経済連合会議長を務めるБ・Е・シチェルビナと原子力エネルギー相Н・Ф・ルコーニンへの公開書簡を公けにした。彼はそのなかで問う。「チェルノブイリから離れているベラルーシのモギリョフ州の地区――クラスノポーリエ地区、チェリコフ地区、スラヴゴロド地区（ロシア連邦アルタイ地方）、さらには、コスチュコヴィチ地区、ビィホフ地区、クリモヴィチ地区の一部そしてその他の地区（同様にブリャンスク州の地区の一部）では、チェルノブイリの放射性プルーム（雲）が上空で停滞したことによって、猛烈な放射線被曝をしたのは事実か。その原因は、モスクワ方面へと高速で移動していた放射性プルームを狙って、上空で放射能を『打ち落とした』ためなのか？」

学者のなかにもそのような推測をした人がいることはいた。モギリョフ州の住民は、このことを完全に確信するにいたった。しかしはたしてこれは事実なのか。もしそれが事実であるならば、放射能汚染地域の帯はどのような広がりを示すのだろうか。もし不幸にもさらに遠くへ行ったとしたら……。雲は放射能を含む黒い雨となって地上に降り注いだのか。

この問題は、ソヴィエト連邦国家水質・環境管理委員会議長Ю・А・イズラエリを含む専門家集団と代議員からなるエコロジー委員会——で取り上げられた。イズラエリはこの件について、次のように説明した。「五月一〇日ごろに、ニコライ・イヴァーノヴィチ・ルイシコフ〔ソヴィエト連邦閣僚会議議長〕は私を電話に呼び出して、次のように言いました。『チェルノブイリ原発周囲に雨が降らないよう、あらゆる手を打ってくれないか。雨水で爆発現場から超高レベルの放射能が流れ出てしまう。そのためには普通の雲（まったくない日もあったし、密度の高い雲が通過した日もあった）と充分に大きくなった積雲〔上面が盛り上がってドーム状で、雲底がほぼ水平の雲〕が現場に接近する前に、そのなかに飛行機を突入させ積雲から雨を降らせるようにしてくれ』。そしてわれわれは五月一〇日に実行しました……」。

引き続いてこのような問題も浮上した。「ウクライナとベラルーシのチェルノブイリ地区周辺には、場合によっては、水不足が生じるかもしれないということですか」と訊ねる。「そのような予測は確かにあったので、ふたたびニコライ・イヴァーノヴィチ・ルイシコフが私に言いました。『とにかくこの仕事を完了してくれ。水不足が起きるかどうかはどうでもいいことなんだ』。そして私はもう一度、われわれの飛行機はほぼこの空域のきれいな雲のなかだけを飛行するのかを確認しました。そういうことで機会をうかがい、雲から人工的に雨を降らせました。チェルノブイリ地区で最初に雨が降ったのは六月一五日以降で、われわれがこの任務を終えたあとのことでした〔訳注2〕」。

ユーリー・アントーニエヴィチ・イズラエリは、放射性プルームから放射性物質の降下を、人為的に操作したのではないかとする前述したアレクサンドル・アダモヴィチの公開書簡をきっぱりと否定した。「放射能の点在する汚染地はベラルーシの大地に意図して造られたのだとする、まったく的はずれの考え方がどこからか現れました。ちなみに、最も初期の汚染は四月二七日と二八日に激しい雨が降ったのが原因です。トゥーラ州やモギリョフ州やゴメリ州の汚染もこの雨によるのです。そしてここの近郊の汚染は雨だけでなく、自然の沈降によってもつくられました」。

雲を人工的に操って、雨を降らせたとする説は正しいのか。もともと雲がベラルーシの大地、ブリャンスクの森の上空に到達していなければ、放射能雲はモスクワまで漂っていったはずである。この見方に反論する人はいまい。そのような危険な粒子が首都モスクワまで〝飛んで行った〟はずだ。それはモスクワのバルコニーで、花をつけた空豆の鉢植えのなかにも見つかる。開いた換気用小窓にまっすぐに落下することも充分にありうる……。

さらにチェルノブイリ事故の影響を大きくしたもうひとつの大論争がある。それはセシウムが振り撒かれ、放射能を帯びた草原や牧草地を、適切な対応をとることなく耕作したことである。放射能を吸収した農畜産物を収穫し、加工処理したことである。しかし一九八九年春には、代議員たちが、放射能に汚染さ

訳注2　人口降雨とは、雲のない空に雨雲をつくり雨を降らせるのではなく、自然の雲に対して降雨のきっかけを与えたり自然降雨の量をさらに増加させたりすることをいう。その材料として、ドライアイスやヨウ化銀が用いられる。旧ソ連は人工降雨技術が進んでいたとして知られる。

イズラエリの証言は、自然雨によって、爆発により破壊した原発施設から、放射性物質が流れ出ないように、チェルノブイリに向かってくる雨雲に対して、原発手前で人工的に雨に変えたという内容である。しかし元ロシア空軍パイロット、アレクセイ・グルシンが、首都モスクワを放射性物質からまもるために、ヨウ化銀を使った人工雨を降らせたことをリチャード・グレイが「The Telegraph 誌」（二〇〇七年四月二二日号）に、寄稿している。The Telegraph の URL（http://www.telegraph.co.uk/）の検索サイトに掲載日と欧文「How we made the Chernobyl rain」を入力すると記事を閲覧できる。

れた農地の利用を中止するよう要請した。しばらくは、播種は始まらなかった。チェルノブイリ国家委員会議長B・X・ドグジェフは、この問題は解決されるであろうと鎮静化を図った。だれも種蒔きも耕作もしないだろう。しかし、これは嘘だった。だれもなにも決めなかったし、種は蒔かれ、収穫が行なわれた。

一九八六年五月八日付ソヴィエト共産党中央委員会政治局秘密決議の公印のある、ソヴィエト農工省委員会議長ムラホフスキーの報告書が手許にある。なかでとくに次のことが注目される。「(避難地域を除く)放射能汚染地区において、放射性物質が動植物に吸収されるのを抑制する計画的な農作業が行なわれている[この共産党のたわごとを熟読吟味してほしい]。五月五日の時点でキエフ州の八四パーセント、ゴメリ州の八八パーセント、全体の八三パーセントで春播き小麦の播種を終えている」。この二州はとりわけ汚染の酷い地帯だ。

ベラルーシの農産共同企業体で事故後五年に次のような予測が立てられた。たとえ暫定許容量が引き上げられたとしても、汚染された農地で汚染された食品を、割当てどおりに生産するためには、毎年共和国では数十億ルーブルを必要とする! この五年後には、合計が三〇億ルーブルにふくれあがると予測されている。これは馬鹿げたことではないだろうか。明らかに汚染された生産物を生産し、加工するのに、(われわれの貧しい状況を考慮すれば) これほどの巨額の資金を投入するとは。いったい良識はどこにあるというのだ。

最近ベラルーシのルカシェンコ大統領が、放射能で汚染された土地を再度耕起することを指示し、そこではなんの制約もなく農作物栽培が行なわれている。独立国家となって種蒔きの春が二五回訪れた。

ロシアではセシウムに汚染された大地で作業が密かに広がっている。しかも放射能汚染地域では農産物に放射性同位元素の移行を阻害するための農芸化学的手法による特別な分析・調査が行なわれていることが明らかになった。ブリャンスク、オリョール、トゥーラ、カルーガなど幾つかの州で、飼料作物の播種が拡大され（そして、穀物栽培は縮小された。燕麦と菜種は播種されなかった）、一部専門家（たとえば元チェルノブイリ事故処理国家委員会議長Б・Я・ヴォズニャク）が主張するところでは、採られた措置は、土壌を肥沃にし、植物に取り込まれる放射性物質を一・五分の一から四分の一に引き下げることに成功した、ということだそうである。

一九八九年ころにБ・Я・ヴォズニャクを取材し、直接聞いて、これらの数字が入手できた。当時は彼が沈黙して、すべてが秘密だったときで、私はその真憑性に深い疑いを抱いた。だが、この事実は、必然的に人間の食用として、または家畜飼料用として、故意に放射能に汚染された農地を耕し、種を播き、収穫するということである。日々危険な地域で生きる人間や家畜にはやむを得ないことだと考える、モスクワの中枢の役人たちのこのような論理は、私の理解を超えており、受け入れ難いものだ。そうする以外に広大なロシアの大地には耕作に適したきれいな大地は本当にもう見つからないのだろうか。（ちなみにこの寡黙な元党員は二、三年前に学位論文の公開審査に合格した……。それはチェルノブイリに関するものだった。〝不幸のおかげで良いこともある〟の諺どおりだ）。

このように放射能に汚染された農地で、耕作と種蒔き、放射能を含んだ収穫物の刈入れが行なわれ続けている。そしてセシウムの牧草が育つ草地で牛を放し、養豚場で豚を飼育している。そしてこれらすべてがわれわれの食卓にのぼる。放射性茸、馬鈴薯、肉は各方面に出荷される。黒海沿岸の保養所にさえも届く。健康増進のためらしい。放射能は事実上こんにちまで、ほとんどコントロールされることなく拡散している。「祖国のものとなれば煙すら甘く心地よい」〔アレクサンドル・グリボエドフ『知恵の悲しみ』より〕をまさに地で行くようである。

ウクライナにはこんな小咄がある。「放射能に汚れたナロヂチ地区は一九八九年上半期に全ソヴィエト連邦社会主義競争の勝者となり、勝利の赤旗が授与された」。これはしかし冗談ではなく、党指導者たちの馬鹿げた考えそのものであった。祖国の穀物倉庫には前年の一〇〇〇トン増しの肉が届いていた。この地区で採れた馬鈴薯、野菜、卵、肉はウクライナ諸州だけでなく、たとえば中央アジアの共和国へと配送されたのである。

われわれを長年支配していたのは暫定許容量と最大許容量であった。暫定とは、これは通常一年を超すことはない。けれどもわが国では言われているように暫定的とは、「恒久的」以上のものなのである。最大許容量は放射性物質の最大許容基準である。それは四年後でも牛肉では八倍から九倍、豚肉と羊肉で五倍高いままだ。チェルノブイリ事故のあと、「内部被曝の平準化」という新しい似非科学用語が出現した。どういうことか、例を挙げよう。ゴメリ州産の汚染肉がミンスクに出荷される。そして、こんにちミンスクの人々は最も汚染の過酷な州の住民と同水準の被曝をしているわけである。一〇年後にはこのレベルが平準化されたので、ベラルーシの学者のデータによれば、今ではミンスク州とヴィテプスク州〔ベラルーシの工業都市〕の癌の罹患数はゴメリ州やモギリョフ州と同水準となっている。

事故後最初の五年でジトーミル食肉加工コンビナートでは、汚染された肉がひっきりなしにコルホーズから回収された。その肉には放射能が暫定許容量を超えて蓄積されていたからだ。ナロヂチ地区のコルホーズ「スベタノワ」畜産技術長B・プズィチュクは、州検査官に文書でこのように説明している。「一九八八年から一九八九年のあいだに製造された畜産製品である。放射能レベルが高い畜産品も〝コンビナート〟にお願いして引き受けてもらった」。

エレーナ・ブルラコーヴァ教授は言う。「ソヴィエト連邦国家農工委員会元高官のひとりは、放射線生物学者である私の前に現れて、誇らしげに言いました。『評判の悪い暫定許容基準によって、政府は一七〇億ルーブルの節約ができたのです』」。いったいなにを節約できたというのだろう。人々の健康か。自分たちの未来か。相変わらず被災地区の自家菜園で採れた汚染食品の問題が逼迫していた。ミルクをはじめその加工品と肉である。加えて、森で採れる野菜や果実、苺、茸。さらには川魚。もしもチェルノブイリ事故一年目にこれらの食品になんらかの検査が行なわれていればと思う。しかも今は、事実上これらの食品に関するなんの検査も実施されていないのである。

汚染地区に生きる住民にとって、安全な食品をどのように調達するかという問題が未解決のまま残った。例を挙げると、一九九五年のウクライナでは、安全なミルク、植物性油、動物性油、肉、野菜、砂糖はこれらの区域に一九九一年レベルの八〜二〇パーセントしか届かなかった。また、一九九四年とくらべると、野菜や肉、植物性油やもろもろの穀類の納入は半分に減少し、ミルクと砂糖は三分の二だけ増えた。同じようなことがロシアとベラルーシの多くの被災地に言える。

代議員質問にソヴィエト連邦副検事総長Ｂ・И・アンドレーエフが答えている。「ソヴィエト連邦国家農工委員会は汚染地帯における農作業の進捗状況に併せて、厳重な放射線管理を怠っている。また同様に一九八六年から一九八九年までの期間に指定された汚染地域で四万七五〇〇トンの肉と二〇〇万トンのミルクが暫定許容基準を超えていたのに、その販売に際して、管理を怠った。その多くはウクライナ共和国、ベラルーシ共和国、ロシア連邦共和国の汚染地区の垣根を越えて移送された。ベラルーシからは一万五〇〇〇トンの汚染肉が出荷された。この実態は事実上全国各地で食品の放射能汚染問題を引き起こした。そして住民の健康状態に深く関わったのである」。

ベラルーシでは、事故後二万八一〇〇トンの放射能に汚染された肉が生産された。約四〇〇〇トンが埋められた。五〇〇〇トンが乾燥飼料用に加工され、出荷された。連邦人民の備蓄用には一万五〇〇〇トンが送られた。ロシア連邦共和国閣僚会議の公式決議によると、ブリャンスク、モギリョフ、キエフ、ジトーミル各州産の汚染肉は、アルハンゲリスク、カリーニングラード、ゴーリキー、ヤロスラブリ、イヴァノヴォ、ウラヂーミルそのほかの州へ、また、チェヴァン自治共和国、コミ自治共和国へと配送された。

ソヴィエト連邦副検事総長は、次のように言及した。「飲料水と食料品中に含まれる放射性ヨウ素の暫定許容基準と食品中の他の放射性物質の暫定許容基準は、事故が起きて一〇日以上たってから、ソヴィエト保健省が検討に入り、最終決定にいたった。その間に食べた放射性物質に汚染された食品の分だけ追加的に住民の被曝を大きくしたのである」。この検察機関の戯言について、よく考えてみよう。モスクワにいるどこかのおじいさんが、この林檎は食べられる、なぜならば、私が許容基準を引き上げたからだと、紙に書いて売りに出したからといって林檎の放射能が減ったわけではない。汚染は残ったままだ。だからこれを、「追加的」な被曝とは言わない。追加されたのは「欺瞞」である。しかしながら、おそらく検察官自身が、自分がなにを紙に書いたか理解していないのであろう。

同様のことが、全世界規模の除染に関係している。放射能の除染を行なうために、二二万もの化学部隊の軍人と現役軍人が作業に動員された。しかし、専門家らは、その作業はいかなる科学的根拠もないとの結論に達した。期待された効果は得られなかったのである。土壌の表層を剥がし、放射性物質専用の埋設地に処分する。その数はウクライナだけで、八〇〇カ所におよぶ。剥ぎ取られて露（あらわ）になったきれいな表土には、ふたたび放射性セシウムが付着する。事故の直後から、連日このような除染作業に一〇〇万ルーブルが投じられた。五年後にはその費用は一〇億ルーブルに達した。この経費は天井知らずに上り続ける。ソヴィエト連邦最高会議チェルノブイリ委員会の会議に出席した化学博士、専門コーディネーターのΓ・C・サクリンは、高汚染地帯の除染効果は期待できないと述べた。しかし、軍はだれかの愚かな指令を粛々と遂行したのであった。

そのためにこれら私たちの若い兵士の失われた健康な肉体を、どのような通貨で、どのような単位で、測ることができようか。彼らの総被曝量はおよそ一万シーベルトに達するのだ（嗚呼、イリイン同志よ、どうしてくれるのだ！）。

グローバルな破滅的大惨事は、花咲き乱れる大地だけではなく、美しい森も滅ぼしてしまった。数百万ヘクタールが被災した。「焼けただれた」森が世界中に知れ渡った。それは死んでいるのだ。そして、こんにちその場所に放射性廃棄物が積まれているという形になって、最終的には〝有効利用〟されたのである。

厳重に規制された区域の自然にいったいなにが起きているのだろう。ここでは、柏の木の葉、松の針葉、アカシアの葉などの木々で、巨大な突然変異体が出現している。白樺には大きなふたつに折れた花穂が育っている（ナロヂチ地区に住む人々は、自分たちの家庭菜園で巨大な胡瓜（きゅうり）が実り、南瓜（かぼちゃ）にはなにか奇妙な茎がついていると口にしている）。

予想される異変は、小哺乳動物においても確認されている。事故後二年ですでに、これら小動物の死産が三四パーセントまで増大した。標準の六倍である。ちなみに、私の一番下の弟は骨髄の働きが撹乱され、肝臓と脾臓の機能も衰えている。同じ症状の何人かは、髪の毛が抜けてしまった。

チェルノブイリ原発の大惨事の経済的損失は、公式評価によると国家にとっては、一〇〇億ルーブル（一九八六年のレート）を超える（一ルーブル＝四〇〇円、一ドル＝一二〇円とすると約三三〇億ドルとなる。一九八七年のソ連国防費は二〇二億ルーブルだから、国防費の約半分に相当する）。「スリーマイル島」原発事故（アメリカ合衆国）が一三五〇億ドル。

このふたつの事故の影響には、比較できないほどの大きな差があるので、このような数字がまったくあてにならないということを、私たちに深く考えさせてくれる。スリーマイル島原発事故では、たかだか数名が三・五ミリシーベルトの放射線を被曝しただけだ。これが米政府の公式見解である。一方私たちの国では、同様の被曝を数百万人が「耐え忍ぶ」のである。チェルノブイリ事故に関するソヴィエト政府の発表する控えめな数字は、地球規模で恐ろしいことはなにひとつ起きなかったというイデオロギー上の手の込んだ操作を経て積算された。一方、こんにちベラルーシ一国だけで、大惨事の影響から抜け出すのに国家予算の二五パーセントが必要なのである。ルカシェンコ大統領の言葉をかりれば、金額にして、毎年一〇億ドルということになるのだ。

何人かの独立系科学者の評価では、チェルノブイリ原発事故による国家的損失は、二〇〇〇年までで一八〇〇億ルーブルから二〇〇〇億ルーブルとなる。膨大な数にのぼる人々の疾病や生活の質の悪化がこの数字に反映されているかというと、おそらくはそうではあるまい。

ソヴィエト連邦の崩壊、経済システムの危機、粉砕された若い国々、それらが、世界規模の核の大惨事をより大きくし、寄る辺ない人々を追いつめるのだ。

このような状況下、新たに独立した国家の疲弊した経済が、地球規模のチェルノブイリ大惨事を乗り越えることができるのか。

ここ当分は、チェルノブイリが、われわれを打ちのめす日が続くだろう。

第11章　生命と原子炉を天秤にかける

ウクライナ共和国ヴィンニツァ州ラディィジノ村の農民たちは、一九六六年三月一五日、神が自分たちをお見捨てにならなかったのを知らなかったことであろう。まさにこの日、ソヴィエト連邦エネルギー省が、キエフ州コパチ村の近くにウクライナ原子力発電所の設置を承認したのである。当初はもう一つの候補地があり、それがこのほかならぬラディィジノ村だったのだ。ウクライナ・ソヴィエト共和国国家計画委員会は、首都からそれほど離れていないキエフ州のこの場所に、原子力発電所建設の〝軟着陸〟を支持したのだ。そして地区中心地の名前に因んで、チェルノブイリと名付けた。一九六七年二月二日付ウクライナ・ソヴィエト共和国国家計画委員会の決定は、ソヴィエト共産党中央委員会とソヴィエト連邦閣僚会議の決議により了承された。

ことの始まりはこのようであった。そしてその結末はみなご存知の通りである。

私たちはチェルノブイリから離れようとするほど、乱雑に積み上げられた嘘の山を仔細に検討するほど、いっそう近づいて茫然と佇んでしまうのである。アナトーリー・ジャトロフ〔一九三一年～一九九五年〕〔訳注1〕は、約五シーベルトの放射性物質を体内に吸い込み、獄中で三年の刑期を終え、自由の身となった。

しかし、自由は彼にとって良いことだけをもたらしたわけではない。起きてしまった途方もない現実を直視すれば、彼の精神は、果てしなく続く苦悩に苛（さいな）まれ、必然的に逃れることはできなかった。アナトーリー・ジャトロフは世論と、一部の人民代議員の尽力により、そして、最終的にゴルバチョフの決断で漸く形だけの自由を手にしたのである（ゴルバチョフはジャトロフ元受刑者がトカゲの尻尾であるということを知っていた）。ジャトロフはしばらく前にこの世を去った。祖国のために、静かにそして人知れずに。未曾有の人災である大惨事の枢要な関係者であり、証人である人物が、別の世界へと旅立ち、大地の上に生きる者にとって大惨事の真相は大地の下に永遠に葬られたのである。

二〇年ほどたって、私のチェルノブイリの資料の中に、チェルノブイリの法廷で繰り広げられたひとつの興味深い資料を見つけた。「極秘　共産党中央委員会。チェルノブイリ原発事故に関係する適切なる審理について」。端の公印には「一九八七年四月一四日付け　第二局、一三〇一号。ソヴィエト共産党中央委員会総務局に返却を要す」とある。そこに記されていたのは次のことだ。「定められた裁判所の審理の実施手順と関係する組織上の諸問題について、ソヴィエト連邦最高裁判所長官、テレビーロフ同志の文書による指示にしたがい……昨今チェルノブイリ原発事故一周年を迎える一方で、その日にあわせて、反ソキャンペーンが国外において高まりつつある。しかるに可能なかぎり、この審理を（一九八七年六月、七月まで）遅らせる必要がある。キエフにおける公判の開催は不適切であると考えられる。チェルノブイリかまたはキエフ州ゼリョーヌイ・ムィス村を含む、ウクライナの都市で行なうのが望ましい。（……）当該

訳注1　アナトーリー・ジャトロフ（一九三一年〜一九九五年）。チェルノブイリ原発副技師長。チェルノブイリ事故の責任を問われて有罪判決を受けた六名のうちの一人。爆発当時、制御室で操縦していた。

審理に関する詳細な発表を行なう必要を認めない。公判を行なう機関においては、国家および党の下部組織、ソ連邦原子力エネルギー省、ソヴィエト連邦機械工業省、ソ連邦最高裁判所に、必要な支援を要請すべきである。ここに賛同をお願いする。Н・サヴィンキン、Ю・スクリャロフ、И・ヤストレボフ、В・ペトロフスキー、Г・アゲエフ」。文書を制作した者の署名は表(おもて)の人ではない。肩書きや地位は記載されていない。ここにある名は全員、さまざまな階層の所轄官庁と共産党中央委員会の指導者たちで、一部は作戦部隊の秘密会議の常連である。合意、意見の一致は、最高レベルにおいて、即座に得られた。その日のうちにだ！「同意する。リガチョフ、ルキヤノフ」とさらに数人の判読不能の手書きの署名がつづいたが、私には、はっきりと個人を特定できないものだった。

　四半世紀がたって、おそらく記憶されている人は少ないであろうが、一九八七年夏の公判の過程で、РБМК(エルベーエムカー)型原子炉（黒鉛減速・軽水沸騰冷却・チャンネル型原子炉）の設計上の安全性に関する問題が、もうひとつの刑事事件として、分離して行なわれることになった。この型の原子炉はチェルノブイリのほかにも、さらに九カ所もの原子力発電所において稼働していた（しかもあの事故が起きた以降も稼働している）。一九八九年も暮れになって、ソヴィエト連邦副検事総長В・И・アンドレーエフが、この件に関して次のように答えた。「ソヴィエト連邦検察庁によって当該機種の原子炉の設計上の安全性に関する問題が明らかになったために、刑事告発が行なわれた。その審理の過程で、高名で権威ある核エネルギー論の専門家複数が参加し、技術鑑定が実施された。鑑定の結果は次のように結論された。運行規定が尊守されていれば、原子炉の制御保護系の作動によって、4号機の安全な運転が確保されたはずである。このような結論がでたことで、構造上の問題を扱う刑事事件の立件が打ち切られたのであった。原子炉設備の安全操業上、一連の防護手段を怠ったことなどを含めて、事故は多数の職務規定違反の結果であることが明らかになった」。要するに、構造上の問題はないということなのだ。

しかし、本当にこの原子炉型の構造に問題はなかったのだろうか。私たちの「議会チェルノブイリ原発事故原因調査および事故後運転員行動評価委員会」は、難しい交渉のすえにソ連邦最高裁判所にあるこの事件の記録を借り出すことに成功した。その数日後に最高裁から幾度も電話があり、記録を至急返還するようにと、執拗に求めてきた。しかし、私たちは仔細に検討しないうちは返さないことにした。私たちの委員会とソヴィエト連邦検察庁には、七名の検察官が専門的な支援を申し出てくれた。

ずしりと重い記録の中には「РБМК－一〇〇〇型原子炉施設の構造をより完全にするために適切な措置を講じなかった人々に関する」事項が収録されていたし、興味深いものが少なからず存在した。〝放射能の塵のなかに霞んでしまう〟ようなものだけではなかったのである。裁判官の質問に対する専門家の答えを幾つか挙げよう。「原子炉の構造上の特性が事故の拡大に影響したか?」。その答えは、「はい、影響しました。政府委員会報告にこのように記されています。『事故の拡大は、破壊された原子炉の構造上欠陥が原因となって起こった。(……)原子炉の反応度の最初の増大が直接の原因となって、炉心において、水泡が発生した。(……)この初期段階の原子炉の反応度の上昇に、原子炉の構造上欠陥が表れている。すなわち、蒸気発生効果、これが炉心の構造によって規定されている[訳注2]』。

原子炉の事故防止作動の開始後、制御棒挿入に至る最初の段階で、制御保護系統で第一の反応度上昇を抑えられなかった。ここでふたつ目の構造上欠陥が明らかになった。それは制御保護系統の不適切な構造である」。

数カ月間に私たちの委員会には、原子炉の構造上欠陥について――これが二番目の刑事事件が打ち切られた真相に光を当てることになった――多くの興味深い文書が届けられた。

私たちは、クルスク原子力発電所〔ヨーロッパ・ロシア南部〕の技術検査官アレクサンドル・アレクサンドロヴィチ・ヤドリヒンスキーを探し出した。明らかになったところでは、彼は、チェルノブイリ原発爆発事故が起きる半年ほど前に、国家原子力エネルギー監督局に宛てて、手紙を出し、ある照会をしている。その手紙にはPБMK―一〇〇〇型原子炉の危険性に警鐘を鳴らし、独立した安全審査委員会設置の必要性を説き、その制御保護系統の再構築のためにいったん稼働停止すべきだと述べたものであった。それに対する当局の答えは、〝貴方の主張には根拠がありません〟というものだった。

これはどうしたことだろう。なにかの間違いではないだろうか。それとも過剰な自信ゆえか。完全な無視か（原子力安全性の技術検査官のしごくまっとうな指摘を指導者らはわかっているのだろうか）。

祖国には予言者はいない、と言われる。A・A・ヤドリヒンスキーの恐ろしい予言は、手紙の中で危惧されているレベルをはるかに凌ぐほど巨大な規模へと膨らんで、半年後に現実のものとなったのだ。チェルノブイリ原子力発電所の事故が起きると、彼は、関係書類の閲覧許可証を持ち、荒い息をし、瀕死の状態に至った原子炉への立ち入り許可証を受け取り、現場へ派遣された。もう一度、すべての書類にじっくりと目を通した。彼の緻密な仕事の成果である報告書「チェルノブイリ原子力発電所4号機における核事故およびPБMK―一〇〇〇型原子炉の安全性について」は、いまではある種の伝説的レポートとなっている。多くの人が耳にしても、読んだ人はわずかだ。私たちの委員会のもとに彼のオリジナルの報告書が送り届けられた。

ここで話がすこし脇道へそれることを許していただきたい。一九八九年七月二四日、ソヴィエト連邦最高会議「エコロジーと資源の有効利用に関する委員会」の会議が開かれた。そこでは新しくできる委員会の議長をめぐり、候補者の名が取りざたされていた。国家鉱山技術監督委員会と国家原子力産業監督委員会というふたつの委員会が存在した。そしてそれらを統合してひとつの委員会、「産業と原子力エネルギー生産における安全操業監督に関するソヴィエト連邦国家委員会」となった。これは良いことか、それとも悪いことか。この過程で、ひとつ明らかになったのは、ソヴィエト連邦が調印した国際社会への公約にもとづいて、原子力発電の安全性を監視する独立委員会を作ることが求められていたことだった。

新しく統合される委員会の議長候補となっているB・M・マルイシェフは次のようにその経緯を説明している。「世界には〔国際的には〕アメリカ合衆国にのみ原子力エネルギー生産の安全性に関する真に独立した監督機関〔原子力規制委員会〕がある。大統領に任命された議長が統括するこの委員会〔三四〇〇名の職員を抱える〕は四億ドルの予算をもち、そのうち一億二〇〇〇万ドルが複数の科学的研究に分配される。つまり科学的立証や研究など安全性の確保に関する、適切な政策に集中して投下される。これは唯一の例である。他のどの国にも大小さまざまの部会からなるこの種の常任委員会または特別委員会が存在する。（……）私には、この議長というポストを要請されたときに、ただちにお断りした。なぜかと問われれ

訳注2　『国際共同研究報告　チェルノブイリ事故による放射能災害』（今中哲二編、一九九八年、技術と人間刊）二一頁に以下の記述がある。「最も重要な欠陥は、・大きな正のボイド係数／・低出力における不安定性／・出力暴走の可能性／・不適切な制御棒（制御棒の下端に黒鉛でできた水排除棒がつながれていた）である。」

ば、統合は誤りだと思うからだとお答えした」。

この議長就任要請に対して、代議員らは疑義を表明した。話をもとに戻そう。

一九九〇年二月二七日に、再び設立された「ソヴィエト連邦国家原子力産業監督局」の指令により、チェルノブイリ原発4号機の事故原因と状況を究明するための委員会がつくられた。この委員会のニコライ・シュタインベルク議長が署名する報告書は、タイプ印刷で約八〇頁のものだった。刊行されている科学雑誌の目録、原発事故に関係する国内外での研究、データ、五頁の原発運転マニュアルであった。膨大な仕事の成果である。

不思議なことではないだろうか。シュタインベルク報告書が提出されるまでに、事故から五年が過ぎていた。それまでに数十回のセミナー、科学技術関連の協議、国内外のシンポジウム、きわめつきは、国際原子力機関（IAEA）に提出された報告書（一九八六年八月）があった。その一方で、この報告書はチェルノブイリ型の原子炉に関する構造上の欠陥問題に対する懸念が科学界で決着しなかったことを物語っているのではないか？　それは、事故から数年間、科学文献の中に細部にわたって徹底的に解明した客観的な発表が現れなかったためではないだろうか。私自身にとっても、私たちの委員会の大多数の委員にとっても、このシュタインベルク報告書が提出された瞬間に、まさにその疑問が明らかになったのだった。

まったく偶然に、きわめて興味深い事実が判明した。それは、ソヴィエト連邦政府が一九八六年八月二五日から二九日までウィーンで開かれた「国際原子力機関専門家会議」に提出した「報告書」と一九八七年九月二八日から十月二日まで開かれた「原子力エネルギー利用の安全性に関する国際会議『チェルノブイリ原子力発電所事故：一年』」との分析から得られた成果であった。このふたつの文書には、わが政府の事故原因に関する公式見解が、「4号機の運転状態と操作員の規律違反とが非常に稀に同時に起きた」ということであるとされていた。

クルチャトフ研究所[訳注3]の公式報告は国際原子力機関に提出され承認されたもので、その中では次のように記されている。「第一の事故原因は、4号機の運転状態と操作員の規律違反とが非常に稀に同時に起き、その結果『制御保護系』の構造上の欠陥が表面化したのである」。国際原子力機関への公式報告には今、私が傍点をふった箇所が、削除されている。これはなにを意味するのだろうか。国内向けの事実と国外向けの事実の違いであろうか。シュタインベルク委員会報告書が次のように指摘しているところだ。「(……)РБМК—一〇〇〇型原子炉は、設計のうえで必要とされる安全基準を満たさず、構造上の欠陥をもつ原子力設備であるということは、すでに一九八六年五月から七月初頭には知られていた。また、関係資料やデータは、政府委員会に提出されたさまざまな提言、公式報告の中でも指摘されていた。しかしすでに明らかになっていた原子炉の欠陥と、そのほか物理的特性が広範囲の専門家とこの国の世論の共有財産とはならなかった。それは、国際原子力機関に提出された関連資料の中にも存在しなかったのである。事故よりかなり以前の一九八四年一二月二八日に原子力エネルギー利用に関する全省庁科学技術会議の決議によって、稼働しているРБМК—一〇〇〇型原子炉の一部分を改善する措置を講じるための委員会のもとに、第四、第五審査委員会を設置するという提案が採択された。しかし採択された審査委員会は、残念なことであるが、РБМК—一〇〇〇型原子炉のもつ複数の特性に注目しなかった。そして一九八六年四月二六

訳注3　一九四三年設立。ロシアの原子力研究の中心的役割を果たしている。ソ連の核物理学者イーゴリ・クルチャトフの名を記念して命名された。

日の事故発生とその拡大によって、問題の本質が明らかになってしまったのである」。

わかったことは、一九六七年の時点で、ソヴィエト連邦には原子炉型の選択肢は三つ存在した。РБМК―一〇〇〇型原子炉（黒鉛減速・軽水沸騰冷却・チャンネル型原子炉）とガス化РК（エルカー）―一〇〇〇型原子炉（黒鉛減速ガス冷却炉）、さらにはВВЭР（ヴェーヴェーエーエル）―一〇〇〇型原子炉（ソ連型加圧水型軽水炉）である。最初の選択肢（РБМК―一〇〇〇型原子炉）は技術的、経済的観点から最悪のものだった。しかしなぜか原子力プラントの受注と建設成績がほかのふたつよりはるかに良好であった。したがって、当初は黒鉛減速ガス冷却炉を採用することにしたのだが、決定がくつがえり、もうひとつのあの運命を決するРБМК―一〇〇〇型原子炉が採用されたのである。

シュタインベルク委員会報告書では「原子力発電の安全確保の規則」および「原子力発電所の設計、構造、稼働にわたる安全性の確保の規定」にある数十カ所の違反行為を挙げている。そして「当該型原子炉のもつマイナスの特性が組み合わさって、爆発を避けることができなかったことが原因と思われる」という悲しむべき結論にいたる。続けて、「炉を評価し、開発にあたった技術者によって、РБМК―一〇〇〇型原子炉の危険性が、認識されていたのは明らかである。事故後二カ月をおかず、РБМК―一〇〇〇型原子炉の安全性向上のために一連の緊急対策が提起されたことが、そのことを裏付けている……。事故原因を運転員の人為ミスにのみ帰結させている公式見解と、構造上の緊急対策の提起とは、まったく相容れない」と指摘している。そうであるならば、少なからぬ数の原発運転員（原発所長はじめ六名）がなぜ、刑務所に捕らわれの身となったのか教えて欲しいではないか？

IAEA（国際原子力機関）には設計上のミスに触れない偏った報告書が提出されたのは、いったいなぜなのか。РБМК－一〇〇〇型原子炉の構造上欠陥を理解し、指摘していた学者や専門家がいたではないか。先駆者であるА・А・ヤドリヒンスキーを例外として、すでに事故が起きてしまったあとに強くこの点を指摘したのは、一九八六年五月五日にソ連邦機械建設省新任次官А・Г・メシコフのもとにある諸官庁合同委員会であった。

さらにそれより一週間ほど早い五月一日に、原子力の信頼性と安全性に関する作業班長В・П・ヴォルコフは、クルチャトフ研究所長に対して、「事故の原因諸説のひとつに運転員の対応に問題があるのではなく、炉心の構造が原因で発生する中性子物理学現象の誤った理解」に注意を向けるべきであるとの見解を述べた。五月九日に国家指導部に宛てて、同内容の手紙を彼は書いた。しかし、だれも、こういった文書に目を通したとは思えない。

ソヴィエト連邦エネルギー省専門家グループが原子炉の構造上の欠陥について追加的な調査を行なっていた。

一九八六年六月二日と一七日の二度にわたる科学技術協議会の諸官庁合同会議では、アカデミー会員А・П・アレクサンドロフ議長のもとで、原子炉の欠陥構造が公開されたが、それは注目するほど深刻な水準にあると理解されないまま、すべてが終了した。事実上は、事故原因はすべて運転員の操作ミスに矮小化された。こうしてこの立場が公式見解になった。この公式見解は、ソヴィエト連邦から国際原子力機関（ＩＡＥＡ）へと伝えられた。РБМК－一〇〇〇型原子炉の発明者は、アレクサンドロフ、構造上の欠陥を見過ごしたのも同じくアレクサンドロフ。自分で自分の首を絞めるような事態はやはり起こらなかった。

一九八九年五月一七日の『文学新聞』に政治論説員のイーゴリ・ベリャーエフのとても興味深い対談「この道を行くべきか?」が発表された。彼の対談相手であるB・A・ボルロフは中央科学調査研究所原子力情報センター副所長で、PБMK—一〇〇〇型原子炉がなぜ、新規発明として特許申請されなかったのかについて語っている。当時、いったん申請したのはクルチャトフ研究所長でアカデミー会員A・П・アレクサンドロフと彼の共同研究者であった。「一九六七年に最初の申請書(発明の定式と設計図のないタイプ打ちした一枚半のもの)を私は作り直すように、申請人に返却しました。つづいて信じられないことが起きました。一九六七年一〇月六日にPБMK型原子炉に関して書き直された申請書の審査はまだ終えておりません。けれど、ちょうどその一カ月後の一一月一〇日にアカデミー会員A・П・アレクサンドロフが『プラウダ』紙上で論説(『十月革命と物理学について』)を発表したのです。『ソヴィエトの学者たちによって、原子力発電の経済性を向上させるという懸案事項が解決された』というものです。あの原子炉が発明として承認されない理由のひとつは、発電効率がせいぜい三〇パーセントで時代遅れだからです。PБMK型原子炉を採用すると、電力費用の抑制という産業上の優先課題に応えられないからでした。原子炉が採用された後になって、とくに一九七三年に原子力エネルギーの経済性を理由に、この『発明』の新規特許登録が見送られたことを申請者らが批判しました。レニングラード原発ではのちに幾度も事故が起きていたのに隠されていたことを思い出します。アカデミー会員A・П・アレクサンドロフが主張するPБMK型原子炉の『技術水準の先進性』には、どうやら根拠がないことがわかりました。ですから、国家特許審査委員会もまたソヴィエト連邦も、この原子炉の発明を承認しなかったのです」。

それでもアカデミー会員アレクサンドロフは、祖国の国民経済の中で広範囲に自分の開発した原子炉

〔РБМК型原子炉〕を導入するのに成功した。一九七一年から一九七五年のあいだに、原子力発電の三分の二が、この危険な原子炉で設計されたのである。

最近になって、私は、自分の資料ファイルの中にある、チェルノブイリ原発建設当時の文書に注目した。まだその時の計画はあらゆる段階で、いいかげんだった（もっとも、ソヴィエト連邦のいたるところで行なわれていたことと同じレベルであるが）。「機密　総務局へ要返却。ソヴィエト共産党中央委員会。ソヴィエト連邦国家保安委員会〔KGB〕。一九七九年二月二一日。チェルノブイリ原子力発電所建設の不備について。ソヴィエト連邦国家保安委員会に保存されている資料によれば、2号機の建設敷地内に（……）計画に違反している箇所がみられ、同じく建設・施工上の違反がみられる。これらの違反によっては、大事故および中小規模の事故が引き起こされる可能性がある。機械室の円柱の骨格は一〇〇ミリメートルずれて据えつけられている。そしてそれぞれの位置にある円柱の間に横の連結器具を欠いていた。壁用羽目板は一五〇ミリ軸からずれて敷き詰められた。覆っている板の配置は管理者の指示に違反して行なわれていた。（……）いたるところで遮水板が破損しており（……）（このことは）発電所設備内に地下水の浸透をもたらし、環境への放射能汚染を引き起こす可能性も否定できない。（……）とくに、積み上げたコンクリートブロックに隙間が認められた。それは気泡の形成と基礎構造部を薄く剥離するようになる（……）国家保安委員会議長ユーリー・アンドロポフ」。

2号機についてだが私は、ほかの原子炉にも同様のことが起きていることを疑わない。ほぼ一五年間、州新聞の産業基礎建設部でジャーナリストとして仕事をしたので、私はこの分野で豊かな経験を積んでいる。ソヴィエト共産党の不作為と怠慢に関する記事を活字にしていくつかものにしたこともある（ときには大きな困難があったし、州党委員会に事情聴取の呼び出しを受け、譴責処分、さらには起訴されたこともあった）。しかし、チェルノブイリ原発で起きたことには（おそらく、他の原発でも同様に）「鋼鉄」のようなKGB議長アンドロポフでも如何ともしがたかったのであろう。

ソヴィエト連邦工業・原子力安全監視委員会報告書「一九八六年四月二六日チェルノブイリ原子力発電所4号機事故の状況および原因について」より。「技術的な職務規定違反が現場の人員によって行なわれた。これらの職務規定違反の、ある部分は事故の発生と拡大に影響を与えることはなかった。そしてある部分はРБМК―一〇〇〇型原子炉のマイナスの特性を生じさせる条件を作りだした。多くの違反行為は、運転マニュアルの不備とРБМК―一〇〇〇型原子炉の設計の不備を顕在化させた。運転員は原子炉の危険な特性を知らなかった。つまり誤操作によって生じる原子炉の状態を認識していなかった。これは、現場運転員よりもむしろ原子炉管理責任者や運転機関そのものにおける安全文化の欠如を物語っている」。

委員会報告書にはスリーマイル島原発（アメリカ合衆国）の事故に設計者がどのように対応したかという興味深い事実が例証されている。米検証委員会は、決して事故原因を人為ミスにしようとしなかった。なぜならば、「進行していることを理解し、パラメータの変動に合わせて事態の推移を予測するために、数時間あるいは数週間におよぶ事故の最初の数分を分析できるのが」技術者だからである。一方、運転員は「時々刻々と変わる状況を前にして、数百という可能性をさぐり、決断し、具体的操作で対応」しなければならない。アメリカ人運転員エドワルド・P・フレデリックは、一九七九年四月二八日の深夜に操作を誤り、正されることなかった。「私はなんとかもう一度操作をやり直したかったけれど、だめでした。二度とあってはならないことです。運転員という者は、技術者たちが、事前に想定し、解析していない状況が起こると、決して対応できないのです。一方技術者は、運転員の操作を勘案せずに、状況を分析することは決してできないのです」。

シュタインベルク委員会が到達した結論のなかで、原因の中心と認定したのは、人為的ミスではない。人間のなんらかの心理的側面、または専門性に問題があるのではない。かりに別の人員で構成したどのような作業班であれ、状況をなにも変えることはできなかったであろう。事故とは、好むと好まざるとにかかわらず、あらかじめプログラムに組み込まれたものであった。

「チェルノブイリ原発4号機で稼働していたРБМК―一〇〇〇型原子炉の構造上欠陥は、事故の激甚で重大な影響を決定づけた」。ソヴィエト連邦工業・原子力発電安全監視委員会の最終的な結論はこのようなものである。

チェルノブイリ原発で大惨事が起きてから二五年が過ぎたこんにち、ソヴィエト連邦が崩壊するまではソヴィエト連邦検察庁も、独立国家となったベラルーシ共和国、ロシア連邦、ウクライナの各検察庁も、隅に追いやられ、РБМК―一〇〇〇型原子炉の構造上の信頼性という光の当たらない案件に積もった埃を払いのけることはできなかった。歴史の真実全体が甦(よみがえ)る時が、いつの日か来るだろうか。

チェルノブイリの犠牲は、原子力エネルギー産業の眼の前にある巨大な解決すべき課題を示している。この問題が社会を揺るがすなかで、西側諸国では反原発運動が拡大し、より強力になった。原子力発電所の解体・撤去を主張する「緑の党」が広く支持されているのがその証左である。

電力を確保するため、これほどの危険な手段を利用することを、国民投票にかけて拒否した最初の国は、スウェーデンである。スウェーデンの南部では一二機の原子炉が稼働している。これらの原子炉がスウェーデンの総電力の半分を供給しているのだ。スウェーデン政府は、すべての原子炉を二〇一〇年までに停止することを決定した（ここで、私はスウェーデンで問題となった原発が、チェルノブイリ型原子炉ではないということを指摘しておきたい）。

そして一九九九年にスウェーデンは原発の廃炉に向けて長期にわたるプロセスを開始した。エネルギー企業「シドクラフト」（現在はエーオン傘下にある）が政府決定に抵抗していたが、スウェーデン最初の原子炉はその運転を永久に停止した。決定の正当性という課題、つまり政府が民間の原発を閉鎖させるということは、スウェーデン裁判所の最終審で、さらには欧州司法裁判所でも審理された。最終的に「シドクラフト」は自らの提訴を取り下げ、補償金による和解を受諾したのである。

チェルノブイリ事故が発生したことにより、スイス政府もまた動揺を隠すことができなかった。専門家グループがエネルギー産業の長期的成長戦略の審議を委嘱され、一九八九年にその計画案がまとまった。「専門家報告書」は『フランコ・シュイス・エコノミック・レビュー』紙が言うように、「爆弾が炸裂するような衝撃を与えた」。計画では二〇二五年までに、すべての原発を停止するというものだった。電力消費の徹底的な節約と、省エネ型産業部門の伸長があるという前提条件のもとに立っている。

原発との最も重要な闘いは、スカンジナビア諸国の世論の上にとどまらない。全電力の七割を原発に依存するフランスの「緑の党」などの組織にもおよんだ。

一九九〇年九月にフランス議会の「緑」の人々が国際フォーラム「ページをめくれ」に私を招待してくれたことがある。これは、リヨンで開催された原子力推進側の「原子力エネルギーの今後の発展に関する国際会議」のオルタナティブとして開催されたものだ。フランスの活動家たちにとって、重要かつ最も強力な原発「反対のための」論拠は、わがチェルノブイリ事故であった。

そのとき、私はリヨンで映画監督ゲオルギー・シュクラレフスキーと偶然に会うことができた。彼は、「緑」の人々の依頼で、ドキュメンタリー映画「マイクロフォン」を持ってきていたのだ。まさにそれは、ソヴィエト連邦工業・原子力発電監視委員会の専門家にとって、なるほどソヴィエト連邦の名誉を著しく毀損するものであった。私たちは、チェルノブイリ原発事故とその悲劇的状況について二度記者会見を開いた。一度はジャーナリスト向け、二度目は反原発運動活動家向けのものだった。両会見の場は人で溢れた。あらゆることが参加者たちの関心を引いた。なかでもとくに事故のもたらした結末に注目が集まった。

フランス人が危惧したのは、P・ペルラン教授がソヴィエト連邦を訪れた際に行なっていることであった。一九八九年六月一九日から二五日にかけて、フランス保健省放射線防護課課長ペルラン教授と、アルゼンチン原子力エネルギー省局長D・ベニンソン教授と、カナダからは世界保健機関（WHO）事務局ヴェイト博士とが、ソヴィエト連邦政府の要請で、わが国を訪れたことについては、フランスの人々のあいだで知られていた。彼らは世界保健機関の専門家という立場だった。第一回ソヴィエト人民代議員大会で行なった私たちの批判に対して、ソヴィエト連邦政府は、世界保健機関の専門家の招聘で応えたのであった。連邦政府はハイレベルの客を招いて、人民代議員やジャーナリストたちが抱いているあらゆる疑念・疑惑を払拭する必要があった。その時、ジトーミル州党委員会第一書記B・M・カヴンは、喜びを全身で表して「この地に、国際委員会の皆様にご参加いただき、ぜひとも結論を出していただきたい」と述べた。第一書記は、ペルラン教授たちの結論をあらかじめ知っているような態度であった。それはべつに驚くことではない。専門家グループは、私たちの知っている著名人と一致団結して、当の人物イリイン、コンドラショーフ、グシコフ、ロマネンコらの防波堤となることが期待されたのだ。もっとも、それを望んだのは彼ら自身であるが。

第一書記の目にまちがいはなかった。世界保健機関の専門家グループは、期待に違わぬ結論を出した。イリインの提唱した稚拙な「三五〇ミリシーベルト仮説」を、なんと、一言一句そのとおりに繰り返したのである。彼らは言う。三五〇ミリシーベルトの累積当量線量被曝は「人間の一生に出合う他の種類のリスクと比較すると、健康へのリスクはとても小さい」(!)。議会の公聴会で、ある学者が原子力事故と交通事故とを比較したことを私は思い出した。

海外の専門家は、私たちに平静を保つようにと次のように述べた。「もしも一人の生涯の許容累積被曝線量を定めるならば、三五〇ミリシーベルトを二倍も三倍も超える許容量を設定することができる」。彼らは低線量被曝の脅威についてはなにも理解していないかのようであった。人間への影響に閾値がないことをも理解していないかのようだった。赤ん坊を含むすべての人を直撃した爆発直後の強力な放射能について、まるで知らないかのようだった。これは見え透いたロビー活動だったのである。ソヴィエト連邦を越えた国際的な欺瞞行為であった。しかし、それを私たちは信じなければならない。共産党政権に完全に統制された新聞やテレビ(当時、それ以外は存在しなかった)はこれらすべてを夢中になって報じた。彼らのいる西側でも同じようなものだろう。だから、座して沈黙するのがよい、と。そうでなければ、状況はいっそう悪化するであろう、と。

ペルラン教授は、フランスからジトーミル州ナロヂチ地区の私たちの許を訪れた。『モスクワ・ニュース』紙のインタヴューに答えて、ペルラン教授との出会いの席のもようを以下のように語ったのは、地区執行委員会議長でウクライナ人民代議員B・C・ブヂコであった。「ペルラン教授はわがナロヂチに滞在しました。私が、わが村は『きれいな場所』と『よごれた場所』とに分けられています。つまりあるところでは、『きれいな』食品がとれ、別のところではそうではありません。それは完全に分離されており、ところにより、一平方キロメートル当たり三兆七〇〇〇億ベクレルより高い地域に住んでいながら、私たちは『きれいな』食品を完全に確保できておりません、と言うと、通訳を介して、それは本当のことですかと三度訊ねられました。彼にはこの事実を信じることができないのです」。しかしフランス人学者の困惑ぶりを党の新聞は伝えることはなかった。

海外からウクライナ、ベラルーシの放射能汚染地帯を専門家が訪れたことで、各地域の党機関紙の紙面には嘘が怒涛のごとく逆巻き始めた。

一九八九年八月七日付『ラジャンシカ・ジトーミルシチナ』は「緊急インタヴュー」欄でウクライナ・ソヴィエト共和国全ソ科学センター放射線医学アカデミー放射線医学臨床研究所所長、医学博士B・Γ・ベベシコを取り上げた。その見出しは「放射線照射と健康」という。「世界保健機関の結論は、ソヴィエト連邦の科学者と医学者の考え方を共有した」という冗長なサブタイトルがついた。おわかりのように、なぜわかりきった結論をしゃべるためにインタヴューを引き受けたのが、ほかならぬベベシコなのか。彼が政府の代弁者（これは賄賂の効くという意味である）であるという立場は、よく知られている。私は今でもこの「インタヴュー」記事を読むと不快な気分になるのである。

ここでモスクワ国立大学教授A・ミシチェンコが、一九九一年二月八日の記者会見で「生態学的大惨事：実態、原因と結果」というテーマで話した際に、「ソヴィエトの学者が自らの政府の計画に賛同しないときには、政府は外国の学者に恃(たの)むのである。すると、ソヴィエト政権に従順な〝相談役〟が探し出されるのである」という分析に頷(うなず)かないわけにはいかない。

近年、さまざまな文脈の中に、頻繁に「原子力マフィア」「原子力ロビー」という言葉を目にする機会が増えた。エレーナ・ブルラコーヴァ教授は「放射線医学は政治的な科学である」、そして「なんらかの放射線医学ロビーが存在する。放射線医学はロビイスト、核物理学者、原子力専門家の手の内にある。現実には、人々を護るためではなく原子力エネルギー産業を喧伝するためにつくられたのだ」と確信している。

大惨事の数年後、ベラルーシの作家ヴァシーリー・ヤコヴェンコが発行している共和国間新聞『警鐘』に、ベラルーシ国立大学核物理学講座准教授アレクサンドル・リュツコの興味深い記事が載った。彼は国際原子力機関（IAEA）がどのような規律に支配されているかについて、以下のように書いている。「あらかじめベラルーシで放射能濃度を検査したうえで持ってきた土壌サンプルや栄養食品が、たちまち〝没収〟されてしまった。実験室長ロベルト・ダネジは上層部との協議をおえて、私と大変気の滅入るような話し合いをせざるをえなかった。IAEAは私の持参したサンプルの放射能測定結果をお渡しできませんとていねいに断った。IAEAは政治目的で利用された結果、いろいろなことに巻き込まれたくないのです」。まさに状況はこのようなものである。嘘は完全に政治目的で使うことができるが、事実は絶対に政治目的に使えないということだ。

アレクサンドル・リュツコはソヴィエト政府の求めでつくられた「チェルノブイリ事故影響に関する国際独立調査委員会」周辺をとりまく秘密主義について語った。国際原子力機関代表のハンス・ブリクスがこのことに関連して、ある特別な「指令」に署名した。リュッコの言葉を借りれば、その指令は（ウィーンにある）国際原子力機関のザイベルスドルフ研究所のあらゆる扉に掲示されていたものだ。

なぜ、この「国際独立調査委員会」周辺が秘密のベールに包まれているのか、最近になってわかってきた。チェルノブイリ問題に関するウクライナ議会委員会の代議員が言うように、国際的な専門家たちは、ウクライナ共和国最高会議で議決された以下ふたつの法律「放射能汚染区域の法的扱いについて」「事故被災市民の地位確認と社会的保護について」〔訳注4〕の根拠となっている事実上すべてを抹消してしまったのである。そこで科学的であるはずの独立調査委員会とはなんであったかという疑問が浮び上がる。いったい各委員はどのような役まわりで今回の「独立調査委員会」に参集しているのか。そしてなにから、だれから、彼らは独立しているというのか？　おそらく普通の市民社会から〝独立〟しているのだ。

ここに、興味深い統計がある。一九九〇年三月から一九九一年一月の間に、ソヴィエト連邦に降り立ったのは約二〇〇の国際派遣部隊、およそ二〇〇名の専門家だった。彼らはみな国際原子力機関から派遣された。彼らは、だれの意志を代弁しているのかもうおわかりであろう。低線量放射線の独立系研究者、ア

訳注4　いわゆる「チェルノブイリ法」とは二つの法律「放射能汚染区域の法的扱いについて」「事故被災市民の地位確認と社会的保護について」を指している。一九九一年に可決され、その後修正が繰り返されている。前者の目的は、「汚染レベルに基づく区域の分類（一一一頁訳注1参照）、汚染区域の利用と安全確保、汚染区域での住民の居住条件、汚染区域での生産、研究その他の活動の規制と調整」にある。後者の目的は、チェルノブイリ原発事故に被災した市民を保護し、医療的な問題解決にとりくむことにある。詳細は「ウクライナでの事故への法的取り組み」（O・ナスビット、今中哲二）『チェルノブイリ事故による放射能災害国際共同研究報告』（今中哲二編）一九九八年、技術と人間刊を参照。

メリカの大学教授ジョン・ゴフマンは、自著『チェルノブイリ原発事故：現在そして将来にわたる放射能の影響』の中で「あらゆる原子力エネルギー利用そして放射能の研究プログラムは直接政府によって監視されている。財政支援がないがゆえに、放射能の健康への影響に関する独立調査委員会はめったに開かれない」。

ゴフマンは判断の根拠とする例を挙げている。一九九一年五月二一日付「アソシエイテッド・プレス」通信は、IAEA報告の医療分野を担当するリン・P・アンスパウフの発言を引用している。そこにはすべての原子力災害は「放射能によるものではなく、放射能に対する恐怖によるものである」とある。しかしこの通信社は、アンスパウフがアメリカ合衆国エネルギー省ローレンス・バリモア研究所で働いているという事実を読者には伏せているのである。それどころか、アンスパウフは、原子力エネルギー施設の事故影響評価に際して、「ゼロリスク」モデル〔原発事故のリスクをゼロにするという考え方〕の提唱者のひとりである。これ以上、アンスパウフと共同研究者についてなにを付け加える必要があるだろうか。このような人々がもっぱら国際原子力機関（IAEA）によって、ソヴィエト連邦政府のチェルノブイリの視察に集められたのである。「国際独立調査委員会」という権威を借りて、惨憺たる状況のソヴィエト原子力産業を擁護し、敵対するジャーナリストや代議員、たとえばこの私の口を封じるためである。

フランスについて話をもどそう。件(くだん)の国際フォーラム「ページをめくれ」の資料の中に、ロシア語で書かれた「ストップ・ノジャン」委員会の手紙があった。書いたのは、「核エネルギーに反対する科学者」運動代表であった。フランスの独立系の研究所であり、ノジャン市の社会団体である。ノジャン市はパリから八〇キロメートルに位置し、原子力発電所が新設されたところである。この団体は、フランス「緑の党」のメンバーである。以下に私はこの手紙をほぼ全文、文体もそのままに掲載したい。この書簡は多くを物語っている。

「パリ。一九九〇年九月一八日。

親愛なるみなさま。おそらく、すでにご存知のように、フランスの反原発活動家は、数も多くはなく、力も強くありません。この状況は重苦しいものです。フランスの原子力産業の規模は世界で二番目か三番目にあります。いま、言えることは、チェルノブイリ大惨事のあとソヴィエト連邦をはじめ、すべての原子力計画は頓挫（とんざ）しています。しかしフランスだけは、そうではありません。フランスの核関連複合企業の責任者らが、チェルノブイリ大惨事の被災者の一時避難を妨げていたイリインとソヴィエト連邦政府に手を貸したことを私たちは知っています。しかし、ベラルーシやロシア、ウクライナとほかの市民にも知っていただきたいのです。フランスにも、活動家はいて、この原発という怪物の動きに抵抗しているということを。

もちろん連帯することが重要です。なぜならフランスの原発だけが危険なのではありませんから。とはいえわが国で原子力事故が起きたら、ペルラン教授が健康対策に関する公式決定を下す重要な立場にいるのです！

このお便りをみなさんは会議の資料としてお読みになるかもしれません。次のような会議が一九九〇年三月五日にパリで開かれました。テーマは『ベラルーシ、ウクライナ、フランスでのペルラン教授の活動について』です。この会議の目的はフランス保健省へ公開書簡を送ることでした（ペルラン教授は事実上行政府に所属しています）。

今年の三月と四月にフランスのマスコミがソヴィエト連邦のチェルノブイリ事故について最新事情を報じました。それまではほとんどなにも語らず、そしていま再び沈黙しています。東欧諸国の人々は私たちのマスコミ報道を、しばしば愚直なまでに信じます。しかし報道は、まったく事実ではありません。とくに原子力エネルギー産業については酷いものです。当地の住民はフランス核複合企業体が恐ろしい官僚主義に溺れているということを理解しています。しかし、人々はどうすればよいかわかりません。

誰もが、私たちにはソヴィエト連邦の原子力産業の状況に関する正しい情報を見つけるのが難しいということを知っています。（中略）

みなさん、ご存知のように、フランスはポリネシアにおいて地下核実験を続けています。〔訳注5〕そこで人々は病気を背負って生きています！

核エネルギーのない平和のために。

ストップ・ノジャン委員会　署名　所在地」

一九九一年に刊行した拙著『チェルノブイリと私たち』〔邦訳未刊〕のことを欧州議会議員が後になって知り（私は彼らの招待をうけたときに、そこでチェルノブイリに関する報告をした）、彼らはフランス語版の翻訳出版を決めた。ここで重要な役割を演じたのは欧州議会顧問ジャック・トレロンであった。翻訳が完了してから、パリの発行者たちが、私ににわかに信じ難いような依頼をしてきた。それは、フランス語翻訳本から次の会話に関する部分の削除を許可してほしいということだった。「ストップ・ノジャン」委員会の公開書簡に関して書いた箇所の削除を求めてきたのだ。率直に言って、私は驚いた。なぜなら私たちは、西側社会には民主主義と完全なる言論の自由があるとみなが信じていたのである。発行者たちが危惧しているのは、もし私の本の中で書かれている、フランスの原子力産業やその安全神話を支えているフランスの学者に向けた批判的言質が活字になると、彼らになにか不都合な事態が起こるかもしれないということであった。世界で最も民主的な国のひとつであるフランスにおいて、最も神聖な場所すなわち原子力エネルギー産業に触れる場合は、言論の自由はまったくないのである。ソヴィエト政権とソヴィエト型原子炉をフランスで批判することは自由なのに、フランス政府やフランスの原子炉の批判をするとなると、言論の自由はたちまち危うくなるのだ。

私に選択の余地はなかった。チェルノブイリの真っ赤な嘘に関するフランス語での本の刊行は、その破滅的な影響に関する事実を西側諸国へ知らせる突破口になる可能性のある機会だ。そのためにこれしかなかったのである。こうして私は気の進まぬまま同意することにした。こうしてフランス語版『チェルノブイリ　隠された真実』では、以上の経緯が削除されているわけだ。

世界保健機関（WHO）の国際専門家グループがソヴィエト連邦保健省に提出した視察報告が、一九八九年度原子力エネルギー分野における情報と世論に関するソヴィエト政府省庁間会議の『情報紀要』に公表された。次の記載がある。「専門家グループは、あらゆる情報にアクセスできたこと、またデータをソヴィエトの学者にも提供したことに対し満足の意を表したい」。だれに、どのような情報が提供されたのかはわからない。自国民を欺くために、祖国の公的医療機関が国際機関に助けを求めたと言わざるをえない。

訳注5　一九六〇年以降、フランスはアルジェリアとフランス領ポリネシアで原水爆実験を約二〇〇回、繰り返してきた。最近では一九九八年、フランス領ポリネシアで地下核実験を行なっている。

ひとこと加えると、この論集『情報紀要』は所轄官庁の歪んだ情報公開のよい例であろう。編者Ｅ・Ｂ・グルイはチェルノブイリ事故の影響に関して当局のお歴々を心地よくさせるような論文をうまいこと集めたようである。

リヨンでの記者会見のあと、地元のジャーナリストたちが、ノジャン市近郊で、原発の運転停止を求めたデモ隊を警察が強制的に解散させたという事件を、われわれに教えてくれた。その翌日パリのティートン通り一九番地の「緑の党」本部で私たちは、この事件の概要を知り、額に大けがを負ったデモ参加者の写真が掲載された新聞を見た。フランスでも私たちと同じく市民は世界の「核」と闘っているのだ。

私のリヨン滞在中に、スイスでは将来の原子力エネルギー利用をめぐる国民投票が行なわれた。その結果は、原発の新設を一〇年間行なわないモラトリアムというもので、フランスの私の新しい友人にとっても、希望に満ちたお祝いの日となった。しかし、その後の展開では、二〇〇三年にスイスのエコロジー派は残念なことに敗北してしまった。次の一〇年間モラトリアムを延長できなかったのだ。原子力ロビーが勝利を収めたのである。スイスでは総電力の四〇パーセントが原発によって賄われていた。このような事情が、チェルノブイリの教訓を忘れさせたのだろうか。

さて、リヨンのウクライナ協会は、ソヴィエト代表団にウクライナの代表がいることを知って、私たちを歓迎会に招いてくれた。彼らもまた、かつての同胞を支援するためには、チェルノブイリの後にそこでなにが起きているかを知りたいと思っていた。歓迎会はロシア正教会の教会堂で開かれた。主催者はウクライナ系フランス人ゲーニャ・クージンだった。彼女は文字通り、自分の祖国に〝夢中〟であった。彼女の母親は西ウクライナから亡命した。ゲーニャの夫はここフランスで生まれた。息子もそうだ。しかし、それにもかかわらず、彼らは自分の母語を知っており、自分たち祖国の歌を歌う。ウクライナ語で書かれた本を読む。家族ではウクライナ式の礼拝をする。ゲーニャ・クージンはなによりも、ウクライナの刺繍と手ぬぐいを愛した。彼女の部屋には、所狭しと手ぬぐいで飾り付けられた中に、タラス・シェフチェンコ〔一八一四年〜一八六一年、ウクライナの国民詩人、画家〕のポートレートが置かれていた。その夏、ゲーニャは初めてウクライナへ旅する予定だが、とても迷っている様子だった。話を聞いて、私たちの直面している現実、私たちの日常が、彼らの暮らしからどれほどかけ離れたものかと考えざるをえなかった。「私たちのウクライナ」から遠く離れ、彼らはこころの中に自分たちのウクライナを思い描いていたのだ。彼らはウクライナを信じている。これは彼らにとって、宗教であり、阿片のようなものなのだ。もしも、キエフまでの往復券が簡単に手に入らなくとも、自分の心の中のウクライナに深く浸って沈んでいたいものなのだ。

リヨンから戻って数日すると、私はゲーニャ・クージン夫人から手紙を受け取った。クリスマスのお祝いだった。そして、仏ウクライナ協会はチェルノブイリの子どもたちのためにすでに三万フラン〔ユーロ以前のフランスの通貨単位〕を集めており、どこへ寄付したらよいだろうかということだった。私はキエフにある「緑の光」運動の本部に電話を掛けて相談した。そして寄付金で購入した薬をキエフの診療所のひとつに送り、そこでチェルノブイリの子どもたちの治療に役立てるのがよいのではないかと考えた。

チェルノブイリ原発の爆発事故は、ブーメランとなって祖国のエネルギー産業を直撃した。祖国のエネルギー産業はどのような状態にあるか。そもそもそれは存在すべきなのか。それならどんなふうに。これは独立したひとつの大きなテーマである。チェルノブイリ事故から六年たって、私にとっても、かつては秘境だったこの扉が開いたのである。この私のジャーナリストとしての幸運について、後の章をつかって、詳しく語るつもりである。

ここではあえて私は議会で審理や決議が行なわれていた時代に、専門家や人民代議員が言っていた考えを引き合いに出したい。当時私たちが知っていたことは少ない。グローバルな事故であるにもかかわらず、そして国内では情報公開〔グラースノスチ〕が前進していたにもかかわらず、原子力産業は私たちにとって、国内の刊行物の陰に隠れた秘密のものであった。文字通り、情報の断片を丹念に拾い上げなければならなかった。

工業・原子力産業国家監督委員会新議長に就任する前にB・M・マルィシェフは委員会で次のように述べた。「調査の結果、原子力産業界には二万四五〇〇件の違反が見つかりました。二四〇〇名が責任を問われます」。工業・原子力産業国家監督委員会が民生用原子炉の一部を管理していた。しかし、民生用原子炉のほかにも、研究用原子炉もあった〔現在もある〕。それが七〇基以上だ。そしてそのうちの一四基だけが、この国家委員会の監督下にあった。残りはそれぞれ別の所轄官庁のもとにある。加えてチェルノブイリ原発事故の後でも、わが国にはチェルノブイリと同型の原子炉が一四基も稼働していた。いったいどうすればよいだろうか。

B・M・マルィシェフ議長。「建設中の〔……〕原子力発電所は世界の水準に引けを取りません。しかし、全体として安全性においては、先進資本主義諸国の水準よりも劣っているといえます。どうしたことでありましょう。それは、以前に私たちの連邦では原子力発電所が、相応しい基準を満たさないまま建設され始めたからです。第一世代の原子炉が一六基建設されましたが、それらには原子炉格納容器がありません。

その他の設備は備えておりましたが。遺憾ながら私たちの規定では原発の建設にあたり格納容器の設置を必要条件としていないのです。これらの原子炉について安全システムに不備があると批判されています。では私たちはなににぶつかったのでしょうか。私たちがぶつかったのは、科学者組織であり、建築設計と原発運転を行なう機関でありました。その大部分は計画した段階でこれらの原子炉の運転継続に問題はないと考えているのです。みなさんご存知のように、計画された原発は、幾つかで、耐用年数三〇年として一九八〇年に操業を開始しました。ということは、二〇一〇年まで運転可能であります。

私たちは次のような問題を提起しました。チェルノブイリ型の原子炉を持つすべての原発は二〇〇〇年までに運転を停止される必要があります。

しかし、それらの廃炉の基準は、つぎのことに依存します。計画では、安全性を担保した計画が立てられ、原子炉はどのような条件下で、新しい運転基準のもとで、どのような挙動を示すか、市街地からどれほどの距離にあるか。このようなことを点検したうえで私は提案いたします。われわれは現在稼働中のふたつの原発を、期限を前倒しして停止することを真摯に議論しなければなりません。その原発とは、レニングラード原発1号機、2号機、ヴォロネジ原発（3号機と4号機）です。この理由ははっきりしています。これらの原発が安全であるという根拠が充分に揃うかは疑わしいからです」。

事故後、既存原発の危険性に注意を喚起するこの発言は、二五年前のものである。しかし、それ以降も結局なにも変わらなかった。チェルノブイリ型原子炉（二〇〇〇年に閉鎖されたチェルノブイリ原発とラトビアのイグナリナ原発をのぞいて）はそれ以降も稼働し続けている。危険な原子炉の停止は、結局ひとつとして行なわれなかった。レニングラード原発においてもヴォロネジ原発においても。それどころか、レニングラード原発の稼働は耐用年数を超えてさえいる（しかもこれは最初のソヴィエト型原子炉РБМК―一〇〇〇型原子炉である）。そして、その運転をさらに一〇年延長することになったのである。

ドイツでは数年前に原子力発電を禁止する特別法が成立した。一九九八年に緑の党は、社会民主党との連立政権に参加する重要な条件として原子力発電の禁止を提案した。ドイツ政府は、二〇〇二年に二〇年かけて、一九基の原発を閉鎖することを計画し、完全に代替エネルギー源に移行する計画であった。二〇〇三年一一月一四日、ドイツ北部で最も初期の原子力発電所「シュターデ」の一つが廃炉の工程を開始した。しかし、二〇一〇年、アンゲラ・メルケル首相は国内で操業している原子力発電の運転期間を平均で一二年延長するという決定をした。〔訳注6〕この決定は、約三億ユーロの予算削減をもたらし、その分を代替エネルギー源の開発・普及などの発展に向けることができるということで正当化されるに至った。一方、原子力ロビイストたちは、世界中で新たな原子力ルネサンスの喧伝を加速させている。

ソヴィエト連邦末期の時代に戻ろう。「私は次のことに触れねばなりません」とВ・М・マルィシェフは話を続ける。「われわれは、こんにち当然のことながら低レベル放射性廃棄物処分計画や原子炉の構造に関する厳しい指摘があることを認識しています。一九九〇年一月からは品質管理部門を設け、一九九一年には、［その部署に］運転停止部門を設ける必要がある。なぜならば、核廃棄物の埋設部門などがないからです。わが国には、原発を停止し廃炉する責任部署がないので、だれになにも担当させることができないという現実に直面しているのです」。

ソ連邦人民代議員Ｈ・Ａ・ウシリナはこう述べている。「住民は、ゴーリキー原発の建設と稼働に反対する署名をしました。三〇〇万人にとって絶対に安全という保障はありません。原発の稼働は住民に恐怖を生み出します。施設のたび重なる事故、ヴォルガ川の汚染の心配などです。

ゴーリキー州［現在のニジニゴーラド州］のセメノフスキー地区に廃棄物が貯蔵されているところがあり、周辺住民には病気の人がとても多い。とくに子どもに顕著です。私の選挙人は訊ねます。いつになると、この状況は終わるのでしょうか、と」。

代議員Э・П・チホネンコフは言う。「(……) クリミア原発のルバシカ機は、二〇パーセントもの地下空洞のある土地の上に建てられました」。

ソヴィエト連邦国家水質・環境管理委員会議長Ю・А・イズラエリは言う。「現在、原子力発電所全般の建設の安全性に関する新しい基準が審査されている。原発の建設や運転が許されない範囲が明示される。そしてさらには、具体的な状態をみなければならない。たとえば、私は原子力発電は可能な限り安全に稼動されなければならないと考えている。どれほど国家にとって高くつこうとも、優先すべきだ。私は重要な考え方を述べることにする。いままでに最も大きな事故は、チェルノブイリではなくスリーマイル島（アメリカ合衆国）である。しかし原子炉を格納容器が覆っており、放射性物質のほとんどは格納容器内にとどまった。格納容器に亀裂がはいり、ごくわずかな量が外部環境に放出された。原子炉からはチェルノブイリよりも大量の放射性物質が出たはずだ。だから原子炉格納容器を再建するか、地下に埋めなければならないだろう」。

私はこの章を終えるにあたり、サハロフ博士の評価に触れたいと思う。「原子力エネルギーはいま使わ

訳注6　二〇一一年三月の東京電力福島第一原子力発電所事故をきっかけにして、メルケル首相は政策を転換し、老朽化した原発八基を停止、残り九基を二〇二二年末までに停止することを決めた。一五基が解体中。

れているおなじみのエネルギー源よりも高くつく。しかし、石油、天然ガスは近い将来枯渇するであろう。石炭は生態系にとても有害である。どの火力発電所も温室効果ガスを排出する。おそらく近未来あらゆる面で大きな役割を担うのはどちらにしても原子力産業であろう。私たちが予見しうる、充分な期間、もちろん原子力は安全でなければならない。そうするためには、いろいろな方法がある。

まず第一に原子炉の改良である。炉内に可燃物質が発生しない軽水炉、爆鳴気〔水素と酸素の混合気体〕が発生しないガス冷却炉である。またどのような事故に際しても反応度低下が生じるような炉。これらは原理的に不可能ではない。しかし、いずれにしても安全性を一〇〇パーセント担保するほどの信頼性はない。たとえば、テロリズム、ロケットによる攻撃、通常爆薬を使った空爆がある。われわれが現在のような世界で生きているかぎりは。（……）要するに、私の根本的な安全性の解決法は、地下に原子炉を設置することである」。

サハロフ博士の地下に原子炉を設置するという最終提案は、各方面、公正なエコロジスト、世論までをも途惑わせることになった。なぜなら、原子炉が運転されるとすべての地下水が汚染の脅威に晒される。地下水は世界の海につながっている。

それゆえ、まちがいなく、とるべき道はひとつしかないのだ。チェルノブイリ後を生きる人類はいつまで、生命と原子炉の重さを天秤にかけるのであろう。

第12章　赤ん坊は煙草を喫わない

ソヴィエト連邦水爆の父アンドレイ・サハロフ博士〔一九二一年〜一九八九年〕の生誕七〇周年を記念して、一九九一年五月二一日から二五日にかけて、モスクワで「国際サハロフ会議」が開催された。ソヴィエト連邦で初めて、原水爆禁止を標榜（ひょうぼう）したものだった。そしてもうひとつの議題は「チェルノブイリ事故の地球規模の影響と原子力エネルギー産業の未来」であった。そしてこの会議は普通の国際会議とは異なる性格を持っていた。

この日は特別なものであった。ソヴィエト連邦で最も著名なアカデミー会員、異論派〔一八三頁訳注1参照〕の中核的人物が突然、亡くなってから一年半が過ぎようとしていた。私は、サハロフと最後に会った晩のことをよく覚えている。当時私はソヴィエト議会に設立された最初の野党、「地域代議員グループ」〔会派に近い〕のメンバーで、クレムリンでの定例議会に提出を予定していた文案をおそくまで検討していた時のことだ。アンドレイ・ドミートリエヴィチ・サハロフは、疲れているような印象を受けた。そしてときどき眠っているように見えた。しかし、その様子は仮の姿であった。彼はその文案の提出について、活発に議論をはじめたのだ。

実際のところは、彼はその数日前まで病で体調がすぐれなかったが、自宅で静養するようにという勧めをまったく聞き入れなかったのだ。私たちは彼から離れて、会議用ホールの後方にある肘掛椅子へと向かうときに、彼に支持者からの手紙を一束手渡した。彼は感謝の言葉を述べた（左翼急進的共産主義者としての傷痕が彼を生涯苦しめていた）。私たちと二言三言会話を交わしてから、彼は立ち止まって、なにか意識が混濁したように自分の席はどこかとあたりを見回し、反対方向に歩きはじめたので、私は彼を腰掛けへと連れて行ったのだ。そのとき私には彼の体調がとても悪いのではないかと思われた。だから落ち着いてから、ご自宅で休養してはどうかと、遠回しに勧めた。

しかし彼は家に戻ることなく、「地域代議員グループ」の夜間会議に深夜まで残り、自分の書類の校正をしていた。それは、私たちが翌日までに準備を整えておくものだった。会議は遅くに終わった。そして、翌朝、関係者一同が、サハロフ博士急死という知らせを、ただ茫然として受けとったのだ！

それゆえに、今回の会議は特別にサハロフのものになったのである。この会場にサハロフの姿はなかったが、サハロフの不屈の精神がその場にあるということこそが重要なのであった。

会議参加者には、ソヴィエト連邦内外の科学界の「巨星」、同業者やアカデミー会員の友人が集った。ソ連物理学研究所所長レオニード・ケルディシ、チェコスロバキア民族会議アレクサンドル・ドプチェク〔一九六八年に共産党第一書記に就任し、自由化「プラハの春」をすすめた〕、スタンフォード大学シドニー・ドレル博士〔一九二六年〜　〕、ポルトガル共和国大統領マリオ・スアレス〔一九二四年〜　〕、イタリア人作家ヴィットリオ・ストラーダらがいた。

会議の組織委員会は、サハロフ博士の未亡人エレーナ・ボンネル〔訳注1〕〔一九二三年〜二〇一一年〕が先頭にたって進められた。会議で表明された「チェルノブイリ」というテーマは専門家、そして危険地帯に住む数百万の人々の注目を強く集めた。サハロフという名、それが人々の胸にイメージさせる神聖化された姿、妥協を許さない性格と結びつき、会議の成果を、大きな希望をもって人々は待った。原子力発電の爆発事故から五年が過ぎたというのに、チェルノブイリの実相を私たちは未だ知らないのである。

専門家として招待されているなかに、三名のソヴィエトの科学者がいたことに、私はすこし驚いた。ほかの一三名は海外から招かれていた。しかし私たちよりも、チェルノブイリの問題を知らなければならないのは、いったいだれか、という私がこの時に感じた違和感は、西側諸国専門家の権威ある独立した見解によって解消されるだろうと思われた。これは、とても重要なことであった。なぜなら、サハロフ会議と同時に、ウィーンで国連会議が開かれ、そこでチェルノブイリ大惨事の危険地帯で、事故処理にあたった人々の健康影響に関する国際原子力機関（IAEA）の専門家報告が行なわれたからである（一九九一年五月）。IAEA報告は、ロシア、ウクライナ、ベラルーシで起きている現実とは大きくかけ離れていた。

さて、チェルノブイリを主要議題とした第一回「国際サハロフ会議」総会で、米ハーバード大学教授リチャード・ウィルソンが行なった基調報告は、チェルノブイリの真実をよく知らない人の中でさえも、大きな不審感を呼び起こした。冒頭で彼はこう語った。「私たちは、爆発の起きたあと四カ月たって、ウク

訳注1　エレーナ・ボンネル（一九二三年～二〇一一年）。ソヴィエト、ロシア連邦の人権活動家。アンドレイ・サハロフ夫人。第二次大戦中は看護師として、のちに小児科医として地域医療に関わる。一九七五年サハロフ博士のノーベル賞授与式には、出国を禁じられた博士の代理として出席。諸外国にソヴィエト連邦の人権弾圧の実態について訴えた。サハロフ博士とともにソヴィエト連邦の人権派活動家の象徴的存在。『サハロフ博士とともに　ボンネル夫人回想録』（読売新聞外報部訳、一九八六年、読売新聞社刊）ほか。

ライナから情報を提供されました」。「レガソフ[訳注2]は私たちに、すべての情報を提示しませんでした」。「私はでたらめを言っているのではありません。が、真実すべてを語っているわけでもありません」。さらにはこう加えた。西側の学者がチェルノブイリについて一九八八年にはじめてその詳細を知って「大きな衝撃を受けました」。「完全な情報は一九九〇年になってもまだ発表されませんでした」。「秘密のヴェールは不審感を生みます」。話を終えるころ、ウィルソン教授は、言葉巧みにチェルノブイリ大惨事の影響と喫煙の効果とを比較したのである（二〇〇ミリシーベルトの被曝の危険性は、煙草二万本喫うのと同じ」と彼は言った）。つづく言葉に私たちは、呆気にとられた。「クウェートの火災（一九九〇年〜一九九一年、湾岸戦争で多発した油井火災のことと思われる）のほうが、結果的にみると、チェルノブイリ事故よりも有害だろう」。また放射能による大災害とバングラディシュの大洪水による水害（一九八七年、一九八八年）とを比較してみせた。そして、「新鮮な空気が大切です」と、話を締めくくった。

教授は「私たちはチェルノブイリ原発を訪れました。放射能が付いているかもしれないので、いまここで測ってみましょう」と言って、おもむろにガイガーカウンターを取り出し、実際にデモンストレーションを行なってみせた。会場は大きくどよめいた。その場で放射能は検出されなかった（あとでその意図を説明していたがどうやら、「通訳のミスだった」とのことである）。

会議の演壇からは、彼らが十分な情報をもっておらず、ソ連の学者も含めてそれぞれ独自の見解、解釈がないという指摘が、西側学者からあがった。会場では、研究者らが、このあほらしい話を静かに聞いていた。彼らは長年、ことにチェルノブイリ問題に取り組んできた専門家であった。そして爆発事故の影響に関する様々な観点から豊富な情報を持っていた。しかし、だれも発言を認められなかった。率直に言って、事態はあまり期待した方向に向かわなかった。

それは、このような成り行きを想定せずに、エレーナ・ボンネルが、自分の発言の中に、国際原子力機関の委員の事故に関する評価、すなわち「政治の未来に対する苛立ちと優柔不断な政策、これこそが根源的な病理現象である」との文言を幾度も繰り返したからではないか。リチャード・ウィルソンが「放射線被曝のリスクはとても小さいが、精神的ストレスと秘密のヴェールとによってリスクは大きくなる」とたびたび口にしたからであろう。

人権活動家エレーナ・ボンネルは、原子力ロビイストというやっかいな連中に引きずられているように思われた。その結果、あらゆる点で、サハロフの遺志と正反対のものとなってしまった。私には、なにが目的で、彼女がこのサハロフ会議を開いたのか、要するにそこで行なわれたことを最後まで理解できなかったのだ。

ウィルソンの基調講演は顰蹙(ひんしゅく)を買い、会場のロビーでは休憩時間に激しい論争がまき起こった。アカデミー会員で代議員ユーリー・ルイシコフも作家アレス・アドマヴィチもアナトーリー・ナザロフ教授も、どうしてこのようなことになったのかわからなかった。チェルノブイリに関する信頼できる情報をもって

訳注2　ヴァレリー・レガソフ（一九三六年〜一九八八年）。『プラウダ』紙の追悼文から引用する。「一九八八年四月二七日、ソ連のすぐれた学者、物理化学者、ソ連共産党員、レーニン賞およびソ連国家賞受賞者、科学アカデミー幹部会員、クルチャトフ原子力研究所第一副所長、アカデミー会員が五二歳で死去した。政府委員会の一員として、チェルノブイリ原発事故の原因調査に積極的に加わり、事故の影響除去のための初期対策の展開と実現にめざましく貢献した」（「これを語るのは私の義務……」松岡信夫訳、『技術と人間』一九八八年七、八月号、技術と人間）

いる人々は、だれも会議の演壇に近づくことが許されなかった。「ヴォランドが再び君臨している」[訳注3]という言葉が苦い思いとともにだれかの口をついて出た。ある人は抗議の意思を示すため、会議をボイコットしようと提案したが、多数が反対した。チェルノブイリ後の世界で今回呼ばれた西側専門家の喫煙、洪水、火災と大惨事を比べるという誤った認識をわが参加グループの中で訂正しなければならないと考えた。そしてもしうまくいかなければそのときには、報道向けに特別声明を出すことにした。

休憩時間になって、私は恐る恐るレーナ・ボンネルに話しかけた。もし、西側の研究者たちが、チェルノブイリの影響について、IAEA勧告にもとづいて居丈高な態度をとるならば、サハロフの名を汚すことになると思うと言った。なぜなら、リチャード・ウィルソンは次から次へと、五年間私たちがわが故郷で公式医療機関から聞こえてきたのと同じことを話したのである。事故から五年経ち、明白な重い事実を前にして、アカデミー会員イリイン本人さえもが「こんにち、困難な状況の下に」一五〇万の子どもたちが日々、低線量被曝を受けていることを認めざるをえなくなっている。ボンネルの心が揺れたように私には見えたのだが、しかし、こういう答えだった。「わかったわ。でもだれかを信じなければならないじゃないの!」。そう、そのとおりだ。汚染地域に生きる住民と医師たちはまず第一に、自分の目で見たもの、自分の研究結果を信じなければいけないのだ。大惨事の地球規模の影響と喫煙の効果との比較についての作り話ではなく(まさか一五〇万の子どもたちが煙草を喫うとでも言うのだろうか? それともだれが好きこのんで放射能をのむとでも言うのか?)、たとえ、これらの作り話が海を越えたとしても。

ちがう、私は西側の学者の見解すべてに反対したのではなかった。私は両手で掴んだものを支持するのである。そして、私も自分自身の考えを大切にすることにした。このソ連邦のように広大な国で、大会主催者は、実際に汚染された地域で起きていることをよくわかっている。なぜ、主催者は、ソヴィエト連邦の公式医療界に所属していない人を見つけ出さないのか（このことについての話し合いが私と元合衆国大統領夫人ロザリン・カーターの希望で、エレーナ・ボンネルの家で行なわれた）。彼らは独自の研究結果にもとづいて、チェルノブイリの惨事に通暁し、かつ権威ある報告をしているというのに。そのような人たちが私たちの国にいるというのに。

チェルノブイリの評価にどんな反応があろうとも、私はもうまったく驚きはしない。チェルノブイリの被災者に対する原子力ロビーたちの攻撃は長い間続けられてきた。しかも、私たちの国でも、海外のグループに対しても。驚いたことはもうひとつある。なんと多くの厚かましい行為が、サハロフ会議で見られたことであろう！　ことにこれは想定外で、屈辱的なことであった。

会議主催者は、自らの目的を追求するため、総会においても、招待状を持たない労働者グループは会議へ参加する資格はないと憚（はばか）ることなくマイクをとおして通告した。参加者への屈辱的で無遠慮な対応、私にはこんなふうに人間が馬鹿にされた体験がなかった。自分の意志で、私たち関心の高い代議員と専門家グループはみな、チェルノブイリに関する分科会に出席した（この分科会への公式招待を受けたのはエレーナ・ブルラコーヴァだけだった）。狭い部屋に四五名もの人が溢れた。

エレーナ・ボンネルによって、サハロフ会議の中央演壇へ登壇が認められなかったソ連邦議会審査委員が、この分科会では、手の込んだ仕返しを画策した。国外から来た参加者が驚く時が来たのだ。彼らはま

訳注3　ヴォランドとは、ミハイル・ヴルガーコフ（一八九一年〜一九四〇年）の長編小説「巨匠とマルガリータ」に登場する謎の悪魔のこと。

ず初めに、ソヴィエト連邦では、事故後ただちに五四〇万人に対して安定ヨウ素剤による予防措置が講じられたという、長年にわたり公式医学界により西側で繰り広げられた嘘情報の真相を知った。「これはデマ報道です」とベラルーシ大学核物理学部准教授アレクサンドル・リュツコは言った。「ベラルーシではまさに必要という時には安定ヨウ素剤は存在しませんでした。保有しているところで、せいぜい五～七日分でした。役に立たず、使用法を誤ったため有害でさえありました」。

彼は、チェルノブイリの危険地帯に西側専門家が訪問したという、あの顰蹙ものの事件の真相を報告した。「ペルランとベニンソンはベラルーシでは普段となにもかわらなかった」と言い、「事態を鎮静化させるために、声明を出したというわけです」。

放出された放射能の量、人間の身体に対する低線量被曝の効果について、初めて西側の学者が大惨事の規模の真実を知ることになったのである。「報告書には、軍関係者の被曝が三〇、五〇、七〇ミリシーベルトと記載されています。この被曝線量は、将校クラスが管理していました。調べてみると、データは全ソヴィエト連邦の住民のものでした。このような行為は、一般市民にとってだけでなく、科学に対する犯罪行為でもあります。すべてが、偽造されていました」、さらに「統計には軍人は含まれておらず、数万の囚人が含まれていたのです」。

議会審査委メンバーが、IAEA委員から「IAEA委員会報告書はソヴィエト連邦政府の公式データに大きな部分を依拠しています。作成するのにまる二カ月を要したのです。しかし五年間にこれほどのデータが蓄積していたとは驚きです！　ベラルーシではIAEA委員会は二カ所を訪れました。そこでは市全体の約八〇パーセントが被害を受けていました」と耳にしたという。

この熱気にあふれた専門的な討論で、私が最も驚かされたのは、ギリシアの小児科医師の発表だった。彼女はＩＡＥＡの専門職員で、高い能力に恵まれているように思われた。彼女はなんと罹災した子どもの許容被曝線量について、喫煙効果と放射能の影響とを同列に論じたウィルソンの「理論」を支持したのである。彼女はこう指摘する。「リスクに対する感受性は、マスメディアがどのようにこのリスクを扱うかに関係します」。なるほど、まさにイリインだ！　そして自分の発表の最後をこう結んだ。「大惨事は人々に犠牲を強いる一方で、好ましい影響をももたらすのです。私たちに連帯とヒューマニズムが生まれ、その結果、私たちが絆を感じることができます」。これが連帯とは、いったいどういう意味を指すのであろう！　もしかすると、連帯とヒューマニズムへとさらなる陶酔を誘うために、もういちど破滅が訪れればよいとでもいうのだろうか。もし彼女が、国際原子力機関で禄を食んでいることを知れば、この論理展開をみなが理解できるだろう。

ウィルソン教授はブルラコーヴァ教授に対して、昨晩は実際に会う時間がなく電話だけでのあいさつになってしまったことを詫びた。もし、プログラムどおりなら、総会での彼の発言は、あのようにガイガーカウンターを持ち出すような顰蹙を買うものではなく、ブルラコーヴァ教授の成果に触れるものだったはずだ。しかも、ブルラコーヴァ教授と会うはずの時間は、アカデミー会員イリインの同志であるオレグ・パヴロフスキーとの面会にあてられていたのである。このように、原子力を管轄するお役所が、面会を妨げるような「煙幕」を張っていることに対して、彼は公開の場で不平を漏らしたのであった。しかし、これもまた不可解な話ではないだろうか？

保健省生物物理学研究所実験部門主任オレグ・パヴロフスキーは、サハロフ会議の専門家会議に出席してソヴィエト連邦の公式医学界に広がっている嘘をなまなましく具体的に繰り返した。すでにソヴィエト連邦検察庁が情報隠匿の容疑で刑事事件として告発していた（関係者が刑事告発されたものの、一九九一年八月の共産党守旧派によるクーデター未遂事件により、裁判はその後、立ち消えとなった。本書一八章で触れる）。あらゆる点からみて、こうしたことはサハロフ会議の原子力推進派にとって、なんら痛くも痒くもないのである。おそらくパヴロフスキーらにとって、サハロフ会議は、西側専門家の権威をかりて、事故のデータを黙殺してきた許しがたい行為を清めるためのとても重要な儀式なのであろう。しかし普通の市民にとって、サハロフという名は、真実と誠実の代名詞なのである。

大会すべてが、下手な芝居のような性格をもっていたにもかかわらず、独立系専門家たちと代議員、私たちは大会主催者によってつくられた、「立ち入り禁止区域」のなかで耐え抜くことができた。

私たちは西側の仲間たちにむかって、厳重管理区域で生きている乳児が病気なのは、幼い時から煙草をのんでいたからではなく、バングラデシュの洪水のせいでもなく、クウェートの火災のせいでもなく、まさにチェルノブイリ原発の爆発によるものだということを納得させることができたのである。討論会の最後に、無名の人々の身を揺らすような、衝撃的な事実の証言に、日本から来た熊取敏之博士〔訳注4〕があきれ果てた表情で、「私は決してこのような討論を聞くことになろうとは思いませんでした。私には心の準備ができておりません……」と述べた。

ソ連の公式医学は外国の専門家に、都合の良い事実のみを大量に提供してきた（それはいまも続いている）。犯罪的な欺瞞行為を正当化するためには、おそらくそれしかないであろう。海外の学者が私たちのもとを訪れるたびに、彼らは自信に満ち溢れ、全存在をかけて友人を擁護した。イリイン、グスコヴァ、パヴァリャエフ、ロマネンコ、ベベシコ……といった友人たちを。

公式チームが同じ時にウィーン〔IAEA〕で西欧社会を「洗脳した」にもかかわらず、なにかこれとよく似ていることがこの大会で起きたのだ。おそらく最初は順調だったシステムに不具合が生じたのであろう。大会は毎度おなじみの、政府見解を代弁するような手直しが加えられることなく、チェルノブイリに関する勧告を行なった。リュツコ准教授とブルラコーヴァ教授の報告書は、そのとき様々な国へ向けて「情報発信された」のである。世界は、このようなかたちで、ソヴィエト連邦で長年外部の目から隠されてきた秘密情報を受け取ったのである。人権分科会の勧告には「チェルノブイリでは、放射能恐怖症という根も葉もない病気によって、その実際の姿がすり替えられる恐れがある」と明記されている。

チェルノブイリをめぐって、第一回国際アンドレイ・サハロフ記念大会で生起した、いまいましい出来事を思い出すと、私は、主催者にとっては国際的な政治的反響の方がはるかに重要であったのだと理解している。おそらく、国際世論の関心をこの国のさまざまな問題（それは巨大な西側世界の関心を引く）に向けさせるために、大切なことだったのかもしれない。しかし、これはチェルノブイリの子どもたちの悲劇と引き換えにしてはならないことだ。病んでいる子どもたちを無視することは許されない。ましてや、放射能汚染地域に生きるという人類に対する犯罪をサハロフの名のもとに隠蔽しようと試みるなど、してはならないことである。

訳注4　熊取敏之（一九二一年〜二〇〇四年）、放射線医学者。東大内科、国立東京第一病院勤務をへて、放射線医学総合研究所臨床研究部室長となり、所長。一九五四年ビキニ水爆実験で被爆した第五福竜丸の久保山愛吉らの治療にあたった。

第13章　被災地を再び訪れて

チェルノブイリ事故から数年をへて、私は再び、放射能に被災した故郷の村を訪れることにした。もし、被災した村落がかつて一〇であったなら、いまは一〇〇カ所にのぼるだろう。その全体像を知る人は少ないだろうし、なにかを耳にしたことのある人も少ない。もともとこのような村々は人里離れ、周囲を森で囲まれたポレーシエの村なのである。ときに、ある村には文明が到達していないこともある。事故の後数年でいったいなにが変わったのだろうか。

三年以上を経って一九八九年六月一日にコーロステン地区ヴォロネヴォ村の住民は、自分たちの地区が酷い放射能汚染地帯にあることを初めて知った。そして、「棺桶代」と、通常の二五パーセント増しの給付金を受け取り始めた。村の中心にある店舗のそばで、地元政府の代表者たちは、ガンマ線のバックグラウンドの空間線量を測定した。測定器の針は〇・一二ミリレントゲンを示した。地上一メートルの地点で〇・〇四六。この場所の自然放射能は〇・〇一五から〇・〇一七ミリレントゲン。私たちのまわりに農民や子どもたちが集まってきた。そして生活のこと、健康のことを話し始めるのであった。

ベフ・ヴァレンチナ・ペトローヴナ。村の学校の清掃員だ。「息子のボーヴァは七歳です。病気で、登録されています。心雑音があるのです。最近、気管支炎が酷い。娘のターニャは、一〇歳。チェルノブイリの爆発のあとで、あの子は鼻血がとまりませんでした。[訳注1] いつも頭痛がすると訴えています」。

村には看護師さんもいないし、薬もない。地区中央からなんの知らせもない！　菜園で育てた野菜は「毒入り」、牛乳も「毒入り」。「お店には、なにもない。子どもたちに、二回ほど豚肉を買ったことがあります。子どもたちへの配給品というと、コンデンスミルク一缶。まだ蒸肉は配給されません。あとは缶ジュース三リットル分。ほかに子どもの飲み物はありませんし」。

同じように、厳重に管理された村がある。それはオビホドゥイ村だ。実際に一九八六年に厳重管理村に登録されている。五月一日のことだ。

どこもお店は極度の品薄状態である。そこらじゅうで、母親の涙。「委員会のよそ者は言います。日に二回身体を洗ってください。そうすれば大丈夫」。「馬鈴薯は二回茹でて」などとアドバイスするという。「棺桶代は補助しませんだってさ」。

私はオビホドゥイ村の病院がどんな状態か知りたくなった。私は病院を見学させていただくことにした。

訳注1　日本では、東京電力福島第一原発事故に関係して、被曝により鼻血が出るか出ないかが大きな問題となった。二〇一四年四月末『ビッグコミックスピリッツ』誌第二二・二三合併号、「美味しんぼ　福島の真実編」第二二話（雁屋哲原作）で、事故の影響で鼻血を出す場面が発表されると、「一、作者が被曝した程度の低レベル放射線で、鼻血が出るという根拠がない。二、福島県は危険であるような風評被害を与えた」とする批判の嵐が政府、総理大臣、学者らによって巻き起こされ、社会問題の様相を呈した。この批判に対して、『美味しんぼ「鼻血問題」に答える』（雁屋哲著、遊幻舎刊、二〇一五年）において原作者によるきわめて精緻な反論がなされている。

私たちはある廃屋に近づいた。幹部のひとりがそう言うからだ。当局には、建設資金がないんですよと愚痴をこぼす。一方で、その廃屋の向かいに新築の村ソヴィエト〔村議会〕庁舎が人目を引く。行政は、住民たちのことをまず第一に考えはしないのである。この傲慢不遜な行動様式は、地元役場に固有のものではない。これは州の政治そのものなのである。ところで、州執行委員会議長B・M・ヤムチンスキー〔故人〕は各村にある花に囲まれた村ソヴィエトの豪華絢爛な建物の写真を私に見せてくれたことがあった。これはソヴィエト政権の大きな成果のように考えられている。「停滞の時代」〔一〇三頁訳注1参照〕のそんなジトーミルの姿を中央紙が記事にしていた。人民のためには、病院が建てられたほうがずっと良かったのに。

高齢者たちはみすぼらしい「病院」で横になっていた。そこから見えるのは新築の村ソヴィエト庁舎。あるお年寄りが苦りきった顔で言った。「私たちには、病院より農場のほうがいいんです。あちらはタイル張りだからまだましさ」。

地区執行委員会議長は私にリストを示した。「コーロステン地区オビホドゥイ村の社会文化的発展を期すために建設が求められるもの（または改装の必要があるもの）」という表題がついている。「社会文化的発展」のためにオビホドゥイ村で足りないのは、「三〇〇人収容のクラブ、二五床の地区病院。オレシニャ川に架かる橋。四七キロメートルの上水道。アスファルト舗装道路は全長四五キロメートル。バーニャ〔ロシア風サウナ〕、トラクター駐車場の建設。ガス完備の住宅四五〇軒。リフォームされた農場。ボイラー室。家屋の修理一〇三軒」等々、まだまだ続く。全部で一四項目。このようにうまくいっている。災い転じて福となる、か。

私たちは村の戸外で放射能を測定してみた。まず初めに二児の母であるナターリヤ・グリチェンコの庭を測った。空間線量は一時間当たり〇・一五〇ミリレントゲンであった。村ソヴィエト議長の家の近くでは〇・一一七（自然線量の約一〇倍）。

オビホドゥイ村の中心地区では土壌汚染レベルが一平方キロメートル当たり八三六二億ベクレル（二二・六キュリー）ほどだ。

ときは八月の暮れであった。戸外は残暑の盛りである。村の道を自動車がでこぼこにする。砂場で子どもたちが遊ぶ。オビホドゥイ村は一三〇人いる。チェルノブイリ事故四年後に、この村の住民は移住しなければならないと説明を受けたはずなのだが……。

コーロステン地区執行委員会議長ミハイル・フョードロヴィチ・イグナチェンコは言う。「この地区では放射能を測定することができません。なんとこの地区には、ガイガーカウンターが一台もないのです。ナロヂチには二台貸し出されています。五つの機関が訪れ、ガンマ線を測定していきました。三二の居住区では、ミルクが汚染しているのです。一二地点では一平方キロメートル当たり五兆五〇〇億ベクレル（一五キュリー）を超えます。しかしヴォロネヴォとオビホドゥイの倉庫には『きれいな』ミルクと肉があります。けれども実際は、悲惨なほど不足しているのです。たとえば、ヴォロネヴォ村のためにこの第三4半期には六六〇キログラムの肉が必要です。確保できたのは二〇九キログラムだけでした。鶏肉は八七〇キログラムほしいのに、八〇キロしか手に入らない。ミルクはキエフからくるんですが、毎日一〇〇トンほど不足するのです」。

M・Φ・イグナチェンコは、書類をぱらぱらと眺めた。宛て先はこうなっている。州商業管理局長П・

И・ヴェルビロ、ウクライナ・ソヴィエト商務省副大臣Г・К・ステブリャンコ、連邦住民公共サービス局幹部会С・В・リトビネンコ、ジトーミル州執行委員会議長М・В・ヤムチンスキー、ウクライナ共産党中央委員会政治局員兼ウクライナ・ソヴィエト共和国ソヴィエト第一副議長В・Е・カチャロフスキー、ウクライナ・ソヴィエト共和国閣僚会議議長В・А・マソール、ウクライナ・ソヴィエト共和国最高会議副議長В・С・シェフチェンコ再びマソール、ソヴィエト連邦最高会議議長М・С・ゴルバチョフ、コーロステン地区執行委員会兼ウクライナ・コムソモール管理部第一書記В・Я・ベニヤ、ソヴィエト連邦人民代議員В・П・クリシェヴィチ……」。それは請願と嘆願であった。「わたしたちの居住区を厳重管理区域のリストに加えていただきたい……」「『きれいな』栄養食品の配給をしてほしい」。ミルク、サワークリーム、カッテージチーズ、砂糖、バター、魚、肉、野菜。ガス。病院。放射能測定機器。要するに、あらゆるものだ。それなしでは本当に生きていけないのだ。

コーロステン地区消費組合П・Ф・イヴァネンコ。「私たちにものが届くのは、大声をあげて、怒りをぶちまけるときなのです。食肉加工コンビナートはあるけれど、肝心の肉がないのです」。

地区中央病院副院長А・П・グテヴィチ。「状況はご覧のとおりです。私たちの診療所は中心地にあり、病院はウショーミル村にあるのです。それも二五キロメートル離れています。神経学科はベーヒ村にあるのです。ウショーミルの建物は革命〔一九一七年〕以前の年代物、一九〇二年に建てられました」。

地元住民が話したように、ウショーミルのこの建築はもとは厩舎（きゅうしゃ）として使われていたものだった。それぞれ病室には八～一〇人の患者がいた。病棟のうち、災害外科、外科、産科婦人科の三科が閉鎖状態にあった。

その一方では、診療所から八キロメートル離れたグロジノの村では、二一世紀の新しい建築物、近代的行政府庁舎がある。さらにはもう一軒、出張所もある。ウクライナ共和国非黒土地帯研究所所長の使う事務所である。政府に切り捨てられた患者たちにとって、必要のないものだ。

事故後私が幾度も訪れた放射能被災地で人々は、現金による支払いや「きれいな」食品、移住に要する特別給付金を求めていた（これは至極当然のことだ。この人たちにとって、生きることそのものだからだ）。

ところが、コーロステン地区にあり、同じく放射能汚染地区に存在したのであるが、ある村は、まったく別の要求を出していた。そのベーヒ村の一〇〇人ほどの住民に会うことができた。彼らは肉や金についてはなにも言わなかった。彼らが願っていたのはあるひとつのことだった。それは、戦後政府に接収されていた教会を取り戻すことであった。これは驚くべきことであった。

この出来事、つまり放射能汚染の村で魂の救済を求める、信仰を求める闘いについて以下に少し詳しく書きたい。これは、ただ村の教会を再建するという闘いではない。村人たちの精神のよりどころを求める行為なのである。

ここに私が深く感銘を受けた書簡がある。読み書きがあまり自由でない老人が記したものだ。「あなたにお願いがあります。私たちの神聖な場所、私たちの古い教会に戻れるよう、ぜひお力を貸してくださいませ。教会は一九〇四年に古い墓地に建てられました。イコン〔聖像画〕の壁は当時、一万一〇〇〇ルーブルもしたのであります。墓地にはわれわれの父母、兄弟姉妹が眠っています。

一九三四年に教会は〔共産党政府に〕没収されて、クラブに変わりました。ファシストの連中による占領の時代は、教会で礼拝が復活し、一九四九年まで続きました。そして再び、教会は信者の手から取り上げられました。教会の内部はぶち壊されました。入り口から煉瓦(れんが)が敷き詰められて、壁に打ち付けられた木板には、鏡が掛かっています。『文化の家』というのです。

私たちは、コーロステンとジトーミルの地区執行委員会の宗教問題に関する全権代表部に相談しました。あの人たちのお答えは、教会を私たちに返還する特段の理由はない、というものでございました。いったいどんな理由が必要だというのでしょうか。教会は信者の財産なのであります。

いま、いたるところで、教会が信者に返還されています。なぜならば、私たちは自分の教会を持つことを願っているからです。大半の村人はお年寄りで、よその教会堂をめぐることができないのでございます。どのバスも満員で、村を通過していってしまうので、隣村まで歩いて行かなくてはなりません。

私たちは、コルホーズで長いこと働きました。そしていまここでは年金暮らしの人間が、若者たちよりも多いのです。私たちの執行委員会議長は一一〇名の若者が暮らしていると書いています。ヴォロネヴォ村とソコリキ村の若者をリストに加えたようです。これが名簿です。このふたつの村には、クラブがあります。だから私たちの村の若い衆もそこのクラブに行けばよいのではないでしょうか。そうして私たちは自分の教会に通いたいのですよ。ささやかな希望の実現を望んでいるだけなのであります。

ベーヒ村退役軍人と勤労者、ベーフ・ヴァシーリー・ペトローヴィチ、ベーフ・フョードル・エフェモーヴィチ、ベーフ・ビクトル・セルゲイヴィチ、ベーフ・マリア・アルーニェヴナより」。つづいて、全部で五〇〇を超す署名が並んでいる。

私はその支援要請の手紙をもって、ソヴィエト連邦閣僚会議宗教事案に関する委員会に向かった。そして、同時に大主教ピチリム聖下、府主教ヴァコラムスキー猊下とエリフスク猊下にも支援を依頼した。そして教会事務局から返事があった。

四月に私はウクライナ共和国閣僚会議宗教事案に関する委員会第一副議長ピリペンコから回答を受け取った。中身は不可解なものだった。「コーロステン地区人民代議員ソヴィエト執行委員会宛てに、ベーヒ村の信者が提出した、ウクライナ正教会連合の登記および礼拝堂建設に関する請願は、規定の手続きをもって検討されている段階である」。そして「ベーヒ村の信者の事情については、本委員会の職員が現地に赴き、詳細な調査が行なわれた」と書き添えてあった。

おそらく地元政府はベーヒ村の信者だけでなくウクライナの委員会代表をも騙したのであろう。信者に対しては教会建設を妨害しつつ、早急にもうひとつの新しい「社会団体」をでっちあげるためにわざわざしたことなのである。まさにこの「社会団体」は、信者たちの語るところでは、村の〔党〕活動家たちが申請し、礼拝堂の建設を求めたのだ。しかしこのようにことを急いだために、「社会団体」のリストに故人の名が見つかったりもした。

嘘は堂々とまかり通った。欺瞞は、ベーヒ村ソヴィエト、コーロステン地区ソヴィエト、ジトーミル州執行委員会を通過し、モスクワの宗教事案に関する委員会にまで達していた。私たちの要請に、上層部から回答が届いた。「人民代議員ジトーミル州ソヴィエト議長および宗教問題に関するウクライナ共和国閣僚会議宗教事案に関する委員会の提案により、ジトーミル州コーロステン村正教会の登録が完了された。さらに信者自身の希望する礼拝堂建造をその地に認める」。

「信者自身の希望する礼拝堂」かどうかをもういちど確認するために、私はベーヒ村に向かった。彼ら信者は待っていてくれた。年配の人、高齢の方、田舎のおじちゃん、おばちゃんたちだ。私たちは、かつて教会のあったクラブに立ち寄った。そこは人で溢れていた。私が頼んで、コルホーズ員のだれかが、村ソヴィエトへ向かってくれた。議長を話し合いの場に連れてくるためだ。彼は、多忙を口実にして申し出を断ったけれど、村人たちの目には車に乗り込み、どこかへと逃げていく議長の姿が映っていた。

私たちは、信仰に生きる人々と、彼らを長い間冒瀆してきた〝教会堂〟の中で何時間も話し合いをもった。会も終わりちかくになって、さきほど逃げていた村ソヴィエト議長のところへ行った。新たになにかを建てることを目論んだ「新しい」社会団体の輪郭がかなり見えてきた。村ソヴィエト議長ミハイル・ウリヤノヴィチ・ベーフは曖昧なことしか言わなかった。要するに、彼はこの件については初めて聞いたことだと言い訳をしていたのだ。こうして信者のもとに教会が返ってくるということが全会一致で決議された。

集会を終えてから、私たちはみなおもてへ出た。それは十字架行進のようであった。おばあさんたちが教会の周辺を案内してくれた。「ここはね」と口にする。「とても旧い墓地だったのよ。トラクターで整地されてしまったけれど。ふたつだけお墓が残っているの。ひとつには、娘を両手で抱きかかえて叫んでいる母が眠っているのよ。ほかは全部叩き壊されてしまったわ」。

付近には墓石が点々としていた。「クラブ」の周辺には墓地に育ったツルニチソウが編むように繋っていた。お年寄りは、大地に指をおいて、ほら、ここに母が、あそこに父が……。

クラブでパーティを楽しむ人向けの公衆便所が建つ場所は、かつてふたつのお墓があったところだ。「便所は、おじいさんのアレクサンドル、おばあさんのガーリカの心臓の上に建っているのよ」。ふたりの親戚はいまも健在だ。

教会のあったクラブの庭への入口そば、左手にとても新しいアスファルト舗装した敷地があった。そこでは、夏場、クラブの中が蒸し暑いときに、おもてへ出てダンスをするのだ。それが完成したのは、私がこの村を再訪する直前のことだという。

建て増し部分を見た。ちょうど共同墓地のあった場所の上だ。

私たちがお別れの挨拶を交わしていたときに、お年寄りが何人かで「長い年月」を歌い始めた。中のひとりが、私に手紙を渡して言った。「これはおばあさんが書いたものです。いまは歩くのも一苦労で、とても年をとってしまいました」。私は、震える弱々しい手で書いたであろうその手紙をジトーミルへの帰途、読んだ。「私は代々べーヒ村で生きてきました。教会が建ったときも見ましたし、壊されたときも知っています。黄金の丸屋根や十字架が打ち捨てられました。お墓はトラクターで平らにならされました……。あなた様にお願いがございます。私たちに心の安らぎをください。私たちの教会を返してくださいませ。私は四年生を終えただけですから、満足に書くことができません。私たちは、真実をもとめて歩んでいきます。もういちど教会の扉が開きますように」。

夜遅く私は帰宅し、考えた。もしもなにかの理由で神が私たちにチェルノブイリという試練を与えたのだとしたら、おそらくべーヒ村の教会や破壊された墓地やお墓の上にある公衆便所のためだ。神様、許して下さい。

信者のもとを訪れた後に、私はふたたび州執行委員会へ向かった。それはかつて村人が没収されたものを、取り返すという強い意志を伝えるためである。そしてふたつの回答を得た。定例議会で、礼拝堂を住民に返還しないと決議したというコーロステン地区執行委員会副議長からのものがひとつ。もうひとつは州執行委員会からで、いくつかの対案があるというものだった。頭の固い政府が、はたまた驚くべきことを言うものだ。教会を没収されたうえに、死者を冒瀆され、村は放射能汚染地帯にあり、事実上、お年寄りに残された時間は少なく、さらにこのうえ、神とともに人間としての尊厳をもって死ぬことさえままならないというのに。

村は闘いに立ち上った。数百の年金暮らしのお年寄りが憤りを通り越した。彼らが健康であった若き日々を、地域のコルホーズに捧げ、その後の自分の人生を村の中で送ったのだ。彼らは、地元の人民代議員や共産党活動家らが抵抗するほどに、いっそう信仰を深くしていった。

ときを措いて、私たちはウクライナ人民代議員ヤコフ・ザイコを連れて、村人に依頼されていた集会に出かけることにした。今回は、州執行委員会文化局ロマン・ラファイロヴィチ・ペトロンゴフスキーを同行した。夏の終わりの日曜日のことだった。蝦夷菊の咲き誇る季節だ。ジトーミルで足止めされたので、すこし遅れてしまったが、人々はみな私たちを待っていてくれた。何百の人々が教会＝クラブのそばに集っていた。私たちは伝統にしたがって、パンと塩とたくさんの苦蓬の花と手ぬぐいで迎えられた。

そして教会へ向かった。前回と同じように、だが今回はそこで集会を催すためだ。しかし……クラブの扉は固く閉じられており、村ソヴィエトの代議員数名が立っていた。州執行委のＰ・Ｐ・ペトロンゴフスキーは私たちとともにいた。そこへ地区ソヴィエトの代議員が訪れた。クラブの管理長は、鍵がないのですと説明した。鍵がないとは、馬鹿にするにもほどがあるではないか！

このような次第で、私たちは教会の敷地内にある中庭に集まることにした。田舎の教会の階段に腰を掛け、四方山話をふくらませながら。もし祖国にソヴィエト人という類があるとしたら、それはベーヒ村共産党議長にほかならないと、私は絶対的な確信を持っていた。彼らお偉方は憎々しげな形相で、いまにも拳骨をもって、お年寄りに襲いかかろうかという様子であった。教会の扉前に数時間も立ち続け、疲れた足腰でかろうじて体を支えているお年寄りたちにである。お年寄りに「野次を飛ばす連中」の中に教師たちがいた。教え子が教師と並んで立っていた。私たちが集会を始めると、教師の教え子は、元教会で現クラブの裏口から飛び出してきた。自分の教師と同じように、父親や祖父に対して声をかぎりに怒鳴りつけたのである。

党女性活動家のひとりは、私に向かって、あんたが、子どもたちを教会につれてきたのだろうと罵声をあびせた。それはまるで、もし彼女の赤ん坊が教会に行くようなことになれば、それは自分の先祖の遺骨の上で踊りを踊ったり、先祖のお墓の上に糞をするよりも、はるかに悪いことであるかのようだった。共産主義国家を建設しようとする者のモラルとはこのようなものであったのだ。

今回の集会で若い衆たちも、最後にはとうとう何かしら感じ入るものがあったようで、教会を信者の手に返すことに決定された。数日後に『ラジャンシカ・ジトーミルシチナ』紙は州執行委員会文化局長ロマン・ペトロンゴフスキーによる、党イデオロギー局第一局長イリーナ・カラバノーバのインタビュー記事を発表した。記事によると、カラバノーバは代議員ヤロシンスカヤとザイコはクラブ〔教会〕を自分たちの手に取り戻すために、扉の鍵を渡すよう要求したと語り、そうジトーミル州の読者に信じ込ませた。私が装甲車で教会に唐突に乗り込んだのではないか、とこの件に関して私の知人らは意地悪な質問をした。

一〇月末までには、これらすべての官僚主義的でイデオロギー主義的な騒ぎはすべて片が付いた。クリスマスの訪れる前に、ベーヒ村に招待された。私たちの教会は清められ、墓地が蘇っていた。

後に私は〝地元行政府の平穏をかき乱した首謀者である〟マリア・フョードロヴナ・ベーフから悲し

い手紙を受け取った。放射能が混乱に拍車をかけている、教会修復用の建築資材の入手が大変困難な状況にある、とのことであった。事故から数年たち、コーロステン地区では、多くは順調にすすんでいないということが明らかになった。「まったく偶然に」野外や中庭で、一平方キロメートル当たり三兆七〇〇〇億から七兆四〇〇〇億ベクレル〔一〇〇キュリー～二〇〇キュリー〕という非常に高いホットスポットが出現したのであった。この地区の困難をまるで冷笑するかのように、『ラジャンシカ・ジトーミルシチナ』副編集長スタニスラフ・トカチの記事「要注意区域では」が掲載された。数年間コーロステン地区に住む人々が、この市、地区の本当の災害の規模を想像できなかったのは当然だ。党機関紙書記は、要注意という言葉に欺瞞の意味を込めていた。

私の放射能の村々への旅はつづき、ルギヌイ地区に到った。前回同様とても愉快とは言い難いものだった。移住地点四九のうち一二が「厳重」管理に区分されていた。しかもうちふたつの村はチェルノブイリ事故から約一年半後に、残りは四年後になって登録されたのであった。人々の健康にとって、許容限度を超えた危険が顕在化していたときのことだ。

「酷く」汚染された村モシチャニツァの中心にある商店に立ち寄る。ここに住む人たちと言葉を交わす。不平、泣き言、ぐち……。ライサ・イワーノヴナ・デムチュク店長の話。「気分が悪いってみんなが言っています。ここにまたなにかを作ることになっています。でも、移住する方が簡単だと思います。若者たちは移住に賛成し、お年寄りは反対する。しかもこの町には、一〇歳ぐらいの子どもが大勢います。学校で検査がありました。けれどもなんのアドバイスもありません。私たちはなにも知らないのです」。

村人は、私たちにカブリンスキーの家周辺の放射能を測定してみるように勧めた。そこは、すでにアスファルトで新しく舗装がされていた。ちょうど雨が降ってきた。

私たちは大きく頑丈な、建てつけの良い家に近づいた。潜り門の近くにある小路が、家の玄関へと導いている。道の左右両側から背の高いゼニアオイが、白とバラ色、赤色とつづく。家主が出てくる。そして私たちは、自己紹介し、訪れた事情を説明する。

ヴァシリー・フォードロヴィチ・カブリンスキーは年金生活者である。「私たちには子どもと孫がいます。もうめったにやって来ませんね。怖いからでしょう。いまのところやっていくのにはお金はまにあっています。でも、体調がよくない。朝は息が上がってしまい、喉（のど）になにかが引っ掛かっているようで、話し辛いんです。私たちはサンプルを分析してもらいましたよ。赤蕪（あかかぶ）、馬鈴薯、玉葱（たまねぎ）など、すべてをね。けれどもなんとも言われません。採れた作物を食べて良いのか悪いのか。仕方ないので私たちは食べているんですね。ほかに食べるものがないんだから。すべて自分たちで作ったものだし。計測器を渡されました。私らはそれをずっと身に着けています。そしてだれかがやってきて来て、回収していきました。それがなんなのか、わからないし、教えてくれません。家畜小屋のそばで除染作業が行なわれました。一〇センチから二五センチメートルほど表面の土を剥ぎ取りました。けれども数時間後にはまた放射能は上がりました」。

彼は私たちを納屋の向こうにある菜園へと連れていく。われわれは、表土を剥がした場所の線量を測る。土壌の上は一時間当たり〇・一七五ミリレントゲン〔自然放射線量の約一〇倍〕。菜園の一角はまだ耕作が行なわれていなかった。ここには白樺などの樹木が生えている。広くはない草地。山積みされた去年の干し草。測定してみる。〇・〇七五ミリレントゲン。小麦畑は〇・一一〇ミリレントゲン。去り際に、地面から一メートル上のガンマ線の空間線量を測ると、自然放射能の五倍高い水準だった。人々はこのような場所に生きているのだ。それでも人生はつづく。もちろんこれが人生というものであればの話だが。

見事な芳香を放つモシチャニツァ村の森に立ち寄ろう。腐食した針葉樹の葉の香り……。暖かい八月。小鳥が囀る。すべてがいつものように繰り返される。見たところなにもないが、そこに、地面に、木の下に、線量計を置いてみる。四〇秒で〇・一〇六ミリレントゲン。もう二回測ってみても、同じだ。森は人間にとって危険な場所なのである。

地区執行委員会議長が言う。かつては輸出用木材を出荷した。いまは、ただ切るだけでなく、放射能レベルの証明書を添付する。「この地区には三〇〇〇ヘクタールの森が広がるというのに、私たちは、ひょろっとした細い枝一本切ることができません」。

私たちの行く先にはマラホフカ村があった。村の表玄関近くに記念碑がある。御影石でできたプレートがあり、そこには、若者の肖像と言葉が刻まれている。「民主主義アフガニスタン共和国における国際的責任を遂行するために戦死したA・マルチンチェクの名を記念する森」。記念碑の近傍では一時間あたり〇・一一〇ミリレントゲン、大気中は〇・〇五〇ミリレントゲンだ。記念碑の向かいに広がる草原はとても美しい公園となっている。戸外に見かける人はいない。

私たちは、たびたび、村の中心、商店のそばで話をする。

給食調理員タマーラ・アレクセーヴナ・ゲラシムチュク。「子どもたちは、放射能の影響をとても受けやすいんです。私には三人の子どもがいますけれど、下の子は四歳、一三六億八〇〇〇万ベクレル〔〇・六四キュリー〕のセシウム、上の子は三七〇億ベクレル〔一キュリー〕のセシウムが体内にあるんです。オデッサの〔コムソモール〕「若き親衛隊」に彼を送りました。子どもの検査は繰り返し行なわれましたのに、結果を教えてもらえません。一日に二〇〇名の子どもを検査します。かりになにかを訊ねても、だれも答えてくれません」。

図書館長リディア・アファナシエヴナ・グレヴチュク。「私はリプニキ村からやってきました。ここで仕事をしています。息子は一一歳で甲状腺肥大はレベル2で、肝臓を患っています。学校では発作がよく起こります。学校で整列中に倒れるのですね」。

農業指導員班長エカテリーナ・イヴァーノヴナ・スヴィデニュクの話。「三人の子どもがいます。体調はおもわしくありません。下は四歳でジトーミルで登録しています。リンパ球の増大です。村では『きれいな』栄養のために三〇ルーブルを払ってくれませんから。ここで働くなら二五パーセントの割増分をもらえて、二キロ先で働くと割増分を受け取れません」。

コルホーズ員ガリーナ・イヴァーノヴナ・リブチュクは言う。「ここでは冬期に仕事はありません。給料は月々二〇から三〇ルーブル出ます。だから休みなく仕事をします。二八人の女性が働いています。もしマラホフカ村に住んでいる人が、リプニキ村に仕事に行くと、給料の二五パーセント割増分を受け取れません。こんなことがあるなんて。ある作業班で、いろいろな農地で作業しているとします。彼らは、働く場所によって、こちらは『きれい』な耕地の仕事で、あっちは『汚ない』耕地の仕事とされてしまうのです。だれがどのように『きれい』か『汚い』かを決めるのか知りません。村の事務所で働いている人には二五パーセントの割増金がつくのです。となりには生徒と年金生活の人がいるんですよ。どうしようもない！ なんという論理なのでしょう。私には理解できないわ。こんな具合に、人々は次々とこんな訴えを投書してくるんです。なにかを得るのはこんなに難儀なことなんです」。

ソフホーズ「リプニキ」責任者グレゴリー・グレゴーリエヴィチ・ヴラシュークは語る。「わたしのソフホーズには、四つの村が参加しています。ふたつは厳重管理区域で残りはそうではありません。厳重管理区域はモシチャニツァ村とマラホフカ村です。オスヌイとリプニキ村は規制がありません。マラホフカ村からオスヌイ村まで二キロメートルです。道をわたってこの畑をいくと、側溝で向こうとこっちとが分断されているのです。こちら側は割増金がもらえて、向こうはもらえません。だけれど、放射能の埃は規制区域かどうかかんなんて訊ねてくれやしません。気の向くままに舞うのですね。モシチャニツァ村では、ミルクは『汚れて』います。だから雌牛を飼うのはやめました。人々は生きることへの希望を失っています。病気をかかえ、関節の痛みを訴えています。

モシチャニツァ村には八一戸の農家がありまして、思うんですが、みんなを移住させる必要があるんじゃないかな。三〇キロ圏内よりも放射能が高いのですからね」。

私たちは、リプニキ村のソフホーズの中心集落のいろいろなところを訪れた。これらは美しい花に埋もれて生活に便利な村である。道路はアスファルト舗装されている。洒落たカフェ、食堂がある。ここではすべてが自前である。なぜなら安いからである。全体としてここではほかよりも労働者は生活に不平不満が少ない。けれども放射能に関する心配になると、堰を切ったように話し始める。

リプニキ地区病院の主任担当医師И・E・ネヴメルジツキーはルギヌイ地区ソヴィエト人民代議員定例議会に出席したところ、その数日後に彼の働きぶりを監視するために、地区執行委員会保健部が訪れた、ということがあったらしい。彼のどこかに落ち度があったのか？　彼は受け持ち患者の健康状態について、〝事実〟を語ってしまったり、公的医療体制に対して不信感を露わにしたのである。また、モシチヤニツァ村かチェルノヴォヤ・ヴォロカ村に「アルテク」（クリミア地方の保養地）のような施設の建設を開始するよう提案した。さらには、ウクライナ保健省の高官らに次のような厄介な問題を質問したりした。「モシチャニツァでこれ以上暮らしを続けてよいのでしょうか。一時間当たり三四〇マイクロレントゲン（自然放射線量は約一〇マイクロレントゲン）から一五〇〇マイクロミリレントゲンの間を変動しているのです。責任者（またはそうでない人）も放射性物質の蓄積による被曝レベルが日々上昇していることに対して、適切に対処しているのでしょうか。なぜ広島、長崎の原爆では死者は、アメリカの侵略の犠牲者として公表されているのに、われわれの場合は、放射能の被災地区で癌で亡くなった者は犠牲者という地位をもてないのでしょうか？」

患者の主治医としての問いに対する答えを、住民たちは今まで待っているのである。

リプニキ村からルギヌイ村へ向かう道中、私たちを〝とっつかまえた〟のは、ソフホーズ「オスタポフスク」議長ニーナ・イヴァーノヴナ・ダリニュクであった。時間に余裕はなかったし、さまざまな関係省庁と地区執行委員会にもう一度立ち寄る必要があったが、私たちに、彼女が話しかけてくるのを断る権利などあるだろうか。

ニーナ・イヴァーノヴナ・ダリニュク。「私たちは理想的といえるほどきれいな場所に住んでいます。まわりの人は、とても体調が良いだろう、と私たちに声をかけます。もしかりにそうだとしたら、検査を受けた五〇名のうち三七名に、甲状腺肥大の第二段階がみられるのはなぜでしょうか？　さらに、成人七〇名は、精密検査証書を受け取りました。私たちの体内に溜ったセシウムと、二部屋の汚染を調べに来ました。ひとつの部屋は三万三二〇〇ベクレルのセシウム汚染、別の部屋は三七〇〇ベクレルでした。もういちど測ると二万一〇九〇ベクレル。この結果はいったいなんでしょう？　私たちには『汚い』ミルクがあります。幼稚園はありません。子どもたちは大人といっしょに畑へ出ます。これは農業用地用の証書で、このように書いてあります。『牧草の地上部の青い葉に一定基準を超す大量の放射性セシウムが蓄積している場合は放牧を禁ずることが望ましい』。そしていまのレベルを教えられました。私らは全部で一三九ヘクタールの牧場を保有しています。もしこの勧告に従うと、合計二五ヘクタールだけが乳牛の放牧が可能で、あとはできなくなってしまう。でも、放牧しています。私たちにはほかに、なにができるでしょう？

ウロチシャ・スタリーツァの山や谷では三六倍も基準値を超えました。周辺地区では八倍です。すべての地区で、自家製牛乳を飲みませんという誓約書をとられました。それはオスタピ村でも、自分も子どももミルクを飲まないようにというのは同じです。酪農家はみな、この誓約書に署名しました。けれども『きれいな』食料はどこからもやってこないのです！　肉もミルクも。薪をくべますし、そして焚きます。しかし森は『汚い』。ガスと上水道を引かなければなりません。でも恐ろしい埃はどうしようもない。ジェレフツイ村の採石場からふるいにかけられた粉塵が私たちのもとへ飛んできます。しかも、ジェレフツイは厳重管理区域の村です。私たちは『きれいな』食料品を必要としているのです。とくに子どもたちには。ほかに、別の給付金がほしいし、休暇もほしい。建設中の学校があります。公衆浴場はありません。歯磨きも石鹸もなし。機械運転者やホップ栽培の人はなにを使って手を洗っているのでしょう？　大勢の子どもがいる家族はどうすればいいのでしょう？」。

ヴァレンチナ・イヴァーノヴナ・プリメンコ。アスタノフスカ村ソヴィエト議長。「私たちはながいことこう聞かされました。万事順調である、とね。汚染も酷くない。それなのになぜ、いまになって、腫瘍専門病院での検査指示書を手にすることになるのでしょう。なぜ、入院中の八歳になる私の子どもは、今も退院できないのでしょう。なぜ、あの子には五センチものリンパ節肥大がみられるのでしょう。視力は七割を失いました。この問いに、だれが答えてくれるのですか」。

放射能で汚染された村から戻って、ルギヌイ村に行った。地区執行委員会で私は一九八九年六月一五日（！）まで、彼らは放射能汚染地図さえ持っていなかったことを知らされた。それだから、ソフホーズの放射性セシウムに汚染された畑は運営されてきたのである。農業問題の専門家たちは、もし自分たちの指示に従うなら、「汚い」大地で「きれいな」作物を収穫できるということを信じ込ませるのである。もしかすると、これは正しいかもしれない。にわかに信じるのは難しいが。だれかからうまい助言を受けただけで、放射能汚染地図をもたずに、農業用地で、提供された栽培技術をどのように使うのだろうか。

ルギヌイ獣医学研究所長ナジェジダ・パヴロヴナ・カヴァレヴァ。「州農業産業局指令を受けて、私はずっと放射線医学研究の実験をしに行きます。結果はまったく知らされません。私たちのところへ、キエフ農業放射線医学研究所長ロシチロフが二度来て、オスタピ村のミルクと土壌と飼料のサンプルを採取しました。彼らはいつもこんなふうで、私たちは結果を知りません。

キエフで私は言われました。ミルクはさまざまな暫定基準で販売される。モスクワでは『きれい』でキエフでは『汚い』。ジトーミルでも『汚い』」。ルギヌイの保健防疫所の研究によれば、苺の葉、薬草がほぼ半分、乾燥茸、魚介類の三分の二は許容基準を超えていた。私はルギヌイ獣医学研究所の検査結果も見ることができた。水、生飼料、自家用の緑野菜、ミルクは事実上すべて暫定基準を超えていた。気を失いそうになるような、これらの文書を知って、州北部地区住民と政府委員会の会談で、希望を失った母親のひとりが、目に涙を浮かべて、壇上から訴えたことを私は思い出した。「あるとき、五歳になる子どもが、ミルクの入った壺のそばにいるのを見つけました。息子は言うのですよ。『ママ、怒らないで。ぼくはミルクを飲んでいないよ。指先でちょっと舐めてみただけなんだ……』って」。

長年、この地に通った医療関係者は、住民たちに検査結果を迅速に伝えなかった。キエフからその結果を手に入れるのに、一年が過ぎてしまうこともあった。そして健康診断は、積極的治療のためというよりは、気休めに行なわれるようになった。ときどき、丸一日かけて二〇人の子どもたちが「観察」されることがある。どのような種類の検査かを話すことができるだろうか？　ちなみに五〇〇〇人の子どもたちが「厳重」管理区域内の村に暮らしていて、そこにはたった一軒の病院しかなく、相応しい設備もほとんど備えていない。

事故から三年をすぎて、検査結果が文字通り社会的関心を呼びおこした。甲状腺疾患、血液循環器系疾患は三倍に、血液の病気は二倍に増大した。この深刻な事態に直面して、州は年間二六〇リットルもの（！）献血買い上げ計画を「通達」した。だれから血液を集めるというのだろう。それをだれに輸血するのだろう。深く考えないことが大切だ。

地区の放射能状況に関する報告のなかで、原子力エネルギー・エコロジー問題センター長、ウクライナ科学アカデミー会員B・K・チュマクおよび長年の共同研究者H・П・ベラウソヴァは書いている。「地域で生産された食品［ルギヌイ地区］を原因とする住民の最大内部被曝量は、一年当たり一〇〇ミリシーベルトに達する可能性がある。住民の外部被曝量は一年当たり八ミリシーベルトに達する可能性がある〔ICRP推奨の年間被曝限度は、一ミリシーベルト〕」。

チェルノブイリ後の初期数年だけでこの地区からあらゆる機関に三〇〇を超す手紙、電報、苦情、申請書が届いた。この地区の状況について、ある社会グループが、ウクライナ共和国最高会議議長Ｂ・Ｃ・シェフチェンコとウクライナ共和国閣僚会議議長Ｂ・Ａ・マソールに宛てて手紙で放射能の不安を伝えた。キエフへはこの手紙を特使が届けた。「このことがあってから一カ月後に」地区総務部長Ｃ・Ｋ・ヴァシリュクが私に言った。「国家保安委員会（ＫＧＢ）の職員が地区の放射能状況と住民の健康状態を調査しに訪れた……」。

放射能レベルを公開すべきか、政府、党がＡ・Ａ・ポクレシチェクという人物を巻き込み、それに権力抗争が加わり、訳のわからない事態に発展した例もある。紹介しよう。

爆発事故から三年後に、私はキエフの法学修士でウクライナ共産党中央執行委員会付属党高等学院教師Ａ・Ａ・ポクレシチュクから手紙を受け取った。そのなかで、彼が訴えているのは次の部分だった。「六月二一日に私は、ルギヌイ地区ソヴィエトで開かれたある会議に出席しました。その翌朝、緊急の用件で呼び出され、校長が私に伝えたのです。ジトーミル州党委員会第一書記が電話で、私が州で人々を混乱させているというのです［ふつう第一書記は会議に出席しない］。だから私に辞職願を出すよう説得するのです。私のしたことが人々の扇動行為に相当すると評価されたようです。私は辞職願の提出を断りました。すると校長は、始末書を書けと求めてきます。コピーを添付したのでご覧ください」。

読んでみると、党高等学院長И・П・グルシチェンコと党委員会書記П・И・スクリプキ宛てに書かれた始末書の中身にはなぜか、とくに反省すべき行為言動はなく、懲戒に相当するようなものはなかった。「ジトーミル州ルギヌイ地区から公式に招集され、定例議会の議決した企画の編集会議に参加しました。そこでウクライナテレビが会期中に放映する『われらの大地』という企画を提案しました」と彼は書いているだけだ。

私は党高等学院校長И・П・グルシチェンコ教授に連絡をとった。「そのとおりです」と彼はあっさりと事実関係を認めた。「実際は、州党委員会第一書記B・M・カヴンが私を電話に呼び出しました。そしてA・A・ポクレシチュクが会議の席で人々の不安をかき立てたということでした。私は州党委員会に対して、彼がそこでどのようなことをしたのか、客観的な調査報告書を見せてくれないかと頼みました。私のもとにはすぐに届きました。ある政治グループが彼の処分を考えています」。

ジトーミル州党委員会第二書記B・A・コビリャンスキーは、校長宛ての手紙で、ポクレシチュクのとった行動について、つぎのように伝えている。「彼の発言は、問題点を明確にせず、党とソヴィエトの業務を否定することに努め、共和国議長に対する根拠のない批判を口にしました。さらに第二回ソヴィエト連邦人民代議員大会（一九八九年一二月一二日〜二四日）宛てに、フィルムの提出をするよう要求しました」。そしてさらに、「これは地区の正常な運営を実現することにはならず、（……）人々の中に不安を呼び起こしたのです」。

この手紙の真意はこういうことなのだ。放射能のデータを非公開にしたことが、ここで問題にされているのではなく、その反対で公開しようとしたポクレシチュクの動きがやり玉に挙げられたようだ。だから当局は、会議そのものをつぶしにかかり辞職願いを迫るなどの手段に訴えた。当局は放射能情報の非公開に「満足している」らしい。したがって、放射能データの公開が、人々に不安を呼んでいるということになるのである。

最高幹部の怒りはポクレシチュクに向けられただけではなく、地区指導者にも向けられた。彼らにとっては当然だろう。つまり、上層部が容認し難い会議が開かれたなどということはあってはならないのである。それは、本来、住民の目から隠されなければならない、チェルノブイリ事故の影響に関する会議だったのだから。その場にキエフからアドバイザーを招き、テレビカメラを呼び、近くの四つの放射能汚染地区の代表を招いてなどもってのほかだった。数日前から、州執行委員会が電話をかけてきて、会議の開催を認めないぞと、さまざまな処分をちらつかせて、警告してきたのだった。しかし会議は強引に開かれた。会議のあとで、地区執行員会議長は州執行委員会に対して釈明を求められ呼び出された。その理由に挙げられたのがポクレシチェクの存在だった。党州委員会からは、ポクレシチュクのような人物をなぜ参加させたのか、というわけだ。

放射線のレベル云々でもなく、人々の健康問題でもなく、彼らの関心事は党内抗争の行方なのだ。州指導者のだれひとり、地区住民の死活にかかわる出来事の解決のために視察に来ることはなかった。別のことに彼らは神経を尖らせていたのである。それは汚染状況の情報公開をしてはならない、ということである！　扇動者や暴徒を野放しにするな、ということなのだ。

上層部からは認められなかったが、ルギヌイ地区ソヴィエトで開かれたその議会は中継放送された。人々は通りで立ち止まり、ラジオ放送に耳を傾けた。四〇〇人のホールは人で溢れた。これは七五名の代議員の前で起きたのである。チェルノブイリの沈黙の数年間を経てこの国で初めてルギヌイ地区の代議員は人民の選良なら本来とらねばならない行動を起こし始めたのである。数千の人の前で放送された会議は（もし会場ホール外にいる人を含めたらの話だが）、地区における激しく揺れ動く情勢を映していた。さらにソ連邦検事総長および国家ソヴィエト連邦仲裁裁判所判事総局に宛てて、ソヴィエト連邦原子力エネルギー省の責任に注意を向けるよう手紙を書き送った。爆発の結果地区が蒙った被害総額は一三一五万四六三〇ルーブルであった。

チェルノブイリ事故で失ったわが人民の権利を守るために情熱をかたむける人にとって、これらすべてが歓迎すべきことではない。州新聞『ラジャンカ・ジトーミルシチナ』編集長ドミートリー・パンチュクは、まさにここでこそ、自らの行動原理である実直と誠実と独立精神を示さねばならない局面だった。しかしながら、この反骨精神にあふれた会議で起こったことについて、彼は真実にはなにも触れようとしなかった。人々が自らを守らねばならず、権力に睨まれるというときに、新聞紙上ではなにひとつ援護の手をさしのべることをしなかった。

ルギヌイ地区党執行委員会第一書記で人民代議員С・И・ラシュフスキーは言う。「地区の三〇パーセントはすでに厳重な体制に置かれている。しかしそのほかの地区や村の状況はさらに悪化しています。ルギヌイ地区においてはガンマ線の空間線量が〇・三二ミリレントゲンに達する場所もあるのです。具体的には、私はウクライナ・ソヴィエト共和国科学アカデミー原子力研究所の専門家の結論をここに引用します。『ミルクの〔放射性〕セシウム濃度が暫定許容量以下の居住地は一カ所もない。生活の場でも公共の場でも、またここの居住地においても暫定許容線量の一〇倍に達している。（……）ルードニャ・ポフチ村の子どもたちは、オヴルチ地区の子どもたちよりも被曝量は幾分多い。（……）訪れた調査委員会は、私たちに万事順調滞りなく、保養地なみだと立証を試みた。ウクライナ・ソヴィエト連邦共和国保健相ロマネンコ同志は、不可解な態度をとった。彼に対して、私たちはこの地区の住民の健康状態を再三質問した。彼は終始本当の状況を知らず、人々の健康には脅威はないというふりをしていた。加えて、わが共和国指導部マソールとシェフチェンコらは、この複雑な環境においてわれわれの住民の命と健康について、懸念を表明しなかった』」。

ルギヌイ地区では、ナロヂチで起きた誤りが繰り返された。この件についても、会議で率直に議論された。事故処理のためにルギヌイ地区には一〇〇万ルーブルが分配された。マラホフカ村（厳重に管理下にある村）には、救急診療所や公衆浴場や厚い舗装道路の建設が計画されている。モシチャニツァ村では、全部で八一の庭園があり、水道管がはりめぐらされている。なんのためであろうか。なにゆえセシウムの大地に金を埋めるようなことをするのだろう。

モシチャニツァ村の教師Ｃ・Ｂ・カビリンスカヤは語った。「なんのために私たちに舗装道路や公衆浴場や水道管やガス管が整備されるというの。数年後、早ければ、一年後にはそんなもの、だれも必要としていないわ。

その金をつかえば、住民を移住させることができたでしょうに。なぜって私たちの村はみな身体を壊しているからね。村で暮らしていくなんて無理ですよ。村にはたくさんの、いろんな委員会がやってきました。キエフからきた委員会は、この村の放射能は三〇キロ圏内よりも高いと言いました。クラブのそばで、一時間当たり二・一ミリレントゲンでしたもの」。

コルホーズ「ウクライナ」のトラクター運転手で地区ソヴィエト代議員Π・Ｍ・クラフチュクはこう言う。「第一回人民代議員大会（一九八九年五月～六月）で、共和国議長のだれひとり、チェルノブイリの問題に触れることはなかったね。すべてが、われわれの代議員たちを振り回したんですよ。バルト三国（エストニア共和国、ラトビア共和国、リトアニア共和国）の代議員のジャケットの胸にどのような勲章がぶらさがっているかとか、ヤクーツク（ロシア連邦東部、サハ共和国の首都）にどのような病院が建てられているかとか、グルジアではおそらく武装義勇部隊が組織され、ホテルの扉の上にヤドリンとイワノフ（ふたりは失脚したウズベキスタンの検事。中央アジア共和国諸国とモスクワ官僚が関与した汚職の捜査を行なった）を支持する署名をだれがこっそりと置いたのかといったことがね。わがウクライナ共和国だけは、注目すべき問題はないということ。私たちは、大会で最も問題のない共和国ということになってしまったのです」。

これは事実だ。私がすでに書いたように、共和国指導部のだれひとりとして、第一回大会ではチェルノブイリにひと言も触れもしなかったのである。

チェルノブイリ地区病院医長Π・Γ・コゼルの話。「保健省の権威ある機関が、われわれに嘘をついたからです。将来に悲観すべきことはなにもない、とね。大気はきれいになっている。だから私たちのことをパニックを起こすとか放射能恐怖症呼ばわりしたのです。ならば私がいま見ているものはなんなのでしょう。彼らはただ、私たちを騙しただけです。いま私たちが目にしているのは、子どもたちの七〇パーセントに甲状腺異常がみられるということ。州の標準では一〇〇〇人当たり七人だというのに。……最近になって、私は、州執行委員会に特別委員会があることを知りました。もしもこの委員会が自分の仕事を全うしていたら、苺（いちご）や薬草類を採ってはならないこと、森から薪を採ってきて焚（た）いてはいけないことを、すぐに知ることができたでしょうに。どうしてこの委員会は三年間で一度も訪れることなく、地区の本当の放射能レベルを隠し続けているのでしょうか」。

会場には、州保健局長やウクライナ気象観測所長が来ていたのだが、結局代議員の質問にだれひとり明快に答えることができなかった。ウクライナ共和国保健省副大臣ユーリー・П・スピジェンコは実にあっけらかんと「……私は地区の環境について、なにか言うことはできません。なぜならば、本日は専門的な準備をしていないからです」などと言い放った。事故から三年たつが、当時スピジェンコがジトーミル州保健局長を務めていた。そのときに災厄が起きたのだ。会議は続く。「……医療関係者や地元政府代表、地元メディアを含めて、客観的で公正な委員会をつくり、活動の成果と正確なデータが明らかにされなければならない」。

不思議なことである。そのような委員会を作る責任を負っているのはだれか。コルホーズ「マヤーク」のトラクター運転手とでもいうのか。それとも地区ソヴィエト議長か。しかし、共和国副大臣は準備できない……などと言う始末だ。ならば、なぜ会議に顔を出したりしたのだろうか。

会場からは彼に対して野次が飛んだ。「あなたは、本日の提案に対するお答えを準備していない。しかもあなたにはエコロジー状況の改善に関する提案はないという感じがします。共和国保健省副大臣が、地区視察に来たのは、おざなりで形だけのものという印象が拭えませんね」。面子をつぶされたЮ・スピジェンコはなんの必要があってか、つぎのように答えた。「それを決めるのはあなたではありませんよ」。

それからしばらくして、彼は正式に保健省大臣の椅子についた。

そして、新しい立場に変わってから、政府資料にしたがって、私とルギヌイ地区オスタピ村の共同質問に答えた。「現在のところ、共和国政府においてマラホフカ村、モシチャニツァ村、ジトーミル州ルギヌイ地区オスタピ村を含む住民へ追加的支援の実施の必要性について、あらゆる資料の検討段階にあります」。

この答弁に私は驚き、言葉を失った。大臣は私の手紙を読んだのだろうか。ルギヌイ地区ソヴィエトの会議の中身を聞いたのだろうか。もし村民がすでにいまあるすべての支援、「棺桶代」、二五パーセント割増金を受けているとしたら、モシチャニツァ村とマラホフカ村に対して、どのような追加的支援策について話が進んでいるのだろう？ 言い方を換えれば、住民は安全な場所への移住を願っているというのに、なんのために新たに何百万ルーブルを、これらの村の放射能の大地に流し込むのか？

それとも、大臣は代議員に、またも形だけの答えを寄こしたのだろうか。なんと恐ろしいことだろう。放射能か、祖国の官僚主義の砦か、個人はそのどちらかにぶつかり崩壊してしまうのだろうか。

多くの辛酸をなめ、悲しいかな、そのことで知られることになったナロヂチ地区では、数年たってもその状況に改善は見られなかった。数年間に地区内の八〇の村が「汚い」村となった。一一の「きれいな」村では地元のミルクを飲むことができ、個人菜園から採れるあらゆるものを食べてよいことになった。実際はしかし、たとえば、「きれいな」はずのボロトニツァ村ではミルクに含まれる放射能は許容レベルの三六倍に上昇した。チェルヴォンノエ、ルベジョフカ、スラフコフツィ、スタールイ・クジェリでは五〇倍、ヴャゾフカでは一〇〇倍！ 井戸水の放射能規制はなんの慰めにもならなかった。シンガイ村では放射能値は許容量の五二倍を示した。ルベジョフカでは約一五倍、スラフコフツィでは約一七倍だ。

ジトーミル食用肉コンビナートは、ヴャゾフカ村の肉の受け入れを拒否した。放射能汚染は桁外れに高かったからだ。

これら一一の村には、ほぼ三〇〇〇人が住んでいた。うち約六〇〇人が子どもだ。もし「汚い」田舎の農村で子どもが一カ月にコンデンスミルクひと缶とオレンジひとつを食べたら、ここにはもう食べられるものがないのだ。だれが、この子どもたちに放射性飲料を飲ませることなどできようか。

ナロヂチ中央病院のデータによれば、これら「平穏な」村では、癌患者数が異常に増加している。たったひとつの、詩人ラスキの名を冠する村だけで、事故後の三年間で五〇人以上の子どもたちが「甲状腺過形成レベル1および2」という診断を受けているのである。チェルノブイリ事故以前はそのような子どもは一四年間でていないのだ。

これらの場所がどうして「きれい」といえるのか?

あらゆることが悲しい。私はいつも重苦しい気持ちで放射能の村から戻ってくる……。

オヴルチ地区パドガーチエ村。七軒はすべて農村地帯にある。七人のお年寄り。ここにいてはならない。しかし家を捨てるべきか?

オヴルチ地区、ルドゥニャ＝ラドヴェリス村。村は大きくふたつにわけられる。一方は、通行できる。一方はどこへいくのか? おそらく通行だけはできるだろう。

新しい村では人々はなぜか、木を植えない。

すべてを切り捨てること。残すことは、いたましいのだ。この胸が張り裂けんばかりの現実。ナロヂチ、モシチャニツァ、ポレススコエ、いたるところで、放射能をあびる籠の中の鳥のように人々はのたうちまわる。

第14章　ぼくはミルクに指を浸すだけさ

その母親は驚いて、どうしてうちの雌牛の搾りたてのミルクを飲んではならないかを、息子に説明した。放射能汚染地域から届いた手記は身を焦がすほどの人間のドキュメントである。それは、かの地に生きる人々、創意に富むグループ、労働団体、社会団体、そして地元政府の悲痛な告白であり、多くの人がそれを共有する。そして、また個々の物語でもある。絶望した人々は、ときに極限の悼みを詩や日記に表現する。同時代の彼らは自らの実存をかろうじて、見失うことのないように、これらの手記を綴る。「貴重なワインのように、自分の時が到来する」かのように（かつてマリーナ・ツヴェターエヴァ〔一八九二年〜一九四一年〕が詩の中でこう表現した）。私はこの手記を文体を変えることなく、ありのままにここに公開したい。これは「ありのままの姿」である。構成しておらず、加筆もしていない。プロの書き手による修正もない。さらにはノンフィクション作家の気取りや衒（てら）いもない。もし理解できないとしたら、語っている（書いている）のが、いままさにチェルノブイリの汚染地帯に生きる被災者であること、またはすでに書き手自身が自分の状況がわからなくなっているからである。

「私はまもなく三一になります。年に数日入院します。四人の小さな子（いちばん上が一二歳）がいて、みんなずっと病気です（手足の関節が弱く、ヘモグロビンは減って甲状腺とリンパ節は大きく腫れています。胃がとてもとても痛むようです。長いこと感冒性疾患にかかっています）。まわりのどこの家でもこんな感じです。

私たちは死にたくない。子どもたちは健康で大きくなってほしい。あの子たちに未来があってほしいんです。冷笑的な人、情のない人、冷酷な人に、私たちの運命、子どもたちの運命が握られている。とても恐ろしい運命です。やわらかな肘掛椅子に腰かけた役人方はわからないだろうし、わかりたくもないのでしょう。

ナロヂチ地区はいくつかの村に移住を約束しましたけれど、私たちのことには口をつぐんだままです。仕方なく、放射能を食べて飲んで吸い込んでいます。それがおしまいになる日を待っています。この責任はソヴィエト連邦にあると思います。いつも近くで（ラジオや新聞や学校で）人々の関心事を伝えています！　でもこれは本当のことではありません。私たちはだれにも必要とされないのです。どこへ行くとよいのでしょう。もしわかれば、国連に手紙を書きます。どうしてかというと、私たちの地元機関やメディアは私とおなじように無力だからです。どうか、切にお願いします。私たちの悲しみにお力をお貸しくださ い。子どもたちを助けてくださいませ。

ヴァレンチナ・ニコラエヴナ・アフレムチク。四児の母、オレヴシチナのすべての母より」

「あなたにお手紙しますのは、以下の村の住民です。ノリンツィ、クローチキ、マリヤノフカ、ソフチェンキ、ノヴォチカ、ラターシ、スタールイ・ドロキン、スニトゥイシチァ、ジトーミル州ナロヂチ地区ゴーリキー記念コルホーズのコルホーズ員。

私たちはすべての階級のみなさんに訴えます。私たちの悲しみと、みなが無頓着になってしまった子どもの運命のことを。三年がすぎましたが、一方でチェルノブイリの悲劇は子どもの身体にますます大きく影響を及ぼしています。私たちはみなチェルノブイリから六〇キロメートルのところに住んでいます。子どもを見ていると、母親は苦しみで胸が張り裂ける思いです。最近、子どもの健康状態は急速に悪化しています。とても疲れやすく、病気がちです。片頭痛、視力低下。意識障害がたびたび起こりますし、手足の骨折も頻繁です。授業では子どもたちの学習能力がはっきりと低下しています。出席簿には大勢の欠席が記録されています。生きる喜びは失われました。この三年間で初めてみられることばかりです。五年後、一〇年後にはなにが起きるでしょう。明るい世界が現れるその前に、なにが子どもたちを待ち構えているでしょう。

年に二回、子どもたちは健康診断を受けます（もしかすると定期検診というのかもしれません）が、私たちは完全に、なにもわからない世界の中に置き去りにされています。とはいえ、私たちが検査結果を並べてみたところで、安寧（あんねい）が訪れるでしょうか。ノリンツィ中等学校の一三二名の生徒、そしてラタシャ中等学校の六五名の生徒が検査を受けました。三九人に機能障害が見られます。この子たちはさらに精密検査のために共和国放射線医学研究所に送られました。私たちも心配になりました。私たちは、子どもに川や森で自由に遊ばせるのが心配なのです。みな赤ん坊のときにはそうしてきたのに。お役人だけが「きれいな」区域と「汚い」区域を定めることができるのです。普通の環境では、人の一生を七〇年とすると三五〇ミリシーベルトの被曝を受けてもいいと言われているけれど、私は不安です。しかし、だれかが、実験用モルモットを必要としていることが私たちにはわかるのです。私たちの村は実験対象で、一年に人々は一〇・七八ミリシーベルトの放射能を浴びているんですから。だれが、私たちの健康に対して答えてくれるのでしょう、子どもたちの健康に。子どもたちの多くに、肝臓肥大と心臓血管系の疾患が増えています。

成人には、腫瘍関連の病気の増加が認められます。現在専門診療所には四〇名が癌登録されています。私のコルホーズにかぎると、一九八七年と一九八八年の二年間で一四人が登録されました。今年の三月に、キエフからこの地区の調査に訪れた医師団は、四〇日の出張でしたから、子どもたちにとっては不充分でした。村のコルホーズで、子どもの病人の数は厳重に管理下にある区域の村と同じくらいのことは、みな知っています。この問題を私たちは再三、ソヴィエト連邦保健省に訴えました。〝ペレストロイカ・プロジェクト〟放送室にも、ウクライナ共和国閣僚会議のカチャロフスキー同志（われわれの代表団は彼と面会しました）にも訴えました。しかしこのどちらからも回答は直接受け取れませんでした。

事故の後に、州や共和国が私たちのことを理解して、支援してくれることを願っていました。けれども、現実には反対のことが起きています。三年目にはだれも私たちの存在を気にも留めなくなってしまいました。訪れた州の関連部署の人は事態を鎮静化しようとするだけで、そのほかのことには目をつむっています。そしてだれも私たちの立場に立って、親身になって考えてくれないのです。私たちは、災厄とともに見捨てられてしまいました。このような次第で、私たちは次の問題を解決するためあなた様の人民代議員としての関心と関与をお願いしたいのです。給料の割増問題を解決して各世代全員に『きれいな』飲み物と『きれいな』食料の購入分として三〇ルーブルを給付すること。母親が子どもを看るように、私たちの置かれている状況をご理解ください。子どもたちは未来を思い描くことができません。コルホーズの村民の署名を添えます」。

これらの手紙にはおよそ六〇〇筆の署名があった。

「私たちは、ジトーミル州ナロヂチ地区のマリヤノフカ村の住民で、このたびあなた様にご支援をお願いする次第であります。みなは自分たちの禍（わざわ）いで手いっぱいで私たちは置き去りにされています。一九八六年四月は、私たちにとってこれからずっと忘れられないものとなるでしょう。三年が過ぎましたが、チェルノブイリ原子力発電所事故に対する不安は増す一方です。それは子どもたちの健康に暗い陰を落としています。子どもを見つめると、涙が溢れてきます。子どもを助ける力は私たちにありません。いまはもうはっきりしていますが、子どもたちは事故前と別人になってしまいました。あの、元気に満ち、喜びに溢れた笑顔はどこへ行ってしまったのでしょう。あの子たちはしょっちゅう病気に罹（かか）ります。もう驚かなくなりました。そして、子どものために家庭菜園で採れた野菜で食事を作ります。そんなことをしてはいけないと知ってはいるんですけれど、でもほかに術（すべ）がありません。コルホーズのミルクはとても酷く汚染されています。何倍も許容量を超えています。お店に野菜や果物はまったく届きません。ミルクはごくたまに入荷します。サラミソーセージや肉は『きれいな』食品が配給される村で余ったときにだけ、この村で売り出されます。このような村はわたしたちの周囲三、四キロメートルの中に点在しています。私の村は大きくありません。ここで暮らしているのは、ほとんどコルホーズ員です。でも仕事がないので、収入はわずかです。半月で六〇から七〇ルーブルです。それで三、四人の家族が暮らすのです」。

手紙のしまいには、マリヤノフカ村コルホーズ員一三名の署名がある。

「メジレスカ村の住民の多くが住所を変えました。けれども私たちの大多数はここで生きるほかありません。私たちの国では勤労者に対する非礼は許されないと信じています。私たちはこのお手紙にどうしても訴えたいことを記すことにします。

私の村の近くにはバザール村、ゴルビエヴィチ村、ヴェリーキエ・ミニキ村などもあります。村民は二五パーセントの割増金と一人当たり三〇ルーブルの給付金を受け取っています。彼らと私たちの置かれた状況にどんな違いがあるのかわかりません。しかし、私たちの〝放射能実験農場〟へ職員をつれて議会から人がやってきました。私たちの村が、実験室と同じなのだなと理解しました。

それを裏付けるために、私たちの農場の雌羊を隣の地区へつれていって確認しようと思います。なぜなら私たちの農場は放射能で汚染されているので、前の年も今年も綿羊の生産に適していないということをわかってもらいたいのです。同様に雌牛の線量を測るととても酷いので、肥育牛も食肉コンビナートで加工することができません。就学前後の児童の七〇パーセントに甲状腺疾患の兆候が見られます。子どもたちは六カ月間の治療を受けて、自家製ミルクを飲まないように指導を受けました。全体として〝きれいな輸入食品〟で料理をするようにと言われているのです。

私たちの村には初等学校があります。なぜか学校周辺の土の表面を剥がして持っていき、あとを砂利で敷き詰めていました。なんのためにこんなことをするのかと訊くと、放射能が高いからだとの答えでした。

ですから、私たちは問題の公平な解決を求めていかざるをえないのです。子どもたちのことをとても心配しながら、農場や畑で、懸命に今後も働き続けるつもりです。私たちには、時がたてば、環境は正常に戻ると説明されています。お願いですから、私たちにも隣村と同じように補助金がおりますように。そうすれば子どもに『きれいな』食料を買うことができます。

メジレスカ村、オソカ村の勤労者

一〇名の署名。

「あなたにお願いいたしますのは、ジトーミル州オヴルチ地区ロキトノ村の住民でございます。ここは放射能汚染地帯にあります。お偉い方が幾度も土や水や地元産食品を検査しました。放射能は環境中のレベルを超えていると言います。そして給料の二五パーセント割増金と三〇ルーブルを受け取れるはずだと言われました。放射能の高いほかの村と同じです。私たちは再三、モスクワに働きかけました。しかしあなた様もご存知のように、書いた手紙はすべて州に戻ってきました。そして州農工業局で担当のビストリツキ氏が手紙に答えます。放射能は許容範囲内である、とね。キエフから衛生局長をはじめ代表団がやってきて、私たちに割増金を支給し、『きれいな』食料を配給すると言いました。食品はたまに配給されています。放射能汚染に対する補償金が出ないと、地区執行委員会に訴えました。そうしたら、金については別途考えるというのですが、三年間もほったらかしなのです。私たちの村の人々は戦時中も苦しみましたけれども、ハティン村[訳注1]のように災難を生き抜きました。

ロキトノ村民を代表して。アナトーリー・イヴァーノヴィチ・バラノフスキー」。

「初めてお手紙を差し上げます。ジトーミル州オヴルチ地区プリルキ村民と、地元のジトーミル州第二精神病院の職員です。プリルキ村ではチェルノブイリ原発事故が起こってからというもの、放射能が上昇し、食料品や水が汚染されました。一九八六年七月から一九八七年二月まで賃金に二五パーセントの割増金の支払いがありました。その後、環境中の放射能が下がったという理由で、割増金は打ち切られました。時を同じくして、二度（一九八八年六月および一〇月に）化学戦防衛軍小隊によって、村の集落と病院の敷地内が除染されました。九〇名の子どもたちの健康状態をみると、四三パーセントに病態がみられました。五人が精密検査と治療を受けるためにキエフに送られました。血液検査の結果は秘密にされています。住人と病院職員の子どもとプリルキ村の子どもはピエルボマイスク村の学校にバスで連れて行かれました。ここがいちばん近くの学校です。子どもは、朝七時四〇分から夕方四時までいました。そこは『汚い』村です。住人は栄養強化食のための特別給付金を受けていました。また給料の二五パーセント割増金も取得しています。私たちも同じ地域に住み、働いているのに割増金は受けていないし、『きれいな』食材でつくられた食べ物の確保ができません。最も近い村（ヴェレジェスチ村、ルードナヤ＝メチナヤ村、ペホッコエ村、ドゥミンスコエ村、ヴィストポヴィチ村は四から九キロメートルの範囲にあります）は『きれいな』食べ物を確保できたし、二五パーセントの給料割増分も受け取れたし、家族の人数分に一人当たり三〇ルーブルの給付金が保障されました。私の村をつっきって、ミンスクとイズマイルを結ぶ道路が造られました。村から規制区域へとあらゆる輸送はこの道路を使います。一九八九年四月にオヴルチ地区プリルキ村の住民

訳注1　一九四三年三月、第二次大戦時にナチス・ドイツによって、焼き払われたベラルーシ、ミンスク州ロゴイスク地区の消失した村（現在は記念碑がある）。ベラルーシには、村民が家屋に閉じ込められ、まるごと焼き尽くされ、戦後も再興されなかった村が一八六ある。

の粘り強い要求によって、公衆衛生疫学センターが食品の試験を実施しました。分析の結果では、ミルクと茸と苺は食べられないことがわかりました。私たちは、人々の健康への悪影響を最小限に抑えるために、地区執行委員会、州執行委員会、州保健局とウクライナ気象観測所所長に環境調査としかるべき措置を講じるよう請願を行なっています。しかし、いかなる措置も今にいたるまで実施されていません。

ジトーミル州第二精神病院職員とプリルキ村村民」。

「私たちの療養所『ノーバヤ・ラーチャ』はナロヂチ地区にあって、いままでに四〇〇床の機能を果たしてきました。私たちのもとを州結核予防・診療所医長が訪れ、職員を集めて、わが療養所は閉鎖されることに決まったことを説明しました。肺結核部門はベラコロヴィチ村の結核病院に、外科部門はジトーミル州サトコ村に移転します。(……)移転の理由は、この地区の放射線が高いということのようです。もしもこの場所の放射能レベルがそのようならば、診療所は移転し、療養所は閉鎖されると住民にきちんと正直に話をします。いま私たちは公正で嘘偽りない言論と民主主義社会を生きているはず。正直に対応しなければならないはずです。けれど新聞が書くことは、私たちのところの放射能は極めて低い、という記事なのです」。

一九八九年八月にナロヂチの会合で発言したある女性は、私に日記を見せてくれた。それは学習用の方眼紙型ノートに書かれていた。これは自らの懺悔、つまり深い傷をひろげるものだ。村人たちの大多数は日記をつけているだろうか。自己の内面にはいったいなにが起きるのか。自分自身のためにペンをとらせるのかもしれない。ある日の記述はこうある。

「一九八九年六月一七日。人間にとって、最も恐ろしいことは信仰を失うことである。真実に対する信念。たとえそれがどれほど痛ましいものであっても。私の心は重苦しく、痛く、悔しくて泣きたいほどである。人々に対して、学者に対して、指導者たちに対して。彼らの掌中に、法があり、狡猾があり、嘘がある。

私たちは病をもつ人間だ、と言われる。地区のすべての人は、ある病を患っている。その名は、放射能恐怖症だ。私たちはひとりとして、年齢も、成長の速さも、性格も同じ人間はいないのに、患った病気はなぜ同一のものなのか。いや、そうではないのだ。尊敬するロマネンコ同志、スピジェンコ同志よ、私たちは放射能恐怖症などではない。私たちはチェルノブイリの災難によって、病気になったのだ。

あなたと、あなたの取り巻きたちは、三年間、チェルノブイリの悲劇が私たちを襲った結果のすべてを隠していた。そしてみんなの信頼を失ったのだ。信頼できない人物が、なぜ任務についているのだろうか？

私は四人の子どもの母親である。そして孫も四人だ。二三年間学校で働きとおした。そこでは一年生から一〇年生までみんな私を知っていた。もし、私が教師でなかったとしても、母親、女性の目で私は子どもたちをつぶさに観察している。なにに注意しているのか。近年、子どもたちは、別人のように変わってしまった。あの子たちは、あらゆることに興味と関心とを失ってしまった。どんなことにも驚いたり、喜んだりしないのだ。彼らはけだるそうに、疲れたように、欠伸(あくび)を繰り返し、終始なにかに苛立(いらだ)っている。食欲はなくなり、顔色も悪い。蒼ざめた顔、黄色い顔、真っ青な顔の子どももいる。整列して一五分、二〇分くらいすると、意識を失い倒れてしまう。目に、刺すような痛みが走るとか、口の渇き、胸やけ、喉(のど)がいがらっぽいなど、すっかり大人になったかのように、痛みを訴える。めまいや腕とくに足の関節の鈍痛、これらが、放射能恐怖症の症状とでもいうのだろうか。三年半の間、私たちが新鮮な野菜からストロンチウムやセシウムを体内に取り込んでいたということを、なぜあなたたちは認めないのだ。子どもと私は三年と半年この大地に生きているのだ。大地は、輝いている。澄んだ空気を胸いっぱいに吸い込む。しかしそれは、赤々と燃えている。この土地で育まれた恵みを食べる。しかしそれは放射能を含んでいる。清澄な水までも奪われてしまった。

　私たちの水を検査してほしい。これは化学反応を起こしているにちがいない。私はナロヂチ小学校の化学実験室の助手をしている。授業で硫酸銅溶液を作ることもあった。硫酸銅溶液の入った試験管に蛇口から水を注ぐと、青い水が緑色に変わるのを、子どもたちは見つめる。薬局に蒸留水を買い求めに行った。私たちの身体は、水と大地と大気から、毒物を吸収している。それだけではない。嘘と官僚主義とストレスという精神的な負荷がかかっているのである。

　かつて私たちは、よく集まって、四方山話(よもやまばなし)に花を咲かせたものだ。大したことではない。どれくらい植えつけて、どれほど刈り取り、どれくらい収穫したかとか、缶詰にしたなど、どうということもない話だ。最近はこんな会話をすることもめっきり少なくなった。二、三人女性が集まると、専(もっぱ)ら子どもの健康について言葉を交わすだけだ。

　地区には二万六〇〇〇人が住んでいる。すでに六五〇〇万ルーブルが建築費用に使われた。今年もまだ、三七〇〇万ルーブル分の計画が残っている。ざっと見積もると、このお金があれば九〇棟の五階建ての家を建造し、そうすれば地区の全住人が住むことができるのだが。この土地から人々を移住させるという課題があるなら、このお金をどこに使うべきであろうか。この数千万という金をだれのために投げ捨てるのか。この地区が放射能に汚れているという状況をだれから隠そうというのか。どうしてこの資金を『きれいな』地区での住宅建設に投じないのか。そしてそこへ人々を移住させないのか。われわれの緩慢なる死よりも、われわれの命の救出の方が、国益に叶うのではないか。もし自分たちのきれいな大地で野菜や果実を育てるならば、わざわざ『きれいな』食料品を遠方から手に入れる必要はないのではないか。

　私の村には水道やガスが引かれ、道路はアスファルト舗装されている。セシウムで使えなくなった土地の上に家や幼稚園が造られているのだ。私はちっとも嬉しくないのだ。子どもたちにとっては、小川も森も草原も立ち入ってはならない場所だ。いったいどうやって生きていけというのだろう。

　往診の後で医者たちは、持参したグラスにミネラルウォーターを注いで手を洗う。ロマネンコが大臣を務めるウクライナ・ソヴィエト社会主義共和国保健省の職員がみな私たちのところへ越してくればよい。そして私たちと同じように暮らすのだ。これは科学の進歩にも役立つに違いない。そして今週は、リュバル村へ馬鈴薯を求めて車を走らせる。空っぽで帰ってくる。ヘルソン村へトマトを求めて走らせる。しかし結局は同じだ。それなのに、『きれいな』野菜を食べてください、だと。よくもまあ言えたものだ。

　もともと菜園ではあまり南瓜（かぼちゃ）の出来はよくなかったけれど、一九八六年は倉庫まで運ぶのが大変だったくらいよく実った。唐黍（とうきび）の葉が変色し、縞模様が表れた。雌牛一頭は奇形の仔を産み、尾のない犬が生まれた。毛のない猫が生まれ、死んだ。母猫も死んだ。生き物たちに起きていることも放射能恐怖症というのだろうか。精神的ストレスが原因とでもいうのだろうか。

私たちは国家に対して、生存が許されないほどの、なにか罪を犯しただろうか。もちろん彼らはそうでないことを充分に知っているはずだ。もし、知らないとしたら、だれも三〇ルーブルの割増金を出さないだろう。もし、知らないとしたら、だれも賃金に二五パーセントの上乗せをしないだろう。彼らは一二の村の現実を把握しているのだ。住民は速やかに転居しなければならない、ということを。

私たちは三年半、第三のゾーンに暮らしているのである。それは『孤立』というゾーンだ。党執行委員会の周辺、ナロヂチの中心部に汚染した場所があり、一時間当たり一・五ミリレントゲンである（自然線量率の約一五〇倍）。スヴェルドロフ通りにある地区消費組合近くは一ミリレントゲン以上で、知人のニーナ・アレクサンドロヴナの敷地にある診療所は周囲で二ミリレントゲン以上。大気汚染については、一時間当たりの空間線量は〇・二から〇・五ミリレントゲンである。

この間に、私たちはさまざまな機関にどれほどの手紙を書いたことだろう。おそらく一〇〇回は下るまい。委員会へは数十回だ。今後どれほど書けばよいのだろうか。私たちはどこかのクレーマーではなく、なにも要求はない。『特典』や施しを必要としているのではないということを理解させるまでに。私たちに罪はない。普通の暮らしが送りたいだけなのだ」。

ナロヂチに住む女性は私に自作の詩を送ってくれた。それは文学という点からは未熟であるけれど、耳を傾けるに値する魂の叫び声である。

「子どもたちを待っているのはなにか。わたしにはわからない。

手の中には千羽鶴？
医者はなんでもあいまいで
『不可解な』言語で説明する。
私は母、女、私の使命――
産み、育て、愛を注ぐこと。
心の中に、ずっとひとつの音が鳴る。
未来になにが起こるのか、この先の命に？
産むの？　だめよ、堕しなさい。
魂の叫び――人はなぜ生きるの？
主よ、どうか救いを、お助けください！
女が母でないことを？」

チェルカースイ州〔ウクライナ共和国中央に位置し、キエフ州に接する州〕スミル市の工場労働者のひとりはナロヂチに住む叔父から手紙を受け取り、苦悩の詩に表現した。

「来てはだめだ、いとしい人よ。手紙はどこへでも飛んでいくのだから。
ナロヂチの人はみな泣き叫ぶ。
私は叔父さんの声を聴く。声ではなく――魂の叫びを来てはだめだ、坊や。いそぐことはないのだから！」

文学的価値については語るのを控えよう。それはペンによって記されたのではないのだから。魂によって記されたのだから。どれほどの悼(いた)みがあることか！

以下に共同で書かれた手紙を紹介する。

「『汚い』地域で生きてきた日々、チェルノブイリの真実をどのように隠してわれわれを残酷に惑わしたかを、もういちど確認したい。連邦と共和国の各省庁の政府高官は、自分たちの不作為と無関心を隠蔽しつつ、無責任かつ許し難いことに、汚れた土地で暮らすことができると信じ込ませている。さらに汚染の小さい地区へ人々が移住するのを先延ばしにしている。そして、この間にも私たちの、健康と人生とが、彼らの行為の報いを引き受けているのである。

チェルノブイリの災難は成人や高齢者や子どもを迂回して通るわけではない。それどころか、私たちの家や家族や労働者を直撃するのである。無数の人々の未来をすべて消し去り、病と悲嘆とを人生にもたらし、そこは逃げ場のない悲劇の舞台と化すのである。

そして私たちの忍耐に限界が訪れる。生きていくことへの展望も生きるための力も失ってしまうのである。

……私たちは差し迫った、喫緊の課題が具体的に速やかに解決されるのを待っている。『汚い』地域に住む住民の移住を加速させること、ソ連邦・共和国の事故処理計画実施に関するすべてを情報公開すること。これらの課題に関して政府のより早期の決議、事故によるすべての被災者の、まず第一に子どもたちの健康問題の全面的解決。『きれいな』食品の必要不可欠な量の確保、チェルノブイリ原発事故被災者の地位確認に関する法律の制定。専門家を交えた体系的かつ本格的な健康診断。医師の処方箋による優良医薬品を受け取る権利。汚染地域に居住していた期間、または勤労していた期間の条件を一二年間から五、六年間に緩和して、女性五〇歳から、男性五五歳からの年金受給を保障し「特典」の受給を認める決議。このような『保障』が決議されても、年金を受け取るまで生きていられるだろうか。議長でさえ、私たちの、子どもたちの健康状態を知らないのではないか。放射線被曝により、私たちの同世代人は八時間労働に耐えられなくなった。一二年も放射能の埃を吸い込んだ、機械技術要員、運転手、トラクター運転手、畜産農場労働者は、年金をあてにできるだろうか。

授業で教わったことを覚えられず、学業に集中できない子どものことや、私たちの希望についてなにを語れるというのだろう。割増金に関する決議は、そこに住む人々に、今後も住み続けることだけは強制する。体力と健康を失った、年金受給前の年齢の人間をいま、残酷に破滅へと追いやっているのは、低線量被曝なのではないか？　彼らも一二年間待たねばならないのか？　それとも割増金を受け取ることなく死が解決するというのか。

放射能の最初の一撃を受けた人々に、長期間、放射線地獄の中で生き、働くという非情な苦難を押しつける決定、高い地位にある人や組織の行為は容認しがたい犯罪であると考える。

以上の状況を勘案して、もし厳重管理区域での一年分の労働を二年分として計算する制度を採用するのが妥当だと考える。

人々の健康をきちんと守るには、総合的で、慎重に考慮されて策定された基準をもとにしたハイレベルの決定がなければ、不可能だ。まさにそのようなわけで、私たちは、チェルノブイリの被災者となってしまった人々が生きていくために、政府により地位が証明され、具体的な人物の署名のある『保養証明書』が発行されることを要求する。この証明書は、忍耐強く待つ人たちに割増金という収入を確保し、人々の日常生活と居住条件を保障し、将来への補償を提供するものだ。これなくしては、私たちは、核の人質であり、自分たちを襲った災厄と不安を抱えたまま取り残されたと感じてしまう。

数年間、未曾有の人民の悲劇が続いているし、ナロヂチへは、B・B・シチェルビツキーも元ウクライナ最高会議長B・C・シェフチェンコもB・A・マソール（四回頼んだ）もB・A・イヴァシコも未だに訪れていないのだ。つまり、われわれの苦悩、子どもや未来の世代の人生は彼らにとっては存在しないも同じなのである。われわれは、唯一の道しか残されていないと確信している。放射能に汚染された故郷の大地で引き裂かれた子どもと親とともに、国際連合の支援を求めることである。敬具」

この冷静で、しかし胸をかきむしられるような手紙の末尾には二五名のコルホーズ、企業、病院、診療所、文化局、地区消費連合、学校、ナロヂチ地区の諸機関、コムソモール〔共産党青年同盟員〕書記の署名が続く。共産党体制を支え、補完していた共産党青年同盟書記が、このような手紙を書いた事実は、すでに党と権力への忠誠心を完全に失ってしまったことを示している。

M・C・ゴルバチョフ、H・И・ルイシコフ、B・A・イヴァシコ、B・X・ドグジェフそして同じくこの私宛てに一一月三〇日付の電報はつぎのように書いている。

「今年［一九八九年］一一月二九日付『プラウダ』のチェルノブイリ原子力発電事故処理政府委員会についての発表は、われわれおよび類似の地区の問題の根本的解決にむけて重要なことが見落とされている。それは、子どものいる家族が避難する権利である。

自分たちの子どもの健康と安らかな人生のための最後の希望が失われた。われわれの関係省庁とくに保健省の現下の不作為はほとんど犯罪的ともいえるものである。地区の環境は予断を許さない状況にある。一刻の猶予も許されない。われわれの問題の速やかな検討と解決をお願いしたい。ウクライナ共産党ジトーミル州ナロジチ地区委員会事務局の依頼をうけて。地区委員会書記Ｂ・ブヂコ」

「私たちナロヂチ地区の教師は……」

「住民の放射線防護のための社会活動グループメンバーは、ナロヂチ地区の村民の委託を受けて、訴えます……」

「労働組合地区会議、ジトーミル州ナロヂチ地区女性会議アピール。非常に困難な生活環境のもとで、わが地区村民の大多数が暮らし続けている……」

「住民の放射線防護に関する社会委員会は訴えます……」

「われわれ、ナロヂチ地区の村のリボン製造工場労働者は……」

ナロヂチ地区から押し寄せる手紙の山は汲みつくせない。そして涸れることがない。

「……ウクライナ・ソヴィエト社会主義共和国最高会議（ウクライナ・ソヴィエト社会主義共和国共産党中央委員会総会）で、われわれの提案の討議をお願いしたい。われわれは、健康と子どもたちの将来およびわが住民の未来に無関心ではいられない。われわれは次のように考えている。ウクライナ共和国民はこの提案を理解し、チェルノブイリ原発のすぐ近くの地区に暮らし、つぎに挙げる課題の中で暮らす被災者に対して最大級の援助を与える必要がある、と。

一　共和国の放射能に汚染されていない州や地区の〝きれいな〟食料品の調達（優先的に市および地区の幼稚園と学校に配分すること）。

二　就学前の子ども、学齢期の子どもは毎年五月二五日から八月二五日までの三カ月、健康増進のための休暇をとる。その間にどちらかの親と過ごし、検査、健康管理を受けること。

三　地域に保養所の建設。二四時間管理体制をもつ保養所では、市の地区や住人だれでも必ず健康増進プログラムと健康診断を受けることができる。

四　汚染された場所で生きる人への特典の追加。

五　年金支給開始年齢の引き下げ。

六　個人用線量計を充分量確保すること。

七　森の木材が汚染された市と地区のガス管敷設工事の加速。

八　われわれの地区に対する洗剤使用制限の撤廃。

ここに、わが市および地区民の一五頁の署名簿を添付する」

五〇〇を超す人々が署名しており、追記には「この要望の背後には八万人のオヴルチ地区全員が署名していることを考慮していただきたい」とある。

電報：「ルガンスク州の放射能汚染状況の研究結果は客観的ではない。以前のデータと矛盾している。補償金の額を小さくするよう意図されている。この問題の解決に向けて、以前に州で得られた資料・データに準拠するようお願いしたい。ジトーミル州ルギヌイ地区、ウラヂーミル・マクシーモヴィチ・ゴンチャレンコ」

「私はモギリョフ市に住んで、あなたにお手紙をしたためています。私たちは核の人質にとられたようなものです。線量計は住民のだれも持っておらず、発表されるデータも信用できません。いろいろなところで、線量計の生産が開始されたと書かれていますが、入手できる望みはありません。公式の測定地点は一平方キロメートル当たり二カ所ですが、本当は一〇から一五メートル間隔でなければいけません（放射線源を捜すときのように）。将来的にはまだ思いがけないことがあると私は思います。あなたは、『ご意見番』（テレビ番組）で、モスクワの私たちの血液病専門クリニックをとりあげた回をご覧になりましたか？　すべての病室から、亡くなった人を隔離しなければならないのに、あれほどの混雑ぶり。使い捨ての注射器がないなんていうことは、私たちはもう言いません。癌が増え、粘膜、気管支炎、甲状腺などの疾患の数が増加しています。国営商店であろうと、市場であろうと、きれいで、清潔とされる食料品を信じることができません。長い間、嘘のバックグラウンド放射能のもとで、私たちは食事を摂ってきました（いまもそれが続いています）。それならば私たちは、なにをいまさら（控えめにみても）生態系の悪化を証明しなければならないのでしょうか？　さらには、地元にあるポリエステル工場や化学工場の生産拡大が求められています。ウインナーソーセージの皮はあるのに、製品はないというようなものです。化学製品の生産拡大を拒否する必要があります。二硫化炭素と硫化水素の発生源だからです。

みながチェルノブイリ型原子炉の爆発の危険性と欠陥とについて書いています。われわれはこれ以上、なにを待つ必要があるでしょうか。いつかは、ほかの原子炉が爆発するでしょう。私たちはすでに充分すぎるくらい被曝したと思います。しかも、日々被曝は続いているのです。

原子力発電所を閉鎖すると、〝電力が不足する〟ということに関して言えば、わが国では誤りであります。私たちは契約にしたがって、電力を海外に輸出しており、その一方で私たち自身が死に直面しつつあるのです。輸出の代償はとても高くついています。

茸、苺を買わない。豚肉もそう。もちろん森には入らない。太陽のもと直射日光をできるだけ避けるように……。ジナイーダ・オージェスカヤ・フィリポーヴナ、医師、モギリョフ」。

ときがたつにつれて、被災地区から届く手紙の中身が変化した。人々は、移住を前にした混乱やごたごたについて、要人たちの悪質なやり方について書いてくるようになった。この種の人間は自分の職務上の立場を利用して、他の人を押しのけて、より良好な土地、アパートに移り住んだのである。

「私たちはナロヂチ地区のマールイエ・クレシチ村、スターロエ・シャルノ村の者です。強制移住させられることになっています。一九八九年七月二〇日から移住が始まります。州執行委員会議長が住居を買い付けることを私たちに約束したのですけれども。しかし住居は私たちに結局提供されませんでした。そこで私たちはナロヂチ州執行委員会に援助を求めましたところ、バラノフスク地区執行委員会で支援を約束してくれたのです。ガトフシッとマリノフスキー［ジトーミル州執行委員会議長］はナロヂチで私たちにすべてを約束しました。それなのに私たちが家に行くと、彼ら同志たちは、入居は駄目だと言ってきたのです。

ガトフシッ同志は、受話器を投げ出し、私たちとの話し合いを拒否しました。私たちは、いったいどこに行けというのでしょうか？　子どもたちをどこへやったらいいでしょう？　あの子たちが通う学校がいったいどこにあるのでしょう？　私たちには機会もないのです。迅速な支援をお願いします。私たちには生きる場がないのですから」

引っ越し予定の二〇名の署名。

彼らは、深夜に新聞の当直勤務で印刷所にいた私を探していたのだ。まだ若い女性は涙を流していた。男たちは、もし住居をくれないのなら、明日、党州委員会近くの公園にテントを張ると言った。こうしてこれらの家族にとっては、引っ越し先で悲しみとともに「新生活」が始まった。

「貴方にナロヂチから移住用住居の平等な割り当てについて切にご理解下さるようお願いします。

わたくしニチォヴィチ・ナターリア・エフゲーネヴァは一九七五年以来、ナロヂチ地区に住んでおります。中央音楽学校を終えてから、住宅の提供をうけてやってきました。既婚者です（夫がいました）。一〇歳と一三歳になるふたりの息子がいます。一九八四年以降はひとり暮らしです。チェルノブイリ原発事故が起きたときはナロヂチ地区で暮らしていました。高レベル放射能地域で二年過ごした後、子どもは病気になりました。医師の勧めもあって、私は仕方なく他所へ移りました。下の子はジトーミルの両親（祖父母）の許へ、上の子はイヴァノフランコフスク州の義母の許へ。こうして私の家族は散り散りになりました。もう二年がたちますが、子どもたちと一緒に暮らすことができないのです。子どもたちには父親がいません。未だに、母の優しさと温もりが奪われたままです。けれども一九八九年に移住して家族が一緒に暮らすことができる家の取得へ希望がでてきました。しかし、なんということでしょうか。住居分配委員会のメンバーが、私からその希望を奪ってしまいました。私が、なにか罪を犯して子どもたちと離れて、ナロヂチから連れ出したのではないかという理由をこじつけられたのです。

ジトーミル市で行なわれた第一回選考で、私は落選しました（三七軒が売り出されました）。その後、キエフは二〇〇軒のアパートを提供しました。私はそこへ申し込みましたが、これもジトーミル州の第二回目選考に回すということで、拒否されました。しかしそれ以降は、ジトーミル州では住宅の選考会はありません。一九九一年に予定されているだけです。住宅に当選した三七名の中で三人が取り消されました。それは州執行委員会のメンバーがすでに入っているからです。彼らには一八歳を超す成人の子どもがいるのです。ルチャネンコは州執行委員会副議長です。シュリレンコは州執行委員会副議長です。いったいどこに正義があるというのでしょう。住宅分配委員会議長のコバルチュク同志は四州にまたがって、申し込みをしていました。そして、キエフに住むことにしました。イヴァチェンコ同志は州執行員会企画課に勤務し、すでにフメリニツキー市〔ウクライナ、フメリニツキー州の州都〕で住宅取得証明を受け取っていましたのに、一週間後にキエフ市の住宅取得証明を手にしました。シェリュク同志は戸籍登録課長でジトーミルに申し込んでいました。登録を取り消されることのないまま、キエフの住宅取得証明を受け取ったのです。このようなことが現実に起こっているのです。もし、だれかが執行委員会の関係者であるならば、お好きなところで住宅を入手することができるし、そうでなければ、私のように誰も気にかけてくれません。せめて、最初に一四歳以下の子どもがいる家族が優先して移住できなければならないはずです。それなのに、この不公正なリストが大手を振ってまかり通っているのです。私はこの事実をあなた様にお伝えしたいのです。そして同時に地区検察庁にも訴えました。検察庁から執行委員会メンバーに対して勧告がおりました。けれども改善は見られません。あなた様にお願いするとともに、子どもとジトーミル州のどこかで暮らしたいということをご理解、ご支援くださいますよう。ニツォヴィチ」。

この手紙を読んで、私はジトーミル州執行委員会に申し立てた。すると次のような回答があった。Ｈ・Ｅ・ニツォヴィチに対する一九九〇年六月五日付け指令書四／二が発令され、次の住所のアパートへの入居を認められた。ジトーミル市シェフチェンコ通り八五番。アパートの完成は一九九一年上半期「に予定されている」。上層部の権力濫用については触れていない。検察庁へ執行委員会と同じ申し立てを送ることにした。私の地元郵便局が、このような手紙を取り扱うのは初めてではない。私は何歳になるまでこのようなことをやり続けるのだろう、と考えた。もし、この機におよんでもなお、あらゆる手段で、甘い汁を吸おうとする人間がいるかぎりは止められない。

「あなた様にお手紙することをお許しください。この拙文があなた様に届くかわかりません。どこかへ手紙を出さないと、だれも私を助けてくれません。ウクライナ最高会議や別の機関へ手紙を書きました。私はナロヂチ地区ボリシーエ・クレシチ村から同じジトーミル州のベルディーチェフ市ガリチン村へ移住しました。回りは事情をよく理解してくれます。とても感謝しています。引っ越してきたときは、すべてが約束されていました。私たちは〝汚れた〟ものを使いたくありませんでした。三人の孫をつれてきました。息子の子は女の子で一〇歳、娘のふたりの女の子は三歳と一一歳です。かわいい子です。息子はオヴルチの向こうのピエルボマイスコ村に住んでおり、そこは放射能管理区域です。ナロヂチ地区にいた娘はひと月前にブルシロフへ転居しました。けれどもそこは新築のウクライナ風住宅ですが、湿っぽいので、下の孫はずっと私たちのところにいるんです。

ところで、一年間も、ベルディーチェフ市のバザールを巡っています。敷物と両面絨毯、五〜六メートルものの細長い絨毯を探しています。子どもは地面に座っていますので『折り畳みベッド』のようなものがいるのです。休日にはみんながやってきて、一〇人ほどのときもあり、横になれる場所がありません。絨毯を探し歩いて、結局みつかりません。不愉快な店に行くのがもう、うんざりなのでございます。私たちはみな病気になりました。妻と子どもが酷いのです。妻は二度死の淵から生還しました。私ども夫婦二人は歳をとり、八〇年も働きました。救急車を呼ぶのは大変な問題で、隣の家までいそぎます。日中ならまだよいのですが、もし深夜なら、寝ている隣人を起こさなければなりません。私は彼らにすっかりお世話になり、迷惑をかけています。かれこれ一年もベルディーチェフの地区管理局責任者に電話を設置してくれと頼んでいます。晩の六時以降も使えますからね。でもそうすると、私のような年寄りが部屋から追い出されてしまいます。電話をつけてと頼むことはできません。地区管理局の人間には良心というものがないし、彼は私の息子と同じくらいの年頃なのに。ガリチン村にはガスの本管が引かれていました。私の部屋までつなげることが約束されました。ですから私は闇屋でガス管を買いました。息子と娘の夫とで、中庭の真中に穴を掘りました。そしたら、そこへ三歳の孫がたまたま来て、穴に落っこちただけでなく、腕を脱臼してしまったのです。娘に電報を打ちました。私はガス管を部屋に引くために歩き回りましたが、どこへ行っても、力になってくれる人はいません。クレシチ村から届けられた薪を焚きました。ガリチン村の生活は快適ではありません。やることは、三〇メートルほどの配管を溶接し、窯（かま）を取り換えるくらいなものです。

神様が、偉いさんやその子や孫に私たちと同じ苦しみをお与えになりませんように。もし、わかっていたら、わざわざ越してきませんでした。ボリシーエ・クレシチ村には私たちに必要なものはすべてありました。わが故郷、そこで私は生まれたのです。私は一四歳になって働き始めました。妻も同じです。いったい私たちが引っ越してきたことに、どんな罪があるのでしょうか。外国人がここでは私たちを助けてくれます。……私らにとっては、ほろ苦く、残念なことです。子どもや孫は？　彼らの眼にはどんなふうに映るでしょう？　私は、一年中歩き回っています。お願いです。なんとかしていただけませんか。どうか力になってくださいませんか。もしだれかにこのような災厄が訪れたら、私は自分のものをすべてあげようと思います。

あなたはご存知のことと思いますが、うまく言葉にできません。こうして生きてきて、私たちの国の秩序とは、この程度のものであったと信じたくありません。さようなら。失礼いたしました。
アレクサンドル・フョードロヴィチ・ザイチェンコと家族より。ガリチン村」。

怒れるお年寄りが、切々と訴える手紙である。さまざまなレベルの官僚たちの地底にある執務室で道に迷い、それでもお百度を踏む人たちだ。私は微力ながらこのようなお年寄りの力になることにした。私の照会に対して、州執行委員会から次のような回答が届いた。「A・Φ・ザイチェンコには、チェルノロス山林区から五立方メートルの薪が取り寄せられた。ニコノフカ村のコルホーズ「プログレス」にいる仔豚二頭が提供される。二月に屋外ガス配管敷設および建物内厨房の配管設備工事が行なわれる。本管への接続は高圧ガス変圧所の建設完了後に実施される予定である。なお、申請した者の住所には、電話機器は取り付けられた」。

まさか本当に、クレムリンの代議員が介入しないことには、不幸な高齢者を支援することができなかったのだろうか?

同じような手紙はたくさん届いた。これは極端な例にすぎない。申し立てると回答が必ず来た。それと同時に、私の机にはもうひとつ別の手紙の山ができた。それは被災者支援策の提案である。善意だけが高濃度に凝集されたものである。慈しみ憐れむ心。それらは、私たちの生命の重みのように、事故で積み重ねられた痛みの山を癒して余りある。もしこれがなかったら、生きていくことは想像を絶するほど困難なものとなったであろう。

「少し前に私たちは父の故郷テイコフスカ地区コリノ村〔ロシア連邦共和国イヴァノヴォ州〕に行ってきました。イヴァノヴォ村から、オリガ・ドミトリエヴナ・グーセヴァがお手紙を書いております。その村には、たくさんの空き家があります。そして建て付けはいまも良好な状態です。私はジトーミル州の汚染地域住民のみなさんがそこへ引っ越すことはできないかと思ったのです。

勿論のことですが、放射能に散々苦しめられているお気の毒な人たちは新築の家、公的支援その他について、政府に要求する権利があります。けれども公的支援はとても遅れるのではないでしょうか。社会とのつながりも心細いのではないですか。もしも私でよければ、いつでも力添えさせていただきます」。

О・Д・グーセヴァはとても親切な人で、手紙には地方紙『ラボーチークライ』の切り抜き記事とイヴァノヴォ州のコルホーズとソフホーズのリストとが同封されていた。長期に住む場所を望む人々を受け入れ、そしてすぐに農家住宅タイプのアパートを提供します、というものであった。

ジトーミル州南部、ベルディチェフの住民で、障害二級のН・И・サモイレンコは、ベルディチェフ地区ノヴォ＝アレクサンドロフク村、ニズグルツィ村、シンガエフク村、サトコ村にも、空き家がかなりあるということを教えてくれた。彼女は、しばらくのあいだ、アパートのない人々には、そのような形で速やかに住居が提供されるべきであると確信したのである。この空き家は子どもたちを救うことになるだろうと！

代議員の陳情時に、ある年金生活者が依頼状をもってやってきた。それには「私はいま市内で子どもたちと一緒に暮らしています。村には家が残っています。その家を避難が必要とされる方に提供してください」とあった。

リトアニアのウクライナ人社会も民族解放戦線「サユデュス」とともにカマ自動車工場製のトラック一杯の「きれいな」飲料を届けてくれた。

国際機関「国境なき医師団」の代表がパリから私に電話を寄こして、人々の健康診断、放射能測定機器など無償の援助を申し出てくれた。私はナロヂチ地区執行委員会議長ヴァレンチン・セメョーノヴィチ・ブヂコに、件の支援は必要かどうかと訊いた。「もちろんです」とB・C・ブヂコは答えた。この「国境なき医師団」はすでにアルメニア大地震（一九八八年）やトビリシでの擾乱（一九八九年）で、その存在感を見せつけていた。イスラエルのエルサレム市はナロヂチの子どもたちを保養のために受け入れてくれた。アルメニア大地震のときも、子どもたちを保養施設に招いてくれた。嗚呼、もしも慈悲にあふれる言葉が、私たちを放射能から救い出してくれるなら、どんなにか幸せであろうに！

第15章　クレムリンの住人の四〇の秘密議事録

チェルノブイリ大惨事からほぼ五年たって、ようやくソヴィエト連邦最高会議は呆れるほどのんびりと「チェルノブイリ原発事故責任者行動調査議会委員会」の設置を決めた。私もその委員に加わりたいと申請したが、ソヴィエト議会指導者の詭計（かんけい）のために、最初は躓（つまず）いた。彼らにとって、私の名は、スペインの闘牛場で牡牛を挑発する赤い布のようなものであった。とはいえ、私は通常のことをやったにすぎなかった。それぞれの代議員は常設であれ、臨時であれ任意の議会委員会に所属することができる。結局はソヴィエト最高会議議長А・И・ルキヤノフにとって、一地方から来た、どこの馬の骨だかわからない、面倒くさい代議員である私に対する、虚（むな）しいいやがらせは失敗したのであった。

状況次第で、それぞれの委員会は、どのような資料も照会し、入手する権利が保障されていた。ほぼすべての関係省庁――保健省、国防省、国家水質環境・管理委員会――の秘密情報が、煩雑な手続きをへて私たちに提出されたのであった。しかし、共産党中央委員会政治局〔一九九一年まで中央委員会に常設されていた〕のみが、最高会議委員会の公式照会にまったく応じなかった。もしも一九九一年八月〔一九日に起きた共産党守旧派によるクーデター未遂事件〔訳注1〕〕がなかったら、私たちは現在まで、このような文書類を決して入手することはできなかっただろうと確信している。

ボリス・エリツィン〔一九三一年～二〇〇七年。ロシア連邦初代大統領（在任期間一九九一年六月～一九九九年一二月）〕の共産党活動禁止大統領令〔一九九一年八月二三日〕が発令された後に、私たちは漸くH・И・ルイシコフを議長とする「チェルノブイリ原発事故処理問題に関するソヴィエト連邦共産党中央委員会政治局作業部会会議」の秘密議事録を入手することができた。しかし、私たちの専門家や科学者が議会複写局でわずか一枚の議事録を複写してくれるようにと、どれほど頼んでも、断られる始末だった。

一九九一年一二月のとある日、当時ソヴィエト連邦は、事実上最期の数週間を迎えていた〔一二月二五日崩壊〕、新アルバート通りに建つ、ソヴィエト連邦最高会議の各種委員会が入居しているビルに行ってみると、代議員らの資料を懸命に自動車へ積み込んでいる職員の姿を目にした。そのとき私は、まさにいま、チェルノブイリの政治局作業部会会議秘密議事録が、永遠に分からない場所へ持ち去られてしまうかもしれないと、ふと考えた。しかも議会委員会のメンバーもこれら最重要資料すべてに目を通す時間的余裕もないであろう。そこで私は、どのような代償をはらってでも、議事録の複写をとらなければならないと心に決めた。私は普段どおり、私たちの「チェルノブイリ議会委員会」が開かれる執務室に立ち寄った。そして貴重品保管特別室の扉を開けて、分厚い書類の束を持ち出した。私はその議事録をはじめてひとりで目にしたのである。ざっとページを繰ってわかったことは、これは機密印の付された、貴重な宝の山であるということだった。そして、それらにはソヴィエト共産党中央委員会の印章と政府議長ニコライ・ルイシコフをはじめとする、われわれを指導する立場の面々の本物の署名が記されていた。

すぐに議会複写局宛ての申請書に記入し、そこへ四〇の秘密議事録を持ち込んだ。それはほぼ六〇〇頁におよんだ。そして翌朝までにコピーが準備できるという確約をとった。ここで、読者に説明しなければならないことは、当時のソヴィエト連邦ではコピー機はとても希少なものだったという事実である。しかし、コピー機不足について、一般の人々は、不平を口にすることはなかった。このような事情で、ソヴィエト連邦議会全体で、代議員の使うことができる複写局はひとつだけだった。複写した書類は、代議員個人目録という特別なファイルに登録された。

私は、翌朝には宝のつまった書類を受けとれると信じて、複写局を後にした。ソヴィエト連邦はすでに自壊の段階に入っていた。そして議会では余命数カ月の時が流れていた。そうはいっても、まだいまのうちなら私は代議員としていろいろな文書を合法的にコピーすることができるのだ（私はこのように前向きに考えた）。しかし、である。そうは問屋が卸さなかった！　朝になって、複写局の職員はなにやら困ったように、私にこう告げたのだ。チェルノブイリの議事録をコピーすることは許可されませんでした。ソヴィエト連邦最高会議第二局秘密顧問Ｂ・プローニンなる人物が許可しなかったということが判明した。私はこれを聞いて、ちょっとしたショックを受けた。ソヴィエト連邦最高会議の城壁の中では、すべての代議員活動の背後で、性懲りもなく諜報活動が行なわれていたのである！　私は、ソヴィエト連邦最高会議書記局特別部長Ａ・ブルコのところへ寄って、憤懣（ふんまん）やるかたない思いで、私はいまも人民代議員なのであ

訳注1　一九九一年八月一九日に起きた共産党守旧派によるクーデター未遂事件。前日クリミアの別荘でゴルバチョフ書記長を軟禁。一九日朝六時にモスクワ放送で、ゴルバチョフの健康状態を理由にヤナーエフ副大統領による職務執行を告げる副大統領令、非常事態委員会八名の声明など次々と改革派活動の停止を決定した。しかし、エリツィンとロシア政府、市民の抵抗に遭い、軍の支持も得られず、三日天下に終わる。これを機に、ソヴィエト連邦崩壊へ向けた流れが一段と強まった。

って、自分の権利を行使しているのだと主張した。

しかし、彼は冷めた目で、自ら釈明を始めたのである。彼でさえも、たとえ議会委員会の求めであっても「機密」「極秘」の印章の押されたこれらの書類の複写を許可する権限をもっていない、とのことである。こういった文書のコピーを入手するためには、文書の機密指定解除願いを当該機関に申請しなければならない。すべてはそれからである。そして、これが実現したのは共産党守旧派八月クーデター〔一九九一年八月一九日～二一日〕の後だったと記憶している。ロシア連邦共和国大統領に就任したボリス・エリツィンは、すでにソヴィエト連邦共産党の活動を禁じていた。クーデターを起こし失敗に終えたソ連共産党政治局員が「マストロスカ・トィシナ」〔という名の刑務所〕で今後の人生に思いを巡らしていたころだ。しかしこの組織のもつ極秘事項を、瀕死の状態にある議会の奥深くで、その手下の人物たちが、注意深く監視していたのである。

なにを言っても無駄だとわかったので、私は資料をひったくって委員会執務室に戻り、特別なつてをたよることにした。そして、ヴァジム・バカーチンに電話を掛けた。ミハイル・ゴルバチョフが、国家保安委員会議長であったクリュチコフを解任し、その後任に任命した人物である。状況を簡単に説明し、バカーチンが任命した部下に、ソヴィエト共産党の秘密文書の複写を許可させるようにと依頼した。ところが、バカーチンの答えに私は茫然（ぼうぜん）としてしまった。「私はあなたを支援することはなにもできません」と彼は言った。「彼らはわれわれの側の人員ではないのです。彼らは私の指示には従いません」。私はこのような経緯でソヴィエト連邦最高会議という伏魔殿（ふくまでん）の奥の院には、なにか特別な組織が存在することを理解したのである。そこでは代議員〝全員〟を監視下に置き、バカーチンが述べたように、直接、最高会議議長に忠誠を誓っているのである。そしてその議長でありクーデター首謀者であるアナトーリー・ルキヤノフは刑務所に収監されている……。要するに、だれひとり私に協力してくれないことがわかった。私はこの書類を、ただなんとなく貴重品保管室に戻すことはせず、書類包みを台の上に置き、よく考えた。そして書類を持って表通りに出た。さて、これからどうするか。この文書のコピーをとれるところが、どこかにないか。現代は至るところにコピーサービスがあるけれど、当時はそうではなかったのだ。私は『イズベスチヤ』編集局に行ってみることにした。『イズベスチヤ』紙上で私は幾度も記事を発表していたからだ。そしてこの選択が正しかった。ここに待望していたコピー機があったのだ（この件については『イズベスチャ』の敏腕記者が私を助けてくれた）。そして、私は書類の原本とコピーの入った二つの袋を両手にさげて、チェルノブイリ議会委員会の執務室に戻ったのであった。

執務室の保管室に原本をしまってから、扉を閉じて考えた。いま、この国ではあらゆることが今回の件のように、きわめて流動的に揺れ動いている。だからもし明日にでも再び共産主義勢力が権力を掌握したら、私がこの文書を公表する後で私や家族の身になにが降りかかるかわからない。彼らは、秘密文書は存在しないと言っているのである。私がすべてをでっちあげたとも言ってくるだろう。しかも、私はいまこのような暴徒たちの渦中にいるということが明らかなのである！　私はもう一度保管室の扉を開けた。そして議事録の原本を取りだし、その場所にたったいま手にしたコピーを置いた。本物を握っておくという手段を講じることによって、自分と家族に将来訪れるかもしれない災厄を回避するよう努めたのである。

しばらくして、件の『イズベスチャ』紙上に、チェルノブイリ秘密議事録に関する記事が載り、その後ヨーロッパ、アメリカ合衆国、日本で翻訳、刊行されたときに、私が秘密議事録を借り出したロシア公文書館館長が私に電話を寄こして、ロシア国立公文書館所蔵のものであるかどうかと確認してきた。ありがたいことだ、と私は考えた。あのとき、偶然にも秘密議事録のコピーをとることができたが、もしそれができなかったら、世界はチェルノブイリの周辺で繰り広げられている、人類に対する全体主義体制の犯罪について、決して知ることはなかったであろう。

これらの貴重な資料を読みながら、私はいつも原子炉から飛散した、恐ろしい放射性物質のことを考える。それはメンデレーエフ（一八三四年～一九〇七年）の周期律表に存在しない。これは「嘘八百番」という元素のことだ。大惨事がまさに地球規模におよぶように、欺瞞もまた地球規模に広がっている。

嘘その一。放射能汚染について。政治局の対策作業部会の第一回会議が一九八六年四月二九日に開かれた。五月半ばまで毎日、その作業部会は会議を開いた（これは指導部には情報がなかったという嘘をどのように私たちに一年半も隠し通すかという問題である。さらに最近行なわれた、ロシアテレビのインタビューで、ニコライ・ルイシコフは「そのときわずかな情報しかなかった」と口をすべらせた）。

議事録は五月四日にはじまっている。作業部会では住民の入院に関する情報が大量に流れている。

「極秘　議事録。一九八六年五月四日。出席、ソヴィエト連邦共産党中央委員会政治局員Н・И・ルイシコフ同志、Е・К・リガチョフ、В・И・ヴォロトニコフ、В・М・チェブリコフ、ソヴィエト連邦共産党中央委員会政治局員候補В・И・ドルギフ同志、С・Л・ソコロフ、ソヴィエト連邦共産党中央委員会書記А・Н・ヤコブレフ、内務相А・В・ヴラソフ同志。

（……）放射線に被曝した住民の入院および治療に関するシチェピナ同志［ソヴィエト連邦保健省第一副大臣］の報告。五月四日現在の状況では全部で一八八二人が入院していることを考慮に入れたし。検査を受けた総数は三万八〇〇〇人に達した。多様なレベルの明らかな放射線障害を示している人が二〇四人。六人の子どもが含まれる。一八名が危険な状態にある（……）ウクライナ・ソヴィエト共和国の医療施設では、被災者収容のために一万九〇〇〇床が割り当てられた。

ソヴィエト連邦保健省は全ソ労働組合中央評議会と共同して、軽症患者の療養のためにモスクワ郊外ミハイロフスコエに専門スタッフを配置した療養所を設置した。また同種の療養施設にオデッサ、およびエフパトリア〔クリミア半島西部の都市〕に総数一二〇〇床を割り当てた。キエフ郊外には療養施設に六〇〇床、ピオネール・キャンプには、一三〇〇床を割り当てた」。

一九八六年五月五日付け秘密報告。「（……）入院患者総数二七五七人、子ども五六九人を含む。うち九一四人は放射線障害の兆候が見られる。また一八名は非常に重篤な状態にある」。

「極秘　議事録七号。一九八六年五月六日。ソヴィエト連邦共産党中央委員会政治局員Ｅ・Ｋ・リガチョフ同志、同じくＢ・Ｍ・チェブリコフ同志、ソヴィエト連邦共産党中央委員会政治局員候補Ｂ・И・ドルギフ同志、同書記Ａ・Ｈ・ヤコブレフ同志が出席。五月六日九時現在の状況では、入院患者数は全部で三四五四人であるとする保健省第一副大臣シチェピナ同志の報告を考慮すること。うち二六〇九人の入院加療が実施されている。四七一人の幼児を含む。信頼できるデータでは、放射線障害をともなう患者は三六七人に達し、うち一九人の子どもを含む。重症患者は三四人。モスクワ第六病院にふたりの幼児を含む一七九人が収容されている」。

冷笑主義が権力を蝕み、永遠に秘密文書の中に封じ込められる。「モスクワ第六病院においてアメリカ人専門医師〔訳注2〕が治療にあたっているという事実に鑑み、入院加療中の患者数と症例の公表の妥当性について、ソヴィエト連邦保健省の提案に同意すること」。もし、かりにこの病院でアメリカ人が治療に関わっていなかったとしたら、だからどうだというのだろう。

「極秘　議事録八号。一九八七年五月七日。作業部会会議にソヴィエト連邦共産党中央委員会書記長M・C・ゴルバチョフ同志が参加。他の出席者はソヴィエト連邦共産党中央委員会政治局員H・И・ルイシコフ、E・K・リガチョフ、B・И・ヴォロトニコフ、B・M・チェブリコフ、同候補B・И・ドルギフ同志、ソヴィエト連邦内務相A・B・ヴラソフ（……）。

昨日一八二一名が新たに収容された。入院加療を要する人数は五月七日一〇時現在四三〇一人、うち幼児一三五一人。放射線障害と診断されたのは、ソヴィエト連邦内務省の人員を含めて、五二〇人を数える。三四人が重症の模様。

一九八六年五月八日付け秘密報告。一昼夜で収容人数二二四五人が新たに加わった。七三〇人が子どもである。……五月八日一〇時の状況によると、入院加療中の者は五四一五人に至り、一九二八人が子どもである。放射線障害の診断が下りたものは三一五人」。

一九八六年五月一〇日付秘密報告。「二日間で四〇一九人が新たに入院。うち二六三〇人が子ども（……）。入院中の者は全部で八六九五人。放射線障害と診断されたのは二三八人、うち子ども二六人。二日間で二名が死亡し重症患者は三三人である」。

一九八六年五月一一日付け秘密報告。「……昨日、四九五人が新規入院。……治療入院および検査入院は全体で八一三七人、検査の結果、急性放射線障害が二六四人。重症者は三七人。二人が死亡」。

「極秘　議事録一二号。一九八六年五月一二日。ベラルーシを中心にひと晩で二七〇三人が病院に収容される。治療および検査入院総数は一万一九八人である。うち三四五人が放射線障害の兆候を示している。三五人の子どもを含む」。

作業部会会議の秘密報告で明らかにされている病院への収容人数の劇的な増大傾向と、マスコミによるそれらいっさいの黙殺との間には、いかなる関連があるのか？

事実には、「古代ローマの」都市貴族にとっての事実と、奴隷にとっての事実とがあるのだろうか？　一九八六年六月四日付け議事録二一号には「ソヴィエト連邦および海外の専門記者向け定例記者会見の出席者に対する指令」の中に、つぎの文言があった。「病院の収容人数の増加問題解決のために適切な指令が承認された。かつて医療機関に申請したすべての人が検査を受けた。急性放射線障害との診断が一八七人の被災者に下され（全員が原子力発電所の職員である）、そのうち二四人が死亡した（ふたりは爆発事故の際に死亡した）。子どもを含む住民の一部で病院に収容された中に、放射線障害の症例があるが、裏付けはない」。ソヴィエト連邦保健省副大臣の発表のあった（一九八六年五月一三）日から、入院患者数が不自然に、急激に減少し、病院から退院させられる被曝者数が不自然に増大している。

一九八六年五月一三日付け秘密報告。「一昼夜で四四三人が入院。九〇八人が退院。治療および検査機関には九七三三人おり、うち子どもが四二〇〇人。放射線障害と診断された者二九九人、うち子ども三七人」。

一九八六年五月一四日秘密報告。「一晩でさらに一〇五九人が病院に収容され一二〇〇人が退院したと

訳注2　ロバート・ゲイル博士と思われる。内科医師。血液学、腫瘍学、免疫学、とくに白血病の専門家。当時、カリフォルニア大学ロサンゼルス校医療センター勤務。『チェルノブイリ――アメリカ人医師の体験――』（上・下、吉本晋一郎訳、岩波書店、一九八八年）に詳しい。

するシチェピン同志の報告を考慮されたい」。

一九八六年五月一六日秘密報告。「シチェピン同志の報告を考慮すること。一九八六年五月一六日現在の状況は、入院者数は子ども三四一〇人を含む七八五八人。放射線障害と確定診断された者は二〇一人。病死および事故死者の総計は一五人。五月一五日に死亡した二名を含む」。

加えて言うと、この文書を裏書きしているデータが、充分に根拠のあるものでもなかったのだ。ソヴィエト共産党中央委員会政治局作業部会会議はつぎのように決議した。「シチェピン同志に対し、モスクワおよびロシア共和国内のその他の病院、ウクライナ、ベラルーシの病院、内務省職員と現役軍関係者を含めた入院患者数と放射線障害に冒された人数について、データの信頼性を高めるよう要請すること」。

それならば、秘密報告にあげられた患者の数はいったいなにを根拠にしているのかという問題がある。

一九八六年五月二〇日秘密報告。「……四日間で入院患者が七一六人増加した。放射線障害は二一一人、うち子ども七人である。この間の死者一七人。重症患者は二八人である」。

一九八六年五月二六日以降は、ソヴィエト共産党中央委員会政治局秘密議事録では、チェルノブイリ原子力発電所の大惨事の影響、病院の収容患者に関するデータが、毎回の会議ではないが、すでに不自然に抑制されている。

一九八六年五月二八日秘密報告。「……検査入院および入院加療は五一七二人、うち一八二人が放射線障害の確定診断が下っている。死者は五月二八日現在二二人である（それに事故初期のふたりの事故死が加算される）。

一九八六年六月二日秘密報告。「検査入院および入院加療は三六九九人、うち一七一人が放射線障害と確定診断。一九八六年六月二日現在の死者数二四人（爆発直後の事故死を除く）。重症者は一一三人」。

これが、病院に収容された人数、患者の容体に関して秘密議事録の中で言及されている最後のものである。ソヴィエト共産党中央委員会政治局作業部会は一九八八年一月六日まで存在したというのに不思議なことである。

まったく理解できない問題がある。一九八六年五月一二日に被災地域から病院に収容された人数が一万人を超えており、それ以降、これほど急激に退院がはじまったのはなぜか、ということである。

どうやら放射能が国中に広がれば、それだけソヴィエト国民は健康になるらしい。ウクライナ・ソヴィエト共和国保健相Ａ・ロマネンコは事故数年を経てなお、御用新聞や雑誌の紙誌面で、また党大会の場で、独特な言い回しや態度で示していたものだ。「私は断言できる。二〇九名の病人をのぞけば、こんにち病が放射能の影響によると明確になっている患者は存在しない」。

この発言の意味を読み解くと、患者の推移は作業部会では極秘扱いにされたということだ。あきれたことに、明らかに数千人の被災者が、唐突に、短期間で、奇跡的に「健康を回復した」のである。以下のとおり。

「極秘　議事録第九号。一九八六年五月八日。（……）ソヴィエト連邦保健省は住民の新しい被曝許容量を承認した。それまでの値を一〇倍に引き上げたものである。特別な事態の許では、これらの基準を五〇倍［！］に引き上げることも可能である」。原子力発電所の運転室の操作員は〔一般人の〕許容量の五倍ということになる。議事録の添付書類には、さらに「……この値が二年半におよんでも、全世代の住民の健康上の安全が保障される」。妊婦、子どもに対しても、この規制値が適用されるのである。国家水質・環境管理委員会の資料にもとづいて、この秘密扱いの遺伝・医学上の結論には、ソヴィエト連邦保健省第一次官O・シチェーピンとソヴィエト連邦国家水質・環境管理委員会第一議長Ю・セドゥーノフが署名していた。このような次第で、治療もされず薬も処方されることなく、数千の同胞が、一九八六年五月八日に瞬時にして「健康な身体」になったのである（手法が有効かつ簡潔かつ「科学的」であれば、次のような思考実験が可能だ。年金生活者向けの無料の薬や設備、ベッドを備えている国家が、現在、困難な状況にあるからといって、たとえば、今年の一月から人間の体温の平熱を三六・六度から三八度へと変更し「特別な事態のときは」三九度へ引き上げるなどといった指令を出すことはない。そうしたら、病人がロシアではほとんど存在しないことになるであろう）。

いうまでもなく、ソヴィエト共産党指導部は、人々の放射線被曝の本当の規模を隠蔽するために被曝許容量を一〇倍から五〇倍へと緩和したのである。そして、このイデオロギーによる巧妙な手口は、彼らにとって、かなりうまくいっていると言ってよい。その目的を達成するために、「黒い」地域から人々が移住して三カ月たたないうちに、クレムリンはなりふりかまわずに打って出た。秘密報告書の中で、ウクライナ共産党中央委員会第一書記B・B・シチェルビツキーが三〇キロ圏内は移住しなければいけないと言っていたのに、連邦政府はさっそくそれとは逆の行程を開始した。それは帰還だ。

「極秘　ソヴィエト連邦閣僚会議総務部特別局へ返却を要す。第二九号議事録。（……）一九八六年六月二三日。（……）放射能汚染地区住民を帰還させる時期、期間および可能性について……勧告書が添付される。放射線量が一時間当たり二から五ミリレントゲンの範囲（自然放射線の約二〇〇〜五〇〇倍）にある汚染地区へ子どもおよび妊婦が帰還する可能性についての判断。

一、子どもと妊婦の放射線の累積被曝量が、一年間に一〇〇ミリシーベルト（現在ICRPが原子力産業従事者に対して提唱している年間被曝量は二〇ミリシーベルト」を超えないすべての居住地……（全部で二三七地点）また（汚染食品の規制がなく）被曝線量の合計が一〇〇ミリシーベルトを超えない地域（……）一九八六年一〇月一日以降帰還を許可。……（一七四地区）……。イズラエリ、ブレンコフ、アレクサンドロフ」。そして別の秘密文書で彼らに味方したのはアフロメーエフである。

その前月（一九八六年五月一〇日付け議事録第一〇号）、イズラエリが秘密メモで政治局作業部会にこう報告した。「一時間当たり五ミリレントゲンを超える放射能汚染地帯は（……）住民が暮らすには危険である。（……）一方、一時間当たり五ミリレントゲン以下の放射能汚染地帯では、飲料、とくにミルクの放射能濃度が厳しく規制されなければならない」。このメモともうひとつの秘密報告「一九八七年六月一五日付けソヴィエト連邦共産党中央委員会宛て連邦国防省化学作戦部隊司令官B・ピカロフ報告書」とをくらべると、興味深い。注目されるのは「……森の倒木や保存（砂で埋立てること）をしていない〝赤茶けた〟森で一時間当たり五レントゲンから七・五ミリレントゲンにまで放射能レベルは低減した。これは許容線量の一五倍に相当する」という箇所だ。すなわち、妊娠中の女性や子どもを、〝赤茶けた〟森に帰還させるのと同じなのである！〔訳注3〕

「極秘　第一〇節。議事録第三五号。（……）一九八六年一〇月七日。（……）例その一。当初三〇キロ圏内に含まれていたキエフ州やゴメリ州の四七居住地の住民の帰還の可能性についての決定」。さらに、付属文書には二六村落の目録があり、「帰還した住民にとって放射能状況は許容基準内にある〔訳注4〕（セシウム13

訳注3　高レベルの放射性物質を取り込んだことにより枯死した松が赤茶色に見えるのでこのように呼ばれる。現在も高濃度汚染地帯である。

7の汚染濃度は一平方キロメートル当たり五五五〇億ベクレル〔一五キュリー〕以下、ストロンチウム90は同じく一一一〇億ベクレル以下、プルトニウム239と240は同三七億ベクレル以下、復帰後一年間の住民の被曝線量は一〇〇ミリシーベルト以下である)」。

眉毛ひとつ動かさず、一刀両断、お腹に子どものいる女性や子どもたちを〝黒い地域〟、核に汚染された収容所に隔離しようというのである！

大惨事からほぼ二〇年を機会に、私のもつチェルノブイリ関連資料を仔細に検討してみた。すると、さまざまな記録類の中に、あっと驚くような文書を偶然見つけた。それはクレムリンの秘密議事録に直接関係するもので、さらにいえば全地球に対する欺瞞と政府の犯罪を裏付けるものであった。チェルノブイリ原発事故が起きて一年間、私は「探り当てた」数キロにおよぶ非公開文書を読み込み、メディアに発表した。けれども今回見つけたのは私がそれまで出会ったことのないものだった。それはチェルノブイリ原発事故大惨事直後のひと月間に人々が被曝した具体的かつ客観的放射線量に関する記録である。

一九八七年五月二六日、ソヴィエト・ウクライナ共和国保健相A・E・ロマネンコはソヴィエト連邦保健相E・И・チャゾフへ宛てた手紙で、「一九八七年四月一三日付五二七号、機密　ソヴィエト共産党中央委員会四二八C号」と記された文書、「ソヴィエト連邦保健省通達五二七号実施要領について」で次のように伝えている。「キエフ州、ジトーミル州、チェルニゴフ州の放射能が上昇している地域で、二一万五〇〇〇人が生活し、中には七万四六〇〇人の子どもが含まれる……。事故以前は登録されていなかった三万九六〇〇人の病人がいる。彼らはさまざまな身体症状を示している。外来、あるいは入院患者として治療が行なわれた。一年間で入院したのは二万二〇〇人でそのうち六〇〇〇人が子どもである」。

注目すべきはこれだ。「チェルノブイリ事故が起きた直後の数週間、子どもたち全員に甲状腺被曝検査が実施された。二六〇〇人の子ども（これは全体の三・四パーセントに相当する）が基準を超える五シーベルトの放射性ヨウ素を体内に取り込んでいることが明らかになった」。この空恐ろしい手紙の日付けが一九八七年四月一三日となっていることを指摘したい。これは次のことを意味している。つまりソヴィエト連邦共産党中央委員会政治局作業班の秘密議事録からすれば、すでに約一年で一〇倍から五〇倍の放射能の上昇が起こったということである。恐怖で足の竦むような事態だ。なぜなら公的な医療関係者でさえ、一シーベルト以上被曝すると癌になると認めているからである。

さらなる問題が持ち上がった。ウクライナおよび他の共和国で甲状腺被曝が五シーベルト以下の子どもたちがどれくらいいるのか。なんとそれに関する公開された正確なデータはない。

私の資料ファイルにもうひとつ新しく見つけた文書がある。秘密書簡の続きとして、ソヴィエト連邦保健相Ｅ・И・チャゾフが自ら関与した一九八七年の一一月一六日付け報告書は、極秘印と「発表の不許可」三六三四Ｃ号の印が押されており、ソヴィエト共産党中央委員会に報告されている。「一九八七年九月三〇日の保健所の検査記録には、六二万一六人が要観察とされている。保健所で『放射能の影響』なしとされた診断の正確を期すため、精密検査を要する五二一三人が入院措置となった」。つまり、ウクライナ保健相ロマネンコはチャゾフにわずかたった一年の間に（！）一五〇〇人を超す子どもたちの甲状腺に放射

訳注4　セシウム汚染の区分で言うと三番目の高汚染地区にあたる。

性ヨウ素が五シーベルト蓄積された（これはすなわち癌である）旨を報告し、一方でチャゾフは共産党中央委員会に秘密裡に「放射線を原因とする病気は明確にならなかった」と報告している。それならば、放射性ヨウ素に大量被曝しても、子どもだけでなく大人にも「放射能の影響」が表れないことをどのように説明できるのか。関連がないとはどういうことか？　ここでも明らかなことは、ソヴィエト共産党中央委員会の人間はまさにこのような「詭弁」を耳にするのが、なにより心地よいということなのだ。

ちなみにここに「チェルノブイリ原子力発電所大惨事および事故処理作業の進捗状況に関する政治的評価についての、ソヴィエト共産党第二八回党大会（一九九〇年七月二日〜一三日。最後の党大会となった）決議の履行について」と題する一九九〇年一二月二八日付け決議草案がある。これはソヴィエト共産党中央委員会書記局がソヴィエト共産党第一副書記Ｂ・Ａ・イヴァシコに宛てたものである。この非公開文書には次のようにある。「事故の後遺症は出生率と寿命に影響を与えている。つまりソヴィエト・白ロシア共和国（ベラルーシ）では、最近四年間で出生率が一〇パーセント低下している。また、悪性新生物（癌）による住民の死亡が増加している。モギリョフ州とゴメリ州では、この五年間で死亡率は一九パーセント増加した」。ソヴィエト連邦共産党中央委員会の非公開の結論は、公式の被曝効果が示す冷笑主義的な結論とは決して一致しないのだ。

真の放射線量とその評価を機密扱いとし、歪曲していることに対して、真相を明らかにしているのは、ソヴィエト連邦医学アカデミー正会員でロシア科学・血液学研究センター長Ａ・И・ヴォロビエフ教授の論文「なぜソヴィエト連邦の放射能は最も安全なのか」（『モスクワ・ニュース』三三号、一九九一年八月一八日付け）である。著者は次のように書いている。「チェルノブイリ地区で検査を受けた住民の四〇パーセントはまったく放射線に暴露していないと認められる。五〇パーセントの住民が〇・五グレイ〔〇・五シーベルト〕未満の被曝で、五パーセントが〇・五から〇・八グレイ〔〇・五〜〇・八シーベルト〕。後のグループでは腫瘍の発現が予測される。汚染地帯にいる住民の二パーセントは……一グレイ〔一シーベルト〕以上の被曝を受けた。事故処理作業員の中には、さらに高い被曝をしたグループがある」。

ヴォロビエフは、さらに次の点に注目する。「ゴメリ州およびブリャンスク州の住民に、強い被曝により引き起こされる細胞分裂の異変がみられる！ 全身は〇・三グレイから〇・五グレイを被曝しているのに、細胞レベルでは一〇グレイ以上を被曝している、という矛盾する現象がみられる」。読者もおわかりのように、ウクライナ保健相がソヴィエト連邦保健相チャゾフへの秘密書簡を読んだあとの結論も同じである。以上の事実をヴォロビエフ教授は保健相とソヴィエト連邦医学アカデミーに伝えた。これらの科学的争点に対する回答を、私たちは知らされていない。

一九八九年『モスクワ・ニュース』が数人の代議員をチェルノブイリ原発大惨事の事故処理に関する円卓会議に招いた（私もその席にいた）。著名なベラルーシ人作家で代議員のアレス・アダモヴィチはその席でこう述べた。「……亡くなった人には様々な死因がありますが、たとえば、E・ペトリァエフ教授が局所性貧血で亡くなった人の肺の解剖所見から、たくさんの〝ホット・パーティクル〟の存在が判明しております。その数は約一万五〇〇〇です。二〇〇〇ほどの〝ホット・パーティクル〟により、癌細胞の発生が確実になります！」。

手書きの資料のなかで、それはイズラエリが指摘し、ソヴィエトの核物理学者セルゲイ・チクチンが注目しているように、安定的粒子——煙草の煙、炭塵、二酸化ケイ素（大量に吸い込むと珪肺症の原因となる）はかなり以前から病因として知られている。このような微粒子が肺の繊維質と結合して作用する。ホット・パーティクルがそれらと置き換わって、肺のなかに長く留まるということである。

この仮説を裏付ける証拠を私は、「核エネルギーに関するソヴィエト連邦国家委員会報告書」の中に見つけた。これは、一九八六年八月二五日から二九日までウィーンで開かれた国際原子力機関（IAEA）の専門家会議のために準備されたものである。そのなかには、被曝のダメージを受けた生体組織のガンマ分光学的研究の成果にもとづいて驚くべき事実が記されている。「すべての例で、急性放射線障害との明瞭な関係は認められないが、複雑な核種混合物が体内に取り込まれていることが確認された。ヨウ素、セシウム、ジルコニウム、ニオブ、ルテニウムなどである。それら複数の放射性核種の存在について、同様の報告がある」。

この報告書が準備された時期に注目してみたい。これは大事故後せいぜい四カ月のことだ。けれどもこのさまざまな放射性物質が、チェルノブイリの被災者の体内に存在し、「急性放射線障害との関係は明確ではない」とする報告があることに、私は驚きはしない。はっきりしているのは、第一に急性放射線障害が、広範な世論から覆い隠すことは不可能である段階に至ったということだ（この場合そのやり方について言っているのではない）。第二に、わかりやすく言うと、チェルノブイリの犠牲者はまさに放射線に被曝し、その結果すでに急性放射線障害と診断を下されたということだ。おそらく特定の人たちが、急性放射線障害と体内に取り込まれた放射性核種との関係を理解しようとしなかったのだ。この報告書の中で、控えめであるが、大惨事後、急性放射線障害による死者数名から複数の放射性核種が確認されたと記されているというのに。

つづく結論部分にもはや驚くことはないだろう。「放射線被曝量の評価について、体内に取り込まれた放射性核種の痕跡の総量を算出することはできない」。さらに「チェルノブイリ原発事故に関連する死亡率の上昇については、被曝住民のなかの癌による死亡率は二パーセントほどにすぎない」とある。恐れるにはあたらない、つまりどこかあるところで癌で死ぬ人が二パーセント増えるのは仕方がないことだというのだ。「体内に取り込まれた放射能」については、それほど心配する必要はない。自分たちの秘密議事録のなかで、長老の同志諸君が民主的に公開し、助言する、これですべてだ。

私の記録および被災地域に暮らす数百人へのインタヴューの内容からすると、大惨事直後から数カ月後で、核燃料と結合したホット・パーティクルの危険性が非常に大きいことは明らかである。実際、取材対象者はもれなく、ホット・パーティクルについて、機密性の低いトラクターの運転席内（一九八六年の秋、晩秋、大勢の農民が放射能に汚染された作物を収穫したのである）や、子どもたちが遊んでいる砂場で、当人が感じたような喉のいがらっぽい感覚を経験した。彼らの表現を借りれば、どこにでも「放射性物質が急降下した」のであった。

だれも、ホット・パーティクルという特異物質のことを深く考えなかったことははっきりしている。それは、人間の体内に取り込まれ、生命にかかわるほどに周辺細胞に放射線を照射するのだ。

キエフ出身の物理学者イーゴリ・ゲラシチェンコは、現在、西側で暮らしている。自身の論文『見過ごされたチェルノブイリの教訓』のタイプ打ちの原稿を私にくれた（この論文が最終的になにかの媒体に発表されたかどうか私は知らない）。その論文を読むと、事実関係が想像以上に私の考えと一致している点が興味深い。彼の言わんとするところが、完全におわかりいただけるように、私は論文の草稿からここに長い引用を行ないたい。この論文はそれに値すると思う。「大惨事の被災地区で、人々はいったいどれほど被曝しただろうか？　正確に知る人はいない。被災地区では爆発後初期では放射線測定器がほとんどなかったからである。私の知り合いの内務省職員は、爆発が起きて一週間は大惨事の現場を封鎖しており、その際に放射線測定器を所持していなかったので、どれだけの線量を浴びたのかわからない。住民の一時避難のために働いた運転手もやはり持っていなかった。これは偶然のことであろうか？　決してそうではあるまい。信じやすい国際社会と自国民とにただなんとなく嘘をついているのである。

一説によれば、プリピャチ市（原発のある市）では、放射能レベルは一時間当たり一から一〇レントゲンであった［私の入手した信頼できる数字では、ジトーミル州ナロヂチ地区で事故当初の放射線量は計算上一時間当たり三レントゲンに達していた（自然放射線は、およそ一〇マイクロレントゲン）。ナロヂチはチェルノブイリから八〇キロメートル離れている］。爆発地点からの距離と放射線量との依存関係はとても複雑である（風向、放射能雲から降雨があるか、その他多くの要因が関係している）。しかし放射線強度は平均すると距離の二乗に反比例する。たとえば、爆発地点からの距離が二倍になると、放射線量は二の二乗分の一つまり四分の一になるということである。私がキエフ市内で測定したなかで、最も高い放射線量を示したのは五月末［一九八六年］の一時間当たり〇・〇〇一八レントゲンという値だった。私は標準的な軍事用測定器を使って線量を測った。それは私が勤務している民間防衛隊から借り受けたものだ。知人が測定したところ、五月初めのキエフで、一時間当たり〇・〇〇三レントゲンに達した。爆発した原子炉からキエフまでは約一三〇キロメートル、それに対してプリピャチは約五キロメートルだ。つまり、プリピャチの平均放射線量は一時間当たり約二レントゲンであったはずである（距離が二六倍であるから放射能強度は二六の二乗倍となる」。プリピャチ市内では一時間当たり一から一〇レントゲンが実際のところであろう。緊急避難が始まったのは爆発が起きてから三六時間もたってからだ。このことはプリピャチに住む人々が三六から三六〇レントゲンの被曝をしたということを意味している。一九八六年四月二六日のプリピャチ市の人口は四万五〇〇〇人であった。彼ら住民のうち何人が現在も生存しているだろうか？　私は知らない［ゲラシチェンコの論文草稿の日付は一九八七年五月となっている］。キエフの病院に毎夜運び込まれた人々のうちで、半年間に約一五〇〇人が亡くなったということを私は知っている。

ひとつ指摘しておきたい。私は、人々の不安を煽るようなデマゴギーを集めたわけではない。私がこの論文のなかで引用したあらゆる情報は、大惨事の後始末に関わり、働いた人に直接訊いたものである。運転手や病院職員、町の封鎖に関わった軍関係者その他大勢の人たちである。

キエフ市に搬送された人は、治療を受けなかった。治療を受ける可能性すらなかったのである。数十人の子どものために、どこで輸血用の血液を採取するというのか。移植用の骨髄を採取するというのか。しかもこれら患者が入院しているのは、放射線科ではないのである。彼らが収容された場所は、各病院や、病院内の通路や、なんと地下室などだった。ある病院では、なんと遺体安置所の一部が、間仕切りされて一方に患者を収容していたほどなのである。

一万五〇〇〇人におよぶ人々はこうして急性放射線障害で死亡したのである」。

さまざまな所から出てくる情報の驚くほどの一致。政治局作業部会の秘密議事録で、爆発後一週間になんと一万五〇〇〇人ほどが入院したとの記載を裏打ちするものである。アカデミー会員A・И・ヴォロビエフは『モスクワ・ニュース』の自身の論文で、同様に一万五〇〇〇人が入院したと書いている。さらに彼は同論文のなかで、急性放射線障害に関する解説を現場の医師たちに始めて以降、患者は退院させられたと明言している。元キエフ在住の物理学者И・ゲラシチェンコも全員が亡くなったという確信をもって、この一万五〇〇〇という戦慄すべき数字を挙げているのである。

アカデミー会員ヴォロビエフがあげている一万五〇〇〇人の入院措置と、だれかが「医師に対して急性放射線障害を解説する」と、その後に「退院が勧められた」というふたつの関係を探るのは興味深い。第一に、それは急性放射線障害とはどのような疾患かを知らない医師にむけ、説明をするものだった（いまは中等学校高学年生でも知っているはずだ）。そして次に、どうやらクレムリンのグループが秘密裡に開いた会議のひとつで、被曝許容量を限界まで緩和したあとに、この〝解説〟がなされたようなのである。このあとすぐに入院患者全員が――議事録から推定するとその数は実際に約一万五〇〇〇人だった――が病気ではないことになって、退院させられるにいたった。

ヴォロビエフ教授の論考を読むかぎり、クレムリンがひた隠すチェルノブイリの秘密について、本人は詳細をご存知ないと思われる。私にとっては、彼の告白もまた、ある事実を間接的に裏付ける証拠である。一万五〇〇〇もの人々が初めの一週間で急性放射線障害と診断され、その病気に関する特別な指示が御用学者・医師から政治局に提供され、それがソヴィエト政府をしてこの事実を隠す力となり、しかも大惨事の犠牲者の被曝許容量を引き上げることにつながり、これ以上病院へ収容を認めないという圧力となったのである。そうでなければこの人々はいったい、どこへ姿を消したとでもいうのか、それとも蒸発したのか。

物理学者ゲラシチェンコの考察が興味深い。「一万五〇〇〇という数に読者は注目するだろう。広島では約七万人が亡くなった（そのうち数千人は爆発の熱による。大多数の人は放射能汚染の影響である）。チェルノブイリから放たれた、広島型原爆の一〇〇〇回分より多くの放射性物質を考慮すると、一万五〇〇〇人という数は少なくないだろうか。全くその通りである。おそらくほかに膨大な犠牲者がいるはずだ。まず第一に、私が手にしたデータについてだけ述べたい。そして第二に放射能の、長期的影響について述べたい。さらに一万人、もしかすると一〇万人が放射能によって発生した癌で死ぬことになるだろう。しかし、この事態がはっきりするのはもう少し先になるだろう。なぜなら癌の『潜伏期間』は長期にわたるからだ」。

チェルノブイリの死者が一万五〇〇〇人におよぶという発表をИ・ゲラシチェンコは『ニューヨーク・シティ・トリュビューン』誌上で行なった。さらにはアメリカの議会で、大惨事の影響に関する聴講会の席でも行なった。彼は次のように述べた。犠牲者たちは、「急性放射線障害」という診断ではなく「自立神経・循環器系失調症」「心血管系失調症」等々という診断が下されている。亡くなった人のカルテには、「治療一クール終了」「長期治療の必要性は認められない」と記載されていた。事故から数年たった議会公聴会の席であの「七〇年生涯累積被曝許容線量三五〇ミリシーベルト仮説」で悪名高い大御所、アカデミー会員Л・А・イリインが、「一六〇万の子どもたちが被曝したが、私たちにはどうすることもできないので、問題解決を将来に先送りするほかない」と認めざるをえなかったときのことを私は思い出す。

議事録から明らかになったように、被曝線量は極秘公印の押された公式科学界の最新の「処方箋」にもとづいて算出された。もし、このような子どもたちを、文明国家における深い懺悔（ざんげ）をもって、犠牲者に対する道義的視点から見守るとしたら、どれだけの安全係数をこれに掛けなければならないだろうか？

嘘その二。放射能で汚染された農耕地の作物が「きれいであること」について。放射能に汚染された肉およびミルクの使用に関するソヴィエト連邦共産党中央委員会作業班の極秘「特別処方箋」は、勿論、クレムリンが出した、チェルノブイリ関連文書のなかで、最も説得力をもつもののひとつである。

「極秘　議事録三二号。一九八六年八月二二日。第四節……B・C・ムラホフスキー同志の報告（添付書）を考慮すること。それは……長寿命放射性同位元素によりさまざまな濃度に汚染されている地域に農工業を導入する施策および勧告を入念に整える……。セシウム137によって一平方キロメートル当たり五五五〇億ベクレル（一五キュリー）未満の汚染地域一六〇万ヘクタールの用地を確保し、そこに産業が実現される。土壌と農作物の一部抜き取り放射能検査を通常の方法で行なうことにより実現される。放射能汚染が一平方キロメートル当たり五五五〇ベクレル〜一兆四八〇〇億ベクレル（七六万ヘクタールの用地）の地域では、農工業生産活動は常時放射能監視下で、収穫物の放射能汚染の低減と品質良好な食料品の提供を保障するための組織と農業技術と家畜育種技術の複合体として、実現されるであろう」。

この議事録を書いたクレムリンの知恵者たちは、セシウム137によって一平方キロメートル当たり三七〇億ベクレル（一キュリー）の牧場で牧草を餌とした雌牛から放射能に汚染されたミルクが搾乳される、という事実を知らないはずはないのである。

それなのに同一〇節には「今年の買い付け対象である放射性物質を高濃度に蓄積した肉を国家備蓄用に保存することを合理的であると認める」としているのである。

「極秘　一九八六年五月八日。ソヴィエト連邦共産党中央委員会政治局決議。ソヴィエト共産党中央委員会書記長M・C・ゴルバチョフ。……チェルノブイリ原子力発電所爆発事故の現状とその影響が農業に及ばないための方策について。……大型有角家畜（牛など）および豚の屠殺に際しては、食用に適した肉の提供のために水で家畜を洗浄したのち、リンパ節を切除することが定められた」。

彼らが「切除したリンパ節」をどのように処分するかは関心のあるところではないか？　それらもまた子ども向けのドーナツ用に回されたのかもしれない。

「極秘　議事録第三二号第一〇節に添付。チェルノブイリ原発から飛散した放射能により、点在する汚染地域からの有角家畜〔牛や山羊など〕を加工して、製造された肉の切り身にはこんにち基準を超える複数の放射性物質が含まれている。白ロシア・ソヴィエト共和国〔ベラルーシ〕の隣接州とウクライナ・ソヴィエト共和国〔ウクライナ〕およびロシア連邦の加工用肉冷蔵庫に約一万トンの肉が確保されている。それは一キログラム当たり四〇七〇ベクレル〜三万七〇〇〇ベクレルの放射性物質で汚染されている〔二〇〇六年ウクライナの食肉中の放射性セシウム許容限度値は二〇〇ベクレル〕。今年の八月、九月には生産工場からさらに三万トンの入荷が予想される。

汚染食品を食することによって放射性物質が人体にこれ以上蓄積をしないよう、ソヴィエト連邦保健省は全国の汚染肉の出荷を最大限控えるよう勧告する〔傍点引用者〕。汚染肉の濃度をサラミ製品、缶詰、半製品では許容値の一〇分の一になるよう推奨する。（……）当該肉を食用目的で使うために、またソヴィエト連邦保健省の要請にしたがい、一〇分の一に濃度が低減した非汚染肉として食料供給の安定を確保するために、ロシア連邦〔モスクワ市を除く〕の各州、モルダビア、ザカフカス諸国〔グルジア、アゼルバイジャン、アルメニア〕、バルト三国〔エストニア、ラトビア、リトアニア〕、カザフスタン、中央アジア諸国〔キルギス、タジキスタン、ウズベキスタン〕の食肉加工コンビナートにおいて加工生産を行なう必要がある。ソヴィエト連邦国家農工委員会議長B・C・ムラホフスキー」。

しかしながら、現実は、このようにはまったくならなかった。二〇〇二年に『スパセーニエ』〔ロシア連邦天然資源省の刊行する新聞『天然資源広報』の付録紙〕上でセミナー「放射線防護実態」に関する講評が掲載された。このセミナーは原子力エネルギー経済安全性向上問題研究所で開催された。その席に、ソヴィエト共産党中央委員会元非常勤職員A・П・パヴァリャエフという名の人物がいた。彼は「マヤーク」生産公団の事故〔ウラルの核惨事〕の起こった後に、放射線生物学に関するアドバイザーの一員となった。そしてこの人物は、チェルノブイリ事故の後始末に参画しており、この被災者を愚弄するようなセミナーに出席し、若い参加者に次のような自慢話を語ったのだった。「チェルノブイリで〝屠殺〟された家畜の肉は食用には適していませんでした。その肉は、セシウム137が当時の基準値の四、五倍以上もありました。そこで、われわれは、肉を冷蔵庫に保管したのです。そして、食肉加工コンビナートは、〝きれいな〟肉に二〇パーセントずつ〝汚染した〟肉を混入せよという指示を受け、一定量を放出しはじめました。……この操作つまり〝汚いもの〟を〝きれいなもの〟に許容限度まで混入させる方法は、ごく普通に行なわれる汚染肉を販売するからくりなのです」。つまり実際のところは、パヴァリャエフらが、政治局そのものを も騙していたのである。この元党中央委員会〝経理部長〟は若い聴衆たちに、しかしながらとても意義深い顛末については話さなかった。それは、政治局はこのようにして〝優良となった〟肉をモスクワとレニングラード〔サンクトペテルブルク〕を除く全国民に食べさせたのであるということを。まさにこんな手段で全国民に被曝を強いるよう、放射能に汚染されたチェルノブイリの仔牛や豚を届けたのである！

秘密議事録第三二号一一節にもうひとつの添付資料がある。「白ロシア・ソヴィエト共和国〔ベラルーシ〕およびロシア・ソヴィエト連邦共和国〔ロシア連邦〕の一部の州における放射性物質規制強化に関するミルクの利用について」である。そこには「八月一日から〔以降は〕ソヴィエト連邦全土で、ミルク中の放射能許容量を一律一リットル当たり三七〇ベクレル〔「きれいな」ミルクとは、この濃度の一万分の一だ〕とする基準が発効した。しかし白ロシア・ソヴィエト共和国〔ベラルーシ〕のいくつかの州の地区では、買い入れたミルクの一定量はすでに放射能濃度は一〇倍の水準であり、制定された新基準値を満たしていない。したがって、これら地区住民へのミルクの円滑な供給は困難な状況にある。上記を考慮して、新基準値の実施を一九八六年一一月一日まで延期することを認める。Π・H・ブルガソフ」とある。

「これら地区住民へのミルクの円滑な供給」に関する特別な配慮。まさにそうではないか。違うだろうか。「きれいな」ミルクがないとなると、たちまち「汚れた」ミルクが「きれいな」ミルクになってしまう。しかし、輸出向けは、そうはいかないが、放射性廃棄物を自国民に飲ませることはできるのだ。極秘文書の中では、すべてがつじつまが合うのである。ここで言うすべてとは、しかるべき党、政府、西側基準、被曝線量、許容基準のことだ。

セミナーでのパヴァリャエフは自信に溢れていた。「……ミルクは長期間深刻な被曝源でした。しかし、われわれが飲めるようにしたのです。はじめの一年でおよそ八〇〇万ルーブル分を有効に利用しました。ミルクを処分したのではなく、バターやカッテージチーズに加工したわけですね。カッテージチーズを四カ月熟成させると、その間にすでに放射能はなくなり、バターは事実上きれいなものになっているんです」。私がこのパヴァリャエフのやり方のことを、とある汚染地区の村で話したときに、病気の子どもを抱えるチェルノブイリの母親が、憤懣（ふんまん）やるかたない様子で言った。「その男が一生そんなチーズを食べればいいんだわ！」。それもまた酷い話ではあるが、まったくそのとおりだと私は思う。

この「放射線生物学者」という専門家については、彼自身が述べた「科学的」エピソードが雄弁に物語っている。党によって、ウラル地方の生産連合「マヤーク」で起きた原子力災害の処理のために派遣されたとき（かつて党中央委員会で働いた経験があるので、第一種通行許可証があるんだとパヴァリャエフは自慢げに語ったとのことである）、彼の所属する班は、そのための任務——ウラル地方の森林を一五〇ヘクタール伐採する——を達成しただけだった。そのおかげで、数少ない聡明な人々が、偶然に「科学の」闇に注目できたのである。

チェルノブイリ事故が起きてからは、党はこの男の存在なくしては、やっていけなかった。いったいなぜか。腹の据わった古参兵だからだ。人々の健康と生命の重さに匹敵するほどの多くの秘密文書に、彼の署名があるのである（それはソヴィエト連邦検事総長がのちに認めたことでもある）。彼が、自分のセミナーの聴衆には、この事実を語らないのは当然だ。

嘘その三。ジャーナリズムにとって報道とはなにかという問題。または政治局がどのように報道機関を思いのままにしたか。チェルノブイリからほぼ二〇年、私のところに、「極秘（作業メモ）一部のみ、複製禁止、原本」と印を押された貴重な資料が手に入った。一九八六年四月二九日付けソヴィエト共産党中央委員会政治局会議のものだ。チェルノブイリに関する問題が議題にのぼったのは、おそらくこれが初めてであろう。チェルノブイリ事故から三日後であることからしても、少なくともごく初期の一連の検討会議のひとつであると思われる。会議を招集したのはミハイル・ゴルバチョフ議長その人だった。会議には政治局のメンバー全員が出席した。そしておそらくこの席で、チェルノブイリで起きている事態を世界と自国民にどのように発表するかが決定されたのだ。政治局員B・И・ドルギフが、破壊された「原子炉の炉心の発光」「ヘリコプターからの袋の投下」（これらの目的を達成するために、三六〇人の人員に加えて一六〇人の志願兵が動員された。しかし、この仕事を拒否する者もいた）、「西側、北側、南側三方面に延びる舌のような形状の雲」などについて報告し、どのように情報を公開すべきかという問題を含めて検討を開始した。

「M・C・ゴルバチョフ（……）われわれはより誠実に行動するべきだと思う」。よくぞ言ってくれた、ミハイル・セルゲイヴィチ（・ゴルバチョフ）！　しかし一呼吸おいて、「情報を提供する際には、わが発電プラント全体が批判されることのないよう、この発電所は定期点検の必要があった、としなければならない」。いったい「ペレストロイカ」と「新思考」はどこへ行ってしまったのだろうか？　それはチェルノブイリ事故にまでは届かなかったのだ。

秘密議事録の作業メモから、政治局の面々が深く頭を垂れているのが手に取るように窺える。彼らは、世界と自国民をどのように巧妙に騙すかを審議しているのだ。これでは演劇か映画のなかの一場面にそっくりである。しかし、現実に起きていることである。

「A・A・グロムイコ（……）当然のことだが……友好国に多くの情報を提供し、ワシントンとロンドンには確定した情報を提供することだ。ソヴィエト連邦大使には適切な情報を伝えなければならない。

B・И・ヴォロトニコフ　モスクワはどうしましょうか？

M・C・ゴルバチョフ　しばらくはなにもしなくてよいと思う。エリツィン同志に状況を把握していてもらいたい。

Г・A・アリエフ　よろしければ、わが国民に情報を開示してはいかがでしょうか？

E・K・リガチョフ　記者会見はすべきでありません。

M・C・ゴルバチョフ　事故処理作業の進捗状況に関する情報を伝えることが妥当だと思うが、どうだろうか。
Ａ・Ｈ・ヤコブレフ　海外メディアの特派員は風説を捜しています。（……）
Ｈ・И・ルイシコフ　情報を三つに分けて伝えるのが妥当と考えます。わが国民向け。社会主義諸国向け。ヨーロッパ、アメリカ合衆国およびカナダ向け、と。ポーランドへは、できれば特使を派遣するのがよろしいかと［この会議の数年後、一九九二年にルイシコフは、カラウロフ記者のインタビューに蒼い目を剥いて「そんなことを言った覚えはない！」と答えている］。
Ｍ・Ｂ・ジィミャニン　発表する際には、核爆発は起きていないこと、放射能漏洩があったことを強調するのが大切と思います。
Ｂ・И・ヴォロトニコフ　いうなれば、事故で放射能の完全な管理に破綻が生じたということですね。
Ａ・Φ・ドブルイニン　そのとおりです。しかしロナルド・レーガン［一九一一年〜二〇〇四年、第四〇代米大統領、在任期間一九八一年〜一九八九年］の机の上には、間違いなく正確な情報があがっているでしょう。（……）
Ｍ・Ｃ・ゴルバチョフ　（……）では諸君、提案に賛成しますか？
政治局メンバー　賛成します。
Ｍ・Ｃ・ゴルバチョフ　これにて決定します」。
このタイプ打ちされた記録には自筆の署名「Ａ・ルキヤノフ」とある。彼は、ゴルバチョフとモスクワ大学の同窓生であり、友人である。三年後［一九八九年］にゴルバチョフはソヴィエト社会主義共和国連邦最高会議議長に就任し、その二年後［一九九一年八月］にルキヤノフが彼を裏切り、ペレストロイカを阻止しようとする共産党守旧派「国家非常事態委員会」のメンバーとして、クーデター未遂事件を首謀し、「マストロスカ・トィシナ」という名の刑務所に収容された。

政治局作業部会の秘密議事録によると、この第一回政治局全体会議の雰囲気および期待感は、以降の作業に存分に反映された。政治局会議への取材はもちろん許可されなかった。たった一度だけ、一九八六年五月二六日（議事録一八号）に一部の中央紙の編集長らにお呼びがかかったことがある。ここに呼ばれた記者たちは「避難住民の勤労および社会生活の保障に関して、ソヴィエト連邦共産党中央委員会および政府によって、講じられている措置・施策に充分配慮すること、および事故処理の工程に意欲ある労働者が参加しているという現状を広く反映すること」を命じられた。

おそらくどの回の会議においても新聞、雑誌、テレビの記者会見に向けて、どのような情報を提供するかが、検討されたのだろう。プレスリリースの文言はすべて、投票によって決定され、発表用の具体的データが指定されるのだ。

「極秘　議事録第九号。一九八六年五月八日（……）四、А・И・ヴォロビエフ同志、Е・Е・ゴーギン同志のテレビ出演について。チェルノブイリ原発の状況改善に鑑みて、依頼された出演を差し控えることが妥当と考える。（……）六、ヨーロッパ諸国による一連のソヴィエト連邦からの物資の輸入規制実施問題に関するタス通信の報道について。指定したアピールの原文を承認する。一九八六年五月九日にメディアに発表する。（……）九、次回の政府発表について。発表用原文を承認する。別途指示ののちにメディアに発表する」。

「極秘　議事録第五号。一九八六年五月四日。タス通信のアピール原文を承認。ソヴィエト連邦閣僚会議の次回発表を同年五月五日に延期する」。

注目すべきは、議事録には原文そのものも、制作者の名も決済のサインも記載がないことである。そしてこれはおそらく偶然ではないのだ。彼らはここにも痕跡を残さないよう細心の注意を払ったのである。

「極秘　議事録第一号。一九八六年四月二九日。（……）一〇、政府のメディア向け発表について。チェルノブイリ原発事故と事故処理に講じられているしかるべき措置について、資本主義諸国指導者層への情報原文を承認する。

まさにこの日（四月二九日）、この問題がソヴィエト連邦共産党中央委員会政治局会議で討議されていたのである。この決議で注目されるのは以下の内容だ。「わが国民向け、社会主義兄弟諸国向け、同様に他のヨーロッパ諸国、アメリカ合衆国、カナダの政府首脳に向けたチェルノブイリ事故処理作業工程の進捗状況に関する情報を用意すること（付属文書）」。

付属文書の一部には同じく「極秘扱い」の公印があり、厳格に指定されている。「ソフィア〔ブルガリア〕、ブダペスト〔ハンガリー〕、ベルリン〔東ドイツ〕、ワルシャワ〔ポーランド〕、ブカレスト〔ルーマニア〕、プラハ〔チェコスロヴァキア〕、ハバナ〔キューバ〕、ベオグラード〔ユーゴスラヴィア連邦共和国〕の在ソヴィエト大使へ。ジフコフ同志の可及的速やかな訪問を実現させ、カーダール〔ハンガリー〕、ホーネッカー〔東ドイツ〕、ヤルゼルスキ〔ポーランド〕、チャウシェスク〔ルーマニア〕、グーサク〔チェコスロヴァキア〕、カストロ〔キューバ〕、ジャルコヴィチ〔ユーゴスラヴィア〕または彼らに代わる人物に了解を取りつけたうえで、次のことをお伝え願いたい。（……）同じ情報がアメリカ合衆国および西欧諸国首脳に伝達されるということを説明願いたい。わが国は今後必要に応じて追加情報を兄弟国にはお伝えすると補足していただきたい」。

原文草案は添付されていないが、複数の草案が存在するはずである。国内向けに使うのはあるひとつの情報、はっきり言って、虚報。そして社会主義兄弟国向けには、それとは別の情報、「呪われた」資本主義国へは、さらにそれとは別の情報を、ということか。そのうえ「必要に応じて」追加情報が、例外的に兄弟国に伝えられるというのだ。これは政治的判断か、それとも沈黙という心の病か？

「極秘　議事録七号。一九八六年五月六日。……チェルノブイリ原発周辺の放射能レベルについて国際原子力機関への定期通報の是非に関する国家水質・環境管理委員会の提案に同意する。国際原子力機関に伝える情報を作業部会会議であらかじめ検討・整理すること」。

「極秘　議事録第三号。一九八六年五月一日。……新聞・雑誌、テレビ報道向けに、チェルノブイリ原発に隣接する地区では正常な生活が営まれていることを示す資料を揃えるためのソヴィエト連邦の特派員グループを派遣すること」。

これではまるで、与えられた課題について作文するようなものだ。

ベラルーシから『イズベスチャ』専属特派員Ｈ・マトゥコフスキーが編集幹部会議に向けた試みはかろうじてうまくいった。こんな具合である。

「極秘　議事録第一八号付属文書。タイピスト諸君へ。この電信文を編集長の他にはいっさい見せてはならない。コピーは廃棄すること。（……）報道関係者に次のことをお知らせする。ベラルーシの放射能汚染は、とても深刻な状況にある。モギリョフ州の多くの地区で、われわれが先に示してきた地区のレベルよりも著しく高い放射能汚染が明らかになった。あらゆる医学的基準に照らして、この地区で暮らしていくことは、生命に大きな危険をともなう。われわれの同志諸君は、茫然と立ちすくみ、それだけになおさら、モスクワのしかるべき行政機関がそこで起きていることを信じたくないのではないかと私には思われる。(……)。テレックスで編集長にお伝えする。なぜならば、電話でこの件をやりとりすることが禁じられているからである。一九八六年七月八日。H・マトゥコフスキー」。

特派員の至急電は政治局作業部会に伝わったわけだ。内容は吟味され、次のことが決定された。「国家水質・環境管理委員会(イズラエリ同志)、ソヴィエト連邦保健省(ブレンコフ同志)、ソヴィエト連邦科学アカデミー(アレクサンドロフ同志)と白ロシア・ソヴィエト共和国閣僚会議(コバレフ同志)の同意のもとに、当該地区の放射能状況調査を委嘱すること。そして本年〔一九八六年〕七月二〇日までに作業部会にその結果を報告すること」。驚くべきことだ! 間を置かずモギリュフ州の居住地から(全体で四一〇九人の)「住民の避難が検討される旨」助言されている。『イズベスチヤ』編集長イヴァン・ラプデフのもとに、この至急電がうまく届けられたのは、幸いだった。ここに記されている四一〇九名の人々が、党用語で言うところの、「赤い」強制移住区域から救出されたものと信じたい。

しかし、ほとんどの場合、ソヴィエト連邦や諸外国のジャーナリストに向けた記者会見は、万全の準備を整えていたのである。

「極秘　一九八六年六月四日。……議事録第一一号付属文書。チェルノブイリ原発4号機事故の処理工程の進捗に関する記者会見で報道された基本的問題に関する指令(……)。二、チェルノブイリ原発事故処理報道に際し、世界史に前例をみない放射能被害の防止に向けて講じられた、大規模な技術的・組織的な施策を提示すること。さらには、事故処理作業従事者の崇高なる英雄的行為に注目させること。住民の安全を確保するための広範な施策を報道すること。とくに汚染領域で明らかになった、住民の課題に注目させること。三、省略。四、個々の公的人物の評価およびチェルノブイリ原発から大量の放射性物質が拡散し、大気で運ばれ降下し、生態系の破壊が存在するかのようなことを振り撒く西側諸国の報道の根拠が破綻していることを指摘すること」。

これはまさに「チェルノブイリ原発で起きている事態について、西側の情報産業と秘密諜報部隊のでっちあげを暴露するための宣伝工作を強化すること」と言えないだろうか？　このソヴィエト連邦共産党中央委員会の決議を経た極秘指令は、一九八六年五月二二日付けで、書記長も署名したものであり、さまざまに要約されて政令や指令へと形を変えた。なんとかして放射能を封じ込めようというときに、あきれたものである！　ウクライナ政府から中央委員会第一書記B・B・シチェルビツキーへ次のような秘密書簡が送られている。この書簡は一九八六年五月二九日付ソヴィエト連邦共産党中央委員会政治局の秘密報告として慎重に扱われていた。「党活動家と住民の定期的な情報交換を成立させるよう世論の動向を慎重に見極めること〔党活動家はあたかも〝市民階級〟に属していないかのような、なんとお高いカーストにとどまっているのだろう〕。ブルジョワ階級の宣伝工作とでっちあげられた噂が明らかになっている」。

いったい彼ら自身はこんなことを言ったり、書いたりしていながら、枕を高くして寝られたのだろうか？

嘘その四。エネルギー関連労働者のための新興都市スラヴチチ〔訳注5〕における放射性セシウム汚染について。ソヴィエト連邦軍参謀本部司令官の苦悩が刻まれている興味深い都市である。――彼はのちに国防軍統合参謀本部議長になる人物、ミハイル・ゴルバチョフの顧問を務めたC・Φ・アフロメーエフだ（八月クーデター未遂事件の後、彼はクレムリンの執務室で自ら命を絶ったのだった）。ゼリョーヌィ・ムィス地区で放射能濃度が高まっているにもかかわらず、政府は新たにチェルノブイリ原発労働者たちの新興都市を建設しようと計画した。アフロメーエフは保健相С・П・ブレンコフとソヴィエト連邦国家水質・環境管理委員会議長Ю・А・イズラエリとともに、ソヴィエト連邦閣僚会議議長Н・И・ルイシコフへ次のように書き送った（一九八六年八月一三日付け秘密議事録第三一号を引用しよう）。

「極秘　付属文書一号。ゼリョーヌィ・ムィス地区（ストラホレシエ村）の放射能状況および環境汚染分析結果に鑑み、この地区に原発労働者の街を建設する妥当性について、結論は出ていない」。書簡の中で彼らが明らかにしている状態とは、「セシウム137の汚染濃度は（三〇の試料でみると）、一平方キロメートル当たり一〇三億六〇〇〇万ベクレル～一一五四億四〇〇〇万ベクレル〔〇・二八～三・一二キュリー〕である。ストロンチウム90（六試料）は一平方キロメートル当たり三七億ベクレル～九二五億ベクレル〔〇・一～二・五キュリー〕、プルトニウム239は一平方キロメートル当たり九億九〇〇〇万ベクレル〔〇・〇二七キュリー〕である」。

しかしこのとき、良心を苛むような、信じ難いことがあったことを私は知らなかった。それは作業部会の会議の一年後に、彼らはルイシコフの考えとはまったく逆の中身を書簡に書いているのだ。「議事録第三号二節に関して。極秘　一部。第一号。……原発労働者と家族向け新興住宅地建設用にこのエリアは適さないことをデータが示している」。しかし、なにも変わらなかった！

こうして、チェルノブイリの原発労働者の新しい街が「汚染された」地点に建設されたのだった。

議事録にあるこれらの秘密書簡を読んで、私は、わが議会公聴会で森林経営省の幹部がとても腹を立てたことがあったのを思いだした。「どこに宅地開発するかという問題が審議されたときに、われわれはスラヴチチをあの場所に作るのに反対しました。私たちはかなりのデータを持っていたのに。しかしだれひとり、耳を貸してくれませんでした。そして都市が建設されました。シチェルビナ同志〔ソヴィエト連邦閣僚会議副議長〕が実際は決定を下したのでしょう。彼は委員会を指導する立場にありましたから。でも、私たちになにができるでしょう。現在、市に隣接している森では茸や苺の採取が禁じられています。これが現実です。人々がこの事実を知って、問題を解決するのではなく、危険を知らせる標識を撤去してくれ、と森番に言い、人々をいたずらに脅かさないでくれ、とわれわれに苦情を申し立てているのです。まさにこれが偽らざるところでしょう」。

さらに汚染の高い地点が、一九八八年一月六日の作業部会最終会議、つまり約二年あとになって、確認された。「議事録第四〇号第四節。極秘。一部限定。一章。……スラヴチチ市と近隣の地域において環境放射能の詳細な再調査が実施され、市内のセシウム137の汚染レベルは一平方キロメートル当たり少なくとも三七〇億ベクレルから二二二〇億ベクレル〔一～六キュリー〕である。最も汚染の酷い区画は市から東西に二～三キロメートル離れた森林地帯に存在している。この区画の各地点でセシウム137の最大濃度は一平方キロメートル当たり二五九億ベクレルから四八一〇億ベクレルの間で分布している。……市内のストロンチウム90の濃度は一平方キロメートル当たり三七〇億ベクレル～三七〇億ベクレル、プルトニウム239、プルトニウム240は三・七億ベクレル～七・四億ベクレルである」。

訳注5　スラヴチチ　チェルノブイリ原発から東へ五〇キロ、三〇キロ圏から二〇キロ、チェルニゴフ州にあるが、行政区分としてはキエフ州。チェルノブイリ事故で強制避難となった原発労働者のための新興都市。

政府は都市を〝建設〟してしまったけれども、実際の「放射能のホットスポット」は、非政府系の専門家の評価では一平方キロメートル当たり三七億ベクレル～三七〇〇億ベクレル〔〇・一～一〇キュリー〕になるのである。市に接する森の中ではセシウムの影響は七〇三〇億ベクレル〔一九キュリー〕におよぶ。しかし議事録では、次のような楽観的な結論になってしまうのだ。「たとえなんらかの追加措置が講じられなくとも、原子力発電所に隣接する地区に暮らす住民（子どもと妊娠中の女性を含む）に対して、国際機関によりソヴィエト連邦政府に勧告された許容値以下に（徐々に）低減していくであろう」。つづいて、控えめに括弧でこう括られている。「（なんらかの予期せぬ故障がないかぎりにおいて）。……ソヴィエト連邦国家水質・環境管理委員会議長Ю・A・イズラエリ、保健相E・И・チャゾフ」。

聡明な住民がこの会議の場に現れたときのために、取って置きの結論が準備されている。「ソヴィエト連邦原子力省、国家水質・環境管理委員会、ソヴィエト連邦保健省の幹部を当該地へ派遣し、生産合同『コンビナート』およびチェルノブイリ原子力発電所の幹部、党および労働組合の諸委員会の参加のもとで〔この他に、いったいだれをどのように騙すというのだろうか〕、新都市で暮らすことへの健康面の安全情報を開示し、一週間に限り発電所の人員に向けて充分な論拠に基づく説明を実施すること」。

かくして、あらゆる面でこれらが実行された。

この犯罪は、計画的であったのだ。極秘文書のほとんどどの章にも見られるこのような記述を読み、私はしばし作家チェーホフ〔一八六〇年～一九〇四年〕の短編小説『六号病棟』〔一八九二年〕のことを思い出している自分に、はっとするのである。

大惨事から五年後に、ソヴィエト連邦共産党中央委員会書記局決議原案「第二八回ソヴィエト連邦共産党大会〔一九九〇年七月二日～一三日〕決議履行における『チェルノブイリ原発の大惨事および事故処理対応についての政治的評価について』」では、一九九一年二月一三日に現地に派遣されたソヴィエト連邦共産党書記長代理B・A・イヴァシコが以下のことを確認した。「チェルノブイリ原発は困難な状況にある。倫理的、精神的にみて危機的状況が迫りつつある。状況の悪化はスラヴチチ建設途上で（……）進行している。さらに、確認された情報によれば、著しい放射能汚染地域の存在が明らかになった〔厚顔無恥にもほどがある！〕」。長期間暮らし、勤労するにあたり、充分に安全な条件が保障されているかという点で、本質的な誤りが明確になった。このことに、人々は当然、抗議し、……ソヴィエト連邦共産党から脱退するという行動に表れた。七六〇名だった党員は（……）チェルノブイリ原発地元党支部では、現在、三分の一になった」。

いや本当は大惨事の五年後にはすでに、騙されている原発労働者とその子どもたちの体調不良が顕在化し、減少の一途を辿った党員を困惑させていたのだ！

チェルノブイリ原発労働者のため作られた新興都市――スラヴチチ――の住民は、すでに二五年間絶えず放射線に被曝している。そこは、あらかじめ放射線生物学の生体実験室として予定されていたのだ。この歳月、彼らにできたことは、政治家や権力者に手紙を書くことであった。生命は永く続かないということがわかっていても、かすかな希望の中で生きているのだ。

ここに「プリピャチ」協会事務所に届いた手紙を紹介したい。

「私たち家族は、原発事故に遭遇し、避難しました。幾多の辛酸をなめ、キエフにアパートの一室を残して、ここスラヴチチに永住するために引っ越してきました。私たちのまわりには、放射線障害を抱えている人、検査や良質の治療が必要な人、病弱な子ども、病気を抱えている子どもがいます。今日は、私たちの抱いている以下の質問に対して、具体的お答えをいただけるものと期待しております。
一、チェルノブイリ原発の閉鎖にともない、以前プリピャチ市に住んでいた人々の今後はどうなるのか。
二、いかなる関係省庁（保健省、原子力エネルギー省）が、どのようにして私たちが事故が起きた当時から現在までの、私たちの累積被曝線量を推計するのか。
三、かりにスラヴチチ市が、放射能に汚染された場所に建設されたのなら、私たち家族がキエフに戻ることのできる条件とその見通しはどうなのか？　キエフでは私たちほとんどみなが、アパートを提供されていました。（……）子どもたちの健康状態をみると、栄養豊かな食事と良質な治療と充分な休息が必要であります」。
政府側がついている嘘については、どれだけでも語り続けることができる。政府は六〇〇頁のタイプ打ち文書に地図や図面や表をつけて、チェルノブイリ4号機の原子炉構造上の欠陥を詳細に記録しているのだから。だれも中身を知ることはできないだろうと確信を持っているクレムリンの独裁者たちによって、これらは四〇におよぶ秘密議事録の中に、詳述されたものである。

嘘その五。事故処理への軍隊派遣について。嘘その六。人員の選抜と彼らに対するチェルノブイリ原発での「政治教育的労働」について。その他、等など。

極秘文書は、当時の事実を明らかにする。全体主義体制は保身のために必ず悪事をはたらき、必ず隠蔽工作が謀られる。イパチェフ家の地下室で、秘密裡に子どもたちの銃殺が行なわれ、その理由は子どもたちが皇帝一族に産まれたということだけだった。[訳注6] その後、私たち一〇〇万人を裁判も取り調べもないまま銃殺し、強制収容所や精神病院へ放り込んだ。〔訳注7〕全体主義勢力はノヴォチェルカースク〔ロストフ州の都市〕のデモ行進に銃口を向け、〔訳注8〕アフガニスタンへは「黒いチューリップ」を配備し、〔訳注9〕トビリシ〔八九頁訳注4参照〕では神経ガスを使い、バクー〔訳注10〕やビリニュス〔訳注11〕では、人民を戦車で轢き殺したのである。そして、放射能という猛毒ガスによる緩慢なる死――というチェルノブイリは、自国民に対する犯罪システムが引き起こし、二五年間、人々を殲滅してきたのだ。それはあたかもギリシア神話にあるメドゥーサ・ゴルゴンのようにである。ゴルゴンに勝つためのたったひとつの方法は、メドゥーサの頭を切り落とすことであった。

訳注6　ロマノフ王朝の最期を指している。一九一七年、臨時政府によって監禁された皇帝一家はウラル地方エカテリンブルクの富商イパチェフの屋敷に、死の直前まで幽閉された。同年の七月、ニコライ2世と皇后、四人の娘と長男ら一一人が、寝ているところをたたき起こされ、白衛軍（反革命軍）が迫っているという口実で地下室に集められ殺害された。皇帝ロマノフ一家が殺害されたというニュースは、世界を駆けめぐった。ペレストロイカ時代に、皇帝一族の虐殺状況の詳細が明らかにされた。

訳注7　一九三〇年代後半、ソ連においてスターリンの行なったソ連共産党幹部や軍人、知識人、大衆に対するテロル。

訳注8　一九六二年六月、フルシチョフ政権で起きた労働者蜂起をソヴィエト軍が武力鎮圧した事件。ノヴォチェルカースク虐殺と呼ばれる。

訳注9　一九七九年～一九八九年のソ連軍によるアフガニスタン侵攻時に、ソ連兵死者の輸送に使用された軍輸送機アントノフ一二型機のこと。

訳注10　アゼルバイジャンの首都。一九八八年以降、ナゴルノ・カラバフ問題を巡る対立が先鋭化し、アゼルバイジャン、アルメニア両共和国の民族戦争にエスカレートし、一九九〇年一月の虐殺（八三人死亡）を機に、ソ連中央政府がバクーの武力制圧に突入した（死者一二五人）。

訳注11　リトアニアの首都。一九九一年一月一三日、ソ連軍がビリニュス郊外のテレビ塔などを急襲し、一五人が死亡した（血の日曜日事件）。

第16章　戦いのあとの情景

ゴルバチョフ政権下で代議員選挙が実施されるまでは、ソヴィエト連邦の歴史において、人民の生存権を握っていたのは、共産主義者の社会団体もしくは機関だけであった。しかし、その類のどれひとつとして、チェルノブイリ被災者のための支援活動をすることは認められなかった。もしそれを許したならば、全体を覆う秘密の帳が開いてしまうからだった。

したがって、チェルノブイリ大惨事が起きた当初、ソヴィエト連邦政府が主導する慈善活動が、高まった気運のある種のガス抜きの役割を持つ公的な社会活動として登場した。大惨事被災者救援義援基金九〇四号口座が開設されたのだ（わが国そして世界の人々は、できることなら支援をしたいと望んでいたのである）。口座開設を、ソヴィエト連邦政府の党幹部部隊の公人たちが、ソヴィエト連邦人民に発表した。口座番号と銀行送金にあたっての必要事項とは、ラジオとテレビをとおして、伝えられ（これには、ウクライナでは、ふたつの目的があった！）、中央各紙で報道された。当局は人々が慈善の心を行動で表現することを容認したかのように思われた。こうしてソヴィエト市民はチェルノブイリの被災者のために、この口座にお金を振り込むよう求められたのである。

その当時、ほかのやり方は存在しえなかった。政府関係機関を除くと、だれも銀行に口座をもつことができなかったのである（それは「チェルノブイリに関するもの」も同様であった）。ソヴィエト市民は、銀行口座といえば、国営貯金局（一九二三年〜一九八七年）に口座があるだけだった。中央銀行とそのほか一、二の銀行はあるが、普通の市民にとって、銀行口座は存在しなかったのである。[訳注1]「無数の飲料の中からペプシコーラを選ぶことができる」若い現役世代と西側読者に、わが連邦の銀行制度を想像するのは難しいだろう。

ソヴィエト連邦で細々と暮らしている年金生活者は、この国営口座になけなしの金をはたいた。富裕層市民は一週間分、一カ月分の給料を振り込んだ。一九九〇年春にわが国から全世界に向けて中継で放映された二四時間テレビ「チェルノブイリ」では、終了後に口座九〇四番には七六〇〇万ルーブルを超える義援金が振り込まれた（国外の金融機関へも入金があった）。二四時間テレビが行なわれているモスクワのコンサート会場「ロシア」の電光掲示板には「四六九万一三一〇米ドル」という数字が映し出された。ソヴィエト連邦の人々にとって、これは浮世離れした天文学的金額であった！　では権力者はその資金をどのように使ったのか？　義援金の幾分かは病気の人の治療、医薬品、医療設備の購入に充てられたかもしれない。しかし、私たちは会計報告を見せられていない。

訳注1　ペレストロイカ以前は、三つの国営金融専門機関（建設銀行、外国貿易銀行、国家労働貯蓄金庫）があったものの、実質的にはソ連国立銀行が独占的に行なっていた。ゴルバチョフ改革により、中央銀行と工業専門銀行、対外経済銀行、労働貯蓄住民信用銀行、農工銀行、住宅公共経済および社会発展銀行に再編された。一九八八年には共同組合銀行が設立された。翌一九八九年には、法律が改正され商業銀行が認められた。国営貯金局はソ連国立銀行の下部組織。ただし、当時は連邦崩壊の間際で、制度は混乱していた。

デタラメな話もある。ここに一九九〇年四月三〇日付け指令書六八四P号がある。署名しているのはソヴィエト連邦閣僚会議議長H・И・ルイシコフである。「四、ソヴィエト連邦原子力発電・工業省特別指令により、ソヴィエト連邦住宅公共経済および社会発展銀行のチェルノブイリ原発事故処理救援義援基金口座から、国連関連の基準に則り、国外の学者および専門家の招聘に際して派生する旅費、滞在費、食費、交通費その他の接待費用および本件指令書に定められている作業班の活動諸経費に一五〇〇万ルーブルを振り替えること」。読者諸氏は、これがなにを意味するか理解できるだろうか？　原子力発電・工業省が、義援基金口座から資金を流用していることを意味しているのではないだろうか？　本来ならば原子力発電・工業省が、自分の口座から口座番号九〇四号へ、損害総計額を振替えなければならないはずではないか？　同省のモラルハザードと無責任体制とにより、各共和国と放射能汚染地域に住む人々が蒙った損害に対する義援基金だからだ。

指令書のなかに、おそらく国連「第三者」専門家委員会〔IAEA国際諮問委員会〕を指すと思われる箇所がある。代表は日本人学者重松逸造博士である。この委員会の出した一連の結論に、多くの人々は驚愕した。チェルノブイリ原発事故は人々の健康に悪い影響をなんら示していない、また、彼ら国際的専門家の眼には、住民の精神状態・体調になんら変化がみられないというものであって、これはまったくの噴飯ものであった。

祖国や世界に向けて恥も外聞もなく一連の嘘をつき続ける党は、安直なイベントで世界中から、とりあえず資金をかき集め、これらの金を原子力推進派の調査団などに流し込む、ということがおきていたのだ。

一九九二年に、当時働いていたロシア印刷・情報省の公式使節団代表の立場で、初めて日本を訪れた時に、私は重松逸造博士と彼の研究室で面会することになった。運命には、想定外の展開があるものだ。そのとき、まわりを大勢の関係者が囲む中で、私は国連「第三者」委員会専門家として、赤ん坊の健康にもなんら問題はないという報告を行なった、重松博士に向かって、「七〇年三五〇ミリシーベルト仮説」は根拠に乏しいのに、この仮説を堅持していることを恥ずかしいと思わないか、と訊ねてみた。博士は、このような質問も、このような見解があることも予想していなかったようで、気が動転してしまい、チェルノブイリの周辺地帯では万事順調という事実はないということをとうとう認めざるをえなかった。この点については、国際諮問委員会の結論の誤りを認めてしまったのである。

それならば、なぜわれわれは重松博士などにチェルノブイリ義援基金からその一部を支出する必要があるのか。ロシアの民話「狐と狼」の一節〝嘘つきを助けるのは騙された者である〟のとおりのことをしているのではないか。権力とは、私たちの血と世界中の善意の金を集めて、われわれを欺くということを示している！

恥ずかしいことではあるが、はじめて実現したチェルノブイリ支援の公式行事の果実は、このように惨憺たる結末を迎えることになった。

一九八五年にミハイル・ゴルバチョフ政権が誕生し、ペレストロイカと新思考外交政策が提唱され、改革支援団体や人民戦線などの非合法組織が生まれ、燎原の火のようにひろがった。地元や共和国の共産党首脳部は容赦なくそれらを弾圧したのだが、社会のなかに芽生えつつある自由の精神は、活動禁止という厳格な措置を党に取らせはしなかった。私たちの国では共産党最高指導者ミハイル・ゴルバチョフを支える勢力が抵抗勢力に勝っていたのだ。その意味するところは「法で禁じられていないことは許される」という原則的考え方であった（そうは言っても、一九八七年になってもまだ党に敵対する者は逮捕され、収容所送りとなっていた）。

私は『ノーヴォスチ・ジトーミルシチナ』通信社の編集記者ヤコフ・ザイコとともに一九八五年ジトーミルで、非合法政治団体「ペレストロイカに向けて」を設立した（のちにそれは地域大衆運動「ペレストロイカ市民戦線」となった。そして五カ年計画の一環として、国家保安委員会地元支局や密告者やその手先である新聞『フジャンシカ・ジトーミルシチナ』がこの〝市民戦線〟を監視し、叩き潰す仕事を担った。このいきさつは、私の回想録『砕けたガラスを裸足で歩く』〔二〇一〇年、邦訳未刊〕に詳細に書いた）。

この政治団体の課題のひとつは、被災地域の人々がどのように暮らしているかという正確な情報をありとあらゆる手段で広く知らせることだった。そのような情報が公的な共産主義的出版物に掲載されることは完全に禁止されていたので、タイプライターで一部ずつ打った地下出版物を作ることになった。そして非合法下で国民にばらまいたのである（私は国家保安委員会州支局に登録されていない、個人用タイプライターを持っており、それを使ってとにかく一〇〇部ほど綴じた。それが、チェルノブイリについて書いた私の初めての記事だ。一回の発行につき、「巻き煙草用紙」を八梱包使った。ソヴィエト連邦では、タイプライターの登録制度はとても厳しかった。私は、ドイツ製「エリック」を使っていた。これは当時の技術の傑作である！　私は夫とジトーミルの中央百貨店で購入したものだ。三〇〇ルーブルだった。二カ月分の給料と同じだ。以来、この「世話になったおばあちゃん」はわが家の納屋に住んでいる。一九八九年に出した私の最初の著作もこのタイプライターで打ったのだ）。

政治団体「ペレストロイカに向けて」のもとで、一九八八年から同じく地下出版物や地下新聞『速記録』を隠れた場所で一〇〇部ずつ制作した（一〇〇万部ではない。たったの一〇〇部だ！）。党公認の機関紙『ラジャンシカ・ジトーミルシチナ』が二〇万部であったが、わが方が驚異的な成功を収めたのだった。人々は、新鮮な空気を一気に吸い込んでいった。政治面には、党に対する非常に批判的な記事が載ったりもした。放射能に被曝したジトーミル州北部地区の状況に関する記事も載った。当時の喫緊の課題といえば、グラースノスチ（情報公開）だった。汚染した大地に止まって生きる人々は、閉ざされた情報空間にあることが明らかだった。国内外の人々はだれも、この人たちのこと、彼らの精神的苦悩、疾患そして死について、なにも知らなかった。だから救援の手を差し伸べることもできなかったのだ。この媒体は、その時代に〝チェルノブイリ強制労働収容所〟の人々から届いた手紙を掲載していた唯一の新聞だった。毎号毎号、手から手へと読み継がれ、ぼろぼろになるまで深く読み込まれた。

一〇〇部の貴重な私家版新聞『速記録』は秘密裡にジトーミルのとある工場で印刷された。編集長は校閲係と製版責任者と印刷工の四役をひとりでこなしていた！　この人物ヤコフ・ザイコは、ソヴィエト政権を嫌悪していた現役の記者だ。日が暮れて表の労働を終えると、この工場にやってきて知り合いの技術者が部屋の鍵を渡す。ヤコフ（・ザイコ）は夜明けまでその部屋に閉じこもり、ひとりで専用機を使って新聞を印刷するのである。翌朝、大家があらかじめ決めてある合図で扉を叩くと、ヤコフは扉を開ける。日に二回、ほかの雑誌の中に『速記録』一〇〇部を紛れ込ませて、工場の正面受付を通って、外へ持ち出すのである（彼は夜間に特別にこの工場で印刷することが許されていた）。

私のしたことは、記者の仕事、そしてこの秘密の地下印刷所「時限爆弾」を確保することであった。ヤコフは、自身の政治的な爆薬を込めた〝殺傷力のある〟新聞を発行し、私はタイプライターのリボンなどをそろえた。毎回使用するリボンのカセットは二〇本を下回ることはなかっただろう。ジトーミルとキエフではインクリボンはつねに品薄状態であった。したがって、私はふたつの都市とモスクワの間を駆けずり回った。格安の座席指定列車で一八時間かけて、ダラガミロヴォ通り〔モスクワ〕の商店へ走り、同じルートを戻ってくるのだった（幸いなことに、この通りはモスクワのキエフ駅の近くにあった）。

一年後には私のところに、ペレストロイカの地下出版を調べている研究者がドイツから訪ねてきて、私たちの出版物を自分の研究所にいただけないかと頼まれた。同じような申し込みは、ヤコフ・ザイコのところへも、アメリカ合衆国議会図書館から幾度かあったという。

チェルノブイリ原発大惨事の現実を情報公開しようと努力したかいあって、八〇年代の終わりに共産党に親和的な自然保護団体やチェルノブイリについて口を開くグループの増加と軌を一にして、独立した環境問題グループが誕生したのである。もしもしかるべき資料を紐解けば、一九八七年には、この国には二億五〇〇〇万人が三八の環境関連の社会組織に関わっていたことになるだろう。その組織はどれもソヴィエト連邦共産党の管理下にあるものであった。ところが一九九一年になると、その数は五倍にも膨れ上がった。それらは共産主義イデオロギーから解放されていたので、本質においては非合法活動である。わが国は、依然としてソヴィエト連邦共産党の指導下にあった。しかし肝心の党は瀕死の状態に喘いでいた。

チェルノブイリ被災者を暖かく支援しようと、合法的慈善基金や非政府組織として最初に設立されたのは、一九九一年である。第三回人民代議員大会〔一九九〇年三月一二日～一五日〕において、ゴルバチョフが提案した共産党一党制を規定したソヴィエト憲法第六条の廃止と複数政党と社会団体枠に関する新法案が採択され、社会組織と社会運動に関する法律が制定された後のことだった。[訳注2] キエフとミンスクとモスクワでそのような団体が設立された。

一九八九年以降、多くの海外の記者が被災地への立入許可を取得して、被災者の厳しい状況を記事にして発表した。西欧諸国や日本では、チェルノブイリの犠牲者を支援する団体が数百も現れた。わが祖国の非政府系組織は彼らと連携し、国際的団体へと変貌を遂げていった。

一九九二年に、チェルノブイリについて書いた論文と著作に対して、ライト・ライブリット賞を受賞した私は、チェルノブイリの犠牲者である子どもたちを支援するエコロジー慈善基金をロシアで最初に開設した〔ヤロシンスカヤ慈善基金〕。長い間、私たちはブリャンスク州クリンツイ市の放射能汚染地帯にある二つの「子どもの家」〔児童養護施設〕の一五〇名を支援している。毎年大晦日に、子どもたちはマロースおじさん〔ロシアのサンタクロース〕に宛ててプレゼントがほしいと財団に手紙を書いてくれた。

私たちは、捨てられた子どもたちに食べ物や様々なベビーフードやジュースさらには医薬品、注射器、

訳注2 ソ連共産党の一党制は、一九七七年憲法第六条に以下のように明記されていた。「一、ソヴィエト社会の指導的力、その政治システム、国家的組織および社会団体の中核はソ連共産党である。ソ連共産党は人民のために存在し、人民に奉仕する。／二、マルクス・レーニン主義の学説で武装したソ連共産党は、社会発展の総合的展望、ソ連の内外路線を決定し、共産主義の勝利のための人民の闘争に計画的で科学的に根拠のある性格をあたえる。／三、すべての党組織は、ソ連憲法の枠内で活動する」。一九九〇年三月一四日改正憲法では以下のように全文改められた。「ソヴィエト連邦共産党その他の政党、労働組合、青年団体その他の社会団体および大衆運動は、人民代議員ソヴィエトに選出されているその代表を通し、およびその他の形態で、ソヴィエト国家の政策の形成ならびに国家的および社会的事項の管理に参加する」（『ロシアの二〇世紀』稲子恒夫編著、二〇〇七年、東洋書店）。

靴、本、玩具、カラーテレビをはじめたくさんのものを購入して届けた（「子どもの家」には〇歳から一二歳までの子どもが暮らしている）。二軒の「子どもの家」を主宰する女性と学校に通う子どもたちから心のこもった感謝の手紙が届き、私の保管箱にとってある。私にとって最高の勲章である。

しかし、私がつねに悩んでいたのは、何年間も、子どもたちが被災地域で暮らしていること、私に理解できないのは、なぜ彼らが「きれいな」場所に移転しないのかということだった。そして私たちはモスクワ市長IO・M・ルシコフへ手紙を書いて〝汚染の酷い〟クリンツイ市から、孤児たちを受け入れるよう依頼した。建設用土地は確保された。手続き上の必要書類も揃った。「子どもの家」の移転計画は動き出した。しかし、それなのに。第二次チェチェン戦争〔一九九九年九月〜二〇〇〇年六月〕のために、すべての計画が中断してしまったのだ（と私たちには説明がなされた）。そして、それ以降も子どもたちは（ある者は去り、別の者は連れてこられ）その汚染した地域に暮らしているのである。大統領も政府も替わり、代議員も改選され、いまはだれもこの仕事を引き継いでいない。

私たちは資金力に応じて、海外から医薬品などを取り寄せる際に関税の障壁に応じてジトーミル州（ウクライナ）ナロヂチ地区バザール村の小児病院、高齢者、障害者、子どもの大勢いる家庭を支援したり、放射能汚染地区で暮らす貧困家庭やそれほど豊かでない家庭の子どもたちの心臓手術費用を負担したりした。最近になって、私がその基金で支援した子ども、ジトーミルのアンナ・ドミトリエヴァから手紙を受け取った。いま彼女は結婚を控えている。生きていくうえでのさまざまな悩みや自分の夢を書いている。とても嬉しいことだ。

私たちは、奨学生を送り出したことを誇りに思う。充分な教育を受けることのできないジトーミルの学生たちに大学進学の奨学金を支給した。こんにち一人前の立派な大人になり、家庭をもつ父親であり、ある者は司祭になったりしている。

基金では、出版助成金制度を作り、エコロジー的で核に反対する著作物を無料で広めた。私は国際的な学者グループを組織し、世界で初めての『核百科事典』〔一九九六年、ヤロシンスカヤ慈善基金刊。邦訳未刊〕を編集・出版した。本書は核問題全体にわたる基本的学術書であり、ユネスコ事務局長フィデリコ・マイヨール〔在任期間一九八七年〜一九九九年〕をはじめ、学界、世論で高い評価を得た。一部は日本語に翻訳され出版された。英語版の出版はいまも実現していない。

財団には、西側諸国および日本の友人たちが大きく貢献してくれた。財団はとりわけ日本の「チェルノブイリ」支援団体と親密な関係を築いた。東京の和田あき子氏と東北の日下郁郎（くさかいくお）氏がそれぞれ代表を務めているグループだった。和田あき子氏と活動をともにする女性が、わが財団の仕事の視察に訪れた。彼女のグループは私たちの財団をとおして共同で「子どもの家」の子どもたちを支援してくれた。日下郁郎氏は、子ども用食品と赤ちゃんの靴をも持ってきてくれた〔私たちは、「子どもの家」の現実を知った時の彼の表情を思い出す。「子どもの家」では、ベビーシッターたちには二年間も給料が出てない。彼はとても驚いて、ただで働くなんて、日本では考えられないな、と言った〕。

私たちは日本の学者、京都大学原子炉実験所の今中哲二、小出裕章、小林圭二の三氏と専門的にプロジェクトをすすめ精力的に共同調査・研究を行なった〔ちなみに、三氏は先に触れた『核百科事典』の共同執筆者である〕。

しかし残念なことに、一九八八年にロシアが債務不履行に陥り、その余波をうけて、このプロジェクトは事実上中断せざるをえなくなってしまった。

私たちのチェルノブイリの運動は一九八九年から一九九四年にかけて国内外で盛んに活動したと思う。しかし世界に広がった核災害の犠牲者の支援、救援の輪の面では、一九九一年末のソヴィエト連邦崩壊とともに、著しく後退した。以来十数年彼らの脈拍がかろうじて聞こえる状態。いちど産まれた運動は決して消えてしまうことはないが、権力と社会そのものによって、まさに深い闇へと追い込まれていった。

手許の資料を紐解くと、こんにちのロシアでは、五〇を超す非政府系反核団体が、それぞれの仕方で活動し、直接間接にチェルノブイリ被災者を援助していることがわかる。

ロシア連邦のチェルノブイリ関連の非政府系組織は実際は数百にのぼるだろう。活動の中心はチェルノブイリ原発事故犠牲者に対するさまざまな支援活動だ。議会では必要な法案成立のためのロビー活動にはじまり、チェルノブイリ事故処理に関する諸々の事象を科学的に精査したり（この中には医療制度も含まれる）、人権にかかわる具体的な支援、その対象は第一にこどもの養育施設、そして住居、病院、家族、個人にいたるまでさまざまだ。

しかし、わが祖国の非政府組織の努力の裏では、ほんのわずかだが、善意をすべて台無しにするような人間たちとの関わりを避けることはできないものがあった。被災者への支援を語るとき、彼らの所業つまりコインの裏側を見ないわけにはいかないこともある。それは気が滅入ることだ。

そのような団体は、しばしば、チェルノブイリ原発事故の正しい情報公開を妨害し、意図して、汚染地域に生きる人々の直面する現実とは反対の、嘘の状況を伝えた。そしてグラースノスチ〈情報公開〉の波が押し寄せると、素知らぬ顔で急ごしらえにチェルノブイリの犠牲者と熱い友情を交わしながら、支援団体を創設したのだ。このような品性下劣な忌まわしい現象はジトーミルで起きた。この件については少し詳しく述べることにしよう。

ある日、私の友人たち、エコロジー系の代議員が、日本から帰国したときのことだ。日本の環境保護問題やエコロジー関連の共同企画の話をしてくれた。そしてそのとき、〝物珍しい〟プレゼントを私にくれたのである。それは英字紙『ジャパン・タイムズ』だった。その紙面にはチェルノブイリの汚染地域で生きる子どもたちの健康のために、闘いをいどむ英雄をとりあげた小さな記事があった。執筆したのは週刊誌『ジトーミル報知』（ウクライナ語版）の無名の編集記者ヴァレリー・ネチポレンコである。記事では、チェルノブイリの汚染地域から移住するために財団が設立されたという新しいメセナの姿を描いていた。

記者の素姓を知らずに記事を読むと、たちまち感謝と称賛が沸き起こったはずだ。しかし、私にとってこの記者の名は、軽蔑と憎悪に値するものだった。かつて私は、このネチポレンコと『ラジャンシカ・ジトーミルシチナ』でともに働いたことがある。上の命令においそれと従わない私とちがって、ネチポレンコは権力側に嬉々としてすり寄っていった。他のみなと同じように彼はチェルノブイリについて沈黙を通した。編集局党員会議の場で、ナロヂチ地区で私を見かけたことを唐突に議題にとりあげ糾弾し、取材を許可したのはだれか、そこで何をしていたのかと問題化したこともあった。

会議の暗黙の了解のもとに、「信頼できる」特派員がすぐにナロヂチ地区へ送り込まれた。特派員の記事は間を置かず掲載された。せっかく移住者のために家まで建ててやったのに、入居してみると質が悪いだなんだかんだと苦情を訴えていると記事中でその記者は、被災者を批判していたものだった。これらの新築家屋が、政府の命令のもとで放射能汚染地域に建造されたこと、そこに暮らすには危険すぎること、住民の生命にかかわることなどは、記事でまったく触れていないのである。

『ラジャンシカ・ジトーミルシチナ』に記事が掲載されたのは、一九八六年六月一日付である。この時期は、最も危険なときであった。そして、共産党中央委員会政治局の閉じられた扉のむこうで、数百万の人々の生命・暮らしに関わるチェルノブイリのもつ重大な意味が慎重に検討されていたときのことなのである。記事を読んでみよう。「……チェルノブイリの人々の精神状態、彼らの体調については、現状は憂慮すべき状態にはない。最も肝心なことは人々を労わる精神である。この地でこの精神を忘れた人はいない。現在も忘れていない。みなまっ先に消防隊員の安否を考えた。食料は充分か、体調は良好かと訊ねる将官も、将校も、放射線監視員も寄り添う心に溢れていた。ここでは民間防衛隊の医師や専門家が決めた許容被曝線量の二分の一まで減衰しているのである［!］」。このように牧歌的世界に浸る記者は、もうお察しのように、ヴァレリー・ネチポレンコ記者である。彼のルポルタージュ「ボランティア活動の場で」からの引用だ。チェルノブイリに関する当局のお眼鏡にかなった連載記事には、このような〝傑作〟が山のように登場したのだ。その心は、読者をいかに感動させるか、の一点に尽きる。嗚呼、なんと美しいことか、みながどれほど事故処理作業員の健康を気遣い、彼らの心中に思いを馳せていることか！

本書には、まさにチェルノブイリ犠牲者に対する罪つくりな「思いやり」制度をめぐって、多数の証言・証拠を挙げてきた。このような背景を知ると、日出ずる国、日本の新聞に載ったジトーミルから来たお気楽な旅人にすぎない記者の戯言の価値がくっきりと浮かび上がって見えるのである。ここにもうひとつ「チェルノブイリ同盟」の執行委員会代表Л・M・ペトロフによって示された証拠を追加しよう（議会速記録を引用する）。「私はキエフの放射線医学センターの科学協議会議事録を持っています。保健省の高官らが開催したものであります。それにはこのように書いてあります。『事故処理作業従事者の被曝線量に関する情報の精度は低い。被曝線量は過小に評価されているものや、あるいは過大に評価されているものもある。一部は紛失している。データを復旧し修正するのための元のデータはある。そして事故処理作業員の被曝線量を照会するための特別の機構をつくるべきだという提案がある。この指摘は重要である』」。

この議会速記録が事実とすれば、前述したネチポレンコ記者の記事の事実関係が大きく揺らいでくるだろう。入手したデータが怪しいのだから。実際問題として、「医師や専門家が決めた許容被曝線量の二分の一に減衰した」ということは、当局のだれかが許容線量を二倍に引き上げる決定を下してのことだろう。するとこの記者の書いた記事に、感動すべきかどうかわからなくなってしまう。なぜならば、いったいそれはどれほどの線量なのか、もし本物の記者ならば、数字を突き止めなければならなかった（限られた特別な出張がこの記者には許可されたのだから！）。しかしである。チェルノブイリの現実で新聞記事にあらたに加えられた真実はなにもなかった。公式に発表される嘘を後押しするように指示されていたのである。だから、汚染地域へは「身内の」記者が、派遣されたのである。

チェルノブイリの事故処理にあたった人々の苦労、仕事、人生をほめ讃える記事を発表してから数年して『ラジャンシカ・ジトーミルシチナ』の編集記者であるドミートリー・パンチュクは、ヴァレリー・ネチポレンコを『ジトーミル週報』の編集者へと昇進させた（彼は州ジャーナリスト連盟議長を兼務していた）。そして彼らはなんと州ジャーナリスト連盟付属チェルノブイリ財団を発足させ、チェルノブイリ犠牲者のための慈善基金を設立すると発表したのである！

おそまつなことに、ことここにおよんでも、悔悛の言葉も、数百万に達する欺かれた人々に向けた懺悔の言葉もないのである。まったくなにごともなかったかのように！『ラジャンシカ・ジトーミルシチナ』で三年間、汚染地帯に移住者用住居が建造されるとはなんと素晴らしいことかと、厳かに、居丈高に述べてきたことなど、すべて忘れたかのように。私は、〝汚染した〟場所から〝汚染した〟場所へと、同じ地区の端れへと引っ越すのは、無茶苦茶だと指摘したのに、そのようなすべてが、パンチュク同志にとっては、なかったかのように。まるでグラースノスチ〔情報公開〕に対して、自分たちがあれほど抵抗していたことをすっかり忘れてしまったかのように。そしてグラースノスチの勝利を心から待ち望んでいたかのように。

なんと高邁な精神だこと！　しかし彼は、三年間、毎号の紙面を使って、高レベル放射能に汚染された大地で、共産主義という〝霊廟〟を建てる建築労働者たちを賛える詩を書き続けた。たかが工場や組織で募った財団の資金くらいで、全人民の悲劇の真相をこうした嘘で覆い隠していた犯罪が帳消しになるとでも思っているのだろうか。なぜならそこには「編集担当、Ⅱ・パンチュク」と銘記されているからだ。彼の嘘は、生きているかぎりぬぐい去ることのできない烙印である。

〝超退屈新聞〟の編集者と私は、そこでなんと約一五年働いたのであるが〔党機関紙のほかに、この国にはメディアは存在しなかった〕、ペレストロイカが始まる以前、私が代議員に選出される以前にもいろいろあった。ある時は、私が中央紙で反党的記事を書いたために、彼は編集者という肩書きではなく、党指導者という立場で私と衝突した。またある時は、ペレストロイカを支援する市民戦線とぶつかった。ある時は、ウクライナ市民運動「ルフ」とも争ったし、またある時は、私の戦友ともやりあったりした。彼はときに非常に傲慢な手段を用いることもあった。

観念的に言えば、これは保守的考え方に陶酔して、ウクライナの独立運動と闘おうとする絶対的な悪であろう。そしていまは両目の前でシャグレーン（山羊や羊の革の表面をつぶつぶになめして独特の模様をほどこした皮革）が縮こまっているようなものだ。さらに言えば品性下劣なことに、全力で民主主義という仮の白い衣を身にまとい、自らの貧困なる作品の中に私たちを引きずり込もうとする。しかも、すべてが虚しく、無益な努力ということ、つまり、こんにちではだれも見向きもしない自分たちの保身のためだけに生産されたインチキ臭い、賞味期限切れしたソヴィエト製の薬なのである。

チェルノブイリの精神を体現する「ヒーロー」であり「支援者」などと呼ばれて、『ジャパン・タイムズ』に記事を発表したヴァレリー・ネチポレンコの背景はこんな程度のものなのだ。彼は自らの内面の機微に触れる部分については、当然のことながら、日本のジャーナリストたちに語ることはなかった。〝うまくいくときは理由がある〟というレベルで「マーフィーの法則」は生きているし、勝利を収めているのである。

そして日本のNGO「チェルノブイリ救援・中部」は、心から被害者を支援することを望んでおられるが、残念ながら、モラルを欠く人物の巧みな口車に乗せられてしまったようだ。チェルノブイリの秘密を黙認した連中が、「チェルノブイリ救援・中部」の招待で日本を訪れ、日本の新聞社の取材を受け、自分たちがチェルノブイリの事実を書くのにどれほど勇気が必要だったかを日本の世論に訴えた。ウクライナから遠く離れ、自分たちの真の姿を知らない日本という国で、チェルノブイリの犠牲者の権利を守る、疲れを知らない闘士という見かけだおしのイメージを作り上げたのである。厚顔無恥にもほどがある。

ウラヂーミル・キリチャンスキーがこの財団の代表である。彼は嬉々として日本旅行の模様を自分たちの冊子に披瀝し（それはとても困難なものだったようだ）、日本人が金に細かいかとか、面子を重んじるかなどと幾度も繰り返した。しかし不幸なことに、ネチポレンコやパンチュクのような反人間的精神の持ち主と協力しているので、彼らの反道徳的な行為の経緯を知っている人はこの代表を相手にしていない。いずれにしろ、ウクライナ、ロシア、ベラルーシのチェルノブイリ人はことの真相を知っており、記憶しているのだ（これについては、私は二度新聞に発表した）。

「チェルノブイリ救援・中部」の人たちの、だれにもこのことを話してはいない。ただ、彼らが、当時関わった人の真の姿を知らなかったにすぎないし、今も知らないだけである。知らなかったのだから、彼らにはなんの罪もない。

日本の人々が、ジトーミル州被災地区の病んだ人たちに対して行なった支援、今も続く支援は、とても大きな感謝に値するものだ。彼らの博愛精神は、なによりもまず被災者たちの心の支えとなった。たとえ、ジトーミルのパートナーが、巧妙に自分たちの真の姿を隠して、善意ある日本人たちと共同し、不当な配当を手にしているとしてもだ。

以上のエピソードは、なにも特別なものではない。多かれ少なかれ、ほかにも例がある。チェルノブイリについて事実を捻じ曲げた人々が、後に、非政府組織を設立して被害者の支援者に転身したり、ソヴィエト連邦が崩壊し、独立した国家の大統領、首相、次官といった最高ポストにおさまった人物もいるくらいだ。

ロシアの俚言（りげん）に「不幸のなかにも、幸運を見つける者がいる」というのがある。普通の人にとっては、チェルノブイリは不幸であっても、汚れた商売人にとっては幸運なのである。不幸な人々の中には放射能をあてにして最恵国待遇の証書のような特権の甘い汁を吸っている輩もいる。例を挙げよう。事故の数年後に新興「実業家」団体の代表にジトーミル市ソヴィエト執行委員会元議長B・C・サドヴェンコが就いた。彼は在任中に、被災者の役に立ち、かつ自分たちの商売が繁盛する社会制度を作るよう求める請願書をもってソヴィエト連邦閣僚会議に行った。紙の上ではまさに良い話であった。モスクワから届いた回答はこうだ。「……チェルノブイリ原発の爆発事故の影響に関係する同市の非常事態に鑑み、ソヴィエト連邦対外経済関係省は、ジトーミル市ソヴィエト執行委員会の請願を妥当で支持すべきものと考える。子ども向け食品を含む食料品の買い付け、市内企業で製造される輸出用品との現物交換による調達の実施。通常割当を超える分も含む」。ソヴィエト連邦閣僚会議副議長K・Ш・カトゥシェフは、この案に支持を表明し、この文書をソヴィエト連邦閣僚会議副議長Л・И・アバルギンに送った（権力は内部から腐るものであるということを充分知っているつもりだが、私はこの文書が「後見人」もなく、作られたとは信じられないのである）。

実際にはすべてが違った方向に動いた。具体的に言うと、幽霊会社「インテルアフト」へ「チェルノブイリ被災者向け子ども用食品」という名目で西ドイツから送られてきたのは、二〇台ほどの自動車だった。車は税関当局にいったん差し押さられた。その後、これらの車は関税を免除され、税関申告書が正式に発行された。ソヴィエト連邦閣僚会議副議長C・シタリャンは感謝の言葉を述べた。

しかしここで読者も疑問に思われることだろう。請願書の回答にあるのは、「チェルノブイリの汚染地域」であり、「非常事態」だったのではないか？　もしかすると、自動車の売り上げがどこかのチェルノブイリの施設の貯金箱に落ちたのだろうか？　そんな馬鹿な。「チェルノブイリ」は、悪意ある「実業家」にとっては、商売の恰好の隠れ蓑になるのである。

私は、誠実な人の企業活動や、事業の成長を支持する。私たちにとっては詐欺師、ペテン師と正常な商取引とを見分けるのはとても困難なことである。

要するに、私はこの状況にたちまち巻き込まれ、大臣らと交渉を行なうことになり、望まなかったが、この暗い世界に入り込んだ。独自調査結果をもって、私はジトーミル市ソヴィエトの定例議会で発言し、代議員らに向かって、市執行委員会議長で「実業家」であるB・C・サドヴェンコの辞任を求める提案をした。私の提起は「ギャラリー」の万雷の拍手で決議された。これは現実の民主主義が働いた記憶に残る出来事である。

残念なことにこれが、チェルノブイリから派生した同じようなペテンの唯一で最後の例ではないことである。

ジトーミル州が、事故の被災地域リストに登録されている関係で、旅行社「ジトーミルツーリスト」が地中海クルーズを企画した。被曝者の健康増進を図ろうというのである。すばらしいことだ。ツーリズム中央会議は一万六〇〇〇ルーブル分の外貨を海外サービスに割り当てた。これもよいことだ！　しかし、実際のクルーズでは大型客船「フョードル・シャリアピン」号の純白の甲板で一〇日の間、だれが快適な時を過ごしただろうか？　ツーリズム中央会議と「ジトーミルツーリスト」議長B・M・マズルへ電話や手紙で再三督促をうながして、漸くこの「からくり」を知ることができた。私の手許に約一二〇名の乗客名簿がある。州の放射能汚染地帯に住む人はたったの一二名だけだ――ということが明らかになった。しかもこの一二名は、ほとんどが何らかの組織の指導者や労働組合議長、旅行会社の上客なのである。残りは被災者とはまったくなんの関係もない輩だ。

ジトーミル州の「アフトザプチャスチ」労働組合議長ニコライ・ドバノフは、工場の事故処理作業員一七名のうちだれひとり療養所および保養地利用券を受け取っていないと訴えた。彼が苦情を申し立てたあとすぐに、労働者に「あめ」が放り投げられた。わずか三枚の利用券だ。しかも残りは、炎上する原子炉のもとで健康な身体を失った人や、療養や治療を必要とする人々にかわって、だれかが使ってしまったのであった。

そしてまだこんな話もある。放射能や政府の欺瞞の被害者が絶望のあまり通りや広場に出て、権利と正義を勝ち取るためにストライキやハンガーストライキを宣言し、政府庁舎に抗議のピケを張ったり、犠牲者のために寄付金を募ったりする。その一方で、チェルノブイリの災難を覆い隠し、静かに自分の仕事を粛々とすすめ、精神的堕落という〝負の財産〟よりも、はるかに莫大な金銭的財産を築く人間もいるのである。

戦場では、嗚呼、いつものように略奪兵が現れるのである。しかし、実直で情厚い人々がそれでもやはり大勢いると私は確信している。この章で取り上げた事例で、この法則を再確認したい。

第17章　ゴルバチョフは言った。「あなたは組織の面子を守っているんだ」

漸く最近になってチェルノブイリ大惨事ほぼ全体像が明らかになったように思われる。判明した放射能汚染の規模は、旧ソヴィエト連邦構成諸国だけでなく、近隣諸国におよんでいた。爆発の規模および影響について、沈黙を通した犯罪人は祖国の勲章だけでなく、国際的にも勲章を手にしている人たちであった（その中には、ソヴィエト連邦国家水質・環境管理委員会元議長ユーリー・イズラエリのように妊婦や子どもたちを避難先から「黒い」放射能地域へ帰還せよと勧告した人物も含まれている）。

事故処理作業へ軍が参加したことも明らかになった。一九八六年の六カ月だけでソヴィエト連邦国防省の将校や兵士で被曝した者は約一〇万人におよぶことがわかった。

チェルノブイリ周辺に、当局がうず高く積み上げた嘘の山が明るみに出た。これまでに、どれほど多くの年月が過ぎ去ってしまったことだろう！　そしていまここに、ソヴィエト連邦共産党中央委員会政治局会議の極秘文書「一部限定」と公印のあるものが見つかった。一九八六年七月三日付の議事録は一〇年の間、記者たちや世論だけでなく、事情に暗い学者にも隠されていたことに光をあてた。それは最も神聖な場所であるソヴィエト連邦の原子炉の安全性という問題であった。悲劇によって有名になったРБМК（エルベーエムカー）―

一〇〇〇型（黒鉛減速・軽水沸騰・チャンネル型原子炉。チェルノブイリ原子炉の型）だけでなくロシア連邦をはじめとする、ソヴィエト連邦から独立したものの、廃墟と化してしまった国々で、事故以降も稼働している原発、さらには社会主義〝収容所〟の元「朋友」の国々にあるすべての型の原発のことについて書かれているのである。

この文書類もまた、とても不思議な事情により私の手に入ったのである。私がロシア国立公文書館でアフガニスタン戦争〔一九七九年〜一九八九年〕に関する資料を照会していたときのことだった。関係資料の中にチェルノブイリのものを発見したのだ。私は、これは神のご配慮にちがいないと思ったものだ。あちらからもこちらからも資料がでてくる。チェルノブイリとは、まさに戦争と同じである。戦時体制と政府は、自国民と対峙するのである。そして、中央ヨーロッパでは「大量破壊兵器を用いた小さな戦争」と呼び、わが中央委員会の秘密会議では、〝核爆発〟と呼んでいたことを私は思い起こす。

手持ちの資料に、参加していた代議員グループが、ソヴィエト連邦検事総長アレクサンドル・スハレフに宛てて提出した公文書を見つけた。健康情報を秘匿した官僚に対して刑事告発を求める質問書だった。どのような回答があったかを予測するのは簡単だろう。核心部分に触れない優等生的、形式的なものだった。それはスケープ・ゴードたち、すなわちチェルノブイリ原発の管理者たちの刑事責任について触れたものだった。回答には、PБMK型原子炉の構造上の信頼性に関わる刑事事件は、別の裁判で独立して行なわれており、「原子炉の信頼性を問う裁判は中止される。事故は原子炉設備の安全操業規則違反が多数行なわれた結果起きたからである……」と明記されている。すべての原因は、もっぱら個人に押し付けられた。裁判所は、原子炉の構造の信頼性の有無に言及する重要な資料を見落とし、疑惑はないと看做していた。事故の前後にもそのような関連を指摘する資料は充分すぎるほどあったのだが。

私は、このいまから読む極秘文書の中で軽率に判断されている議論を思い出す。この作業は、神経質な人には向かないということを、あらかじめ述べておきたい。

「原子炉の信頼性は、設備上の対策でなく、物理法則によって保障されるべきものである」。チェルノブイリ型原子炉の「父」アカデミー会員アレクサンドロフとの論戦においてソヴィエト共産党中央委員会政治局会議に招かれた国家原子力監視委員会議長Е・クーロフがこの科白を腹立ちまぎれにふと漏らした。

「極秘　一部限定。（作業メモ）。ソヴィエト共産党中央委員会政治局会議。一九八六年七月三日。議長を務めたのはМ・С・ゴルバチョフ同志。出席は、Г・А・アリエフ同志、В・И・ヴォロトニコフ同志、А・А・グロムイコ同志、Л・Н・ザイコフ同志、Е・К・リガチョフ同志、Н・И・ルイシコフ同志。М・С・ソロメンチェフ同志、В・В・シチェルビツキー同志、П・Н・デミチェフ同志、В・И・ドルギフ同志、Н・Н・スリュニコフ同志、С・Л・ソコロフ同志、А・П・ビリュコヴァ同志、А・Ф・ドブルイニン同志、В・П・ニコノフ同志、Е・В・カピトノフ同志。

一、一九八六年四月二六日、チェルノブイリ原子力発電所事故原因調査政府委員会報告。

ゴルバチョフ：……シチェルビナ同志［ソヴィエト連邦閣僚会議副議長］に発言を求めたい。

Б・Е・シチェルビナ：当該事故は、現場要員による運転操作規則の重大な違反の結果として生じました。もう一点は、原子炉の構造上、深刻な欠陥があったためであります。しかし、このふたつは次元が異なります。事故の発端となった事象はあくまで、現場要員の操作ミスにあると当委員会は考えます」。

なんだか流行の歌を聴いているようだ。しかし、専門家がこの原子炉構造の信頼性に対してマイナスの評価を下していたことを、委員たちは強く認識したのは、この政府委員会が開かれる以前であることにまちがいない。しかし発言の後の方では自らの発言に反駁するかのように、報告書はこう述べている。「同委員会の委託を受けた専門家グループが、РБМК型原子炉の稼働信頼性を評価し、原子炉特性が最新の安全性適合基準に合致しないという結論を出した。その結論には、世界標準で審査されれば、この原子炉は〝追放〟処分となるであろう。РБМК型原子炉には、潜在的危険性がある。

……おそらく、原子力発電は高い安全性を備えているという長期にわたって大規模な宣伝が行なわれているので、その効果が、あらゆる人におよんでいるのであろう。……РБМК型炉を持つ原子力発電所の新規建設停止という難しい決定を行なう必要がある。……〔動力・電化省〕幹部会は一九八三年以来一度も、原子力発電の安全性に関して審議してこなかった。

第一一次五カ年計画〔一九八〇年〜一九八五年〕の間、一〇四二回の原子炉事故で運転が停止したことが認められる。その中にはРБМК型炉の原発三八一回が含まれる。チェルノブイリ原発に限ってもそのような事例が一〇四回あり、そのうち三五回が人為的操作ミスによるものであった。当該原発1号機では一九八二年九月に配管の腐食事故および黒鉛ブロックに燃料集合体が落下するという事故が発生し……」

委員長が報告を終えて、原子炉の信頼性の〝取り調べ〟が行なわれた。その〝取り調べ〟によって、想定外のことに光があてられることになった。ほとんどの人に知られていない、ソヴィエト連邦の原子力村の秘密である。

「ゴルバチョフ：委員会は解散し、なぜ安全性に疑問が残る原子炉が産業用に導入されたのか？　合衆国ではこの型の原子炉は採用されていない。レガソフ同志〔ヴァレリー・レガソフ、クルチャトフ研究所第一副所長〕はどのように考えているのかね。
レガソフ：合衆国ではこの型の原子炉は評価が低かったので、産業への導入は前向きではありませんでした。
ゴルバチョフ：わが国では、この原子炉は産業用に導入された。以降、理論的研究は継続されなかったのかね……。
シチェルビナ：一九五六年にエネルギー産業向け原子炉の本格導入という決定が下されました。同型原子炉は発電用として期待されたのです。
ゴルバチョフ：どうであれ、なぜ理論的研究が継続されなかったのですか？　少人数の主観的決定が、ある種の危険を無視した方向へ誘導した、ということなのではないか？　（……）だれが都市近郊における原発の建設を提案したのか？　だれの助言があったのか？　（……）ところでアメリカでは、一九七九年の事故〔スリーマイル島事故〕が起きた後、新規原発の建設を停止しているが。
シチェルビナ：安全性に関する課題は解決済みと思われます。この件につきましてはクルチャトフ研究所〔二三五頁訳注3参照〕の紀要に書いてあります。レガソフ同志が執筆に関与しました……。
ゴルバチョフ：事故はどれくらいあったのか？
ブリュハノフ〔チェルノブイリ原子力発電所所長〕：年におそらく一、二度の事故が起きています……。
私どもは、一九七五年にレニングラード原発で、小規模の今回と同様の事故があったことを知りませんでした。
ゴルバチョフ：一〇四回の事故が起きていた。その責任はだれが負ったのか？

メシュコフ〔ソヴィエト連邦中規模機械・工業省第一次官〕：この原発はわれわれの管轄下ではありません。動力・電化省の許にあります。
ゴルバチョフ：あなたはPБMK型炉についてなにか言うことがありますか？
メシュコフ：この原子炉は試験を済ませておりました。ドーム型屋根〔原子炉格納容器〕がないだけでありますが〔この発言を銘記しよう。決定的に重要なものだ〕。もし厳格に規格にしたがって運転すれば、安全です！
ゴルバチョフ：ならばなぜあなたは生産を中止する必要があるとの報告書に署名したのか？（……）あなたの行為にはまったく驚いてしまうよ。PБMK原子炉は安全基準に達しておらず、稼働すると危険だ、とみなが言う。一方、この場であなたは〝組織の体面〟を守っているようにみえるのだが。
メシュコフ：私は核エネルギー産業の名誉を守っているのです。（……）
ゴルバチョフ：あなたは三〇年間言われてきたことを、いまも言い続けている。中規模機械・工業省の管轄は科学と国家と党の管理下にはないという名残である。政府委員会では、メシュコフ同志、あなたは私にいい加減な対応をして、事実をごまかそうとした、という情報が伝わってきているんですよ。
リガチョフ：世界には同種の原子炉が動いております。なぜ別系統の原子炉建設の道を選ばれるのでしょうか？
ゴルバチョフ：しかしわが国のそれ〔原子炉〕は、研究が最も遅れている。そうですね、レガソフ同志。
レガソフ：はい。おっしゃるとおりです。
ゴルバチョフ：B・A・シドレンコ同志〔ソヴィエト連邦国家原子力エネルギー監視委員会指導部のひとり〕

はРБМК型原子炉はたとえ復旧しても最新の国際基準に達しないであろう、と書いているが。（……）

Г・А・シャシャーリン（ソヴィエト連邦動力・電化省次官）：原子炉物理学によって事故の規模が推定されました。関係者は原子炉が当該条件下で暴走する可能性があるとは知りませんでした。定期検査によって原子炉を完全に安全に保てるという確信は私にはありませんでした。チェルノブイリ事故と同じ事象を起こすのに数十の条件を挙げることができます。とくにこれはレニングラード1号機、クルスク原発、チェルノブイリ原発に関係しています。イグナリナ原発〔リトアニア東部〕は定格出力で運転することはできません。これらは非常用冷却システム〔緊急炉心冷却装置〕を備えておりません。まっさきに停止されるべきだと考えます。（……）今後はРБМК型原子力発電を建設してはならないと私は信じています。それらの安全性を高めるためにかかる費用が正確にわかりません。原発の耐用年数を延長するという考え方がつねに正しいとはかぎりません。

ゴルバチョフ：この原子炉は国際基準を満たすことができると考えますか？

アレクサンドロフ：……成熟したエネルギー産業をもつすべての国では、わが国の原子炉とは別の方式の原子炉が稼働しています」。

以上は、すべてを物語っている！　当時はもう、すでに党中央委員会政治局のために、欠陥原子炉РБМК―一〇〇〇型原子炉の「父」であるアカデミー会員、アレクサンドロフによって、あらゆる国際機関へ向けて、原子炉運転員の操作ミスが事故原因の中心にあるとする誤った主張がひろがってしまったが、その本人が正反対の発言をしていたのである。しかし時すでに遅く、一九八四年一〇月二八日（！）、原子力エネルギー国際科学技術会議において安全基準を満たしているとРБМК―一〇〇〇型原子炉の運用に関する審査委員会の提言が承認されたのだった。なんの手も打たれることはなかった。破局的事故が起きるまで、残すところ二年であった。

「マイオレツ（政府委員会メンバー）：PБMK型原子炉についていうと、この問いに一義的にお答えすることができます。世界的にみて、どこもこの型の原子炉開発への道を歩まなかったのです。PБMK型原子炉はわれわれの最新の基準をクリアしないと思われます。（……）

ルイシコフ：私たちは事故現場に向かいました。もしいまのところ順調に稼働していても、事故は複雑な状況では、いつなんどきでも起こると思います。この発電所で二度爆発につながりかねない事故があり、三度目に本当に爆発が起きてしまいました。いまでは知られていますように、原発で非常事態のなかった年がわずか一年もなかったのであります。（……）PБMK型原子炉の欠陥構造は知られていたのに、政府も、ソヴィエト連邦科学アカデミーも適切な対応をとりませんでした。（……）作業部会は、PБMK型原子炉を持つ発電所の運転を止め、この型の原発の新規建設を中止しなければならない、と考えております」。

PБMK型原子炉の信頼性に関するソヴィエト共産党中央委員会政治局極秘会議に参加した専門家の評価は以上のようである。学者、アカデミー会員からなる数十もの委員会でPБMK型炉の危険性を示す証拠が提出された。それなのに、結論は真実とまるっきり反対のものとなったのである。

大事故の一年後には、PБMK型原子炉を持つ二基の原発が稼働し前線に加わった。スモーレンスク原発3号機とイグナリナ原発2号機（二〇〇九年に停止）である。……「よりよい結果を望むのなら、いつものようにすることだ」。

ソヴィエト共産党中央委員会政治局会議の速記録からすると、法律家としての教育を受けたミハイル・ゴルバチョフ中央委員会書記が、わが国の原子炉に最も通暁した専門家であったことがわかる。チェルノブイリ原発事故について調査を始めたころに、私はわが国にある原子炉の型を徹底的に批判している報告書を入手した。その中には「望ましい」とされているВВЭР型原子炉〔加圧水型軽水炉〕も批判対象に含まれていた。私たちはこの報告書も、もし九一年の八月がなければ歴史の闇に葬られたであろうと確信した〔一九九一年八月一九日～二一日、共産党中央委員会の守旧派によるクーデター未遂事件のこと〕。政治局の長老グロムイコ〔アンドレイ・アンドレーヴィチ、一九〇九年～一九八九年。外交官・外相（任期一九五七年～一九八五年）〕とソロメンツェフは、この会議の場で、ふたりともわれらが原子炉建設に関するこのような経緯をはじめて聞き、深い憤りを語っていた。

「……ゴルバチョフ：あなたたちは国家原子力監視委員会において、この〔РБМК型〕原子炉の問題をどれくらい検討しましたか？

クーロフ：いま建設に関わっている三年間は、そのような問題は聞いておりません。私たちはВВЭР―一〇〇〇型炉に大きな力を注ぎました。この原子炉は運転が難しいのです。ВВЭР型原子炉で事故が起きない年はありません」。

これは原子力のスーパーバイザーの告白である！　私は後にも先にも、このレベルの人物からこのような発言を聞いたことがない。今後も耳にすることはあるまい。ここまで驚かせておきながら、前言を翻すようなことがあってもらいたくない。

「ゴルバチョフ：シドレンコ〔国家原子力監視委員会第一副議長〕の報告について、あなたの意見はどのようなものか。世界ではРБМК型原子炉の運転経験はない。わがВВЭР型原子炉もРБМК型原子炉も国際標準に適合していない。国際機関ではРБМК型原子炉よりもВВЭР型原子炉の方が成績がよいということになっているのかね？

クーロフ：ВВЭР型原子炉の持つ優位性は確立していますが、運転には危険がともないます。

ゴルバチョフ：ВВЭР型原子炉はそもそもあなたの考えでは、閉鎖しなければならないというのだね？　なぜあなたは、ВВЭР型原子炉を建設してはならないと報告しなかったのか？

クーロフ：ВВЭР型原子炉はРБМК型原子炉より優れています。しかしВВЭР―一〇〇〇系統は、初期に設置された原子炉群よりも劣っています。

ゴルバチョフ：どういうことかね？

クーロフ：設計に問題があります。

ドルギフ：ВВЭР―一〇〇〇型原子炉は最新基準にしたがって製造されていることになっていますが。

クーロフ：はい、そのとおりです。ですが、建設中のВВЭР―一〇〇〇型原子炉は、旧い系統の原子炉よりも劣っています」。

読者にはこのやりとりをご理解いただけるだろうか？　もし建設中のВВЭР型原子炉が、旧型より劣っているならば、なぜそれを建設するのだろう？　だれがそのような決定したのだろうか、なにゆえに？

「マイオレツ：ВВЭР―一〇〇〇型原子炉は、最新の安全基準を満たしています。しかし、機器不具合が生じるので安全操業という点で信頼性にとぼしいのです」。

ふたたび、作家チェーホフの中編『第六号病棟』が思い出される……。

「あなたはどの炉がお好みですか?」。これが秘密議事録にあるソヴィエト政権の課題である(パーティーの席で「コニャックはどちらにいたしますか? フランス産、それともアルメニア産?」と訊ねるときのありふれた文脈、イントネーションである)。ソヴィエト連邦共産党中央委員会政治局員H・スリュニコフが連邦動力・電化省次官Г・シャシャーリンにこう訊ねた。シャシャーリンは、穏やかにこう答えた。「ВВЭР型をお願いします」。ありがたいことに、H・スリュニコフもまた、次官に話をあわせた。白ロシア(ベラルーシ)共産党中央委員会政治局はどの炉が「お好みですか」、個人的にはどちらがお好きですか(「それなら、私はフランスのコニャックをお願いします。アルメニアコニャックは、一度いただきましたからね」)。

こうして大惨事から数年を経たこんにちでも、独立した旧ソヴィエト連邦構成共和国に建つ原子力発電はほとんど変わっていない。そこではやはりРБМК型とВВЭР型の原子炉が稼働しているのである。連邦崩壊後、ふたたびイグナリナ原発(アルメニア)がРБМК型原子炉を備え、電力生産の最前線に加わった(実際にチェルノブイリ事故二五周年を迎える一年前(二〇一〇年)に、ヨーロッパ連合(EU)の要請にしたがって、この原発は運転停止されたが、おそらくは廃炉となるであろう)。アルメニア初代大統領テル=ペトロシャン(任期一九九一年〜一九九八年)は、ロシアの核物理学者らに対して、スピタケの大地震(一九八八年、アルメニア大地震)のあと停止している原発の速やかな稼働を実現するために、支援を要請した。その原発は地震の断層のうえに建っているのであるが、電力不足という差し迫った事態を前に、この事実は忘れ去られた。そしてすでに稼働していたのだ。一九九二年の末に、1号機、2号機が再稼働し、二〇〇〇年に漸くこの原発は閉鎖された。西側諸国の圧力があったからである。しかしそれに代わって、新たにいくつかの新型炉を備えた原発の計画がすすんでいる。ベラルーシでは元最高会議議長シェシキヴィチが、ベラルーシに原発を建設する必要性について述べている。そして現在は、ルカシェンコ大統領が同じ発言をしている。そしてカザフスタンも原発導入に狙いを定めている。

チェルノブイリ大惨事から二〇年ほどたつと、ウクライナは、二〇三〇年までに一一基の新規原発を建設する計画を発表した。この計画は二〇一一年以降に旧型原子炉の寿命が訪れることに関連して、ウクライナの「オレンジ」政権〔二〇〇五年、ユーシュンコ政権〕の政策に端を発している。しかしその一方、旧型原子炉ВВЭР―四四〇型、ВВЭР―一〇〇〇型の稼働期間延長の可能性も排除していない。これが現実なのである。これはチェルノブイリ事故の後の秘密会議で政治局員と専門家が操業停止について「棘のない静かな言葉」で話していた中身にほかならない。フメリニツカ原発〔ウクライナ〕で最初の二基の建設が計画された。

核の不死鳥は、翼からチェルノブイリの放射能の灰を払い落としながら、旧ソ連諸国のなかで、ゆっくりと、しかし着実に確実に蘇っているのである。

さらに一九九二年三月二六日に当時ロシア連邦首相代行であったイゴール・ガイダル〔一九五六年～二〇〇九年〕は、ロシア連邦内の核施設建設令に署名をした。原子炉の安全性の個別評価を行なうこともなく、原発の必要性を世論に向けて説明することもなかった。一九九一年、ボリス・エリツィン大統領の訪米直前に、連邦科学アカデミーは原発の安全性向上の世界的な要求に配慮して、ロシアの原発のほぼすべてを閉鎖するよう勧告したのだったが、その「危険な原発」リストには、レニングラード原発、リビンスカヤ原発、クルスク原発、ベラヤルスキー原発、スモーレンスク原発、ゴーリキー原発二基、ノヴォヴォロネジ原発二基の名が挙げられていた。アカデミーの学者らが、危険な原子炉の運転を一〇年以内に停止するよう勧告をした。ロシアでは名の挙がった九基のうちわずか二基だけが、ロシア科学アカデミーの勧告にしたがって、閉鎖したのだった。

ガイダルの指令は、チェルノブイリ原発の原子炉もろとも爆発した関連部門に、新鮮な血液を輸血することによって、原子力ロビーの活動を活性化するための第一歩となったのである。一九九一年一二月二八日にロシア政府決定「ロシア連邦国内の原子力施設建設」が下された。ここで新規に三三基の原子力発電所建設が計画された。うち一九基はロシアの中央地帯、北西地域、黒土地帯に予定されていた。さらにはいずれも人口過密地帯で、独立国家共同体諸国〔二一三頁訳注1参照〕、バルト三国〔エストニア、ラトビア、リトアニア〕および、ヨーロッパ各国への天然ガスと石油のパイプラインがある。建設が予定されている原発のなかには、われわれにはおなじみのあのPБMK型原子炉を持つものもある。

一九九二年七月一四日、ロシア連邦原子力エネルギー省でとりまとめられた、「ロシア連邦における原子力エネルギー発展の基本構想」では、「環境中に放射性物質の放出をともなうような過酷事故の可能性を考慮できるレベルまで」原子力発電との距離を保つことができる場所はほとんどない。現在の、そして次世代の原子力発電所についても言及されている。しかし、そもそもこれらの型の原子炉の安全性レベルを極大化することは原理的に可能であろうか?

おそらく多くの人がアカデミー会員ヴァレリー・レガソフ〔一九三六年〜一九八八年〕の悲劇的最期のことをまだ覚えておいでであろう。チェルノブイリ原発の事故処理にあたった人々に対する責任を抱え込み、それゆえ事故二周年を迎えたその翌朝〔一九八八年四月二七日〕、自らの命を絶ったのである。ソヴィエト連邦共産党中央委員会政治局秘密会議の席で、ヴァレリー・レガソフはゴルバチョフ書記長に次のように語っている。「РБМК型原子炉は複数の観点からみて、国際・国内基準を満たしておりません。防護システム、線量計測システムがなく、ドーム状〔原子炉〕格納容器が存在しません。私たちは、この型の原子炉に対してなんの対策も講じなかったという罪を当然負っております。この部門で仕事をし、この型の炉に関する原子炉物理学を研究していた指導的立場にある二人の人物はすでに亡くなっております。その結果、物理学上の問題に、しかるべき関心が払われることがありませんでした。細分化された技術の弱点を私たちは目の当たりにすることになりました。この点にも私に責任があります。(……) これはВВЭР型の初期のものについても言えることです。そのうちの一四基は、わが国の安全基準を満たしておりません」。世界中から高い評価をうけ、尊敬されたこの実直な学者の告白の、その代償はあまりに大きかった。

二年後、自殺の直前にヴァレリー・レガソフはドキュメンタリー映画『蓬(よもぎ)の星』(一九八八年、監督ヘンリック・クリューバ) のインタビューに答えて、次のように語っている。「原子炉関係者として、それに対する見解を述べなければならないときが訪れました。われわれ専門家で、率直かつ真摯に原子炉に関する意見を述べている者はほとんどいません。原子炉の安全確保へのアプローチは……三つの要素から成り立っています。第一の要素は、ええ、この場合ですね、対象となるそのもの、つまり原子炉の安全性を最大限度まで高めることです。第二の要素は、この原子炉を最大限に確実に運転することです。『最大限に』とは一〇〇パーセントの信頼性を意味しているのではありません。第三の要素として安全性の思想が必要となります。そうすると、事故の発生を避けるのが難しく、放射能そのほかの化学物質が施設外へ排出されることがあると想定する必要があります。それには、放射能を封じ込める「コンテナ」〔原子炉格納容器〕

と呼ばれるものが必要となってきます……。ソヴィエト連邦では、この第三の要素、私の見立てでは、これが無視されてきました。もし、原子炉を覆うコンテナをすべての原子炉に設置することが義務付けられていれば、РБМК型原子炉それ自体が巨大にならざるをえないという制約によって、簡単には開発できなかったことでしょう。このような原子炉施設が造られたという事実は、国際的な安全基準に照らして、法令違反ということでありましたが、それ以外にも、原発の構造において大きな誤算がありました。（……）しかし、根本原因は、この原子力施設の安全を担保する原理をつくることを怠った。つまりそれは、原子炉の核反応が外部におよぶことのないよう機密性の高い容器の中に原子炉を設置することであります」。

ここでもういちど思い出そう。チェルノブイリ事故の起きる以前で、世界で最も大きな事故が、一九七九年のアメリカ合衆国「スリーマイル島」原子力発電所事故であった。この原子炉は、原子炉格納容器の中に収められていた。それゆえに事故は格納容器内で起き、収束したのである。格納容器は破損したが、外部環境への放射能漏洩は最小限に止まった。この事故以来、信頼性の高い原子炉格納容器があってもアメリカ合衆国は、一基の原発も新設していない。しかし実際は、近年、原子力ロビーの活発な働きかけにより、米国政府は新規原発の必要性に〝理解〟を示しているようである。すべての原子力発電所が民営化されているので、原発事故が起きた際の補償能力が事業者にはあるかどうかという大きな課題を抱えている。したがって原子力業界団体は、補償などについては国家財政を「踏み荒らそう」とするのである（自ら危険を背負い込みたくないのである！）。いまのところ社会はそのような負担を免れているが、狙いは税金なのである。この点が悩みの種なのだ。

エコール・ガイダルの策定した「ロシア連邦における原子力エネルギー発展の基本構想」には次の記載がある。一九九二年七月一日現在――つまりソヴィエト連邦が崩壊してまもなく――ロシアには「二〇の商業用原子力発電施設があり、二八基の原子炉が稼働している。(……)その内訳は、一二基のВВЭР型原子炉(軽水動力炉)、一五基のウラン黒鉛チャンネル型原子炉(РБМК―一〇〇〇型原子炉一一基とЭГП(エーゲーペー)型原子炉四基(黒鉛減速・沸騰軽水・圧力管型原子炉。ビリビー原発1号機~4号機))および高速中性子型原子炉一基(高速増殖炉)となる」。これら原子炉についてヴァレリー・レガソフは、次のように語っている。「二八基について事故を限定的に抑え込むために、なんらかの特別な措置を真剣に考えなければならない。なぜなら、経済的、技術的観点からして、格納容器を設置することは不可能だからだ」。

この指摘が意味することは、学者らがいかに考え、どのような安全措置を講じたとしても(現実にチェルノブイリ事故のあとに、РБМК型原子炉の安全性向上のためにある程度のことがなされた)、現下ロシアの原子炉の危険性の根本部分を解決できない、ということなのである。ここにもなお、ソヴィエト連邦アカデミーにより、最初から誤った方向に、発展の道を歩まされたわが国の原子力エネルギー経済の悲劇がある(アカデミー会員アレクサンドロフは中央委員会政治局秘密会議で驚きとともにそれを認識したようである)。この問題は「こんにち深く考えなければならないことだ。とくにソヴィエト社会においては。なぜなら、それはわれわれの問題であるからだ」と、レガソフは生前に語っている。彼は一九八六年の夏、政治局極秘会議の席で「РБМК型原子炉の弱点は一五年前から知られておりました」と証言したのである。

しかし一方、この評価に対する異なる見解もある。同じ政治局会議の場でアカデミー会員アレクサンドロフは、「原子炉格納容器は事故をいっそう重大なものにする可能性がある」と漏らした。ほかの学者は、

「だれにもわからない」と考えている。すなわち、一方は、РБМК型原子炉に格納容器を設置することは技術的に不可能だといい、他方は、もし格納容器があったとすると、事故は一段と過酷なものになっただろうという。しかし、こうした意見の違いがあるにもかかわらず、五カ年計画のたびに、この危険な原子力発電は、御用アカデミー会員によって、国民経済にがっちりと組み込まれてきたのである。

しかしすでに私たちは、政治局も、ソヴィエト共産党中央委員会もなくなってから、多くの歳月を生きているのだ。原子炉に潜んでいる、チェルノブイリ原発事故の多くの欠陥について、権威ある学者グループの結論がある。そのなかには、著名な学者H・シュテインベルクを代表とするソヴィエト連邦工業・原子力安全監視委員会が一九九〇年に出した信頼できる「診断」も含まれる。「チェルノブイリ原発4号機で稼働していたРБМК―一〇〇〇型原子炉の構造上欠陥が重大な爆発事故の原因となった」という診断だ。しかしことは人間の生き死の重大事であるのに、問題の行方になんら変化がみられることはなかった。そして「政治局」（言葉の広い意味において）が具体的に自分たちの権力の座に執着していたら、どこから変化が起こるだろうか。彼らはずっと同じ場所、スターラヤ広場（この広場に面して、ソヴィエト連邦共産党中央委員会政治局の入居するビルがあった）周辺に居座ったのである。

彼らの名や顔は知られている（しかもロシアだけではない）。はじめから彼らは、チェルノブイリで起きた爆発の原因と結果について嘘をついた。そして移住が必要な人のために、放射能汚染地帯に家を建てるという愚かな決定を下した。その後、全責任を発電所の運転員になすりつけた。そしていま、彼らは一般市民が、事情に暗いのをよいことにして、ふたたびかつてと同じように私たちを指導している。構造上安全を担保できない原子炉であることを知りながら、不幸を背負ったロシアに〝原子力発電を普及〟させるという、無責任な計画を作り上げたのだ。

一九九七年六月一七日付ボリス・ニコラエヴィチ・エリツィン大統領の委託をうけ、（一九九八年、ロシアの債務不履行を表明した）政府首相セルゲイ・キリエンコ（一九六二年〜　）が、一九九八年七月二一日付け命令八一五号「一九九八〜二〇〇五および二〇一〇年までのロシア連邦エネルギー成長戦略」を決定した。そしてなにかが変わったのか。チェルノブイリ事故の後、原子力専門家やロビイストらは凍死状態に陥っていたのだが、それを「溶かして」積極果敢に再生するという計画であるというほかには新鮮味はなにもない。成長戦略に明示されているように「ロシア連邦では一九九七年末で九カ所の原子力発電所で、二九基の原子炉が稼働している。そのなかに一三基のВВЭР型（六基はВВЭР—四四〇型で七基はВВЭР—一〇〇〇型）と一一基のРБМК型原子炉が含まれる」。そう、そのとおりなのである。チェルノブイリ事故が起きたのをうけてクレムリンの長老たちが閉鎖しようと議論していた、根本的欠陥を持つ原子炉の話なのである。

そして次のような新提案である。「設置されている原子炉を含め、基本的な発電プラントの状態を分析した結果は、原発の稼働期間を少なくとも五年から一〇年延長することが原理的に可能であることを示している」。いったい何について述べているのだろうか？　私たちの旧知の、性質（たち）の悪い友人РБМК—一〇〇〇型原子炉、現存する世界の原子炉のなかで、最悪でありながら、開発者の勢力にゴリ押しされて容認されてきた原子炉についてのことなのである。稼働期間はすでにレニングラード原発で延長されている。未だに四基の脆弱なチェルノブイリ型原子炉が一九七三年以来運転されている。同じことがクルスク原発についても言える。そこでも同様の経緯がある。これらはすでに耐用年数に達しているか、まもなく達するのである。しかし、最終的には廃炉にはならず、国家指導者が署名した運転延長認可証が発行されるのである。これこそが古くて新しい成長戦略の中身である。

原子力専門家らは、建設着工および建設再開された、カリーニン原発3号機、クルスク原発5号機、ロストフ原発1号機、2号機、ヴォロネジ原子力熱エネルギー供給所を前提とし、БН－八〇〇型原子炉（ナトリウム冷却高速炉）を持つ南ウラル原発の建設を提案している。欲望は抑えがたい。カリーニン原発2号機、クルスク原発3号機、ロストフ原発3号機の建設計画は完了している。

「次世代型」原発の建設も計画中だ。ヴォロネジ州にあるノヴォヴォロネジ原発とサスノーヴィロボール市（サンクトペテルブルク郊外）にあるコラ原発2号機が次世代原発である。いたるところで、わが世界最高水準にあるソヴィエト型加圧水型軽水炉（ВВЭР（ヴェーヴェーエーエル）型）が痛烈に批判されているのだ。〝預言者の己が郷にてよろこばるることなし〟というのは本当なのだ（新約聖書「ルカの福音書」4・24「そして、言われた。『はっきり言っておく。預言者は、自分の故郷では歓迎されないものだ』」より）。

ソヴィエト時代にはチェルノブイリの年回忌の訪れるころに、ソヴィエト連邦共産党中央委員会政治局が「反ソ宣伝封じ込め作戦行動計画」を立案していた（とくに一九八七年の一周年でご熱心だったのはファーリン同志である。当時ノーヴォスチ通信社を監督していた彼は、「一連の大規模な反ソキャンペーンが広がるなか、チェルノブイリ事故から一周年をねらって、反ソ帝国主義のセンターが、破壊工作を仕掛ける可能性が高いことを警戒していたから情報戦に積極的だった」（一九八七年二月二六日付けソヴィエト連邦共産党中央委員会書記局秘密議事録四二号付属書を参照のこと。こんにち、件のファーリン氏は〝破壊工作センター〟のひとつであるドイツに身を隠し、歴史家のふりをして質素に暮らしているという）。この「計画」に自ら手を加えたのは、政治局で最も忌まわしい人物イーゴリ・クジミチ・リガチョフであった。画策された「行動計画」を、一九八七年四月一〇日、いつものように全会一致でソヴィエト連邦共産党中央委員会政治局は採択した（秘密議事録四六号）。「……投票結果は、ゴルバチョフ同志、賛成。アリエフ同志、賛成。ヴォロトニコフ同志、賛成。グロムイコ同志、賛成。リガチョフ同志、賛成。ルイシコフ同志、賛成。ソロメンツェフ同志、賛成。チェブリコフ同志、賛成。シュワルナゼ同志、賛成。シチェルビツキー同志、賛成」。

賛成はつねに一〇〇パーセントなのである。自分たちの秘密の会合で、彼らはチェルノブイリ原発での爆発事故の結果を「小規模戦争の爪痕」（A・グロムイコ）と呼び、「大量破壊兵器の使用」に匹敵する（M・ゴルバチョフ、C・ソコロフ）と言っていたのに。しかし「神官たち」にはあらかじめわかっていたことなのである。下々の者は、「人々の健康を脅かすものはなにもない」ので、元の場所、実は「黒く汚れた」放射能汚染地域に「妊婦や子どもは帰還した」と信じ込まされたのだ。

「ロシア連邦エネルギー成長戦略」と「反ソ宣伝封じ込め作戦行動計画」は、愚かなことにエネルギーを投入するという点でどこか似ている。そうであるならば、原子炉とともに生きていかざるをえない地球上の人類は、格納容器のなかでなら生存できるであろう。

勿論これが、人が生きるという本来の姿であるならばの話だが。

第18章　責任は明らかなのに、裁判は開かれまい

私たちはときどき、知らないうちに責任がうやむやにされないようにと、獰猛なカワカマスのように監視役を演じた。〔訳注1〕具体的に言うと個人、ときにはグループで、私たちは検事総長に対して、事故の本当の責任者を刑事告発するよう求める手紙を書いたのだ。チェルノブイリ大惨事の情報や、危険地帯に残された人々への放射能の影響を秘匿していた人物を告発してくれ、と。加えて、この国の最高監督機関の指導者（検事総長）の意識改革の程度を〝取り調べる〟ことにも興味関心があったのである。

一九八九年一二月にソヴィエト連邦副検事総長B・И・アンドレーエフから、回答を受け取った。いつものことながら、核心部分を巧妙にはぐらかして、国家の欺瞞行為をカモフラージュするような、紋切り型の答えだった。中央政府の秘密体制の下で出された命令についても、所轄省庁の不作為についても、過剰な被曝の影響を受けた数百万の人々についても、なにひとつ触れていなかった。全世界へ、放射性物質が「徐々に拡散していくこと」に有効な手を打てない点については、完全に黙秘していた。まるですべてが存在しないかのようである。私は副検事総長の回答のなかに悲哀と絶望と悪意とを見た。どのようにしてこの嘘で塗り固められた巨大な壁を打ち抜いたものだろうか？（スタニスラフ・エジ・レッツ〔一九〇九

年～一九六六年、ポーランドの詩人、哲学者〕の言葉「壁を打ち抜けば、隣の部屋に入ることができる」が記憶に浮かんだ）。

ある箇所で、あたかも言い訳がましく、B・И・アンドレーエフはこのように書いている。「ソヴィエト憲法（一六四条）は、ソヴィエト連邦検事総長に対して、ソヴィエト連邦閣僚会議および同会議の設置した委員会の活動の適法性を監督するにあたり、全権を与えているとは解釈できない」（ちなみに、ウクライナ検察のM・A・ポテベンコはソヴィエト連邦憲法とソヴィエト連邦検察法の条文を根拠にしてまったく同様に私に答えたものだ）。虚心坦懐に私はこれらの条文を読んでみた。すべてが正しい。すべて検察当局が私に書いて寄こしたとおりだ。だから政府というのは、都合のよいことならなんでも行ない、法的手続きを踏むことなく決定をし、通達を出し、指令を発することができるのである。しかし検察官は法律に従うだけであって、決して法律そのものの合憲性に介入してはならないのか？ 天才的とはいわないまでも、実に巧妙な仕組となっている。

第四回ソヴィエト連邦人民代議員大会〔一九九〇年一二月一七日～二七日〕でH・C・トルビンの検事総長就任が承認されたときに、私は彼に公開の席でこの問いを投げかけた。トルビンはすべて、そのとおりだと当然のことのように答えた。しかし共和国最高会議は、閣僚会議の決定を取り消すことができるらしい。共和国憲法監督委員会もまた同様である。最高会議は閣僚会議の決定の違憲性を認める権限をもっていた。

訳注1 カワカマスは、鮒が居眠りをしないため、つまり油断大敵を意味するときに引き合いに出される。

残念なことに、私は、共和国にも連邦にも起こらなかったことを、この国の検事総長に想起させることができなかったのである。ソヴィエト連邦最高会議と一五共和国最高会議が自らの政府が定めた条例や政令を無効にしたことはなかったのだ。なぜなら彼らがそのような〝法律〟に反対するからである。司法と立法と行政が独立していない全体主義国家においては、そうしたことは起こらなかったし、起こりえないのである。検察官の長いマントと肘掛椅子に応募してくる者は、この事実を充分に知っているのだ。

さらに法の廃止も同じことだ。ソヴィエト連邦最高会議と共和国最高会議は、一度決めた法律を後に取り消す権利を有しているか？　たとえば、今回の場合のような事実に基づいていれば、刑事事件として扱うことができるか？　もちろんできない。ゴルバチョフ時代に代議員の要求で初めて連邦憲法監督委員会が作られたが、そのような権限はなかった。要するに、これはソヴィエト連邦検察庁が裁判を進めることも、中断することもできないという場合には、あらゆる点からみて好都合なのである。決議や指令といったレベルでなく、法律それも基本法ならば、いっそう検察にとっては好都合なのである。だからこそ、事故から五年経つというのに、連邦検察庁は、ソヴィエト政府と共産党中央委員会政治局が、チェルノブイリの事故の影響を隠していると知っても、そこに犯罪の影を認めないのである。

古典的とさえいえるような、核心部分をはぐらかした、形式的回答のなかで、副検事総長Ｂ・И・アンドレーエフは、代議員たちにスケープ・ゴードが誰かを公表した。この人々はすべて、私たちがすでに知り、読み、聞いたことのある人物であった。公式のプロパガンダがここで見事に力を発揮したのだ。「事故の直後に具体的規模と具体的状況を秘密にしたことが、影響の拡大につながった。チェルノブイリ原発所長ブリュハーノフは、高レベル放射能が噴出したことを、故意に隠していた。さらに原発作業員と住民を保護するために決められた対策を講じることもなかった。刑事責任を問われたのは以下の面々である。チェルノブイリ原子力発電所所長В・П・ブリュハーノフ、技術部長Н・М・フォーミン、第二運転副主任А・С・ジャトロフ、原子炉作業長А・П・コヴァレンコ、原子炉作業班長Б・В・ロゴージン、国家核エネルギー監督局検査官С・А・ラウシュキン。

最高裁判所において、彼ら全員が、期間は異なるものの自由剥奪の有罪判決を受けた。ブリュハーノフとフォーミンそしてジャトロフの三名は、この種の犯罪としては最も重い一〇年間の自由剥奪である」。

そして、連邦副検事総長В・И・アンドレーエフは照会の核心部分については手紙の末尾に礼儀正しく次のように指摘するにとどめた。「ソヴィエトの経済団体、監督機関、医療組織で働く個々人に無責任、指導力の欠如、不作為がみられたため、あってはならないことが起きた」。要するに、この人たちは、平穏な暮らしが約束されたのである。

これがチェルノブイリから三年半後の連邦の姿であった。

しかしその後、一年半もたたないうちに、検察のまさに当事者であるアンドレーエフがこう伝えたのだ。〈チェルノブイリ原発事故責任者行動調査委員会にはすでに報告済みの内容であるが〉「第二八回ソヴィエト連邦共産党大会〔一九九〇年七月二日〜一三日〕の委託を受けて、白ロシア・ソヴィエト社会主義共和国〔ベラルーシ〕、ウクライナ・ソヴィエト社会主義共和国〔ウクライナ〕、ロシア・ソヴィエト社会主義連邦共和国〔ロシア連邦〕のそれぞれの共和国最高会議の審議にもとづき、連邦検察庁はチェルノブイリ原子力発電所の事故の影響とその処理に際して合法性が尊守されているか検討する補足審査を実施した」。たとえ五年後のことであっても「補足審査」が実施されるのは、やらないよりはましである。そのうえ、社会的緊張状態を勘案して審査結果が補足されるのはよいことだ。検察という職務において、最も重要な位置を占めるのが、「第二八回ソヴィエト連邦共産党大会の委任状」であり、その次にあるのが最高立法機関である連邦最高会議と三大共和国最高会議なのだ。つまり、副検事総長にとって、議会よりも党こそが権威をもつ立法機関ということになる。検事総長や平の検事たちは、党の特権階級に属するので、法治国家というものについて正しく考えることができないのだ。〔訳注2〕

第二八回ソヴィエト連邦共産党大会に対して、連邦検事総長がうやうやしく頭を垂れたが、チェルノブイリの現状の再評価に係る成果は揃っていた。実際のところ、具体的な人物と組織に有罪判決が下る準備が整ったのである。つまり「……ソヴィエト連邦原子力エネルギー省により〝原発における事故発生時に作業員と住民を保護するための標準的な施策〟を怠ったため、事故の初期段階から、原発の立地地区および隣接地区における放射能汚染調査と放射能モニタリングが適切に実施されなかった。また、放射能状況予測が実施されなかった。さらに、原子力発電所職員およびプリピャチ市と周辺地区住民の防護措置を講じるよう計画が策定されなかった。この結果として原子力発電所近隣地域の住民が放射能による影響を免かれることができず、プリピャチ市、チェルノブイリおよびその他地区の住民の緊急避難は実施されたものの、時機を失したため、住民は本来なら避けられたであろう放射線被曝を被った。

（……）事故当初から続いて、その後も被災地域には、放射能状況に関する正確で効果的なデータは届けられなかった。一九八七年九月二四日付け政府委員会決定第四二三号では、チェルノブイリ原子力発電所事故およびその処理問題をめぐる機密データを出版物、テレビ、ラジオ等で発表すべきではないとしたが、その結果、住民を放射能から守るのに必要充分な施策を講じ、人々を放射線から守る機会が奪われた。上記状況により、一九八六年から一九八九年にかけてウクライナ共和国、白ロシア共和国、ロシア連邦共和国の三共和国内部で住民の著しく過剰な被曝が引き起こされるに至った。バックグラウンドが急激に上昇する状況にあるのに対して、ソ連邦閣僚会議他三共和国閣僚会議によって、放射能状況に関するデータは無視され、一九八六年五月一日〔メーデー〕の（キエフ市をはじめとする各都市およびウクライナ共和国、白ロシア共和国の居住地で）無数に開催される祝賀パレードは、いつもどおり実施された」。

事態はますます迷走するばかりだ。「放射能が身体に有害であることが明らかとなった市、地区、村民の移住措置は時機を失した。一九八九年五月二四日になって漸く、連邦閣僚会議において、一九八九年から一九九一年の間におよそ二万人が暮らすブリャンスク、キエフ、ジトーミル、モギリョフおよびゴメリ州で、住民の多い複数の地域に避難指示が出された。彼らはそのときまで長期にわたって、健康に有害なレベルの放射能に被曝していたのである。

ロシア連邦共和国は四年後〔いやはや、なんたることか!〕、一九九〇年一月二六日になってようやく、ブリャンスク州およびカルーガ州の五〇〇カ所以上の人口密集地域で、ミルク飲料を一部制限する旨指示を出した。さらに必要に応じて他の地元加工食品、個人副業農園（農村住民が宅地付属地等で、また、都市

訳注2　ペレストロイカ当時のソ連邦の司法について簡単に触れる。裁判所は、連邦最高裁判所、構成共和国最高裁判所、州裁判所、地区・市人民裁判所というピラミッド構造。検察庁は、連邦最高会議により任命される連邦検事総長を頂点とする中央集権的組織。法的には、ソ連邦憲法が最高の規範的効力を持ち、構成共和国は、ソ連邦憲法に準拠した独自の憲法を持っていた。また、多くの法部門ごとに「連邦基本法」（連邦および構成共和国の立法の基本原則）と称する連邦法に基づいて、構成共和国法が制定されていた。一九九一年一二月のソ連邦崩壊とともにソ連邦憲法は失効し、共和国法がひとまず効力を維持した。

住民が郊外の農園で行なう自給のための小規模農業〕の生産された食料の摂取を制限する指示を出した。地区や村の汚染地帯に避難民向け住宅の建造が決定されたが、その地は放射能レベルが高いために生活が困難である。このため、国家には合計約六億ルーブルの損失が発生した」。これはウクライナ共産党第一書記B・B・シチェルビツキー、ジトーミル州党委員会書記B・A・カヴンらをはじめとするキエフとモスクワの高官らへの、検察からの痛烈なご挨拶なのである。しかも、この犯罪に関しては、私の書いた記事を裏付けるものである。そのような記事を私は三年間発表することができなかった。しかも、その記事の中身が原因で、党の親分連中が、私の口封じのためにしゃしゃり出てきたのだった。

そして結論はこう続く。「……指摘されている状況は、約七五〇〇万人の生活を危険に晒している（ウクライナ共和国、白ロシア共和国、ロシア連邦共和国中央部の各州を合計した数字［この途轍もない数字を胸に刻んでおこう！］）。さらには死亡率上昇の原因増加、悪性新生物発生件数の上昇、遺伝性疾患および身体障害者数の増大、住民の労働能力衰弱をもたらしている。

（……）ソヴィエト連邦保健省によって出された、放射性ヨウ素の影響から甲状腺を防御するために安定ヨウ素剤を配布せよとの通達に違反していたために、原子力発電所近隣および連邦中に点在する放射性ヨウ素による汚染を受けた地区に暮らす人々に、安定ヨウ素剤を投与する時機を失し、また適切な処置がなされなかった。こうしてヨウ素131による住民の放射線被曝を引き起こした。五〇万人（うち七歳以下は一六万人）が事故当時ヨウ素131により最大レベルに汚染された地域に住んでいた人々で、そのうち甲状腺の被曝線量について言えば、成人の八七パーセントおよび子どもの四八パーセントが三〇〇ミリシーベルト、成人の一一パーセントおよび子どもの三五パーセントが三〇〇ミリシーベルト～一シーベルト、成人の二パーセントおよび子どもの一七パーセントが一シーベルトを超えている（国際基準としては五〇ミリシーベルト以上の被曝で甲状腺癌の危険が増す）」。

ここにあるのは、イリイン「共同体」の作成した七〇頁におよぶ〝冷笑的報告書〟（その下にはグループの署名があるが、彼らを学者と呼ぶことはできまい）に対する、検察当局の回答である。チェルノブイリの悲劇から三周年の前日までは私たちは正反対のことを信じ込まされてきた。それは、とくに放射性ヨウ素に対する安定ヨウ素剤による迅速な予防措置が、人々を救ったというものだった。私たちがどんなふうに言いくるめられていたか、検察官にはよくわかっていたのである。

副検事総長の手紙に、ソヴィエト連邦国家農工委員会および国防委員会が、住民が過剰被曝をし、国土全域へ放射性物質を拡散させてしまったという誤算が指摘されている。そして最終的に（そう、最終的に！）、事故から五年をむかえて漸く、ソ連邦検察庁は事実関係を審理、点検する過程で露見したことを根拠に刑事告発に踏み切ったのである。

この「事実」の一覧表には、罪を負うべきさまざまな機関や関係省庁が記されている。しかし、以下のふたつ、それは事故翌日に作業部会を招集し対策会議を開いていたソヴィエト連邦共産党中央委員会政治局、人権を管理し擁護しなければならない監督機関である最高検察庁とその「下部組織」の名がなかった。

五年間も（秘密にして！）政府の政策のもとで、三つの偉大なスラブ民族が消滅してしまうような事態が起きているというのに、三共和国を含む全連邦諸国に赴任している検察庁の人員は、まるで口に水を含んだように黙り込んでいた。世界のどこにこのような国があるだろうか？　彼ら検察指導部は、共産党中央委員会、共産党州委員会、共産党地区委員会事務局メンバーだったのだ。共産主義社会建設者倫理法典に忠実に従う者たちだったのだ。ソヴィエト・カースト制の特権階級の証である党員証と己の地位とパンの配給券に惜しみなく愛をそそぐ人々なのであった。

検事総長の回答を手にし、期待を胸に私は代議員質問を用意して、われわれの地元検察検事A・Γ・ジェープのところへ相談に赴いた。しかし、私たちは自分の「修道院」のなかでのできごとをよく知らないものだ。「一九八六年のチェルノブイリ原子力発電所爆発事故の影響に関する情報が、最も必要とされる時に、州指導者が、住民にその情報を隠していた、という論理の組み立てで、州検察に刑事告発ができないものだろうか」と私は訊ねた。彼の代理A・Φ・バトゥルスコの答えを聞いて、私はとても落胆してしまった。それはこんな次第である。「チェルノブイリ原発で起きた爆発事故により生じた、生態環境や住民の健康被害に関する情報を隠蔽し、歪曲したことに対して、州検察がその責任を明らかにし、刑事事件として」立件することはできない。なぜならば、……そのような条項がないからなのだ。ということは、「ウクライナの刑法二二七条一項が、そのような責任が発生することを想定して、それが犯罪とならないように一九九〇年一月一九日付けでウクライナ共和国最高会議幹部会の決議として発効しているからです」。

チェルノブイリは存在してきたし、いまも存在するし、今後数百万年も存在し続けるのである（生きとし生けるものの周囲にまき散らされた多種多様の放射性物質の半減期は、こういう現実を意味するのである）。しかしウクライナ刑法には、これに関する条項は存在しない。裁判は開かれないであろう、ということだった。しかし、ここで読者にあえて注目していただきたいことは、私がウクライナ検察当局から刑事告発が難しいという答えを聞いたのが、ソ連邦検察が正義感をもって連邦基本法のそれに該当する条文を用い、当局の嘘が数千人の生命の危機と数百万人の不幸をもたらしたという事実に対して、刑事告発を行なった後のことなのである。

私は諦めることはできなかった。私の背後には、約三〇万人の選挙人がいる。私はふたたび、州検察庁のA・Г・ジェープ宛てに、彼の代理（バトゥルスコ）の回答を添えた手紙を書いて送った。私は彼に（もういちど同じ相談をしなければならないことを）伝えたわけだ。「いわゆる〝チェルノブイリ原発爆発事故の影響に関するデータを隠匿したり、歪曲したことに対する責任〟問題について、連邦検察庁と他の共和国の州検察によって刑事事件としてすでに告発されています。したがって、私にご説明願いたい。なぜ、刑法に、告発に使える条項があるのに、あなたはこんにちまでそれら条項を知らなかったのですか？　これはなにかと関係しているのですか？　私は納得できませんし、真剣にお尋ねしますが、もしかすると連邦の法律が前州指導者たちには適用されないとでもいうのでしょうか。彼らは両手に（汚染状況が記された地図と病人に関する）データを持っていながら、人々を欺いてきたのですよ」。要するに、私は彼に〝止めを刺した〟のである。こうして「А・Г・」ジュープは私に以下の回答を寄こした。「ソヴィエト連邦検察庁はチェルノブイリ原発事故を刑事事件として立件するかどうかを検討しています。連邦検察庁の取調官のなかから、ジトーミル州検察庁主任取調官A・B・スリビンスキー同志が担当しています。わが〔ジトーミル〕州の内では事故影響調査は彼に委託されました。取調べの結果次第で、法律に則った決定がなされる予定です」。ありがたいことである。おそらくウクライナ検察当局も刑事訴訟法のなかに、使える条文があるのを見出したからだろう。

裁判の判決を確固としたものにするために、私は代議員質問をもって、同じようにウクライナ検察庁

M・A・ポテベンコの許を訪れた。一九九一年の夏、彼はつぎのように報告した。「ソヴィエト連邦保健省、ソヴィエト連邦国家水質・環境管理委員会、ソヴィエト連邦国家原子力エネルギー産業監督委員会が独占的に放射能状況の動向を管理していたことが明らかになった。その多くは客観性を欠いており、重大な結果を招来するものであった。この結果、放射能レベルが著しく上昇していた、キエフ市や周辺地区で、大規模なメーデーの祝賀パレードと記念祭がとり行なわれたのであった。

関係省庁の勧告にしたがって、キエフ州ポレススコエ地区およびジトーミル州ナロヂチ地区の居住区から、人々は移住を強制され、汚染地域に新築家屋や文化施設が建造された。損失は五三〇〇万ルーブルにおよぶ。放射性物質に汚染された地域内にスラヴチチ市やゼリョンヌイ・ムィス市が造られ、二万三〇〇〇人が暮らしている。これら物件の建設は連邦政府委員会により決定された。

審査の結果、以上の件、また連邦関係省庁の責任者の違反が明らかになったことに鑑み、一九九〇年一〇月に共和国検察庁により連邦検事総長に対して爆発事故処理作業関連で冒された不法行為と職務上不作為の事実に基づく刑事告発がなされた。この告発を受けて、連邦検察庁により、審理が行なわれている」。

ウクライナ検察のM・A・ポテベンコは、自らを「洗い清めて」モスクワの高官だけにすべての責任を芸術的ともいえるほど見事に押し付けている点に注意していただきたい。すべての共和国政府によって、生死にかかわるような情報が機密扱いにされたことへの言及はない。そのなかには共和国保健省も含まれるはずだ（そのうえ、ソヴィエト連邦共産党中央委員会政治局の責任、ウクライナ共産党中央委員会の責任にも言及がない）。さらには、州検察や副検事総長も、熊手の間を蛇がすり抜けるように、さっと身をかわして逃れたのには驚かされた。これら法と社会正義の神テミスに対して沸き起こるのは、深い憤りと恥しさだけだった。

ちなみに、チェルノブイリ大惨事から二〇周年をへて、ウクライナでシチェルビツキー共産主義体制の助っ人だった元共和国検察庁ポテベンコは、独立国家のなかでふたたびしっかりと足場を築いている。代議員になり、法律をつくり、法の下でだれを死刑とし、だれを免罪するかを決めているのだ。

その後一九九一年秋にわれわれの委員会、「チェルノブイリ原発事故責任者行動調査委員会」が粘り強く、チェルノブイリでおきた犯罪に関係のある個人を議会に参考人招致する計画を立てた。タイプ打ちしたリストは数枚ある。中にはおなじみのウクライナの指導者たちが登場する。中央委員会書記B・B・シチェルビツキー、ウクライナ最高会議幹部会B・C・シェフチェンコ、保健相A・E・ロマネンコそして他の省庁、諸組織の指導的立場の人物。とくにジトーミル州からは、ウクライナ共産党州委員会第一書記B・M・ヤムチンスキー、州執行委員会非常事態委員会議長A・Γ・ガトフシツ、地元紙『ラジャンシカ・ジトーミルシチナ』編集長兼党州委員会事務局Д・A・パンチュクが記載された。新聞は、州でチェルノブイリの放射能汚染地帯の真実に対する虚偽報道と黙殺の道具として犯罪的で中心的な役割を果たしたのである。共和国検察庁ポテベンコと州検察庁ジュープは下っ端も無罪放免とはしなかった。

議会で聴聞を行ない、検察と裁判所に審議を付託することは、ソヴィエトの諸共和国にとって、いままでとは異なる新しい民主主義的な手続きであった。

チェルノブイリは五年たって、漸くその地点に達したのである。そして、良心のかけらもない党員とソヴィエト体制の指導者とがチェルノブイリの放射能の翼の下に放り出された七五〇〇万人の災厄と苦難の責任を負って処罰されなければならなかった。災厄と苦難については、代議員に宛てた手紙のなかで検事総長B・И・アンドレーエフが明らかにした。

しかし、まさにそのときに、あの大事件が飛び込んできたのである。一九九一年八月のクーデター未遂事件は、文字通りこれらの人物、さらに高い地位にある人物を、確実と思われた犯罪の責任から救い出したのである。ソヴィエト連邦は崩壊した。チェルノブイリに関わる重要人物の刑事責任を問うという課題は、以降長きにわたって立ち消えてしまった。新しく独立した国家にとっては、おそらくこの問題どころではなくなってしまったのだ。それらの諸国では自分たちで、クレムリンの「指示」なくして、人々の運命を決する必要に迫られたのである。私たちは、そのときすでに、ポテベンコがウクライナ検察官となり、あらゆる罪をモスクワにあった連邦政府の関係省庁に転嫁したことを知っていた。

しかし、それでもなおチェルノブイリは、ウクライナ検事総長に勝利したと言える。

放射能被曝下にあるウクライナ国民のために、チェルノブイリ大惨事のもたらした真実を隠蔽した犯人を最終的に特定するのに七年という歳月が費やされたのである。そのためにウクライナは独立を宣言し、放射能にとりつかれて、緩慢なる死へと自分たちの民族を至らしめていた共産党の活動を禁止しなければならなかった。そうしなければ、私たちはチェルノブイリの真実を秘密にしておくウクライナ共産党の尊大な党幹部すなわち、おおやけとなった犯人の名を聞くことは決してなかったという確信が私にはある。

それは次の人物である。元ウクライナ共産党中央委員会政治局員でウクライナ共産党中央委員会第一書記ウラジーミル・シチェルビツキー（認定されたのは死後のことだ）、ウクライナ共和国最高会議幹部会議長ヴァレリー・シェフチェンコ、ウクライナ共和国閣僚会議議長・共和国民間防衛局長官・ウクライナ共産党中央委員会事故処理対策作業部会議長・政治局員アレクサンドル・リヤシコ、そして当然ウクライナ共和国保健相アナトーリー・ロマネンコ。しかしながら、この明白な真実がウクライナ検察当局の内部にのみ明らかにされるまでに七年が費やされたのである。一般国民にはその後も長い間、チェルノブイリ大惨事で重要な役割を担った嘘つきたち、責任者たちが誰であるかが明らかにされなかった。

手許に「チェルノブイリ事件」四九―四四一号の刑事資料にもとづいたウクライナ最高検察庁の結論部分がある。それには、大惨事から七年間、共和国の元指導部が沈黙していたことに関する記載がある。これは許すことのできない嘘の数々の記録である。

それによると、一九八六年四月二六日未明から朝にかけて、さまざまな情報源――原子力発電所長、キエフ州共産党、州執行委員会、民間防衛司令部、ウクライナ共産党中央委員会、閣僚会議、保健省、ウクライナ気象庁――を通じて、シチェルビツキー、シェフチェンコ、リヤシコは原子力発電所で起きている正確な情報を受け取っていた。しかも三名揃って人民の安全など考えもしなかった。さらには、リヤシコはその当日、ソヴィエト連邦閣僚会議に放射能レベルは下がりつつあり、発電所およびプリピャチ市周辺の環境は平静であると通報していた。彼らは人々を「恐れ」、自分の身を案じて右往左往しただけだった。

一九八六年四月二八日にシチェルビツキー、シェフチェンコ、リヤシコの机上には、ウクライナ水質・環境管理委員会から届いた共和国の放射能汚染領域を示す報告書があった。そこに書かれていたのは、キエフ州チェルノブイリ地区、ポレススコエ地区の放射能値は一時間当たり八〇〜一二〇マイクロレントゲン、八〇〇〜一二〇〇マイクロレントゲンである。ジトーミル州オヴルチ地区では一時間当たり一〇〇〇〜二〇〇〇マイクロレントゲン、チェルニゴフ州セミョノフク村、シチォルスサ村で約一〇〇〇マイクロレントゲン、チェルノブイリ原発周辺地区は五〇万マイクロレントゲン、といった記載である〔自然線量は約一〇マイクロレントゲン〕。しかし、これらの深刻な数値を見ても、罪深い共産党の三人組は職務上思うことがなかったのである。彼らは人々を救出するために（せめて子どもと妊産婦だけでも！）指一本動かしはしなかったのだ。

一九八六年四月三〇日、ウクライナ保健省副大臣A・カシャネンコは共和国閣僚会議に次の情報を送った。キエフでは、急激にガンマ線量が上昇しており、ドネプロフスク地区、ポドリスコ地区と市の中心地で一時間当たり一一〇〇〜三〇〇〇マイクロレントゲンである。キエフ州ポレススコエ、チェルノブイリ、イヴァンコフ地区の土壌サンプルには、一時間当たり七・四億ベクレルの汚染がみられた（この値は自然放射能の約一万七〇〇〇倍に相当する）。ガンマ線量がジトーミル、リボフ、ロヴノ、キーロヴォグラート、チェルカースィ州において一〇倍を超す値を示していることは注目に値する。次官級職員が、これらの秘密データを共和国閣僚会議議長に提出し、放射能の危険性について住民に周知徹底させることを申し出た。しかしリヤシコはこれに答えることなく、同じ日に共和国テレビ、ラジオ番組でウクライナ共産党中央委員会と同一のウクライナ閣僚会議のデタラメな見解を発表した。そして原子力発電所周辺および近隣の村の放射能レベルは改善に向かい、キエフの放射能値は危険水準に至っていないと私たちを信じ込ませようとした。

一九八六年四月三〇日のウクライナ共和国閣僚会議で、ウクライナ水質・環境管理委員会、ウクライナ保健省、ウクライナ科学アカデミーそのほかの機関から届くチェルノブイリ情報を集約するための作業部会が設置された。一九八六年五月一日から運用が開始され、日々の統合されたデータが、共和国幹部の机の上に積み上げられた。リヤシコは共和国全市の放射能汚染状況が日々どこへ伝えられているかという情報の流れを把握していた。これらのデータによれば、キエフのさまざまな地区の一九八六年五月一日から三〇日までの放射線量は一時間当たり一五〇〇ミリレントゲンだった。これは平常時の一二五倍に相当する。キエフは致死レベルの危険なレントゲン検査室と化し、そこで勤労者メーデーのパレードに参加した人々が党幹部の目を楽しませるために、踊って跳ねていたのである（前述したように、党幹部の子どもたちは、被曝を避けるために脱出していたのだが）。

キエフの貯水池は州都の人々の水瓶である。その水のベータ線量は自然放射能の一〇〇〇～一五〇〇倍に達している。そのほかの貯水池、井戸水、野菜やミルクの汚染はウクライナ全州のほぼ半数の地点で記録された。

一九八六年五月六日にすでに、検査および治療を常時行なう病院には一五六〇人が収容されている（中央委員会秘密議事録と合致している）。うち二四四人が赤ん坊である。二八九人には放射線障害の兆候が明らかである。あらゆる人がこの危険な状況を嘆き悲しみ、迅速な人命の保護を求めている。しかし、国民の「父」たちは、口に水を含んだように沈黙をとおしている。

一九八六年四月三〇日にソヴィエト連邦保健相C・ブレンコフは、ウクライナ保健省にチェルノブイリ原発事故による住民の医療および衛生管理に対して万全を期すよう指示した。そのなかで、彼は以下のように保健省に義務を課している。「放射能汚染の増大が露見した場合には、住民、とくに放射性ヨウ素に被曝した子どもを保護するために緊急措置を講じること」。もし、速やかに適切にヨウ化カリウムの安定化剤（安定ヨウ素剤）を処方すれば、甲状腺の全被曝量を九六パーセント下げることができる。六時間後になると効果は五〇パーセントに止まる。二四時間たつと、事実上ほとんど意味を持たない。以上のことはよく知られているはずだ。一九八六年五月三日、ロマネンコはウクライナ共産党中央委員会政治局作業部会会議で、キエフの住民に対して、安定ヨウ素剤の予防措置を勧告しなかった。しかも当日、秘密指令二一号Cを出し、作業部会に「事故に関わる秘密データを他に口外しないよう」同意をとったのである。

一九八六年五月四日にキエフ市執行委員会健康管理局長B・ディディチェンコは、保健相ロマネンコ宛ての手紙で、こう指摘している。四月二八日以降、彼の部署は、放射性ヨウ素からキエフ住民とくに子どもたちの健康をどのようにして守るかという問題を討議している、さらには、保健相に勧告を出すよう執拗に求めている。そして「勧告」が翌日に出された。

一九八六年五月五日、ウクライナ共産党中央執行委員会およびウクライナ共和国閣僚会議に宛てた秘密書簡のなかで、ロマネンコは、住民が過剰に被曝しないためにはなにをすべきかを伝えている。これは「貴族」に向けた正しい内容である。一方「平民」に向けては、一九八六年五月六日、八日、二一日の三回にわたり、ウクライナテレビで、事故に関してデタラメなことを述べた。ロマネンコ保健相の三度の発言は、シチェルビツキーとシェフチェンコ、リヤシコと歩調を併せたものだった。

一九八六年七月二一日に同ウクライナ保健相は、ソヴィエト連邦保健省に対して、ウクライナ共和国において、キエフ州、ジトーミル州、チェルニゴフ州および首都の人口に相当する、成人三四二万七〇〇〇人分と未成年者六七万六〇〇〇人分の安定ヨウ素剤があたかも整ったかのように伝えた。

一九八六年八月一五日ロマネンコ保健相のついたさらにもうひとつの嘘が中央本庁に届いた。当該州、およびキエフ市には一〇三万八〇〇〇人の子どもを含む四五〇万人分の安定ヨウ素剤が保管されている、というものであった。

一九八六年一二月五日に同保健相は、共和国全体に安定ヨウ素剤が行き渡ったとモスクワに伝えた。地球規模の大惨事は、すくなくとも地球規模の嘘と、その嘘を執行する人間とを必要とするのである。そしてモスクワは言うまでもなく、全力で付き従うウクライナ保健相を利用したのである。ロマネンコ保健相のためのシナリオの代表的例のひとつがソ連邦共産党中央委員会政治局極秘指令付録のなかにある「チェルノブイリ原子力発電所事故一周年に関する基本的宣伝工作について」(一九八七年四月一〇日付中央委員会書記局議事録四六号四七節)に見える。「連邦情報管理局長による。(……)……出生地―チェルノブイリ。危険地帯から避難してきた家族に事故後三〇〇人の子どもが誕生した。(……)……奇形はみられず、子どもの発育異常は見られない。家族や幼稚園、保育園……からの現地報告。ウクライナ保健相の解説」。

事故後はじめのひと月だけでロマネンコと次官ゼリンスキーは七件の極秘指令を出し、それを州保健部や研究所に、事故の影響を秘匿するよう求める文書とともに送付した。病歴には被曝線量を記入せず、放射線レベルを「暗号化し」、事故と関連づけられる病歴を切り離し、さらに個別の文書保管室へしまうようにと。そこへはウクライナ保健省の指導者かさらに上の階級の特別許可証がなければ、入室・閲覧は認められないのである(ウクライナの民間テレビ番組「1プラス1」の制作責任者ヴァフタンク・キピアーニは自分の番組に、この犯罪人をチェルノブイリの専門家という立場で出演させたのだ!)。

このように、チェルノブイリの影響を秘密の穴になんとか閉じ込めて、ロマネンコは、一九八九年の五月のウクライナ共産党中央委員会総会で次のように述べた。「全責任をもってお伝えする。病に伏している二〇九人を除けば、こんにち放射能の影響に直接関連しているかまたは関連の可能性がある人はおりません」。なにもかも済ませたあとになって、彼にはまだ語るべきなにがあるというのか? 彼と合唱したすべてのメディア――党の欺瞞で満ち溢れた全国紙、共和国紙、地元紙――は、その伴奏を奏でたのである。『ウクライナ・プラウダ』『ラジャンシカ・ウクライナ』(『ソヴィエツカヤ・ウクライナ』)『ラジャンシカ・ジトーミルシチナ』(人民代議員たちによってチェルノブイリの虚構の壁が打ち壊されたそのあとで、『ラジャンシカ・ジトーミルシチナ』編集者パンチュクは、まるでなにごともなかったように、州ジャーナリスト連盟付属チェルノブイリ基金を設立したのである)。

われわれはこの嘘の代償をいま現在も払っており、しかもさらにその規模が膨らんで後裔たちが償い続けることになる。

ウクライナ検事総長は、シェフチェンコ、リヤシコそしてロマネンコの言いわけ――「私たちは国民が健康に暮らす権利を保障するウクライナ憲法を確実に担保するために、職務を遂行することができませんでした。その理由として、チェルノブイリ原子力発電所が治外法権的な存在であったこと、ソヴィエト連邦政府委員会およびソヴィエト連邦共産党中央委員会政治局作業部会が設置されて以降、私たちは実質的に原子力発電所に指示・管理する力を有していなかったこと、党の指導的地位および秘密工作にかかわる立法規定に関するウクライナ憲法第六条を執行したこと、国家、党組織および所轄官庁の指示に従ったことがあげられます」――を採用しなかった。検察庁は厳格に彼らが「自らの保身と社会的出世だけを考え」「権力と職務上の地位を濫用し、その結果が」国民にとって「深刻な事態を招いた」ということを検証した。評決は以下のとおりである。「シチェルビツキー、リヤシコ、シェフチェンコおよびロマネンコの犯罪行為は……証明された」。

そして、真実が勝利をおさめ、犯罪者はその報いをうけたのか? まったく逆だ。どれほど不可思議なことであっても、ウクライナ検事総長の決定からは次のような結論は出てこないはずだ。ウクライナ指導部の犯罪行為がすべて明るみになり、有罪評決が下った後で、予審判事Ａ・クジマクは次のような決定を下した。「チェルノブイリ原発事故時およびその事故処理時のウクライナの要人のとった行動に関する刑事事件の審理を打ち切る。関係者にその旨を伝える」（！）。これは冗談などではない、苦い現実なのだ。私たちみんな、そして全世界にとって、唾棄すべきことが起きたのだ。

　ウクライナ検事総長は犯人を刑罰から救い出すために、原則的な理由を考えついたのである。つまり、この時点で明らかに時効が成立していたということなのである。党の特権階級は、つねに自分たちの利益を優先して刑法を書いたのである。「関係者」がこの決定を深い満足の念をいだいて、受け入れただろうことは疑いない。一方、子どもたちをチェルノブイリに奪われた父母はどんな気持ちでこの決定を受け入れたのであろうか？　チェルノブイリの犠牲者は？　さらにはごく普通に関心のある人たちは？

　ここでとくに強調しておきたいのは、この公けの事実は、まるでチューブから練り歯磨きが絞り出されるように、二つの方向から強く挟まれて検察庁から絞り出されてきたのである。一方は社会運動「ゼリョーヌイ・スビット」（緑の世界）で、これはソヴィエト時代に事故の責任者を裁判所に提訴した。もう一方は、ウクライナ最高会議チェルノブイリ委員会の一九九一年一二月六日付け特別決議である。しかし大惨事から七年を経て、検察庁自身が社会と議会の圧力を受けずに、自分たちの内部調査を行なえないのか？

　総合的にみて、検察は、シェフチェンコ、リヤシコ、ロマネンコらが引き合いに出したのと同じ法律、つまり、指導者たちについて定められたウクライナ共和国憲法第六条に従って行動した。しかし、検察官自身が例外なく、中央委員会事務局の共産党員であった。であるから、要人とチェルノブイリについて無関係を装った人物の責任を問うた私の代議員質問に対して、ウクライナ共和国検察庁と、ジトーミル州検察庁からは、責任を回避したおざなりな回答しか届かなかったのではないだろうか？ 党の走狗たちは、ご主人様の安寧と静謐を護ったのだ。しかしながら、普通の国では普通の市民社会があるはずだが、検察官は当然、裁判にかけられるべきはずのチェルノブイリの検閲制度と刑事問題の行方を黙って見つめていただけなのだ。つまり犯罪者が自らを裁くということが起きたのである。

ソヴィエト連邦が崩壊してから、ウクライナでは共産党は、公式には非合法となった。一方、元共産党員たちはそれでも全力を挙げて、検察の仕事を包囲しようと試みた。『キエフ報知』が伝えたように、ウクライナ元検察官ミハイル・ポテベンコは、チェルノブイリ事件刑事四九—四四一号を「担当」した最高検察庁予審判事アレクサンドル・クギィマクを不安に陥れた。ポテベンコはクギィマクに対してロマネンコに手を触れるなと、耳元で囁いたのだ。時代は動いていることを意味ありげに思い出させた。このことは予審判事クギィマク自身が独立ウクライナの検事総長Ｂ・シーシキンへ宛てた上申書のなかで伝えている。とはいえ、検察はなんのために上申書を提出したのか理解に苦しむ。検察への公正と信頼に対する何百万の人々の希望に背を向けても彼らは、被疑者を刑務所へ送りはしなかったのだ。これは簡単なことではなかっただろう。ポテベンコは、自分と家族の身の安全のためにすべきことをしたにすぎないのかもしれない。いずれにしろ私の推測だ。

しかしながら、大胆だったのは当時の検察官ポテベンコだけではなかった。チェルノブイリ事故に関する事実を沈黙という罪深い不作為によって具体的に加担した人の多くは自分の地位を守ったどころか、出世すらしていったのだった。なかには大臣の椅子に就いた者もいる。例を挙げよう。チェルノブイリ問題担当大臣には、ジトーミル州執行委員会副議長だったゲオルギー・ガドフシツが就任した。ほかならぬこの人物が、一九八六年から一九八八年にかけて、移住者向けの新築家屋の建設を故意に危険地帯へと「追い立てた」のである。この件に関しては、権威ある雑誌に載った私の記事で、国中によく知られるところとなっていた。ロマネンコにかわって就任した保健相はスピジェンコである（そしてロマネンコは放射線センター長になった）。スピジェンコは、一九八六年当時はジトーミル州執行委員会保健部長であった。彼に宛てて、ロマネンコが自ら、どのようにして住民に真実を誤魔化し、なにを秘匿し、なにを暗号化するかについて記した秘密書簡を送ったのだ。彼に反論はできまい。一九八六年に、ロマネンコの部下で母子保健局主任ヴィクトル・シャチロの許へ私は行き、事故後の地元被災者、とくに子どもの健康状態を訊いた。彼はそのとき「まったく問題はない」と返事したのである。そのあとすぐにすべてが嘘であることが明らかになった。

ロシアでも同様のことが起きていた。ボリス・エリツィン大統領は、チェルノブイリ問題国家委員会議長にヴァシリー・ヴォズニャクを任命した。第一副議長に就任したのはユーリー・ツァトゥロフであった。一九八九年の第一回人民代議員大会の後で、ソヴィエト連邦閣僚会議議長ニコライ・ルイシコフは、当時ソ連邦閣僚会議動力用燃料資源管理部長であったウラヂーミル・マーリンに私のジトーミル州ナロヂチ地区の住民被曝に関する人民代議員質問に回答するよう依頼したのである。マーリンは当時ヴォズニャクとともに働いていた。慇懃無礼な態度で、ナロヂチではすべてが順調であると彼は私に言った。ナロヂチからもってきた私の医学関係資料を見ながら彼らは言い放ったものだ。「あなたにはあなた独自のデータがある。われわれにもわれわれ独自のデータがある」と。巧妙に焦点をずらした回答を私に送って寄こしたのは当時ソヴィエト連邦国家水質・環境管理委員会副議長を務めていたユーリー・ツァトゥロフで、この出来事は、一九九二年、つまり事件から七年後（！）、ロシアでは一六の州が放射能で脅かされていることが知られるようになったときだ。いったいこれを犯罪と言わずしてなんであろうか。何百万というロシア人がこの間、放射能の影響を疑われることなく斃（たお）れ、以降も絶え間なく被曝しているのである。なぜ、どうして、すでに独立し、民主主義国家たる地位を目指していたときに、こんな連中を信用してチェルノブイリの人々を「救出」することを任せてしまったのだろうか。

かつて連邦を構成し、いま独立しているどこかの国の検察庁が、最終的に旧ソヴィエト連邦共産党中央委員会元指導部と旧ソヴィエト政権の刑事責任を問おうとしても、検察がもとは党指導部から承認を得たうえで、ただ存在しているだけだったので、「新思考」「ペレストロイカ」といったスローガンはあったけれども、チェルノブイリの嘘を放置することになったのだ。司法機関はどのような支援を期待しているのか。あるいはこの問題は時効成立が避けられないのだろうか？

一方では、元指導層は、チェルノブイリの悲劇全体に対する、〝重要参考人〟をまったく別のところに見い出していた。「グラースノスチ（情報公開）と民主主義の出現が（……）状況を非常に困難にしている」——元国家農工委員会指導部のひとりA・P・ポヴァリヤエフは核エネルギー発展安全問題研究所の若手研究者のためのセミナーで、こう不満を漏らした（セミナーでは『救援』二〇〇二年三号「放射能防護：どのように行なわれたか」が引き合いに出されている）。

ウクライナの代議員の多くは、当時共和国検察庁の決定に異議を唱えた。チェルノブイリ委員会はシェフチェンコ、リヤシコ、ロマネンコの三名の刑事訴追を可能にする修正法の原案を準備した。

自国民を欺いた人物の裁判は、ウクライナにとって、チェルノブイリという領域の外へ広がるという意味をもっている。この裁判は具体的人物に対してだけでなく、彼らがまさに体現しているシステムに対するものである。ブルガリアでは、チェルノブイリの残した爪痕について、ブルガリア国民に事実を情報公開しなかった人々に対する裁判が行なわれたのである！（彼らはすでに刑期を終え、出獄している）。あらゆる災厄は、体制に問題があったといえる。それに異論はない。しかし体制を構築したのは個々の人間である。

多くの人にとって、裁判が公正に行なわれることはとても貴重である。なぜなら、ウクライナの「ボリシェビキ」がロシアのすぐあとに続いて、共産党活動禁止決定の取り消しを求めて提起したのだ。そして彼らは、復活を実現した――彼らはふたたび合法政党となり、人民の幸福実現の追求に向かって闘いを挑んできた。元共産党員および国家最高指導部の裁判を検事総長が、時効成立を理由に打ち切りとしたことが、体制の庇護者たちの信念を奮い立たせたのだった。彼らはさっそくチェルノブイリなどなかったのだ、ソヴィエト連邦を崩壊させ、共産党を排除するために、民主主義者どもが頭の中で作り上げたのだ、と声を大にしている。

チェルノブイリの破滅的現実を前にして、いつか正義が勝利を収める日が果たして訪れるのだろうか？

第19章　チェルノブイリ被災者抵抗の記録

ソヴィエト連邦では年を追うごとに、原子力発電所の出力が増大し、軍事産業と原子炉の研究が進み、核兵器が蓄積されていった。一方、長年核実験が行なわれていたのに、核エネルギーの利用と原子力の安全性全般にわたる関連法の整備はなされていなかった。国外では、そのような法律がとうの昔に制定されていた。フランスは一九四五年に、アメリカ合衆国とイギリスは一九四六年に制定されていた。現在では、原子力関連法規はすべての先進諸国にある。

ソヴィエト連邦では、法律制定の動きはチェルノブイリ事故が起きる二年前に漸く動き始めた。しかし、壊滅的惨事が起きて、その動きはイデオロギーの泥沼に沈められてしまった。何百回もの事故が、毎年連邦内の非軍事施設や商業用原子力施設で発生し、そのなかには一九七九年のレニングラード原発事故のように、犠牲者を出したものもあったが、犠牲者はどのような法的権利も持っていなかった。加えて、原子力は希望を体現するものであらねばならないという思想にもとづいて、すべての事象は自国民からも世界からも切り離されて、深い秘密の闇に留め置かれていた。

最先端を自認するチェルノブイリ原子力発電所で大爆発が起きてからも、連邦国家も共和国や州などの政府機関も、生態系や、社会通念に照らしてこの問題に対処する法律の整備を怠っていた。ソヴィエト政権は、チェルノブイリ原発で働いている労働者、召集された予備役、事故処理作業員、住民そして事故による被害者といった被災者を法の定めに従って速やかに救援するための基盤を持っていなかった。法律がないということは、問題そのものの存在もなくなってしまうことを意味したのである。

チェルノブイリ事故後最初の三年間、共産主義者たちの集うソヴィエト連邦最高会議と同じように、共和国最高会議においても、グラースノスチとペレストロイカが宣言されていたのに、なんと事故の犠牲となった人々を守り、負担義務の一定の免除や特別給付金制度などの法律を制定しようという動きはなかった。このことはつまり、全体主義体制が汚染レベルや被災者数の公開を認めようとしなかったことと連動している。しかし、チェルノブイリの悲劇が世界的広がりを呈していくのは、ソヴィエト社会の転換と歩調をあわせて、すでに避けることができなくなっていた。政治局の長老たちが、じっと沈黙を守ることを社会が許さなくなっていた。被災地域の住民はみな、ますます大きな声をあげ、国家に対して、自分たちの健康、「きれいな」土地への移転、物質的、金銭的損失に対する補償などの問題の法的解決を、いっそう強く迫るようになったのである。

そして、ソヴィエト連邦共産党中央委員会とソヴィエト連邦閣僚会議により共同で承認された合法的な決議が、次のような最初の政府の試みへとつながった。ソヴィエト時代には、法律の代替物として日常的にどこでも実践されていたことだった。国家とチェルノブイリ発電所の関係を規定する最初の文書となったのは、ソヴィエト連邦共産党中央委員会とソヴィエト連邦閣僚会議との共同決議であった。事故後一二日目にあたる一九八六年五月七日に採択された「チェルノブイリ原子力発電所危険地帯の企業・機関・労働者の労賃、金銭補償」である。

最初の四年間「法律」の機能は、さまざまなソヴィエト連邦共産党中央委員会決議が果たしていた。それは、機密、極秘扱いで共和国、および州の党機関へ伝えられた。印刷物として頒布された、そのような決定事項のなかには具体的課題は何も記載されていなかった。

はじめに政府の行なったことは、なにも行なわないことであった。政府はまるでなにかに取り付かれてしまったようだった。原子炉の爆発に続いて、政府のなかのなにかが崩壊してしまったのである。そしてパニックが始まった。われに返って、権力者のしたことは、すべて成り行き任せのようなものだった。彼らには、これほど巨大な規模の原子力災害に対する備えがなかったからである。しかし、彼らには、いつものように、事故の規模にふさわしい大きさで嘘をまき散らす備えはあったのである。これを証明するのは、医療関係者たちが安定ヨウ素剤を迅速に処方せず（事故後八日たってもそれは変わらなかった）、そのあとになって、文明社会に向かって、やたらと嘘をつき続けることになったという事実である（この点については次章で詳述する）。

放射能測定と除染作業のために、化学・技術部隊や特別専門輸送技術およびソヴィエト国防省の測定機器、民間防衛部隊が結集されたが、政府は、チェルノブイリの爪痕である汚染のとくに酷い三〇キロ圏内から一一万六〇〇〇の人々の移住を迅速かつ適切に実施することができなかった。

深手を負った原子炉から三〇キロ圏外へ脱出すること、そこに運悪く当たってしまった村の人々の移住は、非公開の政府・党決定によって実施されたのだった。端（はた）から見ると、抗（あらが）うことのできない運命のようであった。人々には具体的に何も説明されず当該地域の首長が、〝数時間以内に村から出ることになる。二、三週間の予定で、その後帰ってくるであろう〟と宣告しただけだ。しかしながら、汚染地区の指導者たちの証言によれば、人々は、屋内を放射線が容赦なく貫通するわが故郷に、二度と戻ることはできないだろう、と感づいていたのである。

政府および政治局のとった行動は、神経過敏でたびたび無秩序で圧倒的ともいえる秘密主義に満ちていた。この状況について、彼らの秘密議事録の論調がその心情を物語っている。彼らはもがき、足掻（あが）いていた。なぜか。恐ろしかったのだ。制御不能に陥った原子炉の相貌を前にして恐怖が膨れ上がるにしたがい、彼らは秘密文書を乱発していくありさまだった。

一九八九年以前は、政府によるチェルノブイリ事故の特別被災者支援プログラムも科学的に検討されなかった。その理由は、プログラムを検討する科学的な力がソヴィエト連邦になかったからなのではない。問題は、別次元のこと、ソヴィエト連邦には自由がなかったということに尽きる。社会に蔓延する秘密主義とチェルノブイリという大事件のグラースノスチ（情報公開）は、どう考えても、共存不可能なのである。

チェルノブイリ原発事故後四年間、事故処理作業や事故被災者の支援機関は、上級機関から下級機関へという党の厳格な指令・行政・管理システムの指揮下に置かれた。このためにソヴィエト共産党中央委員会の奥深い一室で、政治局作業部会が秘密裏におよそ二年活動し、共和国政府、国防省、保健省そのほかの機関の報告書いっさいが、そこへ集約された。作業部会のメンバーたちの報告を聴取し、わが祖国の制度の奴隷たちの生き死にの問題すべてがここで決定された（秘密議事録を読者はご存知である）。ここでいうシステムとは被曝許容量の緩和に向けた検討、入・退院、再検査、移住の是非、一時避難、チェルノブイリ原発職員への支援、賠償金の支払い、税金免除、医療サービスなどである。しかしそれらの内容はわからない。すべてが闇のなかである（それはまるでジョージ・オーウェル〔英国の作家。一九〇三年～一九五〇年〕の描く世界だ）。

さまざまな関係省庁の動きが一貫性を欠いており、職員の汚職が頻繁に発生する。たとえば、ナロヂチ地区で公職に就く人物らが、移住者向けに割り当てられたアパートを、別の市（キエフ、リボフ、ジトーミルなど）に勝手にすげ替えて、それを自分たちで横取りしてしまった。権力を持つものにとって、好都合なのは、人民は裁判所に訴えることができない、ということである。つまり、この国では公式にはなにも起きないのである。法律はあってないのと同じだ。〝ソヴィエト権力よ！　のさばれ〟といったところなのである。

一九八七年から八八年にかけて数十のソヴィエト連邦共産党中央委員会と同閣僚会議の共同決議があり、被災した共和国の政府レベルでも同じく決定がなされた。しばしばこれは、被災区域内に移住用の住居を建てるといった犯罪と呼ぶほかないほど酷い決定であった。しかし、それでも達成できなかったこともある。たとえば、放射能で汚染された地域に住み「きれいな」食料で暮らす人々の「充分な生活保障」である。当時、ソヴィエト連邦では、外国人旅行者が訪れるモスクワとレニングラード〔サンクトペテルブルク〕をのぞけば、汚染した農村だけでなく、すべての地域で、国民の食料が不足していた。そのため、ソヴィエト連邦共産党中央委員会は意図せずして達成できなかったのであろう。党と政府の秘密決定に従わされた汚染地域に住む人々は「きれいな」食品のかわりに、「棺桶代」三〇ルーブルを受け取った。しかし、村の商店では食料を買うことができなかった。そこには本当に商品が置いてなかったのである。つまり、貨幣自体が滑稽な紙切れにすぎなかったのだ。

それゆえに、ソ連で原子力産業が出現した一〇年後に、はじめてというか、漸くというか、原子力エネルギー省が設置された（その間はソ連ではすべての原子力関連事業は中規模機械・工業省の管理下に置かれていた）。この省が設置されたことによって、「原子力の平和利用」分野で自らの活動に責任を負わなければならない主体が現れたのである。

大事故後三年以上経過してから、漸くチェルノブイリ事故の後始末に向けたふたつのプログラムがウクライナ共和国、ベラルーシ共和国で策定された。ロシア連邦共和国では、チェルノブイリによって一六の州が汚染されたが、三年たってもなんのプログラムもなく、一九八八年から一九九〇年の期間にブリャンスク州に対してのみ、一定の規模の復興システムと呼べるようなものが存在しただけだった。これらの計画の存在を知っていたのは、文書作成に参画した役人だけであった。これはまさに作文にすぎない代物だった。そこに科学的精査が存在しないことこそが、事故の客観的状況とどれほど乖離しているかを物語っていた。

四年たった一九九〇年四月二五日に、ゴルバチョフ政権によって新設された国家立法機関――ソヴィエト連邦最高会議――でチェルノブイリに関する第一回決議が行なわれた。「チェルノブイリ事故処理及び事故状況に関する統一プログラムについて」である。この決議によって初めて、一九九〇年～一九九二年の連邦と共和国におよぶ全国規模の事故処理緊急措置計画といえるものが確立したのだった。

いよいよ、ソヴィエト連邦の原子力開発史上初めて、私たち代議員により政府に対して以下のような事項が付託されることになった。「チェルノブイリ大惨事に関する法律案を作成し、それを一九九〇年第4四半期のソヴィエト連邦最高会議に提出することを委嘱する。法案には犠牲者の法的位置づけおよび事故処理に参加した人たちの法的位置づけ、放射能汚染区域で働いた人たちの法的位置づけ、強制移住した人たちの法的位置づけ、惨禍にみまわれた地域の法制備、住民の秩序の確立、兵役服務規定、国家統治機関の編成および職務内容、被災地域の社会団体が規定される」。

しかし、想定されたことであったが、結局予定通りにはなにも進まなかったのである（私たちは、どのような国で生きているのかを知っている）。翌年、すなわち次期一九九一年四月九日付けソヴィエト連邦最高会議決議「〝一九九〇年四月二五日チェルノブイリ原子力発電所事故処理及び事故にともなう情勢の総合的プログラム〟の進捗状況について」は「〝チェルノブイリ事故に関する法〟および〝原子力エネルギーと安全性確保に関する法〟の立案準備が整わず、ソヴィエト連邦最高会議への提出が停滞している。現在にいたるまで実行に移される目処は立っていない」と指摘している。政府と関係機関が、代議員の付託事項に対して協力しないだけなのである。

現在のチェルノブイリ関連法制の歴史が始まったのは、漸く一九九一年である。チェルノブイリ事故から五年がたって、それはソヴィエト連邦構成共和国において、はじめて、多少の差はあるもののその名に値する法制度確立の動きであった。チェルノブイリ原発の運転の結果ゆえに住民の蒙った損失に対する国家の責任を規定しているものだ。

該当する三つの法律は、白ロシア共和国法「チェルノブイリ原発大惨事による被災国民の社会的防衛について」（一九九一年二月二二日）、ウクライナ共和国法「チェルノブイリ事故被災国民の地位および社会的防衛について」（一九九一年二月二七日）、およびロシア連邦共和国法「チェルノブイリ原発大惨事の影響および放射能に被曝した国民の社会的防衛について」（一九九一年五月一五日）である。

同年、初の全ソ的な法律「チェルノブイリ大惨事を原因とする被災国民の社会的保護について」が成立した。法律の名称から明らかなように、被災住民と事故処理作業従事者を対象としたものである。エコロジー問題や原子力利用のリスクは間接的に触れられているだけだ。しかし、原子力分野における法の完全な空白状態から比べれば、原子力という諸刃の剣をもった犯罪的な国家が、数十年間存在したなかでは、譬えてみれば法の世界における革命と言えるだろう。単純ではあるが重要な一歩であった。

それよりもかつてだれも、なにもしなかったことの方が由々しき問題だ。他国で起きた数十回の原子力事故と、世界規模で放射性物質がまき散らされたチェルノブイリとを厳密に比較できなかったのだ。加えて、私たち、法律制定に関わる者たちは、世界に比較不可能な、前例のない固有の経験を積んだのである。要するにドキュメンタリー映画「蓬の星」でみるように、チェルノブイリ周辺の川が低レベル放射性廃棄物の流れる川に変わり、放射能汚染区域とそこに住む人々のなかに、お役所言葉である「特典」がたびたび登場するようになってからまだ五年は過ぎていなかった。いっそうの「特別待遇」は可能かと私は当時考えた。

私たちの国ではさまざまの優遇措置と特典とが存在することが知られている。資本家のような大臣には、ダーチャ〔別荘〕を提供し、良質な保養所の無料利用券をわたし、特別病院での無料診療サービスを提供し、運転手つきのパトカーのような「信号灯」つき自動車を与える。ほかにも多くのものがある（ソヴィエト時代は、共産党の同志のために、国家予算から支出することは合法であった）。チェルノブイリの人質となった人々には、生きる権利もまた「特典」であるように思われる。まっとうに考えると、見捨てられた領土と化したチェルノブイリに生きる犠牲者たちの神聖なる権利である「きれいな」食品の代金、検査・

診断料、治療費用などの支給を「棺桶代」金の支給などと呼ぶことは、被災者に対する嘲笑と愚弄以外のなにものでもない。

こうして四半世紀、「特別給付」、「特典」を求め人生を賭けた闘いが数百万の人々によって行なわれている。事故の数年後には、政府に対して六〇万の事故処理作業従事者への支援を訴える世論の波が巻き起こったのである（国連は八〇万という数字を挙げている）。何時間も、何日も、何週間も、何カ月も、核の怪物の暴走をできるだけ早く収束させ、国内外に放射能が飛び散るのを阻止しようと、命を惜しまずに働いた人々のことを思って世論は動いたのだ。

六〇万もしくは八〇万――もちろんこれは概数だ。多い方にしろ、少ない方にしろ、だれがこんにち真の値を知っているというのか。みなわかっているように、厳密な計算はだれも行なっていない。たとえ、だれかがそのような集計をしたとしても、すべてがいままで秘密にされていただろう。彼らは、放射能に焼かれた身体とともに、広大無辺の市地区村に散って行ったはずだ。祖国が彼らを呼んだのに、祖国は彼らを忘れ去った。もちろん祖国という抽象概念に怒りをぶつけるのではない、官僚や政府に対して怒りを抱いているのだ。

一九八九年には全国規模の唯一の省庁間専門家会議がキエフ市で開かれ、それは事故処理作業従事者と病気との因果関係を究明する役目を担っていた。本当に、全国津々浦々から数千人が会議に集ったのである。危険地帯で数カ月間働いてからは、身体のどこかが痛み、普通に生きていけなくなってしまったということを、検査で立証してもらうためだ。しかし、立証できた人はごくわずかだった。省庁間専門家会議は全ソ放射線医学研究センターに設置されていた。その所長は、ウクライナ保健相アナトーリー・ロマネンコであった。そのとおり、まさにあのロマネンコである。世論には、心配することはなにもないと言う一方で、放射能被災者の窮状についてモスクワへ秘密書簡を送っていた、ロマネンコその人である。あのロマネンコ所長が、このロマネンコ保健相を論破できるなどと期待できるはずもない。

驚くなかれ、あらゆる政府機関に対する不平・不満は満ち溢れているのだ。標準的な治療や充分な栄養を、懇願して手に入れることなどできはしないし、事故処理に従事したという認証や胸章を受け取ることもできないと報道された。

ジトーミル州総合衛生伝染病予防事務所の職員でさえもが、事故処理作業員から（そうでない人からも）、どこへいけば、証明書を発行してもらえるんですかと訊かれると、明快に答えることができないのだ。私はウクライナ政府に質問書を携えて向かった。そこでわかったことは、とても単純だった。裏付け資料をもって自分の州ソヴィエト党執行委員会に出向く必要があるということだ。なぜ、この簡単な事実が、事故処理作業員たちにとって、酷い頭痛の種になってしまうのだろうか？

事故処理に召集された軍人たちをどのような特典のカテゴリーに入れるのが適切かと私は訊ねられた。そこでは四〇〇〇人以上の兵隊が自分の健康悪化を放置され我慢していたのだ。放射能で傷ついた彼らの遺伝子は消えてなくなったか、私たちの未来へと受け継がれていくのか、ふたつにひとつだ。

私の資料ファイルにチェルノブイリ原発の事故処理に携わった退役軍人から受け取った一通の手紙がある。「私たちはルイシコフ〔ソヴィエト連邦閣僚会議議長〕のところへ、自分たちの抱えている問題を解決してくれるようお願いに行きました。彼はそれには答えませんでした。もろもろの問題のある部分は、ゴルバチョフ〔書記長〕に届いていました。そして、これら山積した課題を整理すると約束してくれました。そして三カ月がたちました。状況はなにも変わりません。『イズベスチャ』の「手紙の存在と非公開措置について」と題する論説記事のなかで、私たちの問題が取り上げられました。ソヴィエト連邦保健省次官が訪れ、解決策を記した文書を届けると明言したのです。そしてまたもや沈黙と秘密の壁が私たちの前に立ちはだかりました。この間ずっと、全ソ放射線医学研究センターは、保健省幹部の決定を妨害し続けてきました。……チェルノブイリの労働者の検査入院、治療入院を拒否していたのです。こうした事情で、実験助手をしているベラズヴェルツェフは、入院を断られました。彼が亡くなったのはそれから間もなくのことでした。運転手ナザレンコ、その他の大勢も。事故処理に積極的に参加し、事故の影響を受けた人々に対する差別意識、非人道的態度、そしてただの気まぐれが医療者たちの意識の中にあることの証左です。全ソ放射線医学研究センター指導部にとっては、上から電話で指示されることの方が、品格ある職業的良心に優先することなのです」。

この辛い手紙は事故数年後に書かれたものだということを、改めて銘記したい。

臨時議会聴聞会の際に、医師ゴルブノヴァは次のように述べた。「私はチェルノブイリの事故処理作業員の問題を調査しています。われわれは基礎となる罹病率、つまり事故処理作業員のグループに起こりうることを理解しなければなりません。この点で、私が大変心強く思うのは、われわれの尊敬するアカデミー会員レオニード・アンドレーヴィチ・イリインが悪性新生物〔癌〕の増加は一〇パーセント以内と予想されている点です。私たち現場の医師は、具体的に悪性新生物の増加を目の当たりにしています。世論はこのことを知っています。メディアが医療問題としてとりあげています。『チェルノブイリ：嘘と真実』です。お許しいただきたいのですが、全ソ放射線医学研究センター〔ロマネンコがセンター長である〕に関することの記事の中で、ロマネンコ同志は一般的に放射能の影響とされる甲状腺障害を否定されています。同志は「イリイン」研究報告の中でさえ、一六〇万人の子どもたちが、経過観察を要する地域で放射線に被曝したことが、明確になっているとしたうえでなお、いかなる因果関係も認められないとしています」。

チェルノブイリの事故処理作業従事者は広大な国土に散らばり、彼らは数十万の小さなチェルノブイリを連れて行ったのである。彼らはおのれの最も大切なもの、命と健康とを犠牲にして、世界とソ連邦を最悪の事態から救ったのである。彼らには、国家は自分たちのことを忘れるなと要求する権利がある。しかし、明らかになったのは、沈みゆく人を助けるのは沈みゆく人自身の仕事であるということだったのだ。

一九八九年九月に、国民の権利と情報公開問題委員会に手紙のコピーが届いた。宛て先は「ソヴィエト連邦共産党中央委員会書記長M・C・ゴルバチョフ同志、同閣僚会議議長H・И・ルイシコフ同志、全ソ労働組合評議会議長C・A・シャラエフ同志、テレビ番組『視線』制作部」となっていた。手紙にはつぎのように記されていた。「私たちは、年齢はまちまちで、いろいろな仕事と社会的地位にあり、ひとつの災厄によって纏まったグループです。その災厄とは私たち個人を越えて、広大な国家全域におよんでいるチェルノブイリ原子力発電所事故であります。私たちはみな、一九八六年から一九八七年にかけて、この事故処理作業に参加いたしました。電離放射線被曝が一定量に達したので、特定の地域から私たちはみな移住いたしました。(……)新聞、雑誌には再三、公然と事故処理作業従事者は医療サービスを含めて、定められた特典・優遇措置を受けることになろうと書かれております。(……)しかし、われわれの疾患は、一般的なものと同一とされ、危険地帯にいたことと関係があると見做されませんでした。事故処理作業班に選ばれた時は、私たちは医務委員会をとおして、健康であると認められていたのにです。

こんにち、私たちは病気によって、満足に働けません。私たちは長らく病院の患者リストに登録されていました。その点を仕事仲間から非難されます。私たちはできれば、なんとか普通の健康な生活に戻りたかったし、働くことの喜びと、仕事のあとの十分な休息に喜びを見い出したかったのです。しかし残念なことに、そのような可能性はもうありません。という次第で、〝私たちはソヴィエトの厄介者〟の部類に堕ちてしまったわけです。われわれは疾患の一般的分類に応じて障害二級、三級を受けています。生き生きとした人生は、もうとうにあきらめています。

私たちは、事故処理作業従事者に関する一連の優遇措置が決定されたことを知っていますが、どこに行っても、どうしたら優遇措置を受けることができるのか、だれも、なにも教えてくれません。本当に〝アフガン兵〟の体験〔アフガニスタン戦争の帰還兵の処遇〕からなんの教訓も学ばなかったのでしょうか？私たちの中にはアパートも電話も、そしていまは生きるための金も……ない人がいるのです」。

手紙の最後尾には一〇ほどの名が連なっている。住所をみると、いっしょに治療をうけている診療所で書いたものか、またはキエフの専門家会議の近くで、書いたようだ。タシュケント出身Э・H・コレスニコフ、ドニエプロペトロフスク出身Г・B・グシチャ、ドネツク出身B・E・ジュエウン、スピタク〔アルメニア共和国の都市。アルメニア大地震（一九八八年）の震央〕出身M・Г・ダニエリヤン、ほかにキエフ、ハリコフ、クリヴォイ・ログ〔ウクライナ共和国ドニエプロペトロフスク州の都市〕、オクテンベリヤン〔現在はアルメニア共和国アルマヴィル〕……。

ジトーミル州には事故から五年後、五〇〇〇名の事故処理作業従事者が暮らしていた。そのうちジトーミル市には約二〇〇〇人。彼らには充分な栄養食品と医薬品が必要だった。もし、政府が必要な費用を支援しなければ、それを手に入れることもできない。そして唯一の解決策は、ジトーミル州の中で資源を捜すことだった。すなわち、州の北部にある地区の被災者を犠牲にして、その分を回す。彼らにもまた「きれいな」製品は不足していたというのに。

チェルノブイリ原発事故処理計画国家審査委員会の結論部分から引用する。「計画では甲状腺と身体全体に著しく被曝をし、汚染地区（から避難したりもしくは、住所を変更した）住民の医学的検査、医療的救済問題が検証されていない。共和国内に暮らすこれら人々の数は正確にはわからない。事故が収束していない時期に原発近辺の高汚染地域での作業に召集された人々への医療支援が考慮されることはなかった。関わった人の総数は数十万人と推定され、被曝線量は生物学的にみて重篤な水準にあるであろう」。

流言。嘘。沈黙。無関心。欺瞞。それも長らく続くことはなかった。寄せ集められた雑多な嘘の上に、敬虔な人民の憤怒の炎が燻（くすぶ）りはじめた。彼らが書いた手紙を、だれひとりまともに受け止めていないことを彼らは理解した。民衆の怒りが抗議集会、デモ行進、政府庁舎前のピケという形になって、顕在化したのである。まさにこれは事故から三年たって始まったチェルノブイリの民衆の蜂起の物語であった。

一九八九年にベラルーシのナロヴリャ市ではチェルノブイリ人による国内最初のストライキが断行された。ストによる損失は三〇万ルーブルという。すぐにナロヴリャ市を共和国保健相Ｂ・ウラシチィカと共和国共産党幹部活動家Ｈ・デメンチェフ、Ю・フサイノフ、Ｂ・エフトゥハの三名が訪れた。ストライキ参加者との会談が開かれ、権力の代弁者の誠意ある対応で少しは緊張を解きほぐしはした。しかしそれもつかの間のことであった。すべてはふたたび、中身のない約束のなかへと沈んでいった。

この同じときに、チュリコフ市（ベラルーシ）では抗議集会が党州委員会の近くで開かれた。人々は、全ソヴィエト連邦にひろがる嘘で、仮死状態に陥っていたが、目を覚ましたのだ。集会の開催日にはまさに象徴的な日が選ばれた。六月一日、この日は「世界子どもの日」〔一九五四年に国連が制定した〕である。ちょうど第一回ソヴィエト連邦人民代議員大会〔五月二五日〜六月九日〕が開かれており、権力に反旗を翻したチュリコフの代表団がモスクワへ向かったのだ。ここでベラルーシ人民代議員と合流し、Н・И・ルイシコフと面会した。ソ連邦閣僚会議議長〔ルイシコフ〕はベラルーシ代議員が後で述べているように、それまでなにも知らされていなかったようだ。

私にはこの話を信じる理由はなにもない。もちろんのことであるが、彼は前の章でおわかりのように、、国家水質・環境管理委員会議長Ю・A・イズラエリ（や他の人間）から日々の詳細な報告を受けており、（イズラエリのものからだけではなく）すべてを実に正確に把握していた。民衆の怒りを恐れて、彼は狡猾に振る舞っただけであろうと私は思う。

そこでルイシコフは絶望の淵にたった人々に向かって、ベラルーシの被災地域では、わが科学者とともに安全な住居を保障するかを決着させるために、国際原子力機関（IAEA）と世界保健機関（WHO）からなる委員会が任務にあたると約束した。この委員会については私がすでに述べたように、委員会の結論はよく知られている。わが偽善的な公式医学界がこの結論を支持したものの、人々にとってはすべてが従来通りだったのである。

抗議集会はジトーミル州の東部地区に波及していった。一九八九年の六月、州ソヴィエト人民代議員大会の定例会期中に、ジトーミルのグループは被災地域に住む人の要求に連帯を表明する手紙をその場で読み上げることを望んだ。しかしこれを実現するのは容易でなかった。

ジトーミルのグループの手紙をここに紹介しよう。「州執行委員会ビルの入口近くで私たちはいろいろなプラカードを掲げてピケをはりました。『ジトーミルに治療と療養施設を――ナロヂチの子どものために！』『放射能汚染地帯から子どもたちを避難させることを要求する！』。建物のホールに立ち入ることは許可されませんでした。だから私たちは入り口付近の階段にとどまりました。まわりに人が集まってきました。代議員らは定例会議へと急いでいました。ある人は、終始黙して語らず、でした。別の代議員は〝われわれはナロヂチの人々のために〟いるのだと請け合ってくれました。出ていけと言う者もいました。（……）そして漸く、休憩時間が終わると、私たちはホールに入ることを認められました」。

このできごとが、グラースノスチ〔情報公開〕のまさに始まりであったことに注目したい。

ここに抗議集会への参加を決めたジトーミル州コーロステン市の住民が、代議員たちに向けた声明を紹介しよう。「チェルノブイリの悲劇の犠牲者に対する国家の態度に、私たちコーロステン市民は深く失望している。チェルノブイリは世界規模の悲劇であり、私たちには全国各地に支援を求める権利がある。一五ルーブルという、哀れな施しではなにも買うことができない。怒りを通り越して笑いを抑えることができない。（……）。われわれは子どもたちの命と健康のために経済的、政治的手段を使って、断固として闘わざるを得ないであろう」。

一九八九年秋には、キエフのスタジアムで一〇万人集会が催された。プラカードに抗議文を掲げたジトーミル州の代表者たち。私たちのグループの写真が中央紙誌の一面を飾ったのだ。集会は溢れんばかりの熱気で沸き立った。ウクライナ保健相A・ロマネンコには、満場一致で不信任決議が突き付けられた。キエフ市定例議会は、キエフにとってアカデミー会員イリインは「好ましからざる人物〔ペルソナ・ノン・

グラータ）」であると決議した。このように、国民は汚染地域の現状を拒否すると宣言したのだ。人々は自分の身を、自分の子らをこのように守ろうとしたのだ。

一九九〇年二月二五日ジトーミルのスタジアムで環境保護集会が開催された。すべての観客席は人で埋まり、立錐の余地もなかった。二万を超す人々が押し寄せたのだ。主催したのは州執行委員会副議長Г・A・ガドフシツである。彼は、州非常事態委員会議長でもある。集会では放射能に被災した州北部地区代表らが登壇した。彼らは改革推進国民戦線ウクライナ・ジトーミル支部の当初からのメンバーだ（私もこの組織の一員だった）。州政府の公人たち、ソヴィエト連邦人民代議員、ウクライナ共和国および地元ソヴィエト人民代議員候補たちだ（選挙が間近に迫っていた）。

この集会の少し前に私は、被災地の村を訪れていたので、手許には夥しい数の実例があった。だから州や国家指導者に対して質問したかったのだ。私は被災地では、これ以上生きていくことはできないと思った。なにかしなければならない。そして私は自分の発言のしまいに、集まった人にむかって、チェルノブイリ原発爆発事故に対応したウクライナ政府に対する不信任決議をはじめとするいくつかの決議を採択するよう提案した。具体的には党州委員会事務局員の辞任、元共和国および州指導部が行なった国民に対する情報隠蔽と虚偽情報の流布に対する刑事責任追及問題、「七〇年三五〇ミリシーベルト」という仮説を誤りと認定すること、チェルノブイリ原子力発電の速やかな廃炉等である。さらにはウクライナ共和国最高会議新任代議員に要望書を提出。原子力の安全性と大惨事の犠牲者の状況と放射線被曝をうける地域の状況についての対策法の制定（この最後の被災者の要望については、改選されたウクライナ共和国最高会議が一部を実現した。ウクライナにおいて五年後にようやくチェルノブイリ犠牲者になくてはならない被曝者援護法が成立した）といった決議である。

このときの集会参加者は、他の登壇者の修正を経た上でこの決議案に賛同した。非常事態委員会議長Γ・A・ガドフシツは、彼の取り巻きの役人によって準備された中途半端な決議を通そうとしたのだ。しかし人々が激しくそれを拒否した！　一方、ガドフシツは集会参加者の強い要求を受けつけず、私の提案〔ウクライナ政府不信任決議〕を投票にかけなかった。彼にかわって、改革推進国民戦線メンバー、オレク・ハマイジュクが強行突破した。彼は決議文を手に取り、スタジアムの中央マイクに向かい、だれかに許可を求めるようなまねはせず、はっきりと、ゆっくりともういちど決議を読み上げて、投票にかけたのであった。天に向けて数千の拳が突き挙げられた。

驚き慄く政府の目の前で、このように人民の意志が不信任決議採択という形となって達成されたのである（改革推進国民戦線の若き闘士、傑出した青年オレク・ハマイジュクは、その数年後に不可解な死を遂げた。オレクの職場の設備の照明が消え、だれかが彼に、屋根裏に上がってみて、電線ケーブルに不具合があったんじゃないか、と言った。オレクが上にあがって屋根裏の暗闇でみたところ、配線かなにかに足を引っ掛け、そのまま前につんのめって転倒し、一階のフロアまで落ちてしまったらしい。これが偶発的事故とは私には思えないのである。彼の仲間が証言しているように、配線はそのような事故の起こらないように、しっかりと固定されていたという。私たちは、オレクの不幸は全体主義体制との闘いで見せた勇気と行動力に対する組織的な復讐なのではないかと考えている）。

なぜ、地元の政府代表者たちは、チェルノブイリ政策という喫緊の課題について、数千人におよぶ大規模集会で示された民意を、あからさまに無視しようとするのか。とはいえ、この疑問は、とりこし苦労というものだった。ジトーミル市の集会のあとで、大量の手紙があらゆる官僚機構に押し寄せたのだ。ベラルーシ政府の立場もウクライナと同じで、ナロヴリャ〔ベラルーシ、ゴメリ州の地区〕と首都ミンスクでは、長年騙されてきた人々が、きれいな環境のもとで生きる権利を求めて、やむなく非常手段に訴えた。ストライキ委員会を創設したのだ。市民の手にした政治的自由は、普通に生きる権利を求めて、日常的闘争の手段となって生まれ変わったのだった。

政治的ストライキは、自由への渇望やチェルノブイリへの深い思いなどあらゆることが絡み合って、ジトーミル市を揺さぶった。運動の成熟していくさまは、人々が次第に覚醒し、立ち上がり、民族や国民になっていく、その顕著な例と言えるだろう。これこそがまさに歴史なのだ。

長い年月がかかって漸く、チェルノブイリの犠牲者、移住した人、事故処理作業従事者に係る議論が始まった。そしてさまざまなレベルの話し合いの場でふたつの強力な反論が浮き彫りとなった。それは「子どもたちの健康を脅かすものはなにもない」ことと「資金がない」というものだった。人々の健康データを極秘扱いし、放置した問題は、あえて言えばそうした人々の良心の問題だ。神は彼らに報いるだろう〔放射能に被災した三共和国のどこか一国でも、自らの良心と力を信じて、刑事裁判への扉を開いたとしても、まっ当で公正な判決を見ることはないだろう。さらに急進的グループが欧州裁判所における審理で、望みどおりの裁定を手にすることもないだろう。チェルノブイリの「ニュルンベルク裁判」〔一九四五年一一月二〇日～一九四六年一〇月一日、第二次世界大戦におけるドイツの犯罪を裁いた国際軍事法廷〕はまだ先のことである〕。

話題を変えよう。はたして病気の子どもや放射能に被曝した事故処理作業員たちの問題の包括的解決をみるまえに、たとえ一時的であるにせよ、緊急避難的措置は本当になかったのか。もちろんあった。すくなくとも政府は責任をもって国民の置かれた状況を考慮する必要があった。しかしそれは、政府には無理なことだ。なぜなら、自分の安寧と財産とを「他者の」子どもの人生のために投げ出さなければならないからだろう。

党特権階級向けの診療所および病院をチェルノブイリの子どもたちのために明け渡すことが私の選挙公約のひとつであった。ジトーミルで数年間私たちはこの問題に取り組んだ。その提案を、私はウクライナ共産党ジトーミル州執行委員会第一書記ヴァシリー・カヴンにぶつけてみた。すると彼は苛立たしげに、特典と特権に関する議会委員会が設置され、治療向け療養所の問題は解決されると答えた。ソヴィエト連邦共産党中央委員会メンバーでもある彼は、被災者のために自ら責任をとることも、クレムリンから指示を待つこともなかった。これでチェルノブイリの犠牲者とその子どもたちに対して、遅まきながらも、罪を償うことになるのであろうか。なんともはや、である。

チェルノブイリ事故の際に、ジトーミルの多くの一般市民は、数十の新しいアパートが市執行委員会により三〇キロ圏内から避難してきた人々に提供されることになったために、本来なら自分の新居になるはずのものを使わずにして、避難民のために空けておかざるをえなかった。チェルノブイリのアパートの家賃の滞納分はずいぶん後になって一部の企業に返済されたという。一九八六年の事故と同じ春に、ジトーミルでは、ウクライナ閣僚会議議長Ａ・リヤシコの許可を得て、党州委員会の要請で建設された、立派なビルが同委員会に引き渡された。考えてみてほしい。せめてそのビルの部屋のひとつくらい、党州委員会が被災者に提供してもよいのではないか？　被災者のために、亜麻紡績コンビナートの労働者は、一〇年から一五年間暮らした自分の数平方メートルの部屋を譲ったりもしているのだ。昔から設備の整ったアパートに、のうのうと無料で住んでいた党特権階級は、法律に違反していないというただそれだけの理由で、さらにより快適な住まいを手に入れたというときにだ。

私はこの醜い世相戯評「ご入居ください、〝悩み苦しむ人たち〟！」を、『ラジャンシカ・ジトーミルシチナ』紙に寄稿したのだが、ボツにされた。結局どこにも発表することができなかった。党の特権階級の中の特権階級である州共産党委員会書記、州執行委員会議長の姉妹の婿の黒い噂について記事の中で触れていたからである。

つぎにどうしたか？　私はあらためて党幹部を嘲笑する物語を書いて、事実を裏づける書類のコピーを添えて、モスクワの『プラウダ』の著名な記者ヴィクトル・コジェミャコへ送った。私は彼の考え方と情報公開に対する態度に好感を抱いていた。当時国内の共産党系の主要紙は、文字通り退屈で鈍感な低俗新聞から、活気溢れる討論の場へと変化していた。新たに書き下ろした「世相戯評……籠のなかで」はたちまち記事となった。『イズベスチャ』に私の書いた「地方記者の懺悔」が出たあとだったので、それは新聞指導部や州、共和国の傲慢な役人にとって、二度目の爆弾が炸裂したわけだ。こんにちの若い読者には、主要紙の編集部で、このような喧騒が起きていたことを想像するのは難しいかもしれない。まだ指導者層はこのようなことに慣れていなかったのである。怒りを抑えて、「州の悪評を流している！」と言われたものだ。その当時は、権力を褒め讃えることしかできなかったのである。だからこそ、普通の人々は私の記事に狂喜乱舞したのだ。人々は私に電話をくれたり、直接私のもとを訪れたり、連邦中から支持する手紙をくれたりした。

権力にしがみつく連中が、ジトーミル州党委員会事務局に集まり、非党員の一ジャーナリストにすぎない私を批判する決議をあげて、それを機関紙『ラジャンシカ・ジトーミルシチナ』に発表した。その私に対する決議では、私の記事は、すべてデタラメで、貧しき人々を「扇動する」ものだと認定していた。しかし世論はすでに変わっていたのである。政治局も新聞も信じなかった。そして正しく行動した。私は、良き理解者であるジャーナリスト、ヤコフ・ザイコに協力を仰いだ。彼は、州通信社「ノーヴィニ・ジトーミルシチン」で働いている。私が記事を書くに際して見つけた「本物の文書」と「偽造された文書」を二人でタイプで打ち、コピーをとって綴じた。そしてそれを市中のすべての工場や大学、研究所に配布した。活動家たちはそれを目立つ場所に掲示し、人民はむさぼるように読んだ。

事態が動き始めた。ジトーミルの労働者団体の集会や会議で、ナロヂチ地区の被災者に良質のアパートを提供せよとの要求が出た。市執行委員会副議長Ｂ・リクーニンは州党委員会の側に立ち、党市委員会総会に「州労働組合評議会（！）が、州検察庁の決定をすべて調査した結果、四件の指令に限り法的手続きに瑕疵（かし）があったとの結論にいたった」と報告したのだ。いくら御用組合とはいえ、いつから検察庁の決定を覆えすほど傲慢になったのだろうか？　私は、リクーニンに、アパート取得の適法性を照会するため、検察資料のコピー提供を依頼した。そして驚くべき回答を受け取った。「あなたのお問い合わせの資料は、ウクライナ共産党州委員会から『機密扱い』の公印が押されて回されました。従いまして、資料のコピーをあなたにお渡しすることはできません」。およそ文明社会で、国の最高立法機関の人間（人民代議員である私）が、この程度の資料を入手できないなどということがあるだろうか。アパート取得に関して施行されている法律関連資料のコピーごときを、当局から入手できないとは、なんということだ！　これは放射能に関する問題にも言えることである。党特権階級のうぬぼれは、放射能より強力だ。正義が勝利を治めるのは、まだ先のことになってしまった。

私の申請に関して言うと、ソヴィエト連邦検察庁の介入はあったものの、地元党幹部たちが、四四件のうちの二八件のアパート物件を不正に手に入れたことが明らかになった。しかし、いつものように、彼らは立ち退きを拒否したのである。こうして十数件の裁判で公判が開かれることになった。カーボン紙に写し取られた判決文のコピーを手に入れてみると、それには以下のような要点が書かれていた。「アパートは法に違反して入手されたのは事実である。しかし退去する必要はない。時効成立の三年を経過しているからである。この期間内に限り、法にしたがって退去を強制執行することができる」。実際、州検事A・ジュープは、ウクライナ共産党州委員会事務局委員候補であり、党特権階級が自分たちの〝貴族院議会〟に居座るためならば、できることはなんでもした。そして私ははじめてこの人物に問題を提起した。裁判の経験はまだほとんどなかったときだ。裁判の行方は賄賂によってどうにでもなり、審理は引き延ばされ、法律は無力に思われた。自ら立ち退くこと――中央から離れた地元党の〝貧乏なお公家さん〟たちに、このような良心は望むべくもない。こうしてチェルノブイリの被災者が必要とした住宅は、社会的地位のある守銭奴たちのもとに渡ったのであった。

さて、「お金がない」という命題に戻ろう。チェルノブイリの人々のためのお金について論じよう。祖国の民衆のお金について。私たちはお金を持っていなかった（いつも持っていない）。ジトーミル州では、一六〇もの放射能に汚染された村では、移住について触れるのも憚られたのだ。ソヴィエト連邦最高会議特別優遇政策委員会議長ユーリー・ツァヴロは週刊誌『論拠と事実』（一九八九年三六号）でこのように書いている。「ソヴィエト連邦ヤルタ第四保養所『黒海』の敷地は（かつては党特権階級のためのものであったこの施設はすでに閉鎖されている）一二・六ヘクタールだった。六四名の利用が可能である。対する従業員は……一六七人もいた（！）。二四日間の利用券は数千ルーブルを超えた。敷地内に〇・七八ヘクタールのニキーツク自然保護植物園も含められて、新たな増築工事がはじまった」。こんなことがソヴィエト連邦閣僚会議決議をかいくぐって行なわれている。どうしたことか、特権階級のためならば、資金は、たちまち現れるのだ。

一方、厳重管理区域の村で甲状腺や血液の病に斃れる子どもや、障害を負った事故処理作業従事者のためには、金も、薬も、きれいな家屋も足りないのである。

一九八九年秋、私が代議員の仕事でモスクワを訪れたときに、ジトーミル企業統一ストライキ委員会が、自分たちの要求を地元政府に申し入れたと私に知らせてきた。要求のなかには、特別病院、特別診療所の開放、家屋の二八戸に違法入居があるので、ナロヂチの病気の子どもたち、若い家族に速やかに明け渡すようにというものがあった。国民とは、政府のためにあるという考え方に麻痺しきっている権力者連中にとって、このような展開は本当に衝撃的であった。

一九八九年九月二五日に市で、被災者に連帯した二時間の時限ストが、企業の操業を止めることなく行なわれた。勤務時間を終えた労働者の一部が、ただちに職場や工場の中庭で、放射能汚染地域に生活する人々との連帯集会を開き、特権階級向け医療機関や党特権階級により不当に占拠された住宅を被災者に明け渡すよう要求したのである。

はたして党は、「特権の最後の滴」を護るために、病気のこどもたちと闘う準備をしていたのである！

結果を先にいうと、私たちは、彼らの強い抵抗にあっても、勝利したのである。被災者の抵抗の波は高まり、われわれの後に代議員たちがつづいた。クレムリンでは率直な有権者の投票によって、ソヴィエト憲法の悪名高い第六条を削除することに成功したのである。第六条条文はこう宣言していたのだ。「ソビエト社会の指導的力、その政治システム、国家的組織および社会団体の中核はソ連共産党である。ソ連共産党は人民のために存在し、人民に奉仕する」(『ロシアの二〇世紀』稲子恒夫編著、二〇〇七年、東洋書店)。これに対して、報復のクーデターが仕掛けられた。ゴルバチョフがクリミア半島のフォロスで休暇中に、かつての〝盟友たち〟に監禁された(クーデター未遂事件)。しかし、幸運なことに、このクーデターはものの見事に失敗したのだった。そして、とうとう私たちの要求、そしてストライキの要求どおり、州特別専門病院がチェルノブイリの子どもたちに開放された。二軒の地区委員会ビルも窮乏する都市の需要を満たすために使われるようになるであろう。

チェルノブイリ原子力発電所事故影響国家審査委員会の結論から引用する。「……汚染地帯で暮らしてきた住民のなかにみられる社会心理的緊張状態の影響は、社会政治的運動として現れた。手段のひとつが、ストライキによる闘争である。この動きから判断するに、近い将来、それは極めて急進的な形態をとる可能性がある……」。

委員会の結論は完璧に的中した。抵抗の波は放射能に汚染された地域だけでなく津波のように、燎原の火のように、新規原発の建設が予定されている地域へと波及していった。

一九八九年夏に、チェルノブイリの被災者が勝利した(一連の抗議集会)と伝えられると、抗議行動がタターリア(タタール自治ソヴィエト社会主義共和国)で行なわれた。二日間、市の中心部近くとカムスキエ・ポリャーヌィ市の中心部近くでタタール原子力発電所建設に反対する参加者のテント村が作られた。

同じときに、集会の波はウクライナのチェルカースィ〔ウクライナ共和国チェルカースィ州の州都〕に達していた。人々はチギリンスク原子力発電所の運転開始に反対を表明したのである。

これは始まりにすぎなかった。

そして最終的に、これらチェルノブイリに関する集会、抵抗のうねりの結果が実を結び、一九九〇年春、政府決定がなされた地域の省庁間にまたがる専門家会議が以下のように多くの都市で活動を始めたのだ。ミンスク、ハリコフ、チェリャビンスク〔ロシア連邦共和国〕、ドネツク〔ウクライナ共和国ドネツク州都で重工業の一大中心地〕、ドニエプルペトロフスク〔ウクライナ共和国のドニエプル川に臨む重工業都市〕、ヴォロシーロフグラード〔ウクライナ共和国東部の都市〕、モスクワ、レニングラード〔サンクトペテルブルク〕、キエフである。これは、事故処理作業従事者にとっては画期的なことであった。彼ら事故処理作業員にとっては、いまは全国津々浦々から、キエフにある唯一の専門家会議に、検診のためにわざわざ訪れる必要がなくなったからである。

人々の憤りに押されて、大事故から四年（！）もたって、ようやく政府は労働組合と共同で決議「医療サービス向上とチェルノブイリ事故処理従事者の社会保障」を採択した。政府は、積極的とはいえないものの、このような経緯でチェルノブイリ問題に真摯に取り組むことで、歩み寄りをみせたのである。

チェルノブイリの犠牲となった人々、事故処理作業従事者をめぐる状況は、放射能に襲われた共和国でチェルノブイリ特別法が成立してから、幾分改善がみられた。しかし、チェルノブイリ犠牲者らがこの法律を本格的に利用することはできなかった。というのは、チェルノブイリ関連法成立後に運用がはじまってから、ソヴィエト連邦が崩壊し、効力が停止してしまったからである。廃墟のなかに新しく誕生した独立国家では、それぞれの問題があり、チェルノブイリの問題は後回しとなってしまった。確かに法律の内容は、素晴らしいものであった。社会的な特典と、社会保障、緊急無料医療手当、療養所でのリハビリテーション、住宅事情の改善、三カ月以内のアパート提供、さらには高額年金の追加支給。しかしこのうち、実現したものといえば……。

ロシアでは政府が幾度もチェルノブイリ関連法を改訂し、被災住民および事故処理作業員たちの状況が悪くなっている。

ロシア官僚の実質的な不作為、つまり法的保護対象となる数百万の人々に対する重要な対策の不履行は、社会に大きな影響をおよぼしてきた。今後もおよぼし続けるだろう。チェルノブイリの汚染地帯や、広大な国土に散っていった事故処理作業員は、病を抱え生死の境をさまよい、貧困のなかで暮らしている。チェルノブイリ事故による死亡統計はふたたび秘密の領域にしまい込まれた。こんにち事故処理作業員のあいだでは、恐ろしいことが語られている。ロシア保健省が秘密指令を出し、放射能被曝と事故処理作業従事者の疾病との因果関係を認めず、「チェルノブイリ」障害者としての存在を認めないのではないか、ということだ。医学会は、事故から二五年もたっているというのに！　診断結果を事故処理作業員当事者には隠しているのである。そして病理解剖によってのみ、長年、癌を患っていたということが明らかになるのである。「チェルノブイリ人と呼ばれている私たちは、ある策を弄せざるをえません。自分の病気を正しく診断してもらうために、診察のときには、私たちは事故処理作業員であったということを隠します。なぜならば、特別診療所の医師らにとっては〝チェルノブイリの事故処理作業員〟という言葉は、牡牛にとっての赤い布のような挑発を呼び覚まし、どこか別に原因があることにされてしまうからなのです」。

政府は年々、チェルノブイリの障害者に対する、ただでさえ貧弱な補償をいっそう削減している。もともと消費者物価上昇率にあわせて補償額も増額されることになっていた。しかしこれは実施が難しくなってしまった。最近八年間でロシアではこの物価スライドが一度だけ実施された――一九パーセント分。この間に、わが国では公式の消費者物価は八〇〇パーセント、賃貸マンションの家賃は約一四〇〇パーセントの上昇を示していた。

独立国家共同体〔二一三頁訳注1参照〕には、数十万のチェルノブイリ人が散らばって暮らしており、彼らは貧困という逃げ場のない場所へ押し込められているが、ふたたび法的権利――生存権を求めて立ち上がった。彼らは一般大衆へと規模を拡大して、裁判所へ向かった。

一九九五年に、ロシアのチェルノブイリ関連法には、放射能被曝者の境遇をいっそう追いつめるような〝過酷な〟修正が加えられた。多くのチェルノブイリ人は、ロシアにおいて、耐え難いような悪条件を越えて、一九九七年に憲法裁判所に辿りついた。裁判所は（まさに奇跡といっていいが！）被災者の側に立った。一九九七年一二月一日の決定で、被害者の損害賠償請求の権利を認めたのである。原子力エネルギー実用化のための国家政策と損害との間に因果関係が存在し、そのような全体の損害を国家が補償する憲法上の必然性があるというのである。ロシア連邦憲法とロシア連邦法「ロシア連邦憲法裁判所について」も同じように、国家は、ロシア連邦の市民の自由を奪い、侵害する法律の制定を無効とし、さらには、ロシア連邦憲法裁判所の判断が最も上位にあることを保障している。この基本的法理に則って、国家はチェルノブイリ大惨事の影響による被災者および事故処理作業員に対して、責任が存在することが認められる。国家によって認定された損害賠償はすべて、最大限に尊重されなければならないのである。

しかし、ロシア憲法裁判所は国家機関を判決に従わせることができない。チェルノブイリ人はそれでも希望を失うことなく欧州人権裁判所に問題を持ち込んだのだ。欧州人権裁判所は権利が蹂躙された側に立ち、ロシア政府に対して、長期間滞っていた給付金等を原告らに支給するように勧告したのだ。しかし、ロシア政府は決して欧州人権裁判所に素直に従うことはなかった。

一連の裁判に勝利しても、満足する結果が得られないとわかり、チェルノブイリ人は最終的手段で、政府にぶつかることへと方針を転換したのである。それは抗議集会と命を賭したハンガーストライキである。チェルノブイリの犠牲者、障害を負った人たちには、唯一の選択肢が残されているだけだ。最後の最後まで戦い抜くこと。そして最後とは、死を意味するのだ。

悲しみに溢れた編年史を綴ることにする。文字通りの意味で生きるための、命がけの闘い、事故から二〇年、今後の一〇年の歴史を。万物は流転する。しかし私たちの国では、なにひとつ流転しないのである。

一九九七年、モスクワから二〇〇キロメートル離れたイヴァノヴォ〔ロシア連邦イヴァノヴォ州の州都〕では、政府への信頼を失った事故処理作業従事者が、抗議行動を展開することにした。これについて、私信で私に知らせてくれたのが、『イヴァノヴォ新聞』編集長で地域NGO「チェルノブイリ同盟」会員B・H・ソコロフである。イヴァノヴォ市のチェルノブイリ人に対する政府の負債は約五〇〇〇万ルーブル〔当時の中央銀行為替レートで七五万米ドル〕に達していた。薬局は事故処理作業員に無料で薬を支給するのを停止した。地元政府は療養所での治療特別優待券の配布を取りやめた。そのうえ社会保障局は、働いている事故処理作業員に対する傷病手当の支給を打ち切った。

一九九七年一月二〇日、トゥーラ〔モスクワ南方の州〕において、「チェルノブイリ同盟」トゥーラ支部主催の集会が開かれた。地元の文化会館において、五五人の事故処理作業員が数週間ハンガーストライキを決行した。彼らは一年分の未払い年金の支給を要求したのである。ハンストに参加した九名が、生命に危険があるということで、病院に収容された。

ウクライナではチェルノブイリの被災者と事故処理作業員に対する優遇措置が、削減に向かっている。数年前のこと、私の妹のナターリア・コヴァリチュクはジトーミルで弁護士を開業しており、このような困難に直面する二五名の代理人となった。そして全員の案件で、いったん勝利をおさめた。しかし、裁判所は、彼らの訴訟審理をあっさり打ち切ってしまった。事故処理作業員たちの証言によれば、結局、チェルノブイリという怪物と国家権力と闘いながら、治療と健康維持に使うはずの正当な給付金を受け取ることがないまま、原告である仲間の大多数が、不幸なことに亡くなってしまったからだ。裁判闘争で勝利を手にした人たちが、満足いく補償を受け取ったとはとても言えないのである。

一九九九年四月二五日、「チェルノブイリ同盟ウクライナ」は首都キエフで全ウクライナ集会を催した。首都の幹線道路を葬送行進曲の音にあわせてパレードをして、この催しは始まった。国内から約六〇〇〇人が参加した。それは、まさに胸を引き裂かれるような光景であった。義手、義足、松葉づえ、車椅子姿の事故処理作業従事者たち、黒縁の額に夫の遺影を掲げる未亡人、聖書を手にする人々、病気の女性、子ども。集会に参加した人々の掲げた要求は――特別手当支給復活、社会補償未払い分の支払いである(一九九八年には六億五〇〇〇万グリヴナ〔ウクライナの通貨〕だったが、一九九九年には一億二〇〇〇万グリヴナが追加された)。抗議に立ち上がった人たちはさらに無料の健康診断等サービス、無料の療養所医療サービスの整備、「チェルノブイリ事故処理基金設立に関する法律」の修正、解散したチェルノブイリに関する議会委員会の復活を求めた。「チェルノブイリ同盟」の決議では、要求が通らない場合はさらなる強硬手段に訴えるとしていた。

抗議の波はロシアへも及んだ。

一九九九年の年の瀬、ロストフ・ナ・ドヌー〔ロシア連邦ロストフ州都、ドン川がアゾフ海に注ぐ河口付近の港湾市〕において数百人の事故処理作業員たちが政府要人の藁人形に火をつけた。一〇〇名を超す人々がハンガーストライキを宣言した。そのひとり、ロストフ州シャフトィ出身の第二級障害者で五〇歳になる元事故処理作業員ピョートル・リュプチェンコは、無期限ハンストを宣言し、二〇〇〇年一〇月一九日に亡くなった。仲間からその様子を伝え聞いた。彼はテントからふらふらと出てきて、力なく数歩進み崩れ落ちた。「救急隊員」もすでに彼を救うためにできることはなかったという。こうしてピョートル・リュプチェンコは、正当な権利を政府に求める闘いのさなかに、この世を去ったのである。「チェルノブイリ同盟」ロストフ州支部議長アレクサンドル・フィリペンコは、ロシア政府が事故処理作業従事者たちを棺桶に入れてしまおうと、あらゆる手を打っているのではないか、との不信感をあらわにした。

一年半後には、ロシア労働・社会発展省は「チェルノブイリ同盟」ロストフ州支部へ予告したとおりに、健康被害に対する補償金を減額した。その措置に反発して起こされた数十もの裁判での勝利判決の妥当性を根拠にして、補償金減額分を回復する決定が下された。しかし、その決定も絵空事であることは、明らかだった。

八〇名あまりの炭鉱労働者のハンガーストライキには、ロストフ市と他の市のチェルノブイリ障害者が合流した。この地域は、ロシアにおいてチェルノブイリ事故処理作業従事者で障害者が二番目に多かった。

結局二〇〇〇人が、政府の約束の履行を見届けることなく、この世を去った。

二〇〇四年初頭、チェルノブイリ人の権利の闘争は新しい局面を迎えた。政府および議会はいわゆる給付金の支給を公約した。すなわち特典——交通機関、薬、療養施設の無料券——を持つすべての人は、特典の替わりに、金銭による保障を受け取ることになった。チェルノブイリ人への給付が低く抑え込まれたのである。

二〇〇四年三月四日にスタールイ・オスコル〔ロシア共和国ベルゴロド州〕の事故処理作業員が政府に通告した。あらゆることの原因は、健康被害補償金支給リスト作成の時機の遅れ、療養所での治療費用の未払い、障害者への住宅提供の遅滞にある。

二〇〇四年三月一七日、トゥーラ州、クルガン州およびスタヴロポリ地方ミハイロフスク市で暮らすチェルノブイリ人が、特典撤廃法案に反対するためハンガーストライキを行なうと表明した。

二〇〇四年七月二六日から二九日にかけて強力な反特典撤廃全ロシア抗議行動が「チェルノブイリ同盟」の主催で挙行された。全国に生きるチェルノブイリ事故処理作業員が数万人も参加した。彼らはロシア全都市からモスクワに集まり、議会建物近くで合流し大規模な集会を開いた。政府の関心を自分たちの問題に向けさせるためであった。問題とは未だに補助金の支払いがないこと、登録制度の実施にいたらないこと、無料住宅提供と医療費の無償化、薬の無償化が実現していないことだ。

しかし、徒歩や車椅子で全ロシアから首都を目指したこれら人々の姿は〔心をかき乱されるものだったが〕、人民代議員や政府要人の心にはまったくなにも届かなかったのである。

二〇〇四年七月二七日、クラスノダール地方コサック村メドゥヴェコフスクにおいて、五八年の生涯を閉じた人がいた。彼の名は、ピョートル・ブヂェーニという。チェルノブイリ事故処理作業で障害を負い、住宅の無償提供を法制化するようにと政府に求めたハンガーストライキの最中であった。

彼がハンストを開始したのは七月初旬、妻と暮らす粘土の家の中だった。「ピョートル・ブヂェーニは体調が悪化しました。救命措置を受けて、病院に収容され、体調を取りもどし、またハンストを始めたのです。数日後にふたたび病院に運ばれ、こんどは救うことはできませんでした」と全ロシア「チェルノブイリ同盟」代表ヴャチスラフ・グリシンは語っている。

しかし、ロシア南部で起きたこの悲劇でさえも、政府の人間たちの琴線に触れることはなかった。二〇〇四年の秋、ブリャンスクでは、約一〇人の障害者が、二六日間ハンガーストライキを続けた。うち七名が医者の指示によって、病院に収容されたのである。

二〇〇四年一二月四日にトゥーラ州の港湾都市アレクシンで決行された抗議のハンストには五六人の事故処理作業従事者が参加した。彼らは、ロシア連邦最高裁判所事務局本部に、自分たちの審理を進めるよう求めた。具体的には補償額を最低賃金と同額にしてくれということなのである。この年、労働者の最低賃金は二倍になったのに対して、チェルノブイリの補償金は以前のまま据え置かれたのだ。この間に地方の「チェルノブイリ同盟」が主張してきたように、政府は事故処理に参加した人々に対して、いくつかの評価方法によれば、五、六〇〇〇万ルーブルの負債（未払い金）があることになる。それでも裁判所は二年間も彼らの訴訟の審理を先送りしたのである。そして、いよいよ堪忍袋の緒が切れたのだ。

国内（ほとんど完全な情報の空白地帯だ）に大きなうねりが広がり、ハンガーストライキを決行した人が亡くなって、漸く政府はチェルノブイリ人の動きの意味に〝はっと気が付いた〟のである。本来補償対象となる全員の中から彼らを選び出して個別の決裁で対応したのだ。しかし、それでは収まらなかった。とくに、二〇〇四年一二月二七日付政令「チェルノブイリ事故による被曝者に対する補償と特典登録制度についてて」はチェルノブイリ共同体のなかに憤怒の嵐を巻き起こした。本質的に、その中身は、ほとんどが以前と同じだったからである。

二〇〇四年一二月はじめにサンクトペテルブルクのチェルノブイリ障害者がハンガーストライキを宣言し、ロシア連邦最高裁判所法廷の開廷を求めた。彼らは政府決定の違法性を提訴したのだった。抗議運動には、スモレンスク州、ピャチゴルスク州他の地域の障害者が連帯した。

チェルノブイリ被害者の特典全般に対する冷笑的態度は、またこういうことでもある。ハンガーストライキや抗議集会が盛んに行なわれていた二〇〇四年一二月三日に、政府は政令一五六二号を公布した。その中にはこう記載されている（以下に二〇〇四年一二月九日付『ロシア新聞』に掲載された記事を引用する）。「ロシア連邦法『チェルノブイリ原子力発電所大惨事を原因とする放射線被曝国民の社会保障制度について』の成立にともない捻出された連邦予算三〇万ルーブルを、ロシア連邦法『政治的弾圧下の犠牲者の名誉回復について』にしたがって、二〇〇四年にロシア連邦が実施すべき金銭補償に補填する」。一般的にこれをなんと呼ぶのだろうか？　ある人の優遇措置をやめて、浮いた金を別のことに付け替える？　卑劣というか、それとも挑発というべきか？　チェルノブイリ障害者の起こした二万二〇〇〇件の訴訟で、二〇〇四年末現在約一五億ルーブルが未払いなのだというのに！

レム〔シーベルト〕――放射線の生物学的影響の大きさ。線量当量――物理学用語。私はできればこの単位のもつ意味を拡大解釈したい。これは生物学的無関心の単位でもある。「物理的な」レムという単位が生物学的影響の大きさを意味するならば、「社会的な」レムは、無関心の大きさを意味すると思われるのだ。

ロシア人チェルノブイリ被曝者との連帯の証として、ウクライナでは二〇〇五年二月二日の「オレンジ革命」のあとで、最高会議議事堂前のピケが始まった。主導したのは全ウクライナ・チェルノブイリ人民党である（政党を結成することは、また官僚的組織との闘いでもあった）。ピケ隊の一員は代議員や関係職員に向けて次のようなスローガンを掲げた。「チェルノブイリ人へ、治療の保障を」「チェルノブイリの子どもたちへ、充分な社会的支援を」「チェルノブイリは健康な心身を奪い、国家は人生を奪り取った」。この行動は、彼らの社会保障問題についての最高会議の審議にときを併せて行なわれた。

二〇〇五年二月七日、キエフでは、チェルノブイリ人が記者会見を開いた。それは新政権発足と重なった。「チェルノブイリ党」のリーダーは述べる。「二〇〇二年に悪名高い政令一号が発効して以後、チェルノブイリの被災者への生活保障支給額はぎりぎりの水準に抑えられている」。

こんにち、あのおそろしい春の夜から四半世紀が過ぎて、ロシア、ウクライナ、ベラルーシ政府は、二〇世紀の全世界的大惨事の生贄と英雄とになんら関心がないということである。自らが、ハンストやストライキを決行して、国家に働きかけなければならないのである。政府には、被災者とりわけ事故処理作業従事者がまだ、この世に生きているのだということ、そして彼らには国家による財政支援と保護とが必要であるということを、想起させる必要がある。原子炉の暴走を止めるよう指令が出たときに、彼らはなんの見返りを求めることなく、そしてためらうことなく地獄へ向かったのである。

ここに党最高指導部に宛てた秘密報告書がある。一九八六年五月二二日付ソヴィエト連邦共産党中央委員会政治局の極秘指令に添附されたもので、『プラウダ』の良心的ジャーナリスト、ウラヂーミル・グーバレフが公開している。「二、危険地帯（原子炉から八〇〇メートル以内）の作業では、とくに黒鉛の片付けの際に鉛製の防護服を着ていない兵士らがいた。聞きとりによると、そのような装備を兵士らは所持していなかったことが明らかになった。ヘリコプター操縦士も同様の状況にあったことがわかった」。現役兵の一団は、原子炉建屋で放射能の黒鉛を、なんと素手で、払い落としていたのである！……。

もしこの人々が暴走する原子炉を鎮圧するのを拒否していたら、そしてチェルノブイリ原子力発電所に残る三つの原発（1号機、2号機、3号機）が爆発していたら？

それについていまはもう、本人や家族を除いて、おそらくだれひとり関心がないのである。世界がいま存在していることを、われわれは彼らに感謝しなければなるまい。

第20章　広がる〝嘘つき症候群〟

チェルノブイリ原子力発電所大惨事は、権力の渦中にいる政治家連中だけでなく、学者や医師にとっても、その職業的良心を試す格好の試金石となった。放射能恐怖症とは、〝嘘つき症候群〟の蔓延した政治エリート、科学エリートのあいだで公的に認知された専門用語である。放射能恐怖症の存在を認めるか否かは、チェルノブイリ大惨事というリトマス試験紙によって、彼らの中に良心の存在を問われ、まさに歴史によって試されるものとなった。そして、なんということか、彼らはこの試練を乗り越えることができなかったのだ。

四半世紀とは、私たちのチェルノブイリという煉獄の庭で、延々と実らない話し合いをしている時間がとうに過ぎたことを意味する。一九八六年四月に原子炉が爆発炎上した春が過ぎれば、放射能に汚染した秋がかならず訪れるのである。

この章で私は、私なりのモニタリング、公式データの考察を行なってみたいと思う。これは、（国連の統計による）原子炉爆発から一〇年後に二年半をかけて行なわれたチェルノブイリで被災した九〇〇万人の健康状態の変遷データだ。被害者は事故発生以来、チェルノブイリから放出された放射性微粒子を肺に吸い込んでいる。私はクレムリンの嘘の公式発表からはじめ、チェルノブイリの真実をクレムリンが独占し、連邦崩壊後に独立した国々の国立研究所に引き継がれ、いまにいたる研究成果を追跡し、人々の健康状態の変遷を明らかにしたい。

この目的が明白になるように、このモニタリングにおける(こんにちバックグラウンドといわれている)雑音のような放射線基準はアカデミー会員Л・A・イリインの最初の公開報告を採用したい。それは世論に対して公平であり(このことは本書の前章で明らかなように)権力とチェルノブイリとを結び付けるものであるからだ。

第一回公開報告書「チェルノブイリ原子力発電所の生態学的特性および医学生物学的影響」(私の文書ファイルに約七〇頁のタイプ打ち原稿のコピーが保管されている)は、アカデミー会員Л・A・イリインによって、一九八九年三月二一日から二三日にかけてモスクワで開催されたソヴィエト連邦医学アカデミー定期総会の場で発表されたものだ。事故から三年もたっていることに注意を喚起したい！　このチェルノブイリ事故後の大混乱の三年間、アカデミー会員〔イリイン〕は極秘裡に報告書をつくっていたことになる。あなたや私たちのためではなく、クレムリンにいる愛国者たちのためにである。それなのに三年後になってイリインたちに、その報告書をおおやけにせざるをえない事情があったのだろうか。真相はこうだ。資料は第一回ソヴィエト連邦人民代議員大会〔一九八九年五月〕で公開されることが、あらかじめ決められていたのである。これは科学的態度というよりは、政治的駆け引き上の先制攻撃というものだ。権力にとっては、チェルノブイリ問題が遠からず大会の議題に挙げられるのは明白なことだった。従って彼らはこのような形で、なんとしても前もって批判を封じ込めようとしたのである。

報告書を書いたのはЛ・A・イリインだが、ロシア、ウクライナ、ベラルーシの公的医療機関を代表する人物二三名の署名が連ねられている。これこそがイリイン集団体制である。われわれはつねに連帯責任を負ってきた。責任を決して特定の個人に帰することはないという暗黙の了解。

同じように、このアカデミー会員の報告書が世論にとってだけでなく、初めて目にした事情に暗い学者にとってもニュースとなったことに私は注目したい（しかしだれもそのことについては書かなかった。記者たちが誘導されたわけではないだろうが）。

報告書には次のような記載がある。「放射性ヨウ素を吸収した結果、甲状腺の線量負荷は、基本的には二カ月半から三カ月という短時間で形成される。（……）事故後すぐに、ソヴィエト連邦保健省が設定した基準、牛乳におけるヨウ素131の許容限界値（一リットル当たり三七〇〇ベクレル〔日本は二〇一二年以降、大人三〇〇、子どもは一〇〇ベクレル〕）は、子どもの甲状腺に相当する許容被曝量三〇〇ミリシーベルトに等しい。事故直後の被曝を未然に防ぎ、甲状腺への放射性ヨウ素の取り込みを小さくする住民の防護策に対して、ソヴィエト連邦保健省の助言にもとづくシステムを運用したことにより……推計によると、負荷線量を平均して五〇パーセント、多くの場合二〇パーセントまで下げることに成功した」（ここで、私は、公式医学が曖昧さを残した例をいくつか思い起こした。「防護策の実施により、住民の総被曝量を二から二・二分の一に引き下げた」というものだ。いったいなにを、なにと比較した結果なのだろう？　この点についてはなにも触れていないのだ）。

ここでは「体内への放射性ヨウ素の取り込みを未然に防止すること、または放射性ヨウ素を体外へ排出させること」について対策がとられたとある。地元と議会専門家による情報からすれば、現実には安定ヨウ素剤による予防措置はまったく不十分であったし、すでに手遅れとなっていたのだ。この点については、ソヴィエト連邦人民代議員の照会に対する検事総長の答弁の中で、さらにはウクライナ検察庁の見解の中で述べられている。

二〇〇四年に公表された資料の中で、A・E・オケアノフを中心とするベラルーシの学者からなる調査グループが、ベラルーシ全体が放射性ヨウ素に覆われていたと明らかにしている（ベラルーシ共和国北部の一部がかろうじて、相対的に「きれい」なまま残された）。他の地域は一平方キロメートル当たり一八五〇億ベクレル〔五キュリー〕ないし一兆八五〇〇億ベクレル〔五〇キュリー〕、酷いところでは、一一兆一〇〇〇億ベクレル〔三〇〇キュリー〕も汚染されていた。ここでは安定ヨウ素剤による予防措置は原子炉爆発の一〇日後に始まったのである。それは完全なる失策であった。住民（とくに子どもたち）の甲状腺は、すでに4号機から噴出した放射性ヨウ素によって深刻な被曝をしたあとだった。しかし、このようなシナリオで、安定ヨウ素剤による予防が実施された。しかも、他の汚染地でも同様であった。その対策のほとんどは、はったりとでもいうか、専門性のかけらもないものであった。アカデミー会員諸氏はこの現実をご存知ないのだろうか?

ウラルの核惨事〔一五一頁訳注2参照〕以来、秘密文書に署名したひとり、A・Π・ポヴァリョフは、二〇〇二年にロシア科学アカデミー原子力エネルギー安全開発研究所で行なわれた若手研究者向けセミナーで、自らも責任の一端を担っていることに頬かむりして、同僚たちを強く批判したのだ。「私は、本音をいうと、こう思っています。いま現在、汚染地域に集中している子どもたちの甲状腺障害は、ただちに安定ヨウ素剤による予防措置を講じなかった医者たちにその責任があります。医師は、放射線医学にはまったくの素人で、それは私にはとても驚きでした」。

イリイン報告書の著者は、次のことを信じて疑わない。「事故後、さまざまな期間にわたり常時警戒区域内の居住地域住民の吸収した放射線量の具体的な影響は（コンピュータで推計されて）明らかになっている……」。

当時わからなかったのは仕方ないとしても、こんにちでは（これが醜悪極まる嘘であるということを）正確に知っているのだ。前章で述べたように、検察の調査にもとづいた見解で、彼らは通常の安定ヨウ素剤を用いた予防措置をとらなかったことがはっきりしている（おそらく書類の上でだけはやったことにしたのだろうが）。被曝したあとの具体的服用量に関してはもちろんのこと、チェルノブイリ事故被災者のその後の被曝量についてはいうまでもなく嘘ばかりであった（ちなみに、政治局作業部会の秘密議事録にこの点についての記載がある）。

報告書の著者が、より明確にしているのは、人間に対する放射能の閾値は存在しないという公認された基本的考え方に対して、「晩発性影響のリスクを過大評価している」。リスク評価は閾値が存在しないことを前提に導かれている、そして「別の基準をもとにして、被曝線量データとリスクを考察し直す必要がある」と強調している。

どのような基準を著者らは想定しているのだろうか。結論の中で彼らは、次のことを認めている。「「閾値は存在しないという説を否定する」立場の論拠のひとつは、次の点だ。つまり、被曝リスクの数量的意味（被曝線量に対する効果の蓋然性）を知るには、低線量照射と被曝効果との関係の評価が不可欠であるが、高線量放射線の場合でのみ実際の調査・研究は行なわれた」ということである。

このあつかましいまでの嘘っぱちは、一九四九年の操業開始以来、生産公団「マヤーク」において、恒常的におきており、原子力事故に関する議会審理で、その正体を暴露された。人間の健康への放射能の影響に関するあらゆる情報は高度に機密扱いされていたのである。一万の人々が秘密裡に国中へと移住させられ、チェチャ川のほとりに住む残りの人々は、今なお低線量被曝の最中である。そのほか、比較的最近になって、私たちは、レニングラード原子力発電所で、チェルノブイリと同じ型の原子炉が巨大事故を起こしていたことを知った（一九七五年）。チェルノブイリのはるか昔のことだ。そしてこの嘘こそが、真相はだれにも知られないということを前提としてつかれていたのだ。

次の記述――「特定の範囲の放射線照射を受けた身体的および遺伝的性質におよぼす確率的影響は、記録されなかった」――は、専門家だけでなく放射線生物学に関心をもつ人々にも衝撃をあたえた。この報告書が出たのと同じときに、世界では低線量放射線の人体への影響に関する著名な科学者たちの研究成果が発表されていた。ジョン・ゴフマン、ロザリー・バーテル（彼女はちょうどアメリカ合衆国スリーマイル島原子力発電所近辺の「自然調査」において低線量被曝の影響を研究し、そのため合衆国を出ていかざるをえなかった）、ラリフ・グレイブ、アブラム・ペトカウのような多くの著名な学者によってである（これについては、私は第9章「異端の科学者たち」で詳しく述べた）。御用学者によって、彼らの人生を賭した成果が翻訳されていたならば、チェルノブイリの幾百万の犠牲者の運命を左右した人々が（一部はこんにちも左右している）、闇に覆われた世界で通用したとはどうしても信じられない。

それこそもし、実際に苦難に満ちた研究を知らなくとも、学者や自分の同僚らは、いま言っているように、「国連の付属機関である原子放射線に関する国連科学委員会（ＵＮＳＣＥＡＲ）はまさに、人間の健康に対する低線量放射線被曝影響について閾値なし（あるいは閾値の考え方を否定する）ということを正式に〝認めた〟」事実を確実に知っていたのである〔資料3参照〕。国連委員会はイデオロギー、政治的、情緒的な評価ではなく科学に真摯に向き合ったのである。だからというのではないが、しぶしぶではあっても、しかし、著者らは、緻密な証明がなされた、これらの世界的な研究成果に向き合い、閾値がないという仮説を考えざるをえなかったのだ（または、報告書作成過程で、自らの考えを変えたのである）。

はからずも、意図しなかった楽観的な三年がすぎて、クレムリンのアカデミー会員らは、「全住民被曝の三段階の予測」を提出せざるをえなくなった。さらには、事故当時にゼロ歳から七歳だった子どもの予測も提出している。すなわち、「⑴被曝レベルが比較的高い九つの州の三九地区（全部で一五〇万人が住み続けている。その中には一五万八〇〇〇人の子どもが含まれている）。⑵これらの州のすべての住民（一五六〇万人。七歳児までの子ども一六六万人を含む）。⑶ソヴィエト連邦ヨーロッパ部の中心地区に住み続けている住民（七五〇〇万人。七歳児までの八〇〇万人の子どもを含む）」。想像を絶する数字が並ぶなかで、⑶の七五〇〇万人という数はチェルノブイリの爪痕として大惨事後初めて公然となったものだ。それでもなお、狭い医療村のできごとであった。

これらの公式予測が示すことはなにか。「……『閾値なし仮説』によれば、ゼロ歳児から七歳児において、事故後三〇年間で死亡例一〇を含む甲状腺悪性腫瘍九〇の症例が推定される。これら地区の住民の全体（約一五〇万人）で誤差を考慮し甲状腺悪性腫瘍の発症は約二〇〇多くなる。先に触れた州［九つの州の三九地区はもっと多いはずである］の全住民そしてまず、キエフ州、ゴメリ州、ブリャンスク州、ジトーミル州の住民の甲状腺被曝の結果、三〇年間で予想されることは、治療困難な二〇の［致死性となる］悪性新生物」を含む三三〇の悪性腫瘍である。

ソヴィエト連邦ヨーロッパ中央部分、ウクライナ全土、ベラルーシ、モルドヴァとロシアの一連の中心となる州住民に対する予測は、七歳までの子ども八〇〇万人を含む七五〇〇万人が対象となる。「数値の評価により、チェルノブイリ事故後三〇年間の放射線に起因する甲状腺腫瘍の発生予測に理論的根拠を与える。〔それによると〕治療困難な小児悪性腫瘍二〇例以下で、全住民で五〇例以下である。治療可能な小児悪性腫瘍は一七〇例以下で、住民全体で四〇〇例以下である」。

これらを理解するために一九八七年からウクライナ保健相A・E・ロマネンコと連邦のE・И・チャゾフのあいだでかわされた秘密書簡の概略を知っておくことは重要だ（この文書の複写は、私の資料ファイルの中にある）。ロマネンコは、モスクワ〔チャゾフ〕に向けてこう伝えている。「キエフ州、ジトーミル州、地区には七万四六〇〇の子どもを含む二一万五〇〇〇人が暮らしている。（……）以前に登録されていなかった三万九六〇〇の病人が明らかになった。（……）一年間あわせて二万二〇〇〇人が入院した。そのうち六〇〇〇人が子どもである。彼らのうち二六〇〇人（三・四パーセント）は、五シーベルトを超える放射性ヨウ素を吸入したことがわかった」。五シーベルトという量は、こんにちでは、確実に癌を誘発するということを放射能汚染地帯の学童ならば知っている。保健相がひた隠す二六〇〇人のウクライナの子どもたちはいまどこにいるのだろうか。答えはない。そしてこれらの恐ろしい秘密事項が、彼らの共同報告が発表されるまでの二年間クレムリンの管理下に置かれていたことを忘れてはなるまい！　彼らはこの数字をなんと考えているのだろうか？

「チェルノブイリ原発事故の結果、ソヴィエト連邦国民のあらゆる階層の放射線被曝に起因する晩発性影響の予測」という報告の結論では、ソヴィエト連邦保健省の「三五〇ミリシーベルト仮説」を使って、住民の被曝線量の評価が行なわれている（彼らはそれ以降も自らの方針としてこの誤った仮説を堅持しつづけた。国連が閾値なし仮説という人道的な仮説を採用しているというのに、国民の検査結果を秘密にしたのだ）。常時管理区域に暮らす住民に対しては、次のことがとくに注目される。「事故直後から四年間の実際の線量評価と二〇六〇年までの予測にもとづいて、晩発的影響の予測が行なわれた。これらの地区においては条件が満たされ、個人農家で生産される食料品に対する規制は撤廃された」。

ここにふたつの単純な問題がある。まず第一に、報告書に書かれた時点は、事故から三年後であって四年後ではない。これが報告書著者らの重大な誤りであり、きわめて示唆的である。第二に、だれが、いつ、実際に、最初の二、三カ月の住民たちの被曝線量を評価したのか。前章でわかるように、大惨事のあらゆる情報を極秘扱いにしただけでなく、最初期の医療情報（それらには実際の被曝線量が記載されていた）を一掃するために、どれほど大きな努力を権力は傾注したことか。現場医師たちが、実際より低い被曝線量を記録するよう指示を受けたのである。それぞれ診断を下す場合でも、医師は、放射線障害と関連がないようにした。そのような状況で、アカデミー会員という称号を背負った誠実な人物の振りをして、同僚や世論にそのような線量の「客観的」評価を信じるよう求めるのである（評価が「客観的」であるのと同じレベルで、ソヴィエト連邦科学アカデミーの公式秘密文書からは、ジトーミル州の厳重管理区域で事故後の子どもを含めた死亡者の病理解剖がなぜ行なわれなかったのかという理由がよく見えてくる）。

しかしもし、報告書の作成者が、自分たちが正しいと信じているのなら、なぜ、普通の人々、ジャーナリストたち、これらの問題に関心を寄せる人たちだけでなく学識経験者や専門家に対しても、これらの

『客観的』な線量評価」を分析する許可を下ろさなかったのであろうか？　私はこのことを祖国と外国の学者に訴えてみた。そして二二年と半年たっても、ロシア生物物理学研究所のチェルノブイリ資料や、その要約も閲覧許可は下りなかった（私たちに苦痛を与えないでもらいたいのに！）。

報告者が厳重管理区域に居住する住民の将来を予測した結論部分は、「ソヴィエト連邦全土で示される自然発病率の傾向と悪性腫瘍による死亡率の傾向とを検討した結果、全検討期間（七〇年）にわたりこれらの上昇傾向は認められない［ここにいたってなお三五〇ミリシーベルト仮説が採用されている］。この作業を通して導かれたデータは、チェルノブイリ事故の結果生じた厳重管理区域で生きる住民の中に、まず、放射線被曝に起因すると疑われる症例が発生する予測水準は、大抵の場合、被曝のない状態で自然に発生する病的傾向の標準的な変動幅よりも本質的に小さい範囲におさまるであろうことを証明している。住民――最も危険な区域に住む人たちのことだ――は数十年の間つねに放射能（半減期数千年の物質もあれば、数百万年のものもある）に晒され続けることになる。放射能は国境を越え、さまざまな国で、人々の癌による死亡の原因となるであろう。甲状腺癌については、筆者らは、にわかに信じられないような結論を出している。「放射能に起因する甲状腺腫瘍の過剰な発生が観察される可能性もありうる」。そうはならない公算が大きいと言いたげだ。読者諸氏は納得できるだろうか。原発事故では甲状腺癌がまっさきに問題となるというのに。

このような報告書で、機密扱いされ、歪曲されたデータをもとにして、ソヴィエト的解釈がなされ、放射能汚染地帯で二五年以上の長い人生を過ごす人々の運命が決められるのである。

三年間かわらず放射線が飛び交う中で巨大な嘘が流布され――第一回人民代議員大会まであった――、

それに、論駁すること（打倒すると言ってもよいかもしれない）で、国家は行き詰まり、世論の圧力によって自分らの同僚、イリインの党支配と彼の部隊が追い詰められ始めた。この報告が発表された一年後すでに、ソヴィエト連邦最高会議においてチェルノブイリ原子力発電所事故処理問題に関する政府委員会議長B・X・ドグジェフは、国家と世界に向けて、次のようなセンセーショナルな声明を発表した。「慎重に調査された全住民の六二パーセントが一〇ミリシーベルトから五〇ミリシーベルトの被曝をした。事故の収束までに放射性ヨウ素に酷く汚染された地区に住み続けた一五〇万人がおり、そのなかには、七歳以下の一六万の子どもがいた。甲状腺被曝線量は成人住民の八七パーセント、子どもたちの四八パーセントにおよび、最大三〇〇ミリシーベルトである。一七パーセントの子どもは一〇〇〇ミリシーベルト（一シーベルト）である」。

秘密文書に記載のある同様の公式数字に着目してみよう。それらの秘密の数字は被災者の医学的データに客観的な線量が記入されるのに先だって記入されていた。これはつまり秘密事項がさらに増えることを意味する。イリイン部隊から反応はなにもなかった。公的医学界において重要なのは党の秩序を守ることであるからだ。

これら衝撃的な告白の直前に、同じくB・X・ドグジェフは代議員たちの考えを次のように誘導した。「基礎的人口学の指標は、ロシア連邦、ベラルーシ、ウクライナの汚染地区における出生率、死亡率、自然増加率が国内の標準レベルと変わらないことを示している」。このときまでに私は、ソヴィエト連邦医学アカデミー会員の研究者グループによる、上記見解と完全に相反する国内向け秘密報告書を手に入れた。それによると「基本的な疾病の罹病率と死亡率の指標は明らかに上昇している。とくにジトーミル州における成人と子どもの死亡率について顕著である」。

最後に私は思い出すのだが、イリイン自身が、「一六〇万人の子どもたちには、私たちの想像を超える線量負荷があった。今後子どもたちにすべきことはなにかという問題を解決しなくてはならない」と議会の公聴会で認めざるをえなかったのである。

議会の力によって、権力や公式医療界、官僚組織から、三、四年後の放射能汚染地区に住む住民の健康に関する情報を少しずつではあるが絞り出すことができるようになった。幸いにも、私にはとても強力な兵器があった。それは代議員証である。これは権力に対して絶大な力をもって働くのである。大惨事とその影響に関して、上から強制されたデタラメの結論が事故から三年を経て発表された。そのため、政府と省庁大臣は、代議員らに積極的とは言えないまでも、真実にせめていくらかは近いものを提供し始めたのだった。

あらゆる情報をこの章の冒頭で述べたイリイン御用達の公開報告と関連付ける必要があるだろう。二五年という長期にわたって流布され続けてきたチェルノブイリの被災者に関する巨大で公的な嘘が目に見える教材となるはずである。

私の代議員質問に対して、ウクライナ保健相Ю・П・スピジェンコが（事故からおよそ四年後に）伝えたように、「［ウクライナ］住民の母集団レベルをみると、［チェルノブイリ事故後］三年間の検査結果で、健常者として認められた人は、事故処理作業員の一八パーセント、移住者の三三パーセントを含めて、全体では四七パーセントに減少している。これは……登録されている母集団の健康状態の事実上の悪化を示す証拠である。成人国民の罹病率の構成をみると、呼吸器、循環器、神経系、皮膚と皮下組織、内分泌系統、腫瘍に関連する病気が圧倒的に多い。罹病および障害とチェルノブイリ原発事故処理労働との因果関係は二〇〇〇人以上に認められる」。

ベラルーシのモギリョフ州、ゴメリ州、ウクライナのジトーミル州の複数の村では、チェルノブイリ以降数年の間に、成人の累積被曝線量は四シーベルトを超えている。この値は生命に危険な線量レベルである。

チェルノブイリ原子力発電所で起きた大惨事から一〇年間で、放射能汚染区域に住む人々の健康は、深刻なダメージを受けた。ロシア人研究者О・Ю・ツィトチェルとM・C・マリコフが、一九八〇年から一九八五年までと一九八六年から一九九一年までのふたつの期間〔すなわち、チェルノブイリ事故前五年と事故後五年〕でチェルノブイリ汚染地区に隣接する区域に暮らしていたウクライナ国民の悪性腫瘍による死亡率を分析したところ、高い信頼性をもって、乳腺癌と前立腺癌による死亡率の上昇を示す結果となった。

独立ウクライナの政府関係者が、アメリカ合衆国コロンビア大学で開催された、チェルノブイリ大惨事一〇周年に捧げられたカンファレンスにおいて発表したように、このときまでに、ウクライナでは事故の影響により一四万八〇〇〇人が亡くなったのである。

人間の生死に係わる情報を巡るこの章を書くのはつらい作業である。しかし私は書かなくてはならない（すでに沢山の知見を多くの人々が発表している）。読者の皆さんもまた、おそらくそれぞれの理由でつらいことであろう。そこには、あまりに多くの痛ましい事実、医学的特殊性がある。しかし、私は勇気を奮い起こし、そして注意深くそれを最後まで読み切りたいと思う。これは退屈な作業なのではなく、恐ろしい営みなのである。

放射能に最も感受性の高いグループは、子どもである。そして彼らの遺伝子は将来へと引き継がれる。

私の資料ファイルにはウクライナ保健省小児科学産科婦人科学研究所の報告がある。同研究所の専門家は第一に、大惨事は国家の遺伝子プールにダメージを与えたであろうと考察している。出生率（総人口に占める出生数の割合）はただちに低下を示しはじめた（この事実をソヴィエト崩壊後の混乱の結果と混同してはならない。社会全体にわたって「民主主義的に」人民の貧困化がすすみ、それにチェルノブイリが加わったので、人口爆発が起きなかったのは当然である）。ウクライナにおける出生率低下にチェルノブイリがどれだけ〝寄与〟したか。それは一九八六年の一五パーセント（死亡率一三・四パーセントの時代）から、一〇年後には一一・四パーセントへと低下したのである。

被災地区の妊産婦に関する同研究所の調査は、妊娠時の、病理学の分類でいうところの合併症の増大について指摘している。事故が起こる以前は、合併症の頻度（一〇〇人の妊娠を仮定している）は九・六例であった。それが事故後は一三・四となった。さらには女性に対する被曝線量と合併症の割合とが本質的に依存関係にあることが明らかとなった。貧血と流産の危険性が二・五倍へと上昇した（爆発事故から三カ月して、地元に帰還した子どもたちと妊産婦は、一年目だけで一〇〇ミリシーベルトもの被曝に達した）。

この件に関して秘密議事録にとりあげられている。医師らは、放射線危険区域で新生児の死亡（たとえば誕生後二八日以内）の多さを憂慮している。ロシアや西側の研究者が注目しているようにその値は上昇している。

数年前に、ミュンヘン環境研究所の著名なドイツ人学者アルフレッド・コルブレインがチェルノブイリ後に、キエフ州、ジトーミル州における死産を含む妊娠初期の死亡例の調査結果を発表した（コルブレイン博士は研究データの一部にウクライナ保健省発表の医学統計を使用している)。彼はキエフ州とジトーミル州に住んでいる妊婦の死産を含む妊娠初期の死亡例には、放射性ストロンチウムの影響が明らかにみられるという結論に達した。そのピークは一九八七年四月に訪れ、以降春と秋に最大値を示しつつ一年の時季でも変動する。コルブレイン博士はこの知見と、一九八六年八月、九月の時点で、妊娠七カ月以上の妊産婦の、放射能を含んだ茸類と苺類の予想される消費量との関係を探っている。

ここでもう一度、一九九一年にロンドンで私に渡された資料に立ち返る必要がある。それは、ソヴィエト連邦の亡命者で物理学者、キエフ人イーゴリ・ゲラシェンコの『チェルノブイリの生かされなかった教訓』である。なかで彼もまた同じテーマに注目して、次のように書いている。「ほかにもチェルノブイリの被災者がいるはずだ。それは、だれも会ったことのない人たちである」。つまり胎児のときに殺されてしまった子どもたちのことである。爆発のあと、医師たちはキエフにいる妊婦たちに、すぐに場所を移して、人工妊娠中絶手術を受けるようにと勧めたのである。私もその事例を幾つか知っている。「そのような強制された中絶手術が妊娠六カ月の女性に対して完全に公的に病院の医師の手によって行なわれたのだ。(……)過去に[これはチェルノブイリ事故後一年間について言っている]、二万人を下らない妊婦たちがチェルノブイリ大惨事のために中絶手術を受けさせられた。これはキエフだけの話だ。避難させられたプリピャチの女性たちはどうであろうか?」

私は、この件について確信がある。ジトーミル州の汚染された森をひとりで訪れたとき、女性たちも同じことを、目に涙をうかべて私に語ったのだった。医師は妊娠している女性たちに手術をうけるよう執拗に促し、この件を、ほかのだれにも話さないようにと警告したという。

そしてこれについては、以下の証言もある。二〇〇二年にロシア科学アカデミー原子力エネルギー安全性向上問題研究所で開催された若い研究者のためのセミナーの席上、〝秘密の処方箋〟を書いたひとり、A・П・ポヴァリエャフは、なにも疑うことなく放射能に汚染された肉や乳製品を食べた人々に対して、「人工妊娠中絶を勧めるのは、とてもつらいことでした。医師たちは、やっと子宝に恵まれた女性に向かって、手術を促したのですから……」と語った。

このような〝勧告〟は大惨事の直後から始まった。そして一〇年たっていても子どもを産みたいという女性に対して、専門家は、重い障害が現れる可能性を指摘している。これもまた間接的証拠によって知られているだけである。チェルノブイリで爆発事故が起きた直後の、もっとも注意すべき初期の数週間に、だれが、どれだけ被曝したかをだれも知らないのだから。ただ、その後の調査結果を考えると、私たちは、彼女たちの被曝がかなりの量に達していたと推定することは可能である。これら高濃度汚染地帯では、新生児の先天性障害の増加が警戒水準にある。ジトーミルには、つい最近まで閉鎖されていた研究室があり、そこには、放射能汚染地帯で誕生した生物や人間の奇形標本がアルコールに漬けられて瓶に保存されている（このサンプルの暗示する絶望的な未来について、党の議事録には以下のように、奥歯に物が挟まったような記述がなされている。「秘密文書扱い。この議事録はソヴィエト連邦閣僚会議により管理される特別部署への返還を要する。議事録三六号（……）一九八六年一一月一五日。（……）これらと同様に、今後七〇年間にさらに三〇〇〇人の先天性障害児の誕生が予想される［この話は、ゴメリ州、キエフ州、ジトーミル州、チェルニゴフ州に限定している］。（……）ソヴィエト・ヨーロッパ地域に生きる七五〇〇万の人々に関する予測では、バックグラウンド放射能の上昇が確認されており、今後七〇年で……先天性障害者の増加については、二万三〇〇〇例が発生すると推定される」）。「チェルノブイリの子どもたち救援基金」アイルランド代表アディ・ロシュの情報によると、このチェルノブイリから遠く離れた場所で、統計上にみられる惨禍は、すでにベラルーシのあらゆる統計の中に、間接的にその実相を現しつつある。

ウクライナ保健省小児・産科婦人科研究所の公式報告によれば、汚染地帯に住む子どもたちの罹患率が事故発生前と比較して増大を続けている。一方、同時期にウクライナ全土にわたる子どもの罹患率は六パーセントに下がっている。複数の被災地では最初期の子どもの罹患率は事故から一〇年間で一・五倍から二倍に増大した。とくに被災地域で内分泌系疾患、血液および造血器官の疾患、先天性障害、腫瘍形成が二倍から三倍の上昇をみている。また、子どもの罹患率がウクライナ全体の一四倍から二〇倍に上昇している地域もある（！）。もしも、一九八六年以前のウクライナでならば、小児甲状腺癌は、一年間に多くても二、三例認められただけだが、一九八九年には二〇〇の症例が登録されているのである。

ことにキエフ、ジトーミル、チェルニゴフそしてその他の国内の諸州（合計一一）に点在する七五の厳重管理区域において、状況は悪化傾向を示している。大惨事から一〇年たって、この地区における子どもの死亡者数は全国平均の一・六倍ないし二倍へと跳ね上がっている。

ジトーミル州では子どもたちの健康状態は著しく悪化した。市の小児科医長B・A・バシェクが私に述べたように、その年に生まれたふたりにひとりが事故後八年を経てリスクグループに登録された。チェルノブイリ原子力発電所大惨事を体験した子どものうち、健康であると認められたのはわずか三八パーセントにすぎない。そして、子どもたちの罹患率は二七パーセントに上昇している。

住民のなかで、特別なグループはウクライナの首都キエフの子どもたちである。彼らもまた、爆発直後の放射能の一撃を受けた子どもたちなのだ。制御不能に陥った原子炉に近かったがゆえに、多くの人々にとって、この一撃は悲劇的結末を招き、未だにそれは続いているのである（当時の子どもは、現在成人になっている）。ロシアの専門家О・Ю・ツィトツェルとМ・С・マリコフが報告書のなかで明らかにしているように、キエフ初等学校一年生五八三名の検査から、一九八二年と比較すると、一九九二年の要観察グループの子どもたちが確実に増加している。全体として、健康な子どもは少ない。

事故から一〇年たって彼らが注目しているのは、一五万のウクライナ人が甲状腺被曝をし、一〇歳児の被曝量は、許容限度を一〇〇倍超えているということだ。とりわけ過酷な状況は、五万七〇〇〇人の子どもの甲状腺被曝が二グレイ、また七万八〇〇〇の成人が五グレイであることだ（一方、ウクライナ国民に定められた生涯累積許容量は〇・〇五グレイである）。

二〇〇二年三月にウクライナ国営通信社「チェルノブイリ・インテルインフォルム」は公式資料を引き合いに出してこう伝えた。チェルノブイリ原発事故により被曝した三〇〇万国民のうち八四パーセントがなんらかの疾患を抱えていると診断された。そのうち一〇〇万人は子どもであるというのだ。

私たちが、モスクワの専門家や学者の医学的研究の報告書を深く読み込むと、いっそう楽観的ではいられなくなる。つらい作業であるが、進めよう。

私の見立てでは、ベラルーシにおけるチェルノブイリの惨憺たる状況は筆舌に尽くし難い。ここではさまざまな事態に改善がみられない。一〇年後もここで二〇〇万を超す人々――国民の二三パーセントに相当する――が一平方キロメートル当たり三七〇億ベクレル〔一キュリー〕を超す放射性セシウムに汚染された地域に住んでいる。さらに国土のほぼ八パーセントが一平方キロメートル当たり一八五〇億ベクレル

〔五キュリー〕の汚染地帯である。

事故後ベラルーシ共和国で、放射性ストロンチウム90について、一部住民の体内に蓄積された線量から試算した結果、住民体内の蓄積量は、事故前と比較して、二・五倍から三倍高くなっていることを示している。さらには、うち三パーセントでは、平均値を四倍から八倍も上回っていた。

ゴメリ州住民の毛髪中のプルトニウム濃度はミンスクの住民よりも高い。

チェルノブイリの一〇年後〔一九九六年〕、ベラルーシ保健省の発表によると、国内で最も汚染の酷かった地域では、全体的な罹病率が、チェルノブイリ事故以前と比較して五一パーセントも上昇した（！）という。

しかし、事故直後数日の重要な役割は、すでに述べたように、放射性ヨウ素が演じるのである。そしてこの放射性ヨウ素がベラルーシ全体にばら撒かれてしまったのである。相対的に「きれいな」地帯はベラルーシ北部だけになってしまったと看做されている。複数の州の汚染レベルは、一平方キロメートル当たり一一兆一〇〇〇億ベクレル〔三〇〇キュリー〕かそれ以上に達していた。放射線医学内分泌科学研究所A・E・オケアノフ、E・Я・サスノフスキー、O・П・プリトゥキナら学者グループの最新データによれば、ベラルーシでは一九九〇年以降、成人の甲状腺癌が、世界で最も多発している。チェルノブイリ原発が爆発するまでは、甲状腺癌はごく稀な病気にすぎなかった。事故後ベラルーシの子どもたちの甲状腺癌の問題は、長い間議論の俎上にのぼらなかった。この憂慮すべき統計結果については、原子力の健康影響に関してオーソドックスな考え方をもつ人たちでさえ認めているところである。

さらにデータによれば、一九九〇年から二〇〇〇年の期間のベラルーシ全体について、腫瘍学的疾患の数字は、事故前と比較して平均すると四〇パーセントの上昇が認められるという（研究者は癌疾患国家登録データバンクを使用した。これは一九七三年以降ベラルーシで実施されている）。ゴメリ州の腫瘍学的疾患の値はおよそ五二パーセントで、ただ衝撃的というほかはない。ベラルーシ国民全体の罹病率は五五パーセントを超している。事故以前は、この指標はすべての地域のなかで、最も小さかったのだ。羅病率はミンスク州四九パーセント。グロドナ州四四パーセント、ヴィテプスク州三八パーセントであった（独自の「科学的」報告書と予測をもつイリイン一味はこの事実に頬被りをしているのだ）。

これら研究者たちのデータをみると、一九八〇年の白ロシア共和国（ベラルーシ）の三〇歳以上の甲状腺癌の登録者指数は一〇万人当たり一・二四である。二〇〇〇年に同指数は五・六七に上昇。事故処理作業員では二四・四。そのうえ最も汚染の酷いモギリョフ州における癌の登録者の平均年齢がヴィテプスク州におけるそれよりも一五年「若く」なっている。これなどはまだひとつの特徴にすぎないのであって、いま、四五から四九歳の女性が対象となる年齢に達している。

ベラルーシでは癌罹患率は都市部よりも農村地帯で著しく高くなっている。この原因は、農村部住民が受けた被曝線量が都市部住民が受けた線量の二倍大きかったからである。多くみられる癌は、泌尿器官、大腸、肺、甲状腺の癌である。

ベラルーシの成人国民の甲状腺癌の数値が五倍の上昇を示していることに、学者たちは注目しており、自分たちの研究報告書を関連する国際機関へ送ったのだが、国際原子力機関（ＩＡＥＡ）および「原子放射線の影響に関する国連科学委員会」（ＵＮＳＣＥＡＲ）の資料のなかに、未だ反応はみられない。オケアノフと共同研究者らはいわゆる〝素人〟ではない。放射線医学内分泌科学研究所に移籍するまで、オケアノフ自身多くの歳月をベラルーシで癌の実態を明らかにする目的の国家登録制度を主導してきたのである。どこかの扇動的新聞やタブロイド紙ではなく、学術雑誌『スイス・メディカル・ウィークリー』に彼らの論文は発表されてきたのだ。この雑誌は、すべての科学論文が厳密な査読をへて掲載に至るのである。したがって著者も雑誌も信頼性に乏しいなどと疑うことはできないのである。

それにもかかわらず、「原子放射線の影響に関する国連科学委員会」(UNSCEAR)は、二〇〇〇年に、「チェルノブイリ事故から一四年がたち、電離放射線に起因する国民の健康にネガティブな影響を示すいかなる証拠も存在しない。放射能の作用に関連する癌罹病率および死亡率の上昇も認められない」という馬鹿げた声明をなんら躊躇なく発表したのだった。そして、チェルノブイリの汚染地帯の状況を知りながらその地に生きる人々についてあえて触れることなく、標準的価値観をもち、標準的理解力をもつ人びとにとってもあまりに難解なことばを並べたてた。国連委員会のような国際的官僚主義組織の連中の大半は、まさに苦悩のどん底にあるホイニキ地区〔ゴメリ州〕やポレススコエ地区〔キエフ州〕がどの国にあるかなど、つゆ知らず、チェルノブイリの犠牲者に向かって、あなたたちの健康は「いずれ全快するでしょう」などとしゃあしゃあと宣(のたま)う。彼らにとっては、チェルノブイリ事故が起きなければ、すべてが順調であったはずなのだ。

国際原子力機関(IAEA)と「原子放射線の影響に関する国連科学委員会」(UNSCEAR)は力を併せて、大惨事の二〇年後になっても疲れを知らず、壊れたレコードのように繰り返している。「基本的に火災による三一名を除けば、チェルノブイリのいかなる犠牲者も存在しないし、放射能に起因するといわれる癌に罹患した子どもも存在しない」。

これはもう滑稽を通り越している。この詭弁の痕跡を理屈抜きで残しておくだけで充分だ。そして私たちは二五年の長きにわたるチェルノブイリ放射能モニタリング長距離レースを続けよう。

すでにチェルノブイリ後三つの国家、ウクライナ、ベラルーシ、ロシアにとってひとつの共通した傾向が示された。それは甲状腺癌に罹患する人々の数の増加である。最も重要なのは子どもたちが病んでいることだ。これは世界保健機関（WHO）の資料によっても裏付けられている。一九六六年から一九八五年までに二一例が癌登録されている一方、その数は一九八六年以降は三七九例にはね上がった。何百人もの子どもが手術を受けた。

一九九五年一二月にはすでにウクライナ、ベラルーシ、ロシアの小児甲状腺癌の症例が六八〇登録された。甲状腺癌研究に関するEUのデータによれば、これは〝流行〟の始まりにすぎない。さらに今後三〇年間に（予測は一九九五年に行なわれている）、数千の子どもたちが甲状腺癌に冒されるであろうというものだ。

国連で二〇〇〇年四月に発表された世界保健機関（WHO）の評価が世論に大きな衝撃をもたらした。世界保健機関の専門家グループがさらに悲観的予測を発表したのだ。それによると、子ども、一二歳から一六歳までの未成年者、被災地域に住む人々に、甲状腺癌の新たな症例が五万件と予想される。最も重篤な状況は、ベラルーシのゴメリ州である。ここでは、大惨事の当日、四歳未満だった子どもの癌罹患が三六・四パーセントと予測されている（成人国民について言うならば、ベラルーシのモギリョフ州で、国連の専門家が五パーセントに癌が発症すると予測している）。

ロシア連邦のトゥーラ州、カルーガ州、オリョール州三州では子どもに、三六九九の腫瘍性疾患が予測されている。この値は地域の子ども全体の一パーセントに相当する。

国連の専門家が、一〇年後〔二〇〇五年〕に放射能汚染地区に住む何百万の人々に、最悪のときが訪れるという結論を出している。評価報告のあとで登壇した当時の国連事務総長コフィ・アナンは、「我々はチェルノブイリの被害者の正確な数を決して知ることはできません。しかし三〇〇万の子どもたちが治療を必要としており……、若くして亡くなる人も大勢いることでしょう」と述べたのだ。〔訳注1〕

さてもう一度イリイン報告書にもどろう。そのなかで「われわれの評価予測によると、理論的に予測されるチェルノブイリ原発事故後三〇年間で放射能を起因とする甲状腺新生物〔腫瘍〕の発生件数の基礎的数字は以下のようになる。治療困難な子どもの悪性腫瘍が二〇例、全住民で五〇例、完治可能な悪性腫瘍は、子ども一七〇、全住民四〇〇例である」と彼は認めている。ここでは、この党文書にあえて署名した、科学的、医学的というよりむしろ政治的な二三名の学者の良心の問題は触れずにおこう。真の研究と真の医学——放射能汚染地帯の生命がまさに表出するもの——に対して報告書は大きく関与していない。問題は別のところにある。チェルノブイリの被害者は、御用医学の威圧的な上層部の似たようなやり口に対して、あまりに高い対価を払っていないか？　これは単なる誤りを通り越している。

さらにある特別な階級に属する市民がいる。それはチェルノブイリの被害者としての事故処理作業従事者である。二〇〇四年フランスのカンヌでチェルノブイリに関する論文集のプレゼンテーションがあった。その場にいたベラルーシの女流作家のひとりのことを私は思い出す。彼女は事故一一周年のチェルノブイリに関するインタビュー集を本にまとめた。会場から「リクビダートル〔事故処理作業従事者〕」とはいったいどのような人ですか、という質問があった。作家は通訳をとおして、「自分は物理学者ではないので、その人たちについては知りません」と答えたのだ。そこで私が替わって質問者に答えることにした。「リクビダートルとはいったいどのような人かということですね。私も物理学者ではありませんが、リクビダートルと物理学者となんの関係があるのでしょうか?」。私は正直のところ、その作家に対して、気まずい思いをさせてしまったかもしれない。彼女はチェルノブイリについて、なにがしかを物している。にもかかわらずリクビダートルがどのような人かをご存知ないとはどういうことなのか?

国際保健機関(WHO)の発表では、事故処理作業員のあいだで罹病率と死亡率の上昇がみられる。主要な疾患は、肺癌、心臓消化器系疾患、白血病である。

ウクライナの公的立場にいる一部の人物が明らかにしたように、事故発生から一〇年間におよそ八〇〇〇人のリクビダートルが死亡している。

同じくベラルーシの放射線医学内分泌科学研究所の学者A・E・オケアノフ、E・Я・サスノフスキー、O・П・プリトゥキナの調査では、ベラルーシのリクビダートルの甲状腺癌登録は一九九三年から二〇〇〇年までの間に一〇万人当たり二四・四であった。これは汚染地区に住んでいる住民の五倍を超える数である(一二万人のベラルーシ人が原子炉の三〇キロ圏の除染にあたった)。筆者らは、とくにリクビダートルのグループのなかに、あらゆる種類の癌で死亡する例が増加していると強調している。

訳注1 二〇〇五年第三回チェルノブイリ・フォーラムがウィーンで開催された。フォーラムの結論として九月に報告書が提出された。報告書そのものは、フォーラムの参加者は国際原子力機関をはじめとする国際原子力ロビーで構成されており、当然その医学部門に関するところでは、人々の健康に対する悪影響はそれまで考えられてきたほど重大なものではないとする立場であった。当時国連事務総長であったコフィ・アナンがこれに反対する立場を表明した(『調査・報告 チェルノブイリ被害の全貌』巻末参考資料より)。

ロシア人専門家の公式データでは、ロシア国民で、大惨事の処理にあたったことと関係すると考えられる死亡は、ほぼ七〇〇〇人である（新聞発表では、この値は五万人となっている）。ロシアの専門家のデータによれば、二万人のリクビダートルが身体障害者となった。彼らの生活の質の低下について予測ができるだけだ（とくに二〇〇五年からチェルノブイリ人に提供されていたあらゆる優遇措置が金銭補償に変更された）。「事故処理作業従事者社会委員会」の発表では、八〇万人の事故処理作業従事者のうち少なくとも一〇万人がいままでに死亡した。この数には汚染地域の除染に従事したあと免疫系統の病気によって亡くなった人も含まれる。

チェルノブイリは、「黄金の一〇億人」〔訳注2〕の特権的な人々にもふりかかった。なにしろチェルノブイリの大惨事の結果、ヨーロッパの一七カ国の領土、全部で二〇万七五〇〇平方キロメートル（日本の面積は約三八万平方キロメートル）が、放射性セシウムの〝散布〟を受けたのだ。最初の完璧な、いわゆるオルタナティブな報告書――ヨーロッパ諸国の放射能汚染と人間および環境に対する影響に関する報告書が……チェルノブイリ事故から二〇年たってようやく現れた。欧州議会代議員の庇護のもとにあるヨーロッパの独立系学者グループが中心となってつくられたものである。彼らの基本的な課題は、人間の健康とヨーロッパの環境汚染における独立系学者たち独自の評価と、国際原子力機関（ＩＡＥＡ）と世界保健機関（ＷＨＯ）の見解の相違に集中していた。総括報告では原子炉から飛散した、セシウム１３７とヨウ素１３１は、ＩＡＥＡの専門家が見積もった量よりも、それぞれ三〇パーセントと一五パーセント多いという指摘がなされた。この数字は根本的に重要である。被曝した集団線量と死亡予測の正確さが、これらの値に大きく依存しているからである。

このオルタナティブのヨーロッパ報告書の冒頭に、欧州全体の四〇パーセントがセシウム137で汚染されたとある。一平方メートル当たり四キロベクレルより高く、そのうち二・三パーセントは四〇キロベクレルを超えた。ちなみに、IAEAは後者の数字だけを発表した。ヨーロッパ報告書の著者らが注目しているのは、「IAEAとWHOの報告書では、チェルノブイリの放射性降下物と放射線調査対象が、ベラルーシ、ウクライナ、ロシア連邦だけにとどまっており、あらゆる国が調査対象になっていないことだ。モルドヴァ、トルコ（ヨーロッパ部分）、スロベニア、スイス、オーストリア、スロヴァキアはセシウム137により一平方キロメートル当たり四キロベクレルほどに汚染されている。ドイツの国土の四四パーセントとグレートブリテン島の三四パーセントも同様に汚染を受けた。ベラルーシとオーストリア、ウクライナ、フィンランド、スウェーデン（の五パーセント）は一平方キロメートル当たり五キロベクレル以上の汚染を受けたのである」。

バイエルンの南東地方、ドイツで最も汚染の激しい地帯では、土壌中セシウム137のレベルは一平方キロメートル当たり七四〇億ベクレル〔二キュリー〕に達している。しかし、これら広域の放射能汚染状態の公式発表はない（ウクライナとロシア、ベラルーシでは同レベルの汚染が認められたので、人々はいくらかの優遇措置を受けることができた）。グレートブリテンとスカンジナヴィア諸国では、同様に相当高いセシウムの汚染が認められた。西側の学者が認めているように、事故後長い年月、この放射能レベルはほとん

訳注2　「黄金の一〇億」とは、マルサスの人口論に依拠した一八世紀イギリスの学者トマス・マリトスの理論。成長する資本主義諸国（アメリカ合衆国、カナダ、オーストラリア、EU、日本、イスラエル、韓国そのほか二一世紀に成長が予想される国）のその総人口がその名の由来である。

ど減衰しなかったのだ。そして現在も草木と淡水魚には放射能が残留している。

報告書ではこのようにも指摘している。チェルノブイリ原発大惨事のあとで、多くの西側諸国では、放射能に汚染された製品（食品）の使用禁止措置が講じられた。そして、以下のような措置が一〇年後も依然として継続している。フィンランドとスウェーデンでは基本的に野生動植物の利用と関係している。ドイツ、オーストリア、イタリア、スウェーデン、フィンランド、リトアニア、ポーランドの制限区域では、茸類、苺類、魚、猪やヘラジカは未だに放射性セシウムによる高濃度の汚染を体内にため込んだままだ。スウェーデンでは一九九三年に二〇〇〇トンの野生トナカイの肉を廃棄せざるをえなかった。二〇〇一年にはスイス国立放射線防護研究所が新たな警告として、セシウムレベルが高いという理由でトナカイの肉と茸の食用を控えるよう発表した。二〇〇三年のフィンランドの放射線防護および原子力安全局もまた国民に対して、北部トナカイの肉と茸類の放射能レベルについて国民に注意を喚起した。汚染レベルは一キログラム当たり六〇〇ベクレルのEU基準よりも高い値を示していたのだ。類似の事例はほかに多数ある。

欧州議会で公式に承認された初のオルタナティブなチェルノブイリ報告書は、「核戦争防止国際医師会議」ドイツ支部の独自評価を補完するものだった。それには注目すべき点がある。「集団線量（各自が受けた放射線量を集団全体について合計したもの）がヨーロッパでは旧ソヴィエト連邦のチェルノブイリ地域よりも高かった。チェルノブイリ事故後の集団線量の五三パーセントが、ヨーロッパに、三六パーセントが旧ソヴィエト連邦諸国汚染地域に、八パーセントがアジア、二パーセントがアフリカ、〇・三パーセントがアメリカであった。WHOと『原子放射線の影響に関する国連科学委員会』が用いたデータをみると、チェルノブイリ大惨事が原因で癌や白血病に罹り世界で二万八〇〇〇人から六万九〇〇〇人の死亡が起こりうる。かりに癌因子が関わっている他の病気を数に入れると、その数字は著しく高まるであろう」。

ドイツ人医師らによる「核戦争防止国際医師会議」報告書では、WHOとIAEAはチェルノブイリ事故がヨーロッパ国民の健康におよぼした影響についてほとんど何も語っていないと指摘している。この間にも、ヨーロッパで一九八六年に子どもの死亡が増加し、うち五〇〇〇人は幼児と推計されている。この子どもたちの死がチェルノブイリの影響と関係していると、同研究は明らかにしている（IAEAでさえもが、こう結論付けている。チェルノブイリの爆発後に、西ヨーロッパに住む一〇万人から二〇万人の女性が放射性降下物の胎児への健康の影響を心配して人工妊娠中絶を行なった）。「核戦争防止国際医師会議」の報告にしたがって、チェルノブイリの汚染地帯では、一万二〇〇〇から八万三〇〇〇人の子どもが先天性奇形をもって誕生すると予想される。さらに世界では、三万から二〇万七〇〇〇人の子どもたちが、遺伝障害を抱えることになる。そして、予測される障害者の一〇パーセントがチェルノブイリ事故後の第一世代に現れる可能性が高い。さらには、ミュンヘンにある環境研究所が、ドイツ領内のチェルノブイリの放射性セシウムに汚染された地域で生活している子どもたちのなかに、小児癌の罹病率が統計的に有意に上昇していると指摘している。

最近、西側の新聞のひとつにヘレン・アンドレ記者の書いた、イギリスにおける、わがチェルノブイリに関する論文が偶然私の目にとまった。それによると、イギリスとオランダ人の学者たちが数年におよぶイギリスにおけるチェルノブイリの放射能の影響評価を、あらためてすべて見直したという。彼らの証言によれば、チェルノブイリによって、霧に包まれたアルビオン〔大ブリテン島古名。後には英国の美称〕は事故直後よりも大変なことになるであろうという。ウェールズ、ショトランド、イギリス北部地方の山々や丘のことが話題になっているのだ。そこでは雌羊が放牧されている。調査では、約四〇〇の農場の二三万頭を超える雌羊が、放射性セシウムの必須検査の「対象」となった（放射性セシウムは高地にある牧草地一帯を〝肥沃にした〟のであった）。期間はすくなくとも二〇一五年までだ。この地では、雌羊はチェルノブイリの放射能から、神聖無垢の清らかさを保っていなければならないのである。つまり放射能に汚染された牧場こそが、彼らにとっての重い「試練」なのである。私たちは、雌羊が問題となるとは夢にも思わなかった。重要なのは雌羊ではなく人間である。

二五年間、チェルノブイリの汚染地帯で苦しみ悶える子どもたちよりも、山のなかで放射能に汚染した牧草を食む動物たちが西側世界では頭を悩ます。これは仕方のないことかもしれない。

第21章　だれがチェルノブイリで儲けるのか？

中世フランスの宮廷がご婦人方に馬鈴薯の花を贈ったとき、この植物が白い薔薇の花弁よりもなにか重要な意味を持つとは思いもよらなかった。〔訳注1〕二五年もの間、とくにヨーロッパでは原子爆弾の上に自分たちが腰掛けているのを忘れたかのように、いま多くの人々が原子力エネルギー経済に関する意見を述べている。腰かけているのがチェルノブイリの石棺である。まさにこの石棺のなかに、一九八六年に制御不能に陥り暴走した原子炉を大急ぎで「封じ込めて」しまったのである。

すでに独立を宣言していたウクライナ国民は、ウクライナ最高会議でチェルノブイリ問題に関する委員会議長が述べた事実に大変驚いた。さらに一九九一年一二月にふたつの決議、すなわちウクライナ最高会議とウクライナ政府による――「『眠っている』原子炉の危険性をゼロにする科学・技術的解決策に関するコンペティション実施について」――が採択された。チェルノブイリ問題省はウクライナ政府のなかに組織委員会を設置しコンペの審査委員会を置いた。これらいっさいを主導したのは初代ウクライナ政府副

訳注1　馬鈴薯の花は当時、観賞用だった。馬鈴薯が食用となったのは、後のことである。

首相コンスタンチン・マシクで、彼自身も組織委員会委員長の椅子に座った。

ウクライナ政府からコンペに関する通知を受け取った科学技術界と金融界の関係者はすべてが提案書を送り、その計画のもとで事態が動き始めた。一九九二年一月一七日に副首相はパリ〔フランス〕の企業「ブイグ社」に宛てて、原子力災害からウクライナの人々を救ってもらいたいとの依頼の手紙をだした。それは爆発した原子炉の外側に、頑丈な遮蔽物を建造するというものだった（のちにわかったのだが、それより早くに発電所長ミハイル・ウマネツが「ブイグ社」を訪れており、同社から王侯貴族のような接待を受けたのである）。

コンペ組織委員会は全力で働き、審査委員は意気込んで計画をたて、エントリーを募った。この当時は、ウクライナ国家独立を記念する行事という掛け声のもとにあり、ウマネツ氏と、フランス企業「ブイグ社」のジャック・ゴルドン氏との間で、秘密裡に契約が交わされた。彼らが契約書に署名したのを妨げるものはなかったのである。こうしてフランス企業に石棺の安全性を担保するシェルター設計と建造に関するいっさいの権利が渡った。契約書にはこのような文言がある。「本契約は特例的性格を負ったものである。発注者〔ウクライナ側〕は他社または他組織に本契約で取り決められた任務を委託しないこととする」。

そしてこの観客のいない芝居が終わった後も、ウクライナ政府は臆面もなくさらに国際コンペの実現に向けたある決議を採択した（一九九二年二月二四日付け第九四号）。ほかでもない原発所長ウマネツすなわちフランス企業との密約に署名した本人が、組織委員会委員に加わり、精力的に審査委員会で参加資格要件を拡大し、世界中の企業にコンペへの参加の招待状を送付したのである。国際コンペのプレゼンテーションが割り振られた！

しかし秘密裡の契約書の存在が、西側企業に漏れ知られるところとなった。結果はすでに決まっており、あらかじめ「勝者」と契約が成立しているようなコンペに招待を受けた彼らの反応を想像するのは難しくはない！

若い独立国家ウクライナは大きな侮辱を受けたのである。国家指導部自らが国際的威信を貶める一撃を加えたのだ。国際コンペ開催は、ウクライナの抱える諸問題（核問題にとどまらない）に関心を引く必要があったからである。しかし、外国からは数名が参加しただけだった。プレゼンテーションは事実上失敗した。ウマネツ氏が接待漬けにされた「ブイグ社」が勝ち名乗りをあげた。しかし俗にいうように、良いことは長く続かない。

議会は、ことの真相に関する情報を入手して、全世界に対して自国の威信を傷つけるウマネツ氏による秘密の「議事録」を取り消す決議を下した。

こうしてウクライナに充満していた経済的混沌、地方のからっぽの商品棚、かつて経験のないハイパーインフレ、上層部の権力抗争、あらゆる「下層部」における生き残りをかけた闘争が、原発の石棺の問題を水平線の遥かむこうへと追いやってしまった。国内外で、ウクライナの新しい「事態」の新しい「不安」について知られるようになった。一九九三年一月に第一副首相コンスタンチン・マシクは「ウクライナ・チェルノブイリ」なる基金を創設した。自分たちの代理人には、チェルノブイリ問題省指導部Г・ガトフチツとБ・プリステルを指名した。そしてこのチームは、初代副首相の命により、チェルノブイリ問題省の予算の一部を、創設まもない基金へと「分配する」という成果を獲得した。もしかしたら、放射能汚染地域で苦しむ人々を支援するためかもしれない？　しかしこれについてはなにもわかっていないが、別のことは知られている。基金の規約にはこう記されているのだ。「基金の運用資金の一部は、創設者親族の保障にあてられる。また、物品は優待価格で提供される〔創設者と国家機関であるこの基金について、わかったのはほんの少しだ〕」。しかも設立者らは収益の分配についてはちゃっかりしている。利益を上げたら、自分たちで、どのように山分けするかについては決めているのだ。基金とは、課税されない、本来は神聖なはずのものだ！

ウクライナの政治にうごめく腐敗した幹部たちの素行――コンペをめぐる惨状と基金「ウクライナ・チェルノブイリ」――は議会と検察庁とマスコミで大きな話題を集めた。話は、どのように展開したか？コンスタンチン・マシク第一副首相はひっそりと辞任した。政府要人の個人的基金は同じようにいつの間にか休眠した。ゲオルギー・ガトフシツはなにも悪いことはしていなかったかのように、チェルノブイリ問題相の椅子に座り続けた。それならチェルノブイリの数百万もの被災者を守ったのかというと、とんでもない。一方ミハイル・ウマネツは以前のまま、核エネルギーコンチェルンの頂上に居座りつづけた。

為政者のこのような振る舞いによって、ウクライナが背負うことになった物資的道徳的損失を、いったいだれが償うのだろうか？　二四時間テレビ番組「チェルノブイリの鐘」で集まった数百万ルーブルを、コンペのために使い、さらに、ガドフシツの基金の会計へと、貧しい予算の中から振り替えたのだ。普通の人間がコルホーズから砂糖一キログラム梱包ふたつを持ち出すと、数年間自由剥奪に処されたというのに。国家の財産を強奪する役人たちの図々しさといったら、いつも、自らが法律で、裁判官で、検察官なのである。待ちに待った民主主義がまさにこれだとは。

アメリカ合衆国のビル・クリントン〔元大統領〕と、ヨーロッパ連合（ＥＵ）の同盟国は、チェルノブイリ原発4号機の石棺の安全性確保と核廃棄物貯蔵施設の建設と、「緑の森のなかの小さな草原」に建つ不幸な原子力施設にいたるまで、運転中の全原子炉の廃炉のための資金を提供すると堅く約束をした結果、その日が近づいてきた。二〇〇〇年一二月に西側世界はウクライナからクリスマスの贈り物を受け取ったのだ。ウクライナはチェルノブイリ原発を閉鎖すると表明した。

しかし発表したからといって、ウクライナの中の都市型大村落の行方が左右されることはまったくない。つまり世間を騒がせるスキャンダルがチェルノブイリ原発廃炉というお祝いの席を揺さぶりつづけたのだ。短期間で建築されたがゆえに老朽化した石棺に一・五メートルほどの大きさの亀裂があり、それ自体は五年前に政府高官が国内外に知らせていたが、この亀裂が西側諸国で心配の種となった。それは、物理的にみて、それほど想定外のことではない。確かなのは、欧州復興開発銀行にとって、「石棺」（爆発した4号機を覆う墓）の再建という目的に限った資金の提供とならなかったことだ。

「お金とは邪悪なもの」と私の母がよく言ったものだ。新たなスキャンダルがたちまち表面化した。二〇〇四年一二月二二日最高会議の代議員グループがウクライナ検事総長と安全保障局に対して、チェルノブイリ原発をめぐる汚職について追及し、以下のことが明らかになった。約二〇年をへて、ウクライナは骨の髄まで腐っていた――役人特有の不作為と汚職。今回は、フランスの「ブイク」社に替わってこの国ですでに評判の悪かった建設企業「ユジテプロエネルゴモンタージュ」社の油ぎった連中が登場した。彼らは欧州復興開発銀行がウクライナに貸し付けた金を受け取り、自社の「帳簿に記入」しようとした。核シェルター施設建設にはきっかり五〇〇〇万ウクライナ・グリヴナ（ウクライナの通貨単位）（当時の為替レートで一〇〇〇万米ドル）かかるのだが、その際、専門家の評価では、実際の総工費を一・五倍水増ししたのだ。いわれるように〝食欲は食べているうちに沸いてくる〟のである。会社はさらにいくらでも請求する。欧州復興開発銀行が提供しないとしよう。そのときは政府に出させればいい、つまり国家予算からだ。さらに一二〇〇万グリヴナが水増しされた。これは二〇〇万米ドルに相当する。これではまるで〝ゆすり〟ではないだろうか？

まさに打出の小槌だ。困ったときに歌をうたえば、どこかから金がわいてくるのなら、こんなにうまい話はないだろう。自分だけの利害だ。チェルノブイリの「鍋」のなかは、全ヨーロッパの核の安全性を脅かすほど煮えたぎっているのだ。いまにも爆発しそうな場所で、どのような「汚れた踊り」が行なわれているか、なによりもまず、最高会議代議員たちの共同質問に注目してみよう。「こんにち、事実上の発電所長〔チェルノブイリ原子力発電所供給部職場長Г・И・ラズーチン〕が、なにを決定し、だれがこの巨大な生産現場に製品を正しく設置するかを、全員が理解している（簡単に言えば、だれが最もおおくの袖の下をつかうことができるか、という話）。スラヴチチ〔三六五頁訳注5参照〕の伝達場所〔賄賂の受け渡し場所〕も、企業のあいだでは知られている。そのカフェとは……〔看板とオーナーは遠方にも知られている。そしてオーナーのことを代議員は刑法学の泰斗を呼んでいることも〕。そこには、指定席が用意され、予算額とその用途が決められる。だれがだれより多額の袖の下を渡すか。そして見返りはなにか。どれほどの金が動くか。スミシュリエフ〔チェルノブイリ原子力発電所長〕がザポロージエにある「オブロエネルゴ」〔ウクライナのエネルギー関連企業〕名義の二〇〇万の手形を振り出す。それを速やかに欧州復興開発銀行が決裁する。そして代わりに一〇万グルヴナが不透明な個人事業主に渡る。皆さんは、そのからくりを知らなければならない。（……）シェルター建設にまつわる利権をめぐって公式の商戦が装われているが、裏では賄賂が飛び交っている。いったいいつまでこんな状況が許されるのか」。ある代議員の堪忍袋の緒が切れてしまっている。

なぜ破綻したのか、私は彼に言った。発電所のなかには、三つの主要な計画がある。放射性廃棄物貯蔵施設、使用済み核燃料再処理施設、液体廃棄物再処理施設の建設計画であり、それらは併せて一つの総合施設を形成する。事故から二〇年は経とうというのに、こんにち何ひとつ完成していないのである。

放射性廃棄物は、ではどこに隠されているのだろうか。ロシアは、ウクライナの原子力発電所の使用済み核燃料の引き取りを拒否した（原発は使用済燃料で溢れてしまう）。新しい貯蔵施設の納期がかなり以前に過ぎているのに――二〇〇四年の第3四半期――トンネルのむこうの明かりは、この二〇〇五年にも見えてこない。このときに、難しい建造物を委託していた仏法人「フラマトム」とウクライナのパートナーとのあいだで、騒がしい罵り合いが発生した。その原因はよくあることだった。つまりふたたび資金不足が判明したのである。計画当初の見積もりは七二〇〇から八〇〇〇万ドルであった。欧州復興開発銀行が資金を融資してくれる。そして、こうだ。建設には概算で九〇〇〇万ドルが投入される。が話はそれでは終わらない。そんな金はもうどこにもないのである。いったいなぜ？　経営に細かいはずの西側企業が、なにか計算間違いをして、涙を飲むなどというのは、ありえない。ウクライナ側はフランス側に責任をなすりつけた。彼らが設計、デザイン、さらには貯蔵施設の建設段階で一連の誤りを犯したというのだ。一方フランス側はそれに応戦する。チェルノブイリ原発の管理責任者が、いいかげんなデータを提供したか

訳注2　ロシア連邦モスクワ州西部の村。一八一二年クトゥーゾフ率いるロシア軍とナポレオン一世のフランス軍との間にボロジノの戦いがあった

らだと責任を押し付ける。要するに両国各人にとってこれは「ボロジノ会戦〔訳注2〕」なのである。現在使用済み核燃料は唯一の（旧い）貯蔵施設と、各1、2、3号機の原子炉建屋内のプールに一定期間集中保管されている。それら施設はかなり以前から安全面に問題があり、長期保存用の新規貯蔵施設に移さなければならない。二〇〇七年九月にウクライナ側はフランス企業との契約を破棄し、アメリカの企業「ホルテック・インターナショナル」とのあいだで固体放射性廃棄物の貯蔵施設竣工の契約を交わした（アメリカ合衆国はウクライナ大統領選でヴィクトル・ユーシェンコに本気で肩入れしたようだ）。専門家は、核廃棄物が現在の場所では一〇年から一五年以上は保管できないと言っているのに、工事の完成期日はまだ公表されていない。

ウクライナにおける核廃棄物の問題は、フランスとウクライナの行き違い、および国内経済の混乱状態の解決によってのみ決着する、という状況である。一〇年たっても、政府は、無秩序に散った放射能埋葬地の状況をまったく解明できないだろう。ウクライナでは少なく見積もって、放射性廃棄物埋設地が八〇〇カ所存在する。その大部分が、チェルノブイリの事故のあと、ひと月間に急ごしらえされたのだ。それらを放射性廃棄物の貯蔵施設と呼ぶことは禁じられている。これは深い穴だ。そこには放射能に汚染した土壌と機器類が大慌てで「一時的に」投げ落とされている。大多数のそのような「一時的」な埋設地は永遠に視界から消えてしまう。

核関連施設が整っていない状態というのは、実際の原子力発電全体の操業停止を大きく妨げるのである。なぜならば、原子炉とは、スイッチひとつで、点けたり消したりできる電球とは異なるからだ。スイッチを切り、電球のなかで完全に連鎖反応を停止させることは、運転するよりも、小さくない（もしかするとより大きい）危険をともなう操作なのである。チェルノブイリの残りの1、2、3号機の原子炉において、いまだにその約束は履行されていない。すなわち、チェルノブイリの公式閉鎖後九年たっても、内部から核燃料が搬出されていないのである。ウクライナの諺「踊りに踊った、けれど挨拶されない」とは、まさにそのことだ。施設長は、実施は二〇一八年より遅れることはないだろうと約束してはいる。しかし、問題は続く。核燃料を気楽にしまっておくような仮置き場はないのである。信頼性の高い貯蔵施設は先送りされてしまった。

そしてさらに重要で困難な問題は、西側社会が、事故処理に自分たちの資本を「注入している」ということである。それは最終的に、忌まわしいチェルノブイリという怪物にかわって、施設が完成するまで続くのだろう。

しかし、問題はこれがチェルノブイリという神話にすぎないということが、多くの人々にわかってしまったことだ。チェルノブイリはお金の成る木なのだ。廃棄物の安全処理施設の稼働をめぐる混沌状態、二〇〇四年一一月の大統領選挙をめぐる混乱〔オレンジ革命〕時に採択された新しい考え方はこのことを裏書きしている。

実際問題として、ある奇跡のような方法で、原子力の恐怖が「緑の草原」に変身するという物語があるだろうか？　悲しいことに、近い将来いかなる形でもチェルノブイリ地域の完全なる復活を語ることはできない（ちなみに、汚染された国土全体には現在九〇〇万人が生きている。ウラン235の半減期は七億四〇〇万年、ウラン238は四〇億四六〇〇万年である）。

新しい考え方では、原子力施設の運命は次のような経過を辿るらしい。八〇年から一〇〇年という長期にわたって、原子炉の放射性廃棄物が貯蔵される。その後、三〇年から五〇年間、幾度もの修復や補強工事が続くであろう。そしてようやく最終的な閉鎖、解体、撤去すなわち廃炉の工程について語ることが可能になるのだ。

この間、金融スキャンダルと〝革命〟のどさくさにまぎれて、原子炉の納骨堂が徐々に浸食され続けてきている。そしてつい最近まで西側の投資家にできることといったら、つまりひび割れた部分に接吻するといった、歌謡曲の世界が残されているだけだった。元チェルノブイリ原子力発電所長アレクサンドル・スミシュリエフは二〇年後になって次のように明らかにした。「ここ〔チェルノブイリ原発〕では、新たな爆発の脅威がずっと続いているのです」。つまり一〇年間、ソヴィエト連邦でも、独立ウクライナでも、ヨーロッパでも、たったひとつのグローバルな核大惨事に結局は打ち勝つことができていないのである！〔アメリカ合衆国のクリントン〔元大統領〕もブッシュ〔元大統領〕もその処理の資金提供を約束したのにだ〕。

一〇年間はソヴィエト人民の金、その後ウクライナ納税者の金、近年は西側の金、すべてが濡れ手に粟のように、いとも簡単に手に入る。「緑の小さな草原」という幻影に置き換えられた原子力の安全のためならばである。近年ウクライナ検察庁が、チェルノブイリ原発をめぐって、公金横領に関係する六三件もの刑事告発を行なった。国家は一四〇〇万ドル以上の損失を蒙った。一方、チェルノブイリ原発事故の被害者と事故処理作業従事者たちは、結局一億七〇〇〇万ドルを騙し取られた。

二〇一〇年、大統領の交代〔ヴィクトル・ユーシェンコからヴィクトル・ヤヌコーヴィチへ〕後、ウクライナ新政権の働きかけで、西側社会に「シェルター」基金への出資国グループが創設された。グループには世界の二八カ国が参加している。次のような発表があった。現在のチェルノブイリで崩壊寸前の石棺を覆う安全なシェルターの建設費用は総額八億七〇〇〇万ユーロになる（当面の経費としてかなりの額だ）。これは高さ一〇五メートル、長さ一五〇メートル、横幅二六〇メートルの建造物となる見込みである。悪魔のような核の怪物を封じ込め、期待を背負う〝墓地〟は二〇一五年に完成予定である。

おそらくウクライナの大多数の人々にとって、チェルノブイリ原発における地球規模の大惨事の後始末はあまりに大きな負担で、関わる企業の収益は遅れればそれだけ天井知らずの規模へと膨らむという構造になっているのである。原子力の安全性問題については、だれも真面目に考えてはいないのだ。

なぜ、世界やEUが注視するなかで、ウクライナ政府は、これほど力を入れて、チェルノブイリを札束へとかえようとしているのだろうか。私利私欲の追求だ。

終章　堪忍袋の緒が切れた

チェルノブイリ大惨事は、地球規模の問題の存在を人類に提示した。それは、生命そして人間とはなにかということである。これは思想上の永遠の課題であり、洞窟に壁画を残した時代以来、人類が深く広く思索をめぐらしてきたことでもある。思索にもとづく認識は、現実をとらえるうえで、コインの表と裏のように切ってもきれない関係にある。

人間の意識、病理、苦悩、虚構、希望を巡った本書のおわりに、歴史を遡って考えてみたい。チェルノブイリ後の世界を深く理解するために、生きる価値に対する自分自身の依って立つ位置を確認するためにである。地球規模の問題、それはチェルノブイリが世界に発信した問いであり、それに答えるには、地球規模のアプローチが必要なのだ。

さて「生命」とはいったいなにか。学術書を紐解くと、物質の発展にともなう諸条件の許で、必然的に生じる物質の存在形態とある。生命が地球に多様性をもたらし、生物圏という特別な外殻を形成する。[訳注1] 生物圏で、私たちの遠い祖先が、高度な精神活動を備えた形態へと進化し、固有の行動様式をもつ社会圏を形成した。地球上の全生命の最高位に位置する人類の起源、使命そしてその意義に関する問いは、哲学における重要なテーマである。ギリシア、中国、インドの古代哲学では、人類は宇宙であり、自然界と不可分の存在と考えられた。デモクリトス〔前四六〇年頃～前三七〇年頃、古代ギリシアの唯物論哲学者〕は、宇宙を表すマクロコスモス（大宇宙）に対して、人類をミクロコスモス（小宇宙）と呼んだ。アリストテレス〔前三八四年～前三二二年、古代ギリシアの哲学者〕は、肉体と精神からなる人類は宇宙のあらゆる基本的な要素を備えていると考えた。

インド哲学では、神、人間、動植物に、霊魂が宿っていると考えられた。

「神は御自身にかたどって人を創造された」という聖書の教えは広く知られている〔創世記〕。神であり人であることの本性は、人間の姿をした神イエス・キリストに体現される。そしてこんにちなお、哲学者、神学者、マルクス主義者の間でイエスをめぐる論争がつづく。

ルネサンス〔一四世紀～一六世紀〕の文芸復興期には、人類のもつ創造力の無限の可能性が称賛された。デカルト〔一五九六年～一六五〇年、フランスの哲学者〕の言葉、「われ思う、ゆえにわれあり」。この考え方が新しいヨーロッパの合理主義の基礎を形成した。理性をもつかもたないかが、唯一無二の、最も高次

訳注1　生物圏とは地球上において、生物が棲んでいる場所。地球全体としてみれば、表面のごく薄い層を形成している。水が液状で存在し、かつ光合成が可能かあるいは、光合成産物が移動可能な空間に限られる。一方、社会圏とは、共通の社会的特性を分有し、一定の社会的相互作用を反復している人々の地域的広がり、単なる集合体からなるものから、より組織化された集団に至る諸段階を含む。

の生物と他の生物を分けると考えた。

一八世紀末から一九世紀初めのドイツ観念論では、人間に対する理解はルネサンス期のそれを重視した。つまり、ヘルダー〔ヨハン・ゴットフリード・ヘルダー、一七四四年〜一八〇三年、ドイツ人哲学者、文学者、神学者〕、ゲーテ〔一七四九年〜一八三二年、作家、詩人〕らロマン主義的な自然哲学では、人間を最初の本質的に自由な生物であると考えた。人間は文化を創造することにより、自身を形成する。さらに人間は、意識と理性とをもっている。

一九世紀から二〇世紀にかけて、非合理主義の世界観のもとでは、意志と感性が中心となった。ニーチェ〔一八四四年〜一九〇〇年、ドイツの哲学者〕は人間を人間たらしめるのは意志の力であると考えた。人間に対する自然主義的アプローチは、伝統的なフロイト〔一八三五年〜一九三九年、オーストリアの精神分析学者〕主義者および二〇世紀西欧の自然科学者の特徴である。人間の優越性に関する考え方の変遷は以上のようになる。これはコインの一面である。では現実はどうか?

「生命への畏敬」という崇高な概念は、アルバート・シュヴァイツァー〔一七五頁訳注4参照〕〔一八七五年〜一九六五年、フランスの神学者、哲学者、医師〕が提唱したものである。「生命への畏敬」の意味を、コインの裏側である日々の実践と関連して考えるならば、人間および生きる目的に関して哲学的な理想像と実際の状況との間に大きな乖離があることを、実例を挙げて示すことができる。人間の手によって引き起こされたチェルノブイリ大惨事が人類に与えた影響は、この箴言「生命への畏敬」が理想を表明したものであることを示している。チェルノブイリの犠牲者を思うとき、この言葉は私たちに深い内省を迫ってくるだけだ（われわれが求めるべきは、生命に対する理想的なこの箴言を、実践に生かすことであるが）。

事故から十数年を過ぎて未だチェルノブイリが私たちの前に示した地球規模の問いに対して、地球規模の答えは見つかっていない。当局による公式の嘘と、巨大な多国籍企業の利益で盛られた山の下にその答えは埋もれている。チェルノブイリ大惨事は、無数の核の鎖のなかの最も大きな輪の事故であった。そして地球は、いまこの核の鎖によってがんじがらめにされている。まるで古代ギリシアのラオコーンが無我夢中に大蛇と闘っているようである〔トロイアの神官、大予言者。アポローンの意図を暴こうとしたため、息子ふたりとともに大蛇に絞殺された〕。

もし私たちが心から地球規模の核問題を解決しようとするならば、まず私たちの内なる声に耳を傾ける必要がある。それは世界の核を支配する、強力なプレーヤーには無視されている（この声に耳を澄ますと、彼らの利益にならないことは明らかだ）。罪のない核の犠牲者たちのゴールポストに、核を支配する側がボールを一方的に蹴り込んでいるのである。核の支配者の横暴な振る舞いについてはすでに述べた。ここでは、今後も核の脅威が存在し続けるという問題、すなわちチェルノブイリが意味する問題を考えよう。

二〇世紀（そして二一世紀初頭）という時代は、輝かしい側面の陰で、悲劇的側面が拡大していた。そして、人間固有の諸活動で引き起こされた数々の核事故や核大惨事によって、世界は存亡の危機に直面した。核技術の危険は拡散し、一国内の問題で収まらず、多国間の問題へと性格を変えた。核の危険性が、国境も税関も無視し、それは民族も政党も信仰も関係がないという厳粛な事実を示した。核施設と核技術はどの国のものであろうとも、人類にとって、変わらない脅威なのである。チェルノブイリの実相がまさに教訓だ。

実証的、理論的分析によって、核大惨事の物理的規模や生物圏、社会圏への影響が明確になってきた。核惨事は人間社会、人間性の揺籠といわれる生物圏、あらゆる生態系に対して回復不能な損失を与えるので、地球規模の生態系の破滅につながるのである。多くの学者たち、なかでも哲学者や生態学者は、全人類にとって「どの問題が、緊急かつ人々の素早い対応を必要とし、どの問題が明日まで先送りできるか」(K・X・デロカロフ)を模索している。どのような事態が全地球的な核惨事か、地域的な核事故かという論争が続いている。

核事故とはこのように国際的なひろがりをもっているにもかかわらず、事故が起きた国のいずれの政府も、自国民と国際社会にむけて、多くの情報を隠蔽しようとする。そしてわがチェルノブイリ大惨事についていえば、その先端を行っているのである。とくに、大惨事により引き起こされた事態が、世界地図を塗り替えるような不可逆的性質をもっているかどうかが、事故をグローバルなものとして定義する基準となる。核の安全性という地球規模の課題解決を「明日まで」先送りしてはならないことは当然だ。

一九八七年にノルウェー元首相グロ・ハーレム・ブルントラント(一九三九年〜)を議長とする国連の「環境と開発に関する世界委員会」が策定したレポート『我ら共有の未来』では、経済の発展が生態系に及ぼす影響を説得力をもって示した。さらに一九九二年、リオ・デジャネイロで開催された国連環境開発会議(地球サミット)では、グローバルな生態系危機に関して議論された。

リオ・デジャネイロの会議の最も重要な点は、西側先進諸国が地球資源の浪費に歯止めをかけないと、自らを蝕むということである。そして全人類にとって破滅的結末を招きかねない「資源浪費型」発展モデルに異を唱える決議が、国連の場で採択されたのだ。

核大惨事が地球全体におよぼす影響と核の安全性に関する研究は、この問題を技術的角度からのみとらえている。わが国と西側の核大惨事に関する文献を紐解くと、核の危険性は純粋に技術上の問題とされている。

この考えに従えば、技術的視点からだけで、事故原因や大惨事の結果を考えることになる。環境的側面――放射能による地球規模の生態系および生物圏の汚染も、社会的側面―人間の健康に対する悪影響も、道徳的側面――アカデミー会員H・H・モイセイエフ〔一九一七年～二〇〇〇年〕のいう「人々が、権力と武器をもつ特定の者の悪意ある選択に翻弄される」事態も、現在までまったく顧みられなかったのである。

この事実は、一七世紀以来の人類――科学と道徳、および社会圏と生物圏の関係に対する実証主義者や技術至上主義者のアプローチによって支配される社会――の全経験の縮図であると思われる。技術至上主義者による自然内部――社会システム――の関係へのアプローチは、文明の歴史において、道徳や精神が技術に優先するという考えを否定するものである。

地球規模での核の脅威に対抗するには、核の安全性が、技術のみによって達成されるのではなく、環境的規範および倫理的規範に則っていなくてはならない、という考え方が重要である。もちろん、社会が、この地球上の生命が生き延びるための考え方をみつけようと望むならばの話だが。

科学界にはびこる人間中心主義的なアプローチによって、人間と社会の問題解決を目指そうとすると、道徳の意味と社会の価値を大きく変化させて、現代文明を破壊から救うことができなくなってしまう。多くの学者がそのように認識している。

著名な自然科学者たち、アルバート・アインシュタイン〔一八七九年〜一九五五年、理論物理学者〕、ノルベルト・ヴィナー〔一八八四年〜一九六四年、米国の数学者〕、フレデリック・ジョリオ・キュリー〔一九〇〇年〜一九五八年、フランスの原子物理学者〕、マクス・ボルン〔一八八二年〜一九七〇年、イギリスの理論物理学者〕、クリメント・アルカヂエヴィチ・チミラャゼフ〔一八四三年〜一九二〇年、ロシアの生物学者〕は科学における倫理的規範の重要性を深く理解していた。彼らの考えは、研究者の創造的活動において人間性を軽視すると、破滅的結果を招来する可能性がある、というものである。その帰結のひとつが、自分たちをも根絶する能力をもち、人間性を否定する核技術という産物なのである（自然界では仲間を絶滅させるような生物は存在しない）。予見しうる未来において、核技術の行きつく先を「核の冬」という理論で明らかにしたのは、ロシア人アカデミー会員ニキータ・モイセイエフ〔一九一七年〜二〇〇〇年、ソ連、ロシアの工学者、応用数学者〕と米国人学者カール・セーガン〔一九三四年〜一九九六年、アメリカの天文学者〕である。ふたりは時を同じくしてそれぞれの国で、核技術が啓示する未来をモデル化したのである。〔訳注2〕

一九八六年にチェルノブイリ原子力発電所で起きた過酷事故によって、グローバルの核大惨事がどれほど深刻なものか、グローバルな核の安全性を保障する既存のシステムを支えていた政府、科学、社会体制がどれほど脆弱なものかが明らかになった。

巨大な破壊力を内在する「高度な」核技術を追究し、人間性に反して生物圏、社会圏を破壊している研究者のモラルを問いたい。公衆を意図的に欺き、地球規模の大惨事後も、放射能に汚染された国土に住み続けることができるという根本的に誤った考え方――人々を死に至らしめ、夥しい数の人々の健康を脅かし、生活の質を低下させるような誤った考え方――を認める科学者たちが、倫理的問題を考慮しているといえるだろうか、いやそんなことはないだろう。

世論とくに科学界にとって有名な出来事がある。核物理学の分野で功績を上げて、人類を破滅させかねない技術開発に自発的に参加した偉大な学者が、自らの技術至上主義的価値観を人間性にもとづいた価値観へと変え、核の安全性を重視すべきであったと懺悔したのである。おそらくこのことを自覚し、転向を成し遂げることができたのは、真に偉大な学者のみである。

バートランド・ラッセル〔一八七二年〜一九七〇年、イギリスの哲学、論理学、数学者〕とアルバート・アインシュタインの人類に向けた宣言は次のように謳いあげている。「私たちは、人類として、人類に向かって訴える。――あなたがたの人間性を心に止め、そしてその他のことを忘れよ、と」〔ラッセル・アインシュタイン宣言（一九五五年）より〕。

同様の心情の変化は、ソヴィエトの理論物理学者で、ノーベル平和賞受賞者A・Д・サハロフ〔一九二一年〜一九八九年〕の身の上にも起きた。サハロフはスターリンとベリヤ〔一八九九年〜一九五三年。政治家。戦後、政治局員、収容所体制の最高責任者となり、軍事技術、とくにロケットや原爆の開発を行なった〕の命をうけて、ソヴィエト連邦で初めて水素爆弾を開発した人物だ。セミパラチンスク核実験施設〔カザフスタン〕における水爆実験を成功に導いた数年後に、核実験の中止とモラトリアムを求めて立ち上がったのだ。

訳注2　核の冬　核戦争によって地球上に大規模環境変動が起き、人為的に氷河期が発生する、という理論。全面核戦争が起きた場合、世界各地で核爆発により大規模火災が発生し、数百万トン規模のエアロゾル（浮遊粉塵）が大気中に放出され、太陽光線を遮り暗雲が地球全体を覆う。その間に植物の死滅・気候の急激な変化が起き、地球全域にわたって生態系の壊滅的な破壊や文明の崩壊を予測している。日本では、カール・セーガンが提唱者のひとりとして広く知られる。

そして彼の人道主義的な信念に対して、ノーベル平和賞が授与されたのである。

著名な米国人科学者ジョン・ゴフマン〔一九一八年～二〇〇七年〕は、マンハッタン計画に参集した学者のひとりである。彼も後に技術至上主義的な考え方を否定するようになり、そして、人間性にもとづく信念を曲げなかったために、アメリカ政府から過酷な弾圧を受けることになった。彼はアメリカの「核の責任委員会」の先頭に立ち、活動を始めた。

イギリスの優れた核物理学者ジョゼフ・ロートヴラット〔一九〇八年～二〇〇五年〕は数十年間、核物理学者として研究生活を送ったが、その間に世界観と価値観が大きく揺らぎ、世界平和と軍縮を求めてパグウォッシュ会議〔訳注3〕を牽引することになる。この献身的な活動に対してノーベル平和賞が授与されている〔一九九五年〕。そのほかにも、核技術、核の安全性の領域において、純粋に技術という点だけでなく、生態系と倫理上の相互の関係についても自然科学者、哲学者や作家のあいだで論争が続いている。

技術至上主義者が主導して発展する文明というものの危険性を指摘したのは、ロシアの実存主義哲学者H・A・ベルジャエフ、B・C・ソロヴィヨフ、西側ではマーチン・ハイデッガー、ジャン＝ポール・サルトル、アルバート・カミュらであった。〔訳注4〕彼らは、世界が今後この道を進むことを前提とし、実存の理念と来たるべきグローバルな大惨事との関係性を深く考察した。

核の安全性に関する技術的、生態学的、倫理学的側面の相互関係について、科学的および哲学的に研究がなされた結果、以下のことが示されている。つまり、全地球的な生態系の危機的状況のもとで、生物圏と社会圏における核の安全性を保障するために、基礎的概念を構築することが重要である。このための統一した戦略は、いまだロシアでは成果を上げていないし（他の国でも似たようなものである）、この問題に対する研究者の統一見解もない。この概念は、原子力施設―生態系―生物圏―社会圏という体系に基づくべきであると、研究者たちは信じている。この体系は、核の安全性について技術的側面だけでなく環境、社会、倫理などの側面を考慮したものであるように見える。

より簡単に言うと、核の安全性とは原子力施設―生態系―生物圏―社会圏という体系の、ある特定の状態――生態系、生物圏、社会圏の破綻が起きない状態――のことである。この体系の特徴は、人間中心主義、つまり核の安全性を担保する主体と客体が人間にある。

核の安全性という概念は、環境の安全性という概念よりもはるかに狭い。環境の安全性という概念は、人間によってつくられたリスクと、環境と人間社会に対する自然の影響によってつくられたリスクの両者を含むからである。すなわち、核の安全性の概念の顕著な特徴は、それがおもに人間の諸活動の結果に関連していることである。一方、環境の安全性という概念にも倫理的に見て、良い面と悪い面とが表れる。

訳注3　核戦争による人類の危機にあたって、各国の科学者が軍縮・平和問題を討議する国際会議。第一回会議は一九五七年にカナダのパグウォッシュで開催された。正式名称は「科学と国際問題に関する会議」。

訳注4　ニコライ・ベルジャーエフ（一八七四年～一九四八年）はロシアの哲学者。共産主義は人間の自由と相容れないとし、一九二二年にソヴィエト政権により反動思想の故をもって、国外追放に処され、ベルリンで活動した。ウラヂーミル・ソロヴィヨフ（一八五三年～一九〇〇年）はロシアの宗教哲学者、詩人。ソヴィエト連邦時代には著作は批判されたが、ソヴィエト崩壊後は人類の和解と統一を追求した哲学者として評価が高まった。マーチン・ハイデッガー（一八八九年～一九七六年）はドイツの実存哲学者。ジャン＝ポール・サルトル（一九〇五年～一九八〇年）はフランスの実存哲学者、小説家、劇作家。反戦・平和運動に積極的に参加した。ノーベル文学賞の受賞を拒否。アルバート・カミュ（一九一三年～一九六〇年）はフランスの小説家、劇作家、評論家。第二次大戦中対独抵抗運動に参加。ノーベル文学賞受賞。

研究者や政治家の世界観が、実存主義的な基礎を持つか、実証主義的な基礎を持つかによっていずれかの面が表れる。

様々な世界観を象徴する高度技術社会における核の安全性の基礎のひとつは、核安全文化という概念である。核安全文化という言葉は科学者、哲学者や生態学者のあいだだけでなく、わが国の指導的立場にある人や国際的な政策決定機関のメンバーに徐々に浸透してきた。「核安全文化」という概念は、二一世紀の安全性問題の解決を模索したなかで生み出された。この概念が国際的な文書に初めて登場するのは、一九九六年四月二〇日、「原子力安全モスクワサミット」の宣言の中であった。

「核安全文化」という考え方それ自体がすでに、二〇世紀末の地球規模の大問題を人道主義的に解決することを目指す道徳的責任を含んでいる。そしてまた、哲学的、生態学的な意味を持つこの考え方は、力の優越性から理性の優越性へと、市民的価値観を転換する礎となる。

私はこの考え方には、基本的な道徳原則の実践が伴わなければならないと考えている。それは核事故を発生前に防ぐこと、生態系と生物圏へ及ぼす核の悪影響を小さくすること、社会圏における核の物質的損害だけでなく、道徳的損害を小さくすることである。

核の安全問題には、「安全な住居」「放射能モニタリング」「特別放射線管理区域」「放射線管理区域」「リスク」「許容リスク」「健康」など環境と倫理的な要請が関係している。

なかでも、リスク概念が非常に深く関係する。リスク概念は、純粋に技術的、環境的、道徳的な多くの本質的性質をもっている。リスク総体のなかで技術的性質が重視されることは、核大惨事の場合に、技術的リスク（たとえば核大惨事の技術・経済的な損害）のみが重視されることを指す。設計段階ですでに核施設と運転において事故の発生する技術的リスクが考慮されているはずだ。とはいえＡ・Д・サハロフ博士が言うように、「現実には事故の規模は、設計者が考えているよりも、つねにはるかに巨大なもの」ではある。

そして原発事故はときに深刻に、ときに破滅的に生態系、生物圏、社会圏に大きく影響するので、研究開発者が、技術的リスクに加えて環境的リスクを考慮すべきだと考えるのが当然であろう。しかし、この一見あたり前のような思考が、未だ研究開発者たちには受け入れられていないのである。

上の事実を理解することによって、必然的に自然―人間システムに関わるリスクの道徳的本質を知ることができるであろう。

この課題――リスクを総体として捉える方法論的基礎はなにか、リスクを計算する際に生態学的、道徳的側面を考慮すべきかどうかという課題――をめぐっては、技術者、生物学者、放射線生物学者、生態学者、哲学者のあいだで、熱い論争がある。チェルノブイリ原発大惨事の後では、論争はますます盛んになっている。

こんにちの世界では、核の安全性とそこに含まれているリスクに対する正反対のアプローチが存在する。そのこと自体がリスク概念とはなにかをわかりやすく例示している。

議論のもっとも基本的な点は、放射能リスクの問題である。すなわち健康に対する放射能に閾値があるかないかという問題だ。一方は、人間および社会全体に対する放射能の影響に閾値はないという仮説にもとづいている。より正確に言えば、照射された放射能の強度に相応のリスクがあるということである。なぜなら科学界では、低線量域に閾値が存在し、それより小さければ放射能リスクは存在しないとする仮説は、いまだ立証されていないからだ。「放射能リスクに閾値は存在しない」とする仮説は、大多数のソヴィエト、ロシアさらには西側の研究者らによって実証的に確認されている。支持する学者には、次のような人々がいる。E・Б・ブルラコーヴァ（ロシア）、ロザリー・バーテル（カナダ）、アブラム・ペトカウ（カナダ）、ジョン・ゴフマン（米国）、アーサー・タンプリン（米国）、ラリフ・グロイブ（スイス）、ロジエ・ベルベオーク（フランス）。これらの人々については、先に詳述した〔訳注5〕。この仮説の妥当性は国際放射線防護委員会（ICRP）と原子放射線の影響に関する国連科学委員会（UNSCEAR）のお墨付きをえて、世界の放射線生物学界で受け入れられている〔訳注6〕。

この仮説は、人道主義者シュヴァイツァーにつながる「生命への畏敬」という立ち位置と「生命と自由と幸福の追求」という人間の権利にもとづいていることは明らかである。二〇〇年以上も前に第三代アメリカ合衆国大統領トマス・ジェファーソン〔一七四三年〜一八二六年〕がそう書いている（パリのジャコバン党員によってチェルノブイリのロザリーがギロチンで斬首されたころのことだ）。

この科学的で、深く倫理にかなった国際的な仮説は、わが祖国の科学界で、とりわけ公認の放射線生物学界において、許容される放射線リスクの閾値存在仮説と鋭く対峙した。この点もすでに詳述した。

放射線生物学の諸学派による環境的視点、道徳的視点に立って最新の科学的知見を求めるいかなる研究も（研究結果の科学的正確さは別にして）、今日の世界に広がる核災害、とりわけチェルノブイリ大惨事と関連している。閾値に関する二つの仮説について論じている研究は、それぞれが特定の世界観を反映しているということを示している。

国際標準である「放射能リスクに閾値は存在しない」とする仮説が唯一無二の生命に対する「畏敬の念」を告白するものとするならば、もう一方の「閾値は存在する」とする仮説は、意思決定者の意向を踏んだ少数の研究者によってロシア社会に押し付けられたものといえる。この仮説は、想定される犠牲者数には統計的に無視しうる、ある最適な水準が存在するであろうということを意図している。赤の他人が犠牲となるのは、かまわないのである。この仮説の提唱者は自分自身あるいは自分の家族や友人が「統計的に無視しうる」「最適な」犠牲者に含まれることに、まさか同意しないだろう。

放射能リスクを考えるうえでの基本的態度は、「犠牲者を出してはならない」と考えることである。「他人が犠牲者となるのはかまわない」と言わせてはならない。「放射能リスクに閾値は存在しない」とする仮説が人権の尊重にもとづくとするならば、「閾値は存在する」とする仮説は、経済本位の「利益リスク」

訳注5　エレーナ・ブルラコーヴァはソ連、ロシアの放射線生物学者。第9章参照。ロザリー・バーテル（一九二九年～二〇一二年）は米国の医師。アブラム・ペトカウ（一九三〇年～二〇一一年）はカナダの医学者。ペトカウ効果を発見した。ジョン・ゴフマン（一九一八年～二〇〇七年）は米国の化学者、医学者、第9章参照。アーサー・タンプリンは、ローレンス・バリモア研究所で、ジョン・ゴフマンの共同研究者。ラルフ・グレイブ（一九二一年～二〇〇八年）はスイスのエンジニア、環境保護活動家。核戦争防止国際医師会議メンバー。ロジェ・ベルベオークはフランスの物理学者。

訳注6　「閾値なし直線仮説」を指している。おもに癌を中心とする放射能の晩発性の影響について、米国科学アカデミー、国連科学委員会（UNSCEAR）、国際放射線防護委員会（ICRP）、欧州放射線リスク委員会（ECRR）などが採用しているのは、「閾値なし直線仮説」である。放射線の強度が増せば、相応の発癌リスクが高まり、両者は直線関係にあるとする仮説である。日本政府はこれら国連組織の勧告に従って様々な基準を設定している。しかし、この仮説は、本書で指摘されるような低線量被曝の危険性を無視するなど、批判される点も多い。資料参照。

システム（かつてはそれがソヴィエト社会のイデオロギー的な要請でもあった）という考え方に基づいている。最善なのは、真理か利益か、この論争ははるか古代ギリシアの哲人プラトンの時代にまで遡る。

犠牲者が出るのもやむを得ないとする科学者は、イデオロギー的利害と経済的合理性が、科学、生態学、人権より上位にあるとする国益に応えたのである。この問題を「社会がすべてのリスクと便益を考慮しなければならない」というように、リスクと便益を比較衡量する意味で捉えるならば、リスク総体の中にある道徳的側面は、人道主義的な科学の倫理と調和せず、科学的な思考の枠組みからはずれてしまう。

歴史的にみると、リスクの要因は、科学と技術の発展段階と世界観の違いに依存するのである。

一九七〇年代まで、西側諸国とソヴィエト連邦の科学的世界観は、人類の「絶対的な」安全性を技術によって保障しようとする政策に反映されていた。それは核技術を含めた様々な技術体系におよぶものだった。しかし、科学と技術の進歩の速度は増し、より複雑な機械と装置が登場してきたことにより、科学者たちは、「絶対的な」安全が技術的に達成できるという可能性に疑いを抱くようになった。それはなによりも核の安全性について、顕著だった。

この「絶対的な」安全問題にとりくむことは、社会に要請されている。なぜなら、安全が脅かされるなら、社会に死活的な影響を与え、また他方で危険な設備の研究・開発・生産を担ってきた科学者、生産者、現場作業員らの集団的利害に影響を与えるからである。簡単な解決策は、常識と自己保存本能に従うことである。つまり経済活動において危険な核施設と核技術の使用を禁じることである。しかしそのような解決策は非現実的であった。

その結果、一時しのぎの解決策が現れた。たとえ「絶対的な」安全の確保が技術的に達成できなくても、もし極度に環境を悪化させ、かつ人間の社会に悪影響を与えるような核を含む脅威が現実に存在し、それが社会を不安に陥れるならば、それに対応する新しい概念が考案されればよいというのである。危険な技術を生み出し続けながら、なお、生態学的、社会的に影響を考慮していると見せかけ、市民を安心させるような概念である。

この新しい概念の基本は、危険な施設・技術を放棄するという発想ではなく（その代表が原子力だ）、その場しのぎで、異なる利害の妥協の産物であった。病は回復したに見えたが、実は悪化していった。

新しい概念は、核を含む安全性問題に対する新しい方法論的アプローチのもとで形成され、「許容リスク」という考え方にもとづいている。こんにちこの概念は核を推進するアメリカ合衆国、日本、カナダやフランスなどの核関連法規に反映されている。

核の安全における「許容リスク」という考え方は、以下のような基本的内容をもつ（ロシア人学者Л・П・フェオクチトフ、И・И・クヴィミン、B・K・ポポフによる）。

——新たな安全の目的は、社会全体の健全性を改善すること、環境状態を改善すること、あらゆる人の健康を改善すること。

——リスク方法論にもとづく安全要因の定量的評価方法の開発。

——人間の健康および環境の状態を示す指標にもとづく安全要因の定量的評価方法の開発。

——社会的選考と社会の経済的潜在力と環境負荷の推定にもとづくリスクと便益の受容すべき適正バランスの決定方法の開発。

以上をみれば、技術的なリスクが、環境と人間への影響を考慮する「許容リスク」の範疇に進化したことは明らかである（科学と技術に関する伝統的哲学では、この問題はまったく扱われない）。ただし、これは進化というより、リスクに環境的、道徳的側面が存在することをわずかだけ認めたという変化にすぎないのである。そしてこの「変化」すらも楽観はできない。それは、ロシアと独立国家共同体諸国で、この問題は、まったく扱われてこなかったし、ロシアの哲学思想において、あきらかに存在していなかったからである（さらにはリスクと許容リスクとの差異は人々の意識のなかで曖昧だからである）。しかし、この問題を考えることは、安全性や生存と直接関連しているため、社会にとって最優先とされるべきである。

一般的な「許容リスク」と、核の安全性における「許容リスク」とは明確に区別されるべきだ。

核の安全性における「許容リスク」概念は、社会・自然システムを危うくする核施設および核技術が、人間社会と共存できることを公的に認めているかのようである（専門家のだれも、チェルノブイリのような大惨事は二度と起きないと明言できないし、テロリストが原子力発電を標的とする可能性もある。核施設を狙ったテロ行為が現実味を帯びている）。地球上のあらゆる生物が存続するためには、本来は核技術が放棄されるべきであるのに、「許容リスク」概念は、社会と核の永遠の共存を受け入れるよう人類に同意を求めるのである。このようにして、リスクの存在そのものでなく、リスクをどこまで受け入れるかという程度問題が一般的に容認されてしまう。ならば、人権はどこへ行ってしまうのか？　その答えは忘れ去られている。

科学者のなかには、国家と社会のあいだで、どこまでなら許容可能かといったある種の契約を交わすよう提案する者もいる（彼らの論拠は、アメリカ合衆国にある）。このように考える科学者は、次の本質を見落としている。核の許容リスク概念は、市民社会の延命という地球規模の問題を技術という視点で捉えており、生態学、哲学、人道主義などの広汎な視点で捉えていない。したがって契約とは馴染まないのである。核施設と核技術の危険性は、個々人のリスクに対する捉え方にも関係する。

一般的には、核の許容リスクという考え方を大衆の意識に浸透させる西側諸国の新しい価値体系が含む心理的圧力は以下のことである。つまり、法的根拠が示されると、人間にとって普遍的価値といえる選択の自由はないということである。人類が自由意志で核の許容リスクという新しい概念に同意するならば、自ら意識的に核を選択するのと同じことだ。もし市民がそのような法的決定に従わざるをえないと考えるなら、核の許容リスクは、〝強制〟リスクへと変わるだろう。このふたつはまったく別物だ。

社会には、リスクに対する多様な考え方がある。非核関連のリスクあるいは許容リスク、核関連のリスクあるいは許容リスクの区別は依然として曖昧である。一般の非核施設と非核技術の分野では、リスクと社会が共存することができるかもしれないが、核施設と核技術の分野では、地球規模の汚染と人的被害が甚大なので、リスクと社会は共存できず、許容リスクの考え方を適用することはできない。

いったん核の許容リスクという考え方を採用すると、リスクが先送りされて、人類の未来に〝許容〟リスクが蓄積され、最後には、巨大な〝非許容〟リスクへと転化し人類に滅亡をもたらすにちがいない。

このように、核の許容リスクのもつ意味は、地球上の生命それ自体を脅かすという核のリスクの本質に行き着くのだ。

広島と長崎で核兵器が使われたあの戦争の時代に、ソヴィエト連邦とアメリカ合衆国で核兵器を使った〝軍事教練(二〇〇〇回を超す核爆発実験)〟が行なわれ、商用および軍事用核施設で最大級の核惨事が、人類により作り出された。ハンフォード(米国、一九四四年から一九五六年まで)、南ウラル(ソヴィエト連邦、一九四九年から一九五六年、一九六七年）、ウィンズケール（英国、一九五七年）、スリーマイル島（米国、一九七九年）、チェルノブイリ（ソヴィエト連邦、一九八六年）、トムスク7（ロシア連邦、一九九三年（軍事用再処理施設プラントの爆発事故））では、数億人が被曝した。そして生き延びた人々はそれ以降も放射能の汚染地帯に暮らしているのである。

国際放射線防護委員会（ＩＣＲＰ）の最新データによれば、以上の事故による放射能によって、一九四五年から一九八九年までに一一七万四六〇〇人が被曝による癌が原因で死亡したという。「放射線リスク問題に関する欧州委員会」による新しい研究によれば、将来六一六〇万人が癌により死亡し、一六〇万人の新生児と一九〇万人が放射能によるその他の原因で死亡すると予測されている。

人間は被曝体験からどのような精神的ダメージを受けるか。初期の放射線被曝および長期間の放射線被曝によって表れる精神・心理面の重視すべき問題は以下のようになる（ロシアの研究者による）。

――漠然とした虚無感あるいは生活や人生の目的の喪失感。
――社会からの疎外感。
――喪失感（孤独感）。
――郷愁感。
――自分や家族がモルモットにされているという不信感。
――子どもと自分の健康に対する不安感。
――子どもや自分の将来に対する不安感。
――状況の固定化に対する絶望感。

チェルノブイリ原子力発電所大事故の場合は、身体的な健康被害と精神的被害とがある。精神的被害の中心には、罪のない犠牲者が抱く悲しみの感情がある。未だ充分に解明されていない側面のひとつに、チェルノブイリを経験し、信仰に回帰するという人々の現象がある。彼らは、権力に対し、なんの便宜も、きれいな食物も、医療サービスも求めず、教会堂の修復や建て替えを求める運動をしているのである。根本的に問題が解決されるのをあきらめ、被災者が自らの意志で、危険な放射能汚染地域に残り、神に祈るのである。放射能にまみれたわが大地に建つ教会で祈る機会を求めて、権力に訴えるのである。そうして、彼らは望みを叶えることができるかもしれない。

この問題の神髄は、チェルノブイリ原子力発電所大惨事の英雄で、犠牲者でもあるЛ・П・テリトニコフ〔一九五一年〜二〇〇四年〕によるつぎの言葉のなかに表れている。「残念ながら、チェルノブイリからわれわれはなんの教訓も学ばなかった。そのための充分な時間があったというのに……。将来、チェルノブイリは、私たち自身や世界の人々の内面で成熟するときが来るだろうか……」。

化学・医学博士ジョン・ゴフマンも、人体に対する放射能の影響に関する長年の研究にもとづいてこう語っている。「子孫の幸福を考える人は、放射能の被曝をひたすら避けるしかない」。

技術重視の社会がつづき、数世紀にわたって積み上げられたさまざまなリスクは、二〇世紀末に臨界点に達した。三五億年前に誕生し、その歴史を通して、生命形態の基本を維持しつつ、複雑な進化と形質転換をとげてきた生物圏は、社会圏に従属するようになってきた。現代に近づくほどこの傾向ははなはだしい。

労働の質が改善され、科学技術が発展するにつれて、人間をつくった生物圏〔外部からやってきた人間にとって揺籠にすぎないという説もある。この二つは、自然科学と哲学それぞれの分野で論争がある）は、次第に人間によって征服された。生物圏は、工業化の過程で、搾取の対象となり、社会圏の下部組織となった。その結果、お互いを脅威と看做す危機的状況が生まれた。社会圏による生物圏破壊の脅威に対して、生物圏による社会圏破壊の脅威は、人間の殲滅であった。このように、生存を賭けた問題は、日常生活の純粋な世俗的局面から哲学的、生態学的、道徳的な非世俗的局面へと移行した。

こんにち私たちは、地球を襲う環境の大変動という形で、人間に対する生物圏の「報復」を目の当たりにしている。人間は自らの愚かな振る舞いの代償を、無数の命で贖っているのである。

ここにとても興味深い理論的かつ実証研究がある（たとえばロシア人科学者A・B・ブィホフスキーの研究）。それは、H・H・モイセイエフとカール・セーガンが提唱した「核の冬」のシナリオを土台にして、最新の知見を加えて発展させ、地球という惑星に関する従来の見方の誤りを証明している。それらの研究は人間中心主義に替わって、生物圏を中心に据えた、まったく新しいアプローチを提唱している。

生物圏は実際的に自己防衛システムを備えており、地球規模の災厄が出現すると、人類ははじめてその存在に気づく、というのがその研究の核心部分である。人間の諸活動の過程で、生物圏の構造が変化し、人間に対してブーメランのように戻ってくる。つまり、人間中心主義的な営みをとおして、変化させられた生物圏は、こんどは人類および社会圏の滅亡という形で反応するのである。生物圏の存在を脅かしながら、社会圏はそれ自身と人間の生存と存続を脅かす。言葉を変えれば、社会圏が存在しないという状態の生物圏はあっても、生物圏が存在しないという状態の社会圏はありえない。母親の体内にいる胎児は、母体に攻撃を加えられると死んでしまうのと同じである。

一九四〇年代から始まった核技術のすさまじい進展によって、生物相〔一地域の動植物の総体〕と人間社会に壊滅的結末をもたらすことになるとも知らず、地球上のさまざまな地点、大気圏内、大気圏外、水中（！）で行なわれた核実験は、生物圏の存続に対するある種のテストであった。このテストを行なっている社会は、自分自身の存亡をテストしているということに気付かなかったのである。

東西冷戦の時代は、生態学的、経済学的、道徳的そして哲学的思考をはじめ、それらあらゆる思考よりも、イデオロギー的な要請に応える思考かどうかが優先された。そしてそれは、数千回の核実験、百回を超す原子力潜水艦の事故、数百回の核事故、軍事用、民生用原子炉の大惨事、これら環境に対する不可逆的な破壊となって、人類はすでに多くの報いを受け始めた。

世界はこんにちなお、核廃棄物の処分と再処理を実現するための技術開発に拘泥しているので、その結果、核の利用が促進されているという意味で、状況は、悪化の一途を辿っている。核廃棄物はこの地球規模で数十億キュリー〔数万京ベクレル〕の放射能を放出している。科学者によって解き放たれた核の幽鬼〔アッラーの神が創ったとされる〕が、多くの複雑で危険なシステムのなかで全人類の存亡を決める重要なファクターとなったのだ。ロシアの科学者C・П・カピッツァ〔一九二八年〜二〇一二年、ソ連、ロシアの物理学者〕が「地球という惑星は、核という狂気の人質にとられてしまったようだ。言い換えると、われわれはみな共通の危機に直面している。力を合わせて共通の安全性を追求する必要がある」といみじくも指摘した。

核を保持するが使用しないという核抑止力ドクトリン（これは核兵器による恫喝にほかならない）のもとで、数十年が過ぎ、環境だけでなく、人間の肉体と精神に不可逆的な変化が起きているのだろう。核社会に生きる人間の精神は核の脅威に馴染んでしまったのである。人々は、親しんではならないものと親しくなってしまった。核大惨事の犠牲者たちは、遺伝子の脅威にさらされている。その数は膨大だ。しかし、人類にはこのことを強く憂慮している様子は窺えない。

核大惨事と核実験を経験した生物圏は、戻ることのできない新しい次元に踏み込んだ。人間社会が、まさに技術至上主義の価値観のもたらす危機を認識し、転換を試み、核の世界を生き抜くための普遍的な概念を作り上げるときが来たのである。チェルノブイリ原子力発電所大惨事の全地球におよぶ影響を考慮し、代替エネルギー源を視野に入れた新しい方向へ舵をきらなければならない。知られているように、スイス、スウェーデン、ドイツなどいくつかの国はすでに自国の原子力発電所を閉鎖する方向に動き出している。

かつてイギリスの思想家ジョン・ロック〔一六三二年〜一七〇四年〕はあらゆる人民主権「生命、自由、私有財産」を宣言した。アメリカ合衆国第三代大統領トマス・ジェファーソン〔一七四三年〜一八二六年〕は「独立宣言」のなかで、このロックの宣言を援用した。そこでは「私有財産」を「幸福の追求」に替えている。さらに「世界人権宣言」第三条〔一九四八年〕は、「すべて人は、生命……に対する権利を有する……」と述べている。

この四半世紀にチェルノブイリの放射能汚染地域で起きたこと、いま起きていること、これは人類の獲得した諸権利に関する法律と宣言の蹂躙にほかならない。無数の人々が、意思に反して、汚染地域に暮らすことを強いられ、日々、放射能のリスクに晒されているのである。たしかに、彼らは生きる権利をもってはいる。しかし、これが本来の生きるということであろうか。

長い間、国際原子力機関（ＩＡＥＡ）などに対抗する機関またはＩＡＥＡに代わる独立機関を設立し、あらゆる原子炉の審査を行なうべきだとされてきた。このような機関を実現するときが到来したと思う。旧ソヴィエト連邦諸国で稼働している原子炉だけでなく、世界中で運転されているすべての原子炉が対象となる。環境難民、放射能汚染地域でやむなく暮らす人々の問題解決のためには、権威ある独立機関が不可欠であろう。地球規模の環境難民の典型である「チェルノブイリ人」とは、ホモ・サピエンスの行為によって生まれた新種なのである。

そうした新しい独立機関が実現したら、すべての政府・機関に照会する権限を持たなければならない。国際原子力機関（ＩＡＥＡ）や世界保健機関（ＷＨＯ）もその対象となる。そして原子力ロビーから圧力を受けることなく、専門的で誠実かつ公正な回答を受けとることができなくてはならない。そして、それらの回答に対して独自の評価をしなければならない。

核関連の多国籍企業のためではなく、その犠牲者つまり被曝者の利益と権利を護る任務を遂行しなければならない。こんにち、各国政府はＩＡＥＡの決定に縛られている。ＩＡＥＡの決定は基本的に、中立的立場にある研究機関の報告とは相反するものである。それは偏ったデータにもとづいた決定なのである（ソヴィエト連邦医学界はあからさまな虚偽データも流布した。それらは、ソヴィエト共産党中央委員会の「極秘」公印のもとで捏造され、その目的は真実を記録するものではなかった）。さらには、この新しい独立機関は国際法の枠内で政府に対して勧告する権限だけでなく、ハーグ〔オランダ〕にある国際司法裁判所への提訴を含めて、政府に実行を迫る権限をもたなければならない。要するに、核被災者をはじめとする、環境難民にとって、公正な国際的守護神であるべきだ。犠牲者たちが、数十年間、このような機関の設立を求めてきたが叶わなかった。

二〇世紀に起きた世界的大事件という視点から考えるならば、チェルノブイリの流浪の民と移住者の問題のみならず、さまざまな地域での民族対立、領土紛争を反映させて、「世界人権宣言」の第三章も修正する必要がある。「すべて人は、生命……に対する権利を有する……」という箇所を「すべて人は、尊厳ある生命……に対する権利を有する……」とすべきであろう。

かつて人類存続の重要な鍵は、二つの対峙する社会体制――全体主義的な共産主義陣営と民主主義陣営――間の衝突の危機を回避することであったが、こんにちでは、全世界の環境破壊の阻止（生物圏ではすでに理性を欠いた人類に対して、大地震や大洪水が起きている）と、頻発する軍事衝突の回避である。重大な危機はここにある。戦争は領土の上で起こり、そこには原子力発電と核兵器がある。世界でこの現実が自覚されなければなるまい。もちろん、まずは政治家の自覚だ（国民も当然だ）。

そして大切なことを最後に記したい。この一冊の書物の中にさえ多様な文書と証言とが溢れている。たとえばソヴィエト連邦最高検察庁の最終報告書とウクライナ検察庁の決定などだ。そこでは、旧ソヴィエト連邦諸国および世界中に対してチェルノブイリの大惨事とその影響に関して、真実を隠蔽した党幹部や政治家の犯罪が証明されている。これだけでも欧州裁判所のような国際法廷に訴えるに充分である。

腐敗したウクライナ司法当局は、この犯罪を時効とした。しかし人間性に反する犯罪に時効は存在しないのである。チェルノブイリの堪忍袋の緒はとうに切れているのだ。

資料

資料1　ソヴィエト社会・チェルノブイリ関連略年表（一九五七年〜一九九一年）

年	核関連出来事	ソヴィエト連邦の出来事
1957年	9月　ウラルの核惨事	
1979年	3月　スリーマイル島事故〈米〉	10月　アフガニスタン侵攻
1985年		3月　ゴルバチョフ書記長就任
1986年	4月　チェルノブイリ原発事故	
1988年		12月　ソ連憲法改正 12月　アルメニア大地震
1989年		3月　ソ連人民代議員選挙 4月　トビリシ事件〈グルジア〉 5月〜6月　第一回ソ連人民代議員大会 [ベルリンの壁崩壊、ビロード革命〈チェコ〉] [12月　米ソ首脳会談・冷戦終結宣言] 12月　第二回ソ連人民代議員大会、サハロフ博士急死
1990年		3月　バクー事件〈アゼルバイジャン〉、第三回ソ連人民代議員大会 7月　第二八回ソ連共産党大会（最後の大会） 12月　第四回ソ連人民代議員大会
1991年	5月　チェルノブイリの被害者社会保護法、チェルノブイリ原発事故放射能被害者社会保護法、国際サハロフ会議	1月　ビリニュス〈リトアニア〉で血の日曜日事件 6月　第五回ソ連人民代議員大会、エリツィン、ロシア大統領就任 8月　共産党守旧派のクーデター未遂事件、ロシアで共産党の活動停止 9月　臨時第五回ソ連人民代議員大会 12月　独立国家共同体創設、ソヴィエト連邦消滅

資料2　放射能と放射線と単位について

セシウム137、ヨウ素131、水素3、ウラン235、ラジウム226、プルトニウム239などある種の原子の原子核は、放射線を放出して別の原子核へと壊変する性質をもっている。このような物質のことを放射性物質と呼ぶ。放射線には透過力の強い順にガンマ線、ベータ線、アルファ線の三種類がある。放射線に晒されることを、被曝するといい、ベータ線とアルファ線は、食事や呼吸によって人体に取り込まれ、体内組織が被曝する内部被曝の原因となる。ガンマ線は皮膚表面および皮膚を貫通して被曝する外部被曝とともに内部被曝両者の原因となる。原発の原子炉内で生成され、事故の初期に放出される気体のヨウ素131は、呼吸にともなって吸収され、おもに甲状腺に沈着する。そしてベータ線を放出（ベータ崩壊）し、ついでガンマ線を放出（ガンマ崩壊）して、安定したキセノン131になる。水溶性のセシウム137は、食品、飲料に混入して身体各部に沈着する。そしてベータ崩壊、ガンマ崩壊をへて安定したバリウム137となる。ヨウ素131の寿命は短い（半減期八日）ので、長期の外部被曝はあまり問題とならないが、セシウム131の寿命は長い（半減期三〇年）ので、内部被曝のみならず、汚染土壌や建物などから受けるガンマ線による外部被曝も大きな問題となる。

放射能汚染や放射線被曝については、放射性物質（放射能）の量（強さ）を表す単位（ベクレル、キュリー）、空気や人体に吸収されるエネルギー量を表す単位（レントゲン、グレイ、ラド）、被曝した身体組織に対する影響を表す単位（シーベルト、レム）とがある。論点にあわせてこれらの単位が使い分けられる。

［ベクレル（旧単位キュリー）］

放射能の量（強さ）を表す単位。放射性物質の壊変数で表す。毎秒一個の壊変する量が一ベクレルである。キュリーは旧単位で、三七〇億ベクレルに相当する（一キュリーとは、毎秒三七〇億個の壊変が起こる量のこと）。原発の大惨事のような場合には、キュリーがいまでも使用される。チェルノブイリ原発や東電福島第一原発のような巨大事故で土壌汚染された場合は、一平方メートル当たり、または一平方キロメートル当たり、または土壌一キログラム当たりのベクレル数（またはキュリー数）で表される。また、食品や飲料などの汚染値や規制値は一キログラム当たり、一リットル当たりのベクレル数で表される。

訳注に記したが、チェルノブイリ事故のセシウム汚染の区分けと対応を再度記しておく。
①居住禁止区域（一平方メートル当たり一四八〇キロベクレル以上〔一平方キロメートル当たり四〇キュリー以上〕）：強制移住区域。
②特別放射線管理区域（一平方メートル当たり五五五〜一四八〇キロベクレル〔一平方キロメートル当たり一五キュリー〜四〇キュリー〕）：一時移住区域、農地利用禁止。
③高汚染地域（一平方メートル当たり一八五〜五五五キロベクレル〔一平方キロメートル当たり五キュリー〜一五キュリー〕）：移住権をもつ居住区域。汚染地域全体の約一割におよぶ。
④汚染区域（一平方メートル当たり三七〜一八五キロベクレル〔一平方キロメートル当たり一キュリー〜五キュリー〕）：キエフなど大都市を含み、五〇〇万人以上が住んでいる。一一・五万平方キロメートルほど。スウェーデン、ノルウエイ、フィンランド、スイス、オーストリアにも発生している（ＯＥＣＤ報告書一九九六年を参考にした）。なお、ストロンチウム、プルトニウムについても定められている。
東電福島第一原発事故では、二〇一一年七月時点のセシウムの沈着量は、半径約一〇キロ内と北西方向に五〇キロの範囲（ほぼ帰還困難区域と居住制限区域）では一平方メートル当たり一〇〇〇キロベクレルで、会津地方では一平方メートル当たり一〇〜六〇キロベクレルであった（会津若松市ＨＰより）。

東電福島第一原発事故により設定された「①帰還困難地域（放射線量が年当たり五〇ミリシーベルトを超える区域）原則立ち入り禁止、宿泊禁止　②居住制限区域（放射線量が年当たり二〇〜五〇ミリシーベルトの区域）立ち入り可、一部事業活動可、宿泊原則禁止　③避難指示解除準備区域（放射線量が年当たり二〇ミリシーベルト以下）立ち入り可、事業活動可、宿泊原則禁止」では、年間の線量によって管理区域が区分されている。

［グレイ（旧単位ラド）］
吸収線量を表す単位。ある場所にある物質中に吸収されるエネルギー量を表す単位。ラドは旧単位で、〇・〇一グレイに相当する。同量のレントゲンを受けた場合でも生体組織、各組織の放射線に対する感受性（吸収するエネルギー量）に違いがある。たとえば、急性障害として造血機能低下が生じる脊髄の被曝量は五〇〇ミリグレイであり、白内障が生じる水晶体の被曝量は五〇〇〇ミリグレイとされている（大阪大学医学部ＨＰ）。身体表面の生体に一レントゲンのガンマ線を照射

すると約〇・〇一グレイ（＝一レム）の吸収線量となる。

［レントゲン］

照射線量（空気に対するガンマ線の吸収線量）を表す単位。空気に対する一レントゲンは八・七ミリグレイに相当する。自然の線量率（一時間当たりのレントゲン量）は、約一〇マイクロレントゲンである。

［シーベルト（旧単位レム）］

一、線量（生体各組織の被曝の生物学的影響）を表す単位。レムは旧単位で〇・〇一シーベルトに相当する。同じ一グレイの被曝を受けた場合でも、線質（アルファ線、ベータ線、ガンマ線）によって、生体組織の受ける影響は異なる。線量シーベルト（レム）は、吸収線量グレイ（ラド）に線質係数（アルファ線は二〇、ベータ線とガンマ線は一）を乗じた値で表す。

二、実効線量（身体全体に平準化した被曝の影響）を表す単位。甲状腺だけ、骨髄だけ被曝した場合など身体が不均一な被曝をした場合、その被曝を身体全体が均一に被曝したようにならして考える。身体のすべての臓器に放射線に対する感受性と発癌リスクを考慮した荷重係数が決められている。たとえば、甲状腺だけに二シーベルトの被曝を受けたときは、甲状腺の荷重係数は〇・〇四なので、実効線量は二×〇・〇四＝〇・〇八シーベルトとなる。

東京電力福島第一原子力発電所大惨事以降、環境省や地元自治体のモニタリングポストは空気吸収線量率（グレイ毎時）を測定・表示し、文科省のサイトでは実効線量率（シーベルト毎時）に換算して表示されているが、これは、周辺線量である。環境省の指針によって、一グレイ毎時＝一シーベルト毎時としてよいとされているからである。

本書で糾弾されているイリイン提唱「七〇年生涯三五〇ミリシーベルト」仮説は、日本の基準（年間一〇ミリシーベルト）を当てはめると、「七〇年生涯一四〇〇ミリシーベルト」となる。イリイン仮説よりも四倍も多い許容量となる。

資料3　放射能の影響と閾値について

一、放射能の影響

人間に対する放射能の影響にはいくつかの分類がある。⑴確定的影響と確率的影響、⑵急性放射線障害と晩発性障害、⑶身体的影響と遺伝的影響である。このうち、⑶身体的影響と遺伝的影響についてはここでは論じない。

この分類のうちで、確定的影響は急性放射線障害および高線量被曝と、確率的影響は晩発性障害および低線量被曝との関係が深い。

確定的影響とは、ある量以上の被曝をした人全員に表れる影響である。高線量被曝をし、急性放射線障害として表れる影響である。たとえば、六〇日以内の半数の個体死（五〇〇〇ミリシーベルト）、脱毛（三〇〇〇ミリシーベルト）、不妊（二五〇〇〜六〇〇〇ミリシーベルト）、嘔吐（一〇〇〇〜二〇〇〇ミリシーベルト）、リンパ球減少、胎児の発達遅延など多くの影響が挙げられる。ここで（　）内で記した被曝量が閾値と言われるものである。閾値は国際放射線防護委員会（ICRP）が勧告している。「確定的影響に閾値が存在する」こと自体は、原子力に対する立場いかんによらず、世界標準で合意されているといってよい。

一方、確率的影響とは、晩発性障害すなわち低線量被曝してから数年〜数十年、または低線量被曝が継続してある期間をへて表れる影響である（ここでいう低線量とは二〇〇ミリシーベルト以下とする見解や五〇ミリシーベルト以下とする見解があり、確定された概念ではない）。さらに、同量の低線量被曝をした人のなかでも表れる場合と表れない場合がある影響、たとえば「ある確率」で人によって表れたり表れなかったりする癌がその典型的な例である（水戸巌氏は、著書のなかで、放射線を出す側、政府・原子力産業が「被曝と発癌の因果関係がはっきりしない」という言い逃れで免責されているという事実をさして、癌の原因が確定できないという盲点を悪用した推進勢力の「完全犯罪」と喝破している〔『原発は死に絶えた恐竜である』水戸巌著、緑風出版、二〇一四年刊〕）。甲状腺癌をはじめ肺癌、腎臓癌などの各種癌、白血病などが低線量被曝の影響であると原子力推進側は看做している。原子放射線の影響に関する国連科学委員会（UNSCEAR）、国際放射線防護委員会（ICRP）などの国際機関は、確率的影響に関しては「閾値なし直線仮説」を採用している。

日本国政府は、原子力ロビーと半ば一体となっているこれら国際機関に加盟しているので、「閾値なし直線仮説」を採用していることになる。

二、「閾値なし直線仮説」とその問題点

⑴「閾値なし直線仮説」とは、放射線の強度とその影響（癌の発現）には直線関係があるとする仮説である。たとえば強度を二倍にすると癌の発生が二倍になるという関係にある。被曝が半分になれば、癌の発生も半分になる。したがって、括弧つきではあるが、放射線に安全量はないという考え方は国際的な合意事項となっており、その前提に立って防護が行なわれているということになる。

⑵括弧つきと書いたのは、この「閾値なし直線仮説」は多くの問題を抱えているからである。まず、放射線の影響を癌にほぼ限定していることである。本書にたびたび指摘があるように、早期老化症候群、消化器系疾患、心疾患、精神疾患、免疫系疾患、いわゆる「ぶらぶら病」、手足関節の痛みなど多くの放射能に起因すると考えられる疾患を完全に無視している。さらには低線量被曝の脅威について、ペトカウ効果やウラルの核惨事の被害者に見られる影響を考慮していないことである。低線量被曝の影響を考慮すると放射線の強度と影響との間に直線の関係が成り立たなくなるおそれがあり、原子力ロビーにとっては不都合な事態を招くからであろう。これは意図してなされていると思われる。

⑶低線量被曝の影響を検証するには疫学的手法が用いられるが、低線量被曝の影響の重大性を支持する疫学調査が存在するにもかかわらず、低線量被曝と影響との相関が低いとする研究報告を採用していることである。

小出裕章氏によって、広島に投下された原爆被爆者の調査からも低線量被曝を軽視することの危険性が指摘されている（http://www.rri.kyoto-u.ac.jp/NSRG/kid/radiation/rel-risk.htm）。

三、閾値があるという主張

⑴原子力国家や原子力ロビーは、確率的影響について「閾値なし直線仮説」を公式に採用してはいるが、東京電力福島第一原子力発電所大惨事を迎えて、原子力に反発する世論を押さえたい組織にとってはおそらくこの仮説は不都合なことであろう。したがって、傘下にある機関では、ことあるごとに閾値が存在するかのような言説、また「閾値なし直線仮説」が過大に評価されているという趣旨の言説を一般向けには発信する（環境科学研究所や電力中央研究所などのホームページ）。また都合の悪い研究報告（たとえば、子どもの甲状腺癌に関する、岡山大学大学院の津田敏秀教授の発表した論文（「Thyroid Cancer Detection by Ultrasound Among Residents Ages 18 Years and Younger in

Fukushima, Japan: 2011 to 2014」Epidemiology:Post Author Corrections: October 5, 2015）などを無視する傾向が顕著である。

(2)代表的な例は、東京電力福島第一原子力発電所大惨事の最中に、現長崎大学理事兼副学長の山下俊一氏（当時長崎大学大学院教授）が述べた「年間一〇〇ミリシーベルト以下の被曝はまったく問題ない」という趣旨の発言である。彼は、本来「閾値なし直線仮説」をとるべき立場にあった。その人物が、年間一〇〇ミリシーベルトという閾値を明言してしまったのである。これをイリインの仮説「七〇年三五〇ミリシーベルト」とくらべるならば、「七〇年七〇〇〇ミリシーベルト（七シーベルト）」という途轍もない値が人の生涯被曝許容値になる。チェルノブイリを一〇〇回以上訪れて調査した経験をもつ医学専門家が、大惨事の二五年後にいたってもかような考えを維持し、その後福島県立医科大学副学長に就任し、福島県放射線管理アドバイザーに招聘されていることに、現下日本の不幸があるように思う。

四、費用と便益　閾値なし直線仮説の意味すること

繰り返すが、低線量被曝などを無視した「閾値なし直線仮説」であっても、原子力国家や原子力ロビーにとっては都合が悪い。したがって、できるだけ許容値を引き下げる方向に力が働く。ＩＣＲＰは、「表向きは、住民の安心感と被曝による影響の低減」と「通常の生活をおくることと避難によるストレス」のバランスから年間被曝量を勧告するとしている。しかし実態は、原子力産業の遅滞なき発展と被曝者の我慢との間で見いだす妥協点を示しているにすぎないと思われる。加盟各国が決める基準の根拠はおそらく費用と便益を考えた結果であろう。

たとえば原子力産業関係者は、そのおかげで便益（賃金）を得ているのだから二〇ミリシーベルトまで我慢せよという考え方がある（公衆は一ミリシーベルト）。なぜ二〇倍の差があるのか。それ以下に下げるには除染や防護設備などの費用がかかり過ぎ（また技術的に困難で）、便益が小さくなるからであろう。

二〇一五年に始まった裁判がある。福島県南相馬市の住民たちは、年二〇ミリシーベルトを基準として、避難勧奨地点の解除が決められた。公衆の被曝限度の二〇倍である。避難勧奨地点の解除後一定期間を過ぎると賠償が打ち切られてしまうため、避難の継続を希望する住民は、経済的な困難に直面してしまうのである。裁判を通して政府の本音が、垣間みられるかもしれない。

五、本書で論じられる「放射能リスクに閾値なし仮説」の意味

さて、本書で著者は「放射能リスクに閾値なし仮説」を支持している。イリイン提唱の「七〇年三五〇ミリシーベルト仮説」は、その期間の長さからして、確率的影響のことを述べているのは明らかである。したがって国際標準からすれば、「閾値なし直線仮説」が適用され、本来「七〇年三五〇ミリシーベルト仮説」を口にしてはならないはずである。その意味で著者のイリイン仮説批判は正当である。さらにペトカウ、ブルラコーヴァ、ゴフマン、スターングラスらの主張を援用し低線量被曝の危険性に深く注意を促していることから、「閾値なし直線仮説」にも批判的であることは、明らかであろう。

訳者あとがき

著者は、チェルノブイリ大惨事の真実を隠蔽してきたソヴィエト体制下の重要人物がついた膨大な嘘を徹底的に暴き、責任を追及している。さて東京電力福島第一原子力発電所大惨事を招いた日本政府、東京電力を中心とした原子力村の住民たちのついた嘘を思い出してみよう。彼らもまた嘘の山を築き上げて、固唾をのんで見守る市民を茫然とさせた。そのなかで最大級の嘘といえば、二〇一三年九月八日、アルゼンチンのブエノスアイレスで開かれたＩＯＣ総会でオリンピック東京招致委員会最終プレゼンテーションの場で首相安倍晋三の行なったアピールの次のくだりだろう。それは本書に登場するソヴィエト連邦、ウクライナ共和国指導部の嘘の数々を一息に吹き飛ばすほどの超弩級のものだった。

「フクシマについて、お案じの向きには、私から保証をいたします。状況は統御（アンダー・コントロール）されています。東京には、いかなる悪影響にしろ、これまで及ぼしたことはなく、今後とも及ぼすことはありません」。ＩＯＣ委員から「東京に影響がないという根拠はなにか」との質問に答えて「まず、結論から申し上げますと、まったく問題ありません。新聞のヘッドラインではなくて、事実を見ていただきたいと思います。汚染水による影響は、福島第一原発の港湾内の、〇・三平方キロメートルの範囲内で完全にブロックされています。福島の近海で、私たちはモニタリングを行っています。その結果、数値は最大でもWHOの飲料水質ガイドラインの五〇〇分の一であります。これが事実です。そして、わが国の食品や水の安全基準は、世界でも最も厳しい基準であります。食品や水からの被曝量は、日本のどの地域においても、一〇〇分の一であります。つまり、健康問題については、今までも、現在も、そして将来も、まったく問題ないということをお約束いたします。さらに、完全に問題のないものにするために、抜本解決に向けたプログラムを、私が責任をもって決定し、すでに着手をしております。実行していく、それをお約束いたします」。

よくもまあ、いけしゃあしゃあとこれほど真っ赤な嘘を全世界に向かって発信できるものだ。ばっさりと切り捨てられた被災者はどう思っただろうか。この首相の発言に、さすがの東電や経産省幹部もあわててその翌日に、「一日も早く（状況を）安定させたい」（東電）、「何をコントロールというかは難しいが、技術的に『完全にブロック』とは言えないのは確かだ」（経済産業省）と否定的見解を述べ、火消しに走ったほどだった。

仮設住まいの人や二〇ミリシーベルト地帯に「強制帰還」させられた人々の困難。子どもの甲状腺癌の増加。今日まで溜まる一方の汚染水。繰り返される汚染水の海洋への漏洩。一年試みて未だ凍結見通しの立たない凍結遮水壁（不要論も出てきた）。故障し回収不能となった建屋内撮影用ロボット。増え続け、行き場のない固体核廃棄物……。

東京電力福島第一原子力発電所から八一キロメートルのところに住む写真家の丹野清志さんは、著書でこう書いている。「爆発事故から三年半たった二〇一四年夏、自宅周辺地域が宅地除染の対象（国が示した安全基準である空間線量一時間当たり〇・二三マイクロシーベルト以上）になり除染作業が行われました。足場を組んで雨どいをふき取り、庭と家周辺の土を三センチほど剥ぎ取って土を入れ替え、庭木を剪定するというものでした。青い色のフレコンバッグに入れられた近隣の汚染土は、市内の仮置き場へ運ばれましたが、県内をまわると田んぼや畑の隅や林などの「空き地」に放置されたままにしてあるところがたくさんあります。……県内各地のモニタリングポストで測定した放射線量は県内の新聞やTVなどのメディアで毎日公表されていますが、それよりもはるかに高い数値を示す場所はいたるところにあります。避難指示区域の人が許可を得て家に戻るときには線量計を持参するのですが、除染された家の周囲は低くても近くの林の中などでは数値が一気に上がるのだ、と何人もの人が言っていました」（『海の記憶』丹野清志著、緑風出版、二〇一五年刊）。

一国の代表者が「統御されている」と宣言したその一年後の地元の姿がこれである。

政府や東京電力、原子力村のついてきた嘘は、著者の批判してやまない「ソヴィエト全体主義国家」の公式の嘘を、質と量において凌駕することだろう。「全体主義国家」とわが「民主主義国家」の事故後の経緯は驚くほど似ている。グラースノスチからほど遠い体質も同じ。事故から五年間、仮死状態にあった原子力ロビーは政府の強力な後押しをうけて、着々と息を吹き返しつつあるという経過も同じ。首相自ら音頭をとって、ベトナム、トルコ、UAE、インドなど諸外国から原発の受注をとりつけ、国内では九州電力川内原発1号機、2号機、関西電力高浜原発3号機とすでに三基が動き始めてしまった（二〇一六年一月三一日現在）。真の責任者はだれも刑事責任を問われないという点も同じ（ソ連では現場技術者だけが対象となった）。チェルノブイリが金の成る木となってしまったように、東京電力福島第一原子力発電所も構図は同様で、鹿島建設など大手ゼネコンにとっては、建設で、事故処理で、廃棄物処分で、除染で、廃炉で儲けるという構図ができあがった。

「エネルギー白書二〇〇九」（資源エネルギー庁）によれば、二〇三〇年には世界で少なくとも五〇〇基、多くて八〇〇基の原発が稼働すると予測されている。いずれ起こる事故は、いつ、どこで、どれほどの規模だろう。それが心配だ。

日本語にするにあたり、『チェルノブイリ　極秘』（アラ・ヤロシンスカヤ著、和田あき子訳、一九九四年、平凡社刊）を大変参考にさせていただきました。お礼申し上げます。『Chernobyl Crime without Punishment』（Alla A. Yaroshinskaya, Transaction Publishers, 2011）もとても参考にいたしました。

ベラルーシ出身の古賀ナジェジダ先生にウクライナ、ベラルーシとソヴィエト時代の習慣や制度について、多くのことを教えていただきました。

ナロヂチ地区近郊の村の地図は、一九九一年発行（一〇万分の一）のものを、日本ロシア語情報図書館にお借りしてトレースして作りました。村の多くには廃村となっていることを示す記号が付されており、この大惨事の深刻な実態が身にしみました。

訳注および資料の作成にあたり、参考にした書籍の一部を記します。

『大百科事典　全一五巻』平凡社、一九八五年。

『チェルノブイリの惨事』ベラ・ベルベオーク、ロジェ・ベルベオーク著、桜井醇児訳、緑風出版、一九九四年。

『チェルノブイリ事故による放射能災害　国際共同研究報告書』今中哲二編、技術と人間、一九九八年。

『ポーランド・ウクライナ・バルト史』伊東孝之ほか編、山川出版社、一九九八年。

『ロシア史』和田春樹編、山川出版社、二〇〇二年。

『ロシアの二〇世紀　年表・資料・分析』稲子恒夫編著、東洋書店、二〇〇七年。

『〔新版〕ロシアを知る事典』川端香男里ほか監修、平凡社、二〇一一年。

『調査報告　チェルノブイリ被害の全貌』A・V・ヤブロコフ他著、星川淳監訳、岩波書店、二〇一三年。

『チェルノブイリの犯罪　上・下』ヴラディーミル・チェルトコフ著、中尾和美ほか訳、緑風出版、二〇一五年。


そして最後もお礼です。なんの実績もないこの私に翻訳をすすめてくださったうえに、拙い訳文を幾度も読んでご指南いただき、丁寧に本に仕上げてくださった緑風出版の高須次郎代表はじめ、高須ますみ様、斎藤あかね様に深く感謝をいたします。

二〇一六年二月

村上茂樹

[著者略歴]

アラ・ヤロシンスカヤ（Алла Ярошинская /Alla A. Yaroshinskaya）

ジャーナリスト、作家、社会活動家、政治家。ライト・ライブリフッド賞受賞（1992年、スウェーデン）。ノンフィクション作品『チェルノブイリ　極秘』（和田あき子訳、平凡社刊、1994年）、そのほか『核百科事典』を世界に先駆けて編纂・出版（1996年）。20点を超すノンフィクション作品、文学作品が世界各地で翻訳出版されている。ゴルバチョフ政権下ペレストロイカ時代にソヴィエト連邦人民代議員として活躍。のちボリス・エリツィン政権時代に大統領会議委員を務める。国際連合ロシア代表部スタッフのひとりとして、核不拡散問題に従事した。

[訳者略歴]

村上茂樹（むらかみしげき）

1960年、神奈川県生まれ。名古屋大学農学部大学院中途退学。技術と人間をへて、制作会社、新聞社出版局などで働いたのちに、編集プロダクション自由制作所代表。ニコライ学院社会人コース、湯島ロシア語サークルをへて2011年東京ロシア語学院夜間部卒業。編著書に『生命操作事典』（1998年、緑風出版）、『遺伝子組み換え食品の争点』（2000年、緑風出版）ほか。

チェルノブイリの嘘

2016年3月31日　初版第1刷発行　　定価3700円＋税

著　者　アラ・ヤロシンスカヤ
訳　者　村上茂樹
発行者　高須次郎
発行所　緑風出版 ©
〒113-0033　東京都文京区本郷2-17-5　ツイン壱岐坂
［電話］03-3812-9420　［FAX］03-3812-7262［郵便振替］00100-9-30776
［E-mail］info@ryokufu.com［URL］http://www.ryokufu.com/

装　幀　斎藤あかね
制　作　R企画　　印　刷　中央精版印刷・巣鴨美術印刷
製　本　中央精版印刷　　用　紙　大宝紙業・中央精版印刷　　E1200

Printed in Japan　　ISBN978-4-8461-1603-3　C0036